건설 영어 약어 사전

건설 영어 약어 사전

발행일 2024년 04월 30일
지은이 서승종

발행처 인디펍
발행인 민승원
출판등록 2019년 01월 28일 제2019-8호
전자우편 cs@indiepub.kr
대표전화 070-8848-8004
팩스 0303-3444-7982

정가 50,000원

ISBN 979-11-6756573-0 (13540)

건설 영어 약어 사전

프롤로그

책을 쓰고 싶었다. 기록을 남겨두고 싶었다. 지금까지 국내외 건설 업무를 수행하면서 얻은 경험과 지식은, 기록의 형태로 남겨지지 않으면 나만 가지고 있는 정보에 불과하기 때문이다. 나 이외의 사람들에게 공유되지 않는다면, 나중에는 존재조차도 알기 어려운 정보가 될 수 있다. 사람들에게 일일이 설명하거나 자료를 보여준다고 해도, 이는 극히 제한적인 정보의 공유일 수 밖에 없다. 정보와 자료를 체계적으로 정리하여 설명하기 위해서는 책이 강력한 도구가 될 수 있다고 생각했다. 체계적으로 정보를 정리하고 기록하며, 평소에 꿈꾸어 왔던 기록 관리 전문가이자 정보 관리자인 'Archivist'가 되고 싶었다.

나는 운이 좋은 사람이라고 생각한다. 국내는 물론 해외 건설을 경험하였고, 시공 계약 설계 견적 업무를 수행하였다. 데이터센터 사업을 관리하면서 정보통신 기술과 사업 관리를 경험할 수 있었다. 이러한 경험들이 오늘의 나를 만들었고, 이를 기반으로 업무를 수행하며 경험들을 기록할 수 있다고 생각한다. 이제는 후배들을 육성하며 내가 가진 지식 자산을 기록으로 남겨두고 싶었다.

해외 건설은 물론이고 국내 건설 사업에 있어서도 영어 약어 사용은 피할 수 없다. 소통은 말과 글을 통해서 이루어진다. 전문적인 정보들을 주고 받을 때는 영어 약어를 사용함으로써 보다 효율적으로 소통할 수 있을 것이다. 경험과 지식이 풍부한 사람은 웬만한 약어를 접할 때, 그것이 무엇을 의미하는지 이해할 수 있을 것이다. 그렇지만 그 약어가 무엇을 의미하는 것인지 알지 못하는 이에게는 암호에 불과할 것이다. 약어의 정의에 대한 공통된 이해가 선행되어야 의사 소통도 효율적으로 진행될 수 있는 것이다.

이 사전에서는 해당 약어가 어떠한 의미를 지니고 있는지 쉽게 이해할 수 있게 개념만 설명하였다. 약어의 정의와 간략한 해설 수준인 것이다. 이 사전을 통해 약어들에 대한 개념만 이해하고, 상세한 의미와 전문 지식을 파악하는 것은 독자의 몫으로 남겨 놓는다. 또한 이 사전을 통해 처음 접하게 되는 약어도 있을 것이므로, 새로운 지식을 습득하는 계기가 될 수 있을 것이다.

챕터 1부터 7까지에는 건설 산업에서 일반적으로 사용되는 약어들이 포함되어 있다. 그 중 챕터 6과 7의 기계 전기 기술 약어들은 데이터센터의 시스템 위주로 정리하였다. 챕터 8 정보 통신, 챕터 9 데이터센터, 챕터 10 사업 관리 약어들은 데이터센터 사업 관리를 위해 필요하다고 판단되어 추가하였다.

아는 만큼 경험한 만큼 의도한 만큼, 알아 듣고 읽고 말하고 쓸 수 있다는 것이 나의 평소 지론이다. 이 사전을 읽는 이들이 건설과 데이터센터에 대해서 조금이라도 더 알게 되고 간접적으로나마 경험할 수 있었으면 한다.

김훈 작가는 목련이 지고 나면 봄은 다 간 것이라고 했는데, 목련이 지기 전에 책을 완성할 수 있어서 기쁘다. 글을 쓸 수 있어서 행복했다. 글을 계속 쓸 생각에 가슴이 설렌다.

2024년 4월

목차

CHAPTER 1 건설 일반

AFC (Approved for Construction)

AFC(시공용 승인)는 시공용으로 승인을 받은 도서를 칭한다. IFA(Issued for Approval)를 통해 제출된 도서를 감리자가 승인하였으니 시공에 사용할 수 있다는 의미이다. IFC(Issued for Construction) 형식으로 시공자에게 전달된다.

APM (Asset Performance Management)

APM(자산 성능 관리)은 기업이나 조직이 자산의 성능을 최적화하고, 최대한 활용하기 위해 수행하는 전략적 접근 방식을 일컫는다. 기업의 자산 포트폴리오를 관리하고 운영하는 분야에 중점을 둔 체계적인 접근 방식이다. APM은 기업 자산 투자의 효율성을 향상시키고, 생산성을 향상시킬 수 있게 도움을 준다. 일반적으로 다음과 같은 기능을 포함할 수 있다.

1) 자산 모니터링: 자산의 운영 및 성능 데이터를 실시간으로 모니터링하고 수집하여, 발생 가능한 문제를 조기에 식별하고 예측한다.
2) 성능 분석: 자산의 운영 성능 데이터를 분석하고 평가한다.
3) 유지 보수 최적화: 예방적 비상 유지 보수 작업을 계획하고 최적화하여, 자산의 가동 시간을 늘리고 유지 보수 비용을 최소화한다.
4) 수명 주기 관리: 자산의 수명 주기를 관리하고 최적화하여, 자산 가치를 극대화하고 LCC(Life Cycle Cost)를 최소화한다.
5) 리스크 관리: 자산의 운영 및 유지 보수 중 발생할 수 있는 리스크에 대비한 계획을 수립하고, 발생된 리스크를 식별하고 관리한다.
6) 운영자와의 협업: 여러 부서 및 조직의 팀 간 협업을 지원하여, 자산 운영을 효율적으로 관리하고 최적화할 수 있다.

ATC (Air Traffic Control)

ATC(항공 교통 관제)는 운항 중인 항공기의 관제를 나타내는 용어이다. 지상 공항, 공항 관제탑이나 지상 기지에 위치한 교통 관제사들이 공중 및 지상에서의 항공기 운행을 관리하고 조정하는 시스템과 프로세스이다. 지상의 항공기들에게 게이트, 계류장, Taxi way 및 Run way의 위치와 이동 순서를 전달한다. 공중에 있는 항공기들의 경로, 고도 및 속도를 조정하여 이착륙 순서나 시간 정보를 제공한다. 공항의 관제탑은 ATCC(Air Traffic Control Center)이다.

ATO (Assemble to Order)

ATO(주문 조립 생산)는 확정된 주문을 기반으로 조립하여 생산하는 형태이다. 조립 후 제품을 즉시 출하할 수 있으므로 조립품의 재고 관리 비용을 줄일 수 있으나, 표준 부품 적정량을 미리 생산해서 재고로 관리할 필요가 있다. 이러한 제품 생산 방식은 단계별 착수 작업에 따라 다음과 같이 구분할 수 있다.

1) ETO(Engineer to Order): 고객 요청에 따라 설계부터 진행된다.
2) MTO(Make to Order): 고객 요청에 따라 생산부터 진행된다.
3) ATO(Assemble to Order): 고객 요청에 따라 조립에 착수한다.
4) MTS(Make to Stock): 고객이 이미 생산되어 재고로 존재하는 제품을 구매한다. 위의 단계 중 가장 빠른 시간에 제품을 고객에게 인도할 수 있다.

AVL (Approved Vendor List)

AVL(승인된 공급자 리스트)은 건설 프로젝트에 사용될 재료, 장비 또는 서비스를 제공하는 업체 중 사전 검토를 통해 승인된 업체들의 리스트이다. 사전에 공급 실적, 품질 수준, 프로젝트 요구 조건 충족 여부를 검토하고, 이에 대해 발주자, 감리자 및 시공자가 공급 가능을 합의하고 승인한 업체들의 리스트이다.

BCP (Business Continuity Plan)

BCP(비즈니스 연속성 계획)는 비즈니스 연속성 제고 및 재해 대응을 위한 전략적인 계획이다. 기업이 예기치 않은 상황이나 재난에 직면했을 때, 핵심 비즈니스 기능을 유지하고 복구할 수 있게 한다. 재난에 대비해 IT 인프라와 데이터 복구에 초점을 맞춘 BCP에는 재해 복구(DR; Disaster Recovery)가 있다. BCP가 재해 복구를 포함하는 보다 포괄적인 개념이다. BCP의 주요 목적은 조직의 연속적인 운영을 보장하고, 재해로부터의 신속한 회복을 원활하게 하는 것이다. 조직의 비즈니스 연속성을 관리하고 보장하는 전략적인 접근 방법을 제공한다. 이를 통해 조직은 비즈니스 환경의 변화나 위험에 대응하며 운영을 지속할 수 있다. BCP는 비즈니스 리스크를 줄이고 관리할 수 있게 도움을 준다. 재해나 사고에 대한 준비가 충분할 경우, 기업은 위험을 예방하고 대비할 수 있다. 재난 이후 핵심 비즈니스 프로세스와 시스템이 신속하게 보호되고 회복되면, 고객에게 중단 없는 서비스를 제공할 수 있다. 이를 통해 조직의 이미지와 신뢰도를 유지할 수 있게 도움을 준다. 조직이 재난에 대비하고 적절하게 대응한 결과에 따라 고객과 이해 관계자들에게 신뢰를 줄 수 있기 때문이다.

BDP (Basic Design Package)

BDP(기본 설계 패키지)는 개념 설계와 기본 설계 중간 단계의 산출물이다. 개념 설계(SD; Schematic Design)를 보다 상세하게 발전시켜 프로젝트 요구 사항을 정리하고, 이후 진행될 설계에서 포함하여야 할 내용들을 정리한다. 상세 설계의 시작점인 FEED(Front-End Engineering Document)의 이전 단계라는 의미로 사용되는 용어인 Pre-FEED도 BDP와 같은 개념을 지니고 있다. 이후 기본 설계인 DD(Design Development)를 거친 이후, 마지막으로 실시 설계인 CD(Construction Document)를 완성함으로써 설계가 종료된다.

BIM (Building Information Modeling)

BIM(건물 정보 모델링)은 건설 설계나 공사 중, 디지털 3D 모델을 생성하고 관리하는 기법이다. 2D 도서에서 확인하기 어렵고 복잡한 구역을, 3D 모델링을 통해 보다 시각화된 정보를 생성할 수 있다. 이렇게 생성된 정보를 통해 부재나 공종 간의 상호 간섭 사항을 확인하고, 최적의 설계와 시공을 구현할 수 있다. 건축 설계와 기계 전기 설계들이 각각 다른 설계 회사들에 의해 생성됨에 따라, 설계 도서 간의 차이(Discrepancy)나 충돌(Conflict) 등이 종종 발생하는데, BIM을 통해 보다 효과적으로 이들을 확인하고 조율할 수 있다. 시공 중에도 현장에서 실지로 구현되어야 하는 구간들의 정보를 취합하여, 사전에 간섭 사항을 확인할 수 있다. 설계와 시공 단계에서 생성된 BIM 자료들은, 공사 완료 후 운영과 유지 보수 단계에도 계속 업데이트되며 활용될 수 있다.

BIMS (Business Information Management System)

BIMS(경영 정보 관리 시스템)는 건설 프로젝트 수행 단계에서, 프로젝트 이해관계자들에게 제공되는 정보 관리 시스템이다. 프로젝트 관리, 관계자들의 협업, 문서 관리 및 커뮤니케이션을 위한 통합 플랫폼이다. 프로젝트 이해관계자들 간의 정보 공유와 효율적인 업무 수행을 지원한다. 프로젝트의 일정, 예산, 리스크 관리 자원 할당 등을 지원한다. 계약서와 설계 도서, 승인 절차와 단계별 보고 자료를 업데이트하여 관리하고 지원한다. 단계별 보고 자료를 생성, 공유하고 분석하여 적기에 의사 결정을 하고 통제할 수 있게 도움을 준다.

BOD (Biological Oxygen Demand)

BOD(생물학적 산소 요구량)는 유기 물질이 미생물에 의해 분해될 때 소비하는 산소량을 나타낸다. 일반적으로 물질이 미생물에 의해 분해되는 시간이 길수록 BOD 수치가 높아지며, 보다 더 오염되었다는 것으로 이해하면 된다. 유사한 개념의 용어로 화학적 산소 요구량(COD; Chemical Oxygen Demand)이 있는데, 물에 존재하는 유기 물질이 산화될 때 소비하는 산소량이다.

BRM (Big Room Meeting)

BRM(빅 룸 미팅)은 프리콘 관리 기법 중 하나로서, 프리콘 기간 중에 정기적으로 발주자, 컨설턴트, PM, CM, 설계자와 시공자가 모여서 하는 회의이다. BRM 하위 성격의 미팅인 공종별 클러스터(Cluster) 미팅 중에 협의된 사항들 중 의사 결정이 필요한 사안들과, 프로젝트의 중요한 현안들이 보다 상위 주체들의 협의나 의사결정을 위해 BRM의 의제로 상정된다. 일반 기업들에서의 BOD(Board of Directors)나 EC(Executive Committee)와 유사한 개념이다.

CA (Construction Administration)

CA(건설 관리)는 건설 단계에서 건설 프로세스를 관리하고 지원하는 활동이다. 설계 도서를 기반으로 실제 건설이 진행되는 동안의 관리 활동을 의미한다. 현장에서의 작업 진행을 감독하고, 계약서와 설계 도서에 따라 정확하게 건설이 되고 있는지에 대한 관리를 한다. 건설 단계에서의 품질, 일정, 예산, 안전, 환경과 같은 업무를 관리하고, 결과물을 지속적으로 업데이트한다. 현장에서 발생하는 문제에 대한 해결책을 찾고, 설계 변경 사항에 대응하며 고객 요구에 부합하는 방식으로 현장을 지원한다. 건설 품질 관리를 수행하며 중요한 기능인 전력 및 냉각 인프라, 네트워크 및 보안 시스템 등의 품질 보증을 위한 프로세스를 규정하고 관리한다. 현장에서의 비용과 일정을 추적하고 변경 사항이나 지연이 발생할 경우 적절하게 대응하여, 프로젝트의 예산과 일정을 유지할 수 있게 한다. 주기적으로 고객 및 프로젝트 이해 관계자에게 건설 진행 상황을 보고하고 필요한 조치를 제안한다. 현장에서 안전 규정을 준수하고 안전하게 공사할 수 있도록 관리한다. 대외기관 및 민원인과의 소통도 포함한다.

CAD (Computer Aided Design)

CAD(컴퓨터 지원 설계)는 디자인과 도형으로 2D 도면 또는 3D 도면을 생성하고 수정할 수 있는 컴퓨터 소프트웨어 중의 하나이다. BIM 소프트웨어인 'Navisworks'나 'Revit'도 3D 도면을 작성하고 검토하는 기능을 제공한다.

CALS (Continuous Acquisition and Life-cycle Support)

CALS(건설 통합 정보 체계)는 건설 사업의 설계, 입찰, 건설 및 유지 관리 전 단계에서 발생되는 정보를 전자 자료로 변환하여, 프로젝트 이해 관계자들과 공유할 수 있는 통합 정보 체계이다. 전자 문서 관련 표준을 제정하여 이에 따라 정보 공유와 업무 절차를 개선한다. 주요 자재 전자 조달을 적용하고 건설 정보를 디지털화한다. 준공 이후에는 시설물의 이력 관리나 유지 보수 자료를 체계적으로 정리한다. 이를 공공 부문 건설에 적용할 경우 조달부터 유지까지의 자료를 전자화 할 수 있고 행정 절차를 개선할 수 있다. 장기적으로는 건설 사업의 효율적 추진, 경쟁력 강화 및 행정 서비스 수준 제고를 기대할 수 있다.

CAR (Corrective Action Request)

CAR(시정 조치 요구서)은 시공이나 제조 단계에서 발견된 결함과 부적합 사항에 대해 시정하도록 요구하는 문서이다. 잘못된 재료의 사용, 부적합한 시공을 포함한 품질 문제에 대해 시정을 요구한다. 구체적인 부적합 사항에 대해 원인, 영향, 해결책, 해결 담당자 및 향후 재발 방지 대책들을 요구한다. 유사한 의미의 용어로 부적합 보고서(NCR; Non Conformance Report)가 있다.

CD (Construction Document)

CD(실시 설계)는 건축 설계 단계 분류 중 마지막 단계인 실시 설계를 의미한다. SD(Schematic Design, 개념 설계) 완료 후 DD(Design Development, 기본 설계)를 작성한다. 최종 단계인 CD(Construction Document, 실시 설계)로 설계가 완성된다. 공사용으로 즉시 사용 가능한 상세 설계와 시방서가 포함된다.

CDD (Capability Development Document)

CDD(역량 개발 문서)는 미국 국방부에서 사용되는 용어로서, 시스템의 요구 사항과 기능 요구 조건을 상세하게 기술한 문서이다. 시스템이 수행해야 할 임무와 기능을 정의할 수 있게 도움을 주는 자료이다. 시스템의 아키텍처를 결정하고, 이를 통해 시스템이 어떻게 구성되어야 하는지를 결정한다. 시스템의 초기 기능을 개발하고, 시험과 평가를 통해 요구 사항을 충족시키는지 확인한다.

CDR (Critical Design Review)

CDR(상세 설계 검토)은 프로그램이나 시스템의 상세 설계가 기술적 타당성, 적합성 및 정확성을 지니고 있는지 검토하는 절차이다. 상세 설계가 요구 사항들을 모두 반영하였는지 검토한다. 시스템 기능 검토(SFR; System Function

Review)에서 도출된 기능 요구 사항들이 올바로 반영되었는지 검토한다.

CEMP (Construction Environmental Management Plan)

CEMP(건설 환경 관리 계획)는 건설 프로젝트에서 환경적인 영향을 최소화하고, 지속 가능한 건설을 촉진하기 위해 수립하는 계획이다. 건설 현장에서의 환경 보호 조치와 관련된 사항을 다루며, 지역의 환경 규제를 준수하고 프로젝트에 대한 환경적 영향을 최소화하기 위한 전략을 제시한다. 건설 프로젝트로 인한 환경적 영향을 평가하고, 이에 대한 대응 전략을 수립한다. 물, 에너지, 원자재와 같은 자원의 효율적인 사용을 촉진하고 재활용을 고려한다. 건설 과정에서 토양이나 물의 오염을 방지하고 관리하는 방법을 정의한다. 건설 작업으로 인한 소음과 진동을 줄이고 주변 지역에 미치는 영향을 관리한다. 건설 현장 주변의 자연 환경 및 생물학적 다양성을 보존하고 유지하는 방법을 고려한다. 건설 과정에서 발생하는 폐기물의 처리와 적절한 재활용 방법을 제시한다.

CIM (Computer Integrated Manufacturing)

CIM(컴퓨터 통합 제조)은 컴퓨터 기술을 사용하여 제조 공정을 통합하고 자동화하는 시스템과 기술을 의미한다. 제조업에서 컴퓨터와 자동화 기술을 통합하여 생산성을 향상시키고, 비용을 절감하는 것을 목표로 적용한다. 다양한 제조 공정 및 활동을 컴퓨터 기반의 시스템으로 관리하고 통합하는 기능을 한다. 건설 분야에도 최근에 CIM을 활용한 3D 프린팅 건설과 같은 기술들이 개발되었다. CIM의 대표적인 기법에는 다음과 같은 것들이 있다.

1) CAD(Computer Aided Design): 제품의 디자인과 개발을 위해 컴퓨터를 사용하는 기술로, 제품 디자인을 시각화하고 모델링할 수 있다.
2) CAM(Computer Aided Manufacturing): 컴퓨터를 사용하여 제품을 생산하며, 제조 공정과 기계의 자동화 기술까지 포함한다.
3) CNC(Computerized Numerical Control): 컴퓨터를 사용하여 기계 도구의 작동을 제어하는 기술로 정밀 가공 작업을 수행할 수 있다.

CITIS (Contractor Integrated Technical Information System)

CITIS(시공자 통합 정보 시스템)는 건설 시공자가 발주자와 감리자에게 건설 사업 관리에 필요한 설계 도서와 공사 관리 자료를 전산 자료로 제공하는 시스템이다. 또한 경영 정보 관리 시스템(BIMS; Business Information Management System) 또는 건설 사업 정보화 체계(CALS; Continuous Acquisition and Life-cycle Support)도 CITIS와 유사한 개념의 용어로 사용되고 있다.

CM (Construction Manager)

CM(건설 관리자)은 발주자를 대리하여 건설 사업 과정 중 주로 현장 공사를 관리하는 전문가 혹은 전문 회사를 칭한다. 감리자가 공사 기간 중 품질 관리 위주의 업무를 수행한다면, CM은 보다 광의의 개념으로 공사 전반에 있어서의 공정, 원가, 품질 및 안전 등을 관리한다. 유사한 개념으로서 PM(Project Manager)은 발주자를 대리하여 사업 기획 단계부터, 공사는 물론 준공 이후 단계까지 관리하는 전문가 혹은 전문 회사를 칭한다. 발주자를 대리하여 사업 관리나 공사 관리 업무를 수행하는 개념의 PM과 CM과는 다르게, 시공자의 조직원 중의 명칭에도 PM과 CM이 사용된다. 프로젝트 총괄 관리자를 PM이라 부르고, 산하에 공종별 공구별 공사 담당 직책자를 CM이라고 부르기도 한다. EPC 사업을 사례로 든다면, 공사 단계에서 건축CM, 전기CM으로 구분하거나, A공구 CM이나 B공구 CM 등과 같이 공사 책임자를 칭하는 것이다.

CMMS (Computerized Maintenance Management System)

CMMS(컴퓨터화된 유지 관리 시스템)는 기업이나 조직이 자산과 설비의 유지 보수를 관리하기 위해 사용되는 소프트웨어 시스템을 의미하는 용어이다. 자산의 수명 주기를 최적화하고 시설의 가용성을 유지하기 위해 중요한 역할을 한다. 또한, 유지 보수 비용을 줄이고 시설 운영의 효율성을 높이기 위해서도 CMMS가 도입된다. 일반적으로 CMMS는 다음과 같은 기능을 제공한다.

1) 예방적 유지 보수 일정 관리: 자산이나 설비에 대한 정기적인 점검 및 예

방적 유지 보수 일정을 설정하고 관리한다.

2) 유지 보수 작업 할당 및 작업 지시서 관리: 유지 보수 작업을 할당하고 추적하기 위한 작업 지시서를 생성하고 관리한다.
3) 자산 관리: 조직의 자산 및 설비를 추적하고 관리하는 기능을 제공한다.
4) 예비 부품 및 재고 관리: 유지 보수 작업에 필요한 예비 부품 및 재고를 추적하고 관리한다. 부품의 적기 공급을 지원하는 시스템을 구축한다.
5) 비상 유지 보수 및 정비 작업 기록: 긴급한 유지 보수 작업 및 정비 작업에 대한 절차를 수립하고 기록을 유지 관리한다.

CMP (Construction Management Plan)

CMP(건설 관리 계획)는 건설 프로젝트 관리 전 과정을 계획한 문서이다. 프로젝트의 시작부터 완료까지의 일련의 활동을 조직하고 관리할 문서이다. 프로젝트 관리 계획(PMP; Project Management Plan)과 유사한 개념이나, 일부에서는 현장에서 이루어지는 공사 관리(Construction Management) 업무에 한정하여 작성한다. CMP에는 다음과 같은 정보들이 일반적으로 포함된다.

1) 프로젝트 개요: 프로젝트의 일반 사항과 현황을 요약하여 기술한다.
2) 프로젝트 조직: 프로젝트에 참여하는 팀원과 그들의 역할과 책임에 대해 설명한다. 프로젝트 조직도(Project Organization Chart), 업무 기술(Job Descriptions), 책임과 권한(Roles and Responsibilities) 등이 포함된다.
3) 프로젝트 공정표: 전체 공정표와 세부적인 작업 순서들을 포함한다.
4) 자원 관리: 인원, 장비, 재료 등의 자원을 효율적으로 관리하고 할당한다.
5) 안전 및 환경: 안전 및 환경 보호에 대한 정책과 절차를 포함한다.
6) 품질 관리: 품질 보증 및 품질 관리를 위한 절차와 방법을 설명한다.
7) 리스크 관리: 리스크를 식별하고, 평가하고, 관리하는 방법을 정의한다.

CNC (Computerized Numerical Control)

CNC(컴퓨터 수치 제어)는 컴퓨터를 사용하여 공작 기계를 자동 제어한다는 의미이다. 복잡한 형상을 가공해야 하거나 정밀한 가공이 필요한 제조의 경우, 사람이 직접 조작함에 따른 품질의 불균형이나 잘못된 제작을 CNC 가공을 통해 방지할 수 있다. 주로 금형과 같은 금속재의 밀링과 선반 작업에 적용된다.

COB (Close of Business)

COB(업무 종료 시간)는 해당일의 업무 종료 시간을 나타낸다. 통상적으로 오후 5시로 이해된다. EOD(End of Day), EOB(End of Business)와 EOP(End of Play)도 유사한 의미로 업무 종료 시간을 나타낸다. 시간대가 다르고 업무 형태가 다른 주체와의 소통에 있어서 COB는 모호한 표현이다. '14:00 pm (South Korea Time), 29 May 2024'과 같이 보다 정확하게 표현하는 것이 바람직하다.

COD (Chemical Oxygen Demand)

COD(화학적 산소 요구량)는 수질 오염을 측정하는 지표로서, 물에 존재하는 유기 물질이 산화될 때 소비하는 산소량이다. 물질이 산화될 때 소비하는 산소량을 측정함으로써, 물체에 포함된 유기 물질의 양과 오염 정도를 평가할 수 있다. 산소량을 ppm(백만분의 일) 단위로 표시한다. BOD(Biological Oxygen Demand)는 유기 물질이 미생물에 의해 분해되어 소비하는 산소량을 나타낸다. 물질이 미생물에 의해 분해되는 시간이 길수록 BOD 수치가 높아지며, 이는 보다 더 오염되었다는 것을 나타낸다. 일반적으로 공장 폐수나 해수 등의 오염 지표로 COD 값을 사용하며, 하천의 오염도는 주로 BOD 값을 사용한다.

COW (Clerk of Work)

COW(현장 감리원)는 영연방 국가에서 사용하는 용어로서, 건설 공사 단계 중 공사 관리 실무를 담당하는 인원이다. PM(Project Manager)이나 RE(Resident Engineer)의 하부 조직원으로 업무를 수행하며, 공사 관리 전반에 있어 업무 연락관과 품질 관리자 역할을 한다. 관리 감독 인원의 배치 형태에 따라 달라지지만 일반적으로 공사 부분 검측 업무를 주로 수행한다.

CSP (Construction Safety Plan)

CSP(건설 안전 계획)는 건설 현장에서의 안전을 보장하기 위한 계획서이다. 건설 작업 중 발생할 수 있는 위험을 식별하고 관리하는 방법을 제시한다. 건설 현장에서 작업자들의 안전을 보장하는 것은 물론, 환경을 보호하기 위한 목적도 가지고 있다. 유사한 의미로 사용되는 문서에는 안전 관리 계획서(SMP; Safety Management Plan)가 있다. CSP는 건설 현장에서의 안전 관리에 중점을 두고 있으며, 보통 해당 건설 프로젝트의 특성을 반영하여 고유한 특성을 지닌다. 반면에 안전 관리 계획서는 조직이나 기관 전반의 안전 관리에 대한 전략적인 접근 방법을 다룬다. CSP에는 다음과 같은 사항들이 포함된다.

1) 안전 정책과 목표: 건설 프로젝트에서의 안전에 대한 정책과 목표를 명시한다. 프로젝트 책임자는 현장 관리 직원들과 모든 작업자들이 안전을 최우선으로 여기고 준수해야 할 정책이나 목표를 명확히 제시한다.
2) 작업 환경 평가: 건설 현장에서의 작업 환경을 평가하고 잠재적인 위험을 식별한다. 건축물의 구조, 작업장의 현황, 사용 장비 등을 고려한다.
3) 작업 절차와 안전 지침: 안전한 작업을 수행하기 위한 절차와 지침을 제시한다. 장비의 안전한 사용 방법과 안전한 작업 방법 등을 포함한다.
4) 작업자 교육과 훈련: 건설 현장에서 작업자들에게 안전 절차 및 규정을 이행하기 위한 교육과 훈련을 제공하는 방법을 정의한다.
5) 비상 대비 및 대응: 비상 상황에 대비한 비상 연락망 작성과 같은 대응 방안을 수립한다. 화재, 안전 사고, 자연 재해 등에 대한 대응을 계획한다.

CVS (Certified Value Specialist)

CVS(가치 전문가)는 프로젝트 가치를 향상시키며 설계와 시공을 최적화하는 업무를 수행하는 VE 전문가이다. 미국 VE협회인 ‘SAVE International(value-eng.com)’사가 인증한 VE 최고 전문가 자격증을 지칭하기도 한다. VM(Value Methodology)을 이해하고 전문적으로 적용할 수 있으며, VE를 효율적으로 수행할 수 있는 전문가로서 입증되었음을 증명하는 자격증이라고 할 수 있다.

DC (Document Control)

DC(문서 관리)는 프로젝트 관련 문서의 관리이다. 건설 프로젝트에서 생성되는 모든 문서를 관리한다. 이는 계약서, 설계 도서, 시방서, 변경 요청서, 품질 서류 등을 포함한다. 이러한 문서들을 안전하게 보관하고 필요할 때 쉽게 액세스할 수 있도록 관리한다. 또한 프로젝트의 기밀성을 유지하기 위해 보안 절차를 준수한다. 프로젝트 관련 문서가 일관된 형식과 번호 체계를 따르도록 관리하여 효율적으로 문서를 검색하고 추적할 수 있게 한다. 문서를 올바른 관계자에게 배포하고, 변경 사항이나 업데이트가 있을 때 이를 통보하여 프로젝트의 모든 이해 관계자가 최신 정보를 공유 받을 수 있도록 한다. 품질 관련 문서와 변경 사항을 체계적으로 관리할 수 있게 변경 관리 프로세스를 정립한다.

DCM (Design Criteria Manual)

DCM(설계 기준 매뉴얼)은 건설 프로젝트에서 사용되는 설계 기준을 문서화한 것이다. 프로젝트에 적용되는 모든 설계 기준과 규정을 정의하고 설명한다. DCM은 프로젝트 설계 단계에서 중요한 지침서로 사용되며, 설계자들이 일관된 기준과 절차에 따라 작업할 수 있도록 돕는다. 주요 내용은 다음과 같다.

1) 설계 기준 및 요구 사항: DCM은 프로젝트의 설계 기준과 요구 사항을 정의한다. 토목, 건축, 기계, 전기, 소방 등 다양한 분야를 포함한다.
2) 규정 및 표준: 해당 지역 또는 산업에서 사용되는 규정과 표준을 문서화한다. 건축 및 기술 규정, 환경 규정, 안전 규정 등을 포함할 수 있다.
3) 설계 절차 및 지침: 설계 과정에서 따라야 할 절차와 지침을 제공한다. 설계 단계의 순서, 도서 작성 방법, 협업 및 검토 절차 등을 다룬다.
4) 재료 및 기술 사양: 프로젝트에서 사용되는 재료와 기술에 대한 사양을 제공한다. 건축 재료, 전기 기계 장비, 소방 시스템 등을 포함한다.
5) 참고 자료 및 예제: 설계자가 필요로 할 수 있는 참고 자료와 예제를 제공한다. 유사 프로젝트의 자료를 활용한 설계 문서의 작성 방법, 템플릿, 샘플 설계, 설계 완료 보고서 및 인허가 추진 경과 등을 포함한다.

DCN (Design Change Notice)

DCN(설계 변경 통지서)은 공사 기간 중 설계 변경(Design Change) 사항을 현장 시공에 반영할 수 있도록, 발주자나 설계자가 감리자와 시공자에게 통보하는 문서이다. FCN(Field Change Notice)은 시공자가 발주자나 감리자의 승인이 불필요하다고 판단되는 경미한 설계 변경 사항을 적용하기 위해 내부적으로 작성한 문서이다. FCR(Field Change Request)은 FCN으로 처리할 수 없는 수준으로 계약 금액이나 공사 기간의 조정이 예상될 때, 시공자가 해당 설계 변경 사항을 감리자가 인지하고 조치할 수 있도록 통보하는 문서이다.

DCP (Document Control Procedure)

DCP(문서 관리 절차)는 조직이 문서를 효율적으로 관리하고 제어하기 위한 일련의 프로세스와 절차를 정의하는 것이다. 문서의 작성, 검토, 수정, 승인, 배포 및 보관에 관한 지침을 제공하여, 조직 내의 문서 관리를 표준화하고 일관성을 유지할 수 있게 한다. 종이에 인쇄된 자료 보관과 함께 전자 문서 관리 시스템(EDMS; Electronic Document Management System)을 적용하여 관리 효율성을 높일 수 있다. DCP에는 일반적으로 다음과 같은 절차가 포함된다.

1) 문서 작성 및 개정: 새로운 문서가 필요한 경우 해당 문서의 작성자를 식별한다. 문서는 조직이 규정한 표준 형식을 따라 작성되어야 한다. 문서의 개정이 필요한 경우 요청에 따라 개정 버전이 작성된다.
2) 문서 검토 및 승인: 작성된 문서를 관련 이해 관계자가 검토한다. 검토된 문서는 필요한 수정 사항을 반영한 후 이해 관계자의 승인을 받는다.
3) 문서 발행 및 배포: 문서가 승인되면 해당 문서의 최종 버전이 배포된다. 게시판 공지, 이메일, EDMS나 인트라넷 등을 활용할 수 있다.
4) 문서 보관 및 보안: 문서는 적절한 분류 및 보관 체계에 따라 저장되어야 한다. 보안 민감도와 접근 권한 등을 고려하여 보관 형식을 정한다.
5) 문서 변경 관리: 문서가 변경될 경우 해당 변경 내용은 문서의 변경 이력 관리부에 기록되어야 한다. 변경된 문서의 이전 버전도 이력 관리를 위

해 보관한다. 변경이 계속될 경우 최종 버전임을 식별할 수 있게 규정된 표식을 하거나 별도의 보관 장소를 결정한다. 문서 관리 담당자는 변경 사항과 보관 장소를 이해 관계자들에게 적기에 통보하여야 한다.

6) 문서 열람 및 업데이트: 문서를 필요로 하는 이해 관계자가 해당 문서를 쉽게 찾고 열람할 수 있도록 절차에 따라 접근 권한을 부여한다. 문서의 사용자는 필요에 따라 문서를 업데이트하고 이 내용을 공유한다.

DD (Design Development)

DD(기본 설계)는 건설 공사 설계 단계 중, 중간 설계 단계인 기본 설계를 의미한다. SD(개념 설계)가 완료된 후 DD 단계를 거쳐 CD(실시 설계)로 완성된다.

DL (Datum Level)

DL(기준 레벨)은 건축물의 기준이 되는 레벨이다. 인천 앞바다의 평균 해수면 기준 레벨(MSL; Mean Sea Level)과의 고도 차이를 의미하기도 하고, 단순하게 건축물 기준 레벨인 EL(Elevation Level) '0'의 의미로도 쓰인다.

DL (Dead Load)

DL(사하중)은 구조 설계에서 적용하는 하중 지수이다. 구조물에 작용하는 고정된 무게이며, 구조물 자체와 천정, 벽체 및 바닥 마감재의 무게이다. 건축물 완성 후에 가해지는 사용자나 장비의 무게는 활하중(LL; Live Load)이다.

DL (Design Life)

DL(설계 수명)은 건축물이나 구조물이 완료 이후 유지될 것으로 예상되는 수명이다. 건축주나 설계자가 요구하는 사항들이 반영되며 건축물이 위치한 지역의 환경 요소까지 반영된다. 안정적으로 사용되고 일상적인 유지 보수를 통해 목표한 기능을 발휘할 수 있는 기간이다. 건설 공사의 하자 보증 기간이나 제조물의 품질 보증 기간과는 다른 개념이다. 건축물이 특수한 자연 재해나 비상 상황의 결과로 손상되어 제 수명을 다할 수 없다고 판명되었을 때, 이것이 특별한 사유에 의해서 인지 아니면 설계나 시공 단계에서 설계 수명을 제대로 고려하지 않았는지에 대해, 객관적인 판단이 어려워 종종 분쟁이 있기도 한다.

DMS (Document Management System)

DMS(문서 관리 시스템)는 건설 프로젝트에서 생성되고 사용되는 모든 문서와 정보를, 효과적으로 관리하기 위해 사용되는 소프트웨어 또는 시스템이다. 이러한 문서와 정보는 건설 프로젝트의 생애 주기 동안 여러 단계에서 생성된다. 조직이 문서와 정보를 기반으로 생성하고 관리하는 활동에 대해 정보 기술을 통해 지원하는, 지식 관리 시스템(KMS; Knowledge Management System)의 하위 개념이다. DMS는 다음과 같은 주요 기능들을 포함할 수 있다.

1) 문서 저장 및 검색: 건설 프로젝트에서 생성된 모든 문서를 안전하게 저장하고, 필요할 때 필요한 기준으로 검색할 수 있도록 한다.
2) 문서 버전 관리: 문서의 수정, 업데이트 및 버전 관리를 지원하여, 프로젝트 팀이 항상 최신 버전의 문서를 사용할 수 있도록 한다.
3) 접근 제어 및 보안: 프로젝트 팀 구성원에 따라 문서에 대한 액세스 권한을 제어하고 보안을 유지하여, 조직이나 개인의 민감한 정보를 보호한다.
4) 작업 흐름 관리: 문서의 작성, 검토, 승인 및 배포와 같은 작업 흐름을 관리하여 효율성을 제고하고, 팀 간 협업을 원활하게 할 수 있도록 한다.
5) 보고 및 분석: 프로젝트 문서 및 정보에 대한 보고서 및 분석을 생성하여, 프로젝트의 진행 상황을 추적하고 평가하여 의사 결정에 참고한다.

DPR (Daily Production Report)

DPR(일일 생산 보고서)는 제조 공정에서 매일 생산하거나 작업하는 량을 집계하는 보고서이다. 작업의 생산성과 진행 현황을 추적하여 문서화한다. 해당 날짜에 계획된 작업 내역과 실지로 완료한 작업 내역을 비교할 수 있다. 수행된 작업의 상세 내역과 진행 현황을 파악하여, 작업 진행에 있어 이미 발생된 문제에 대한 대책을 수립하고, 발생이 예상되는 문제점을 도출할 수 있다.

DR (Design Review)

DR(설계 검토)은 단계별로 완성된 설계 도서를 검토하는 작업이다. 설계가 목표 및 요구 사항을 충족시키는지 확인하고, 기술적으로 실행 가능한지 검토한다. 적합한 기술 및 재료를 적용했는지, 안전 및 법규를 준수하고 있는지 확인한다. 프로젝트 예산과 목표 일정 내에서 구현 가능한 설계인지 검토한다.

DRN (Design Review Notice)

DRN(설계 검토 통지서)은 단계별로 완성된 설계 도서를 검토하는 DR의 결과물로서, 검토 사항의 반영과 보완을 위해 설계자에게 통지되는 문서이다.

DSS (Decision Support System)

DSS(결정 지원 시스템)는 조직이나 개인이 의사 결정을 내리는 과정을 지원하는 컴퓨터 기반 시스템이다. 조직의 의사 결정 과정을 지원하고 결정을 내리기 위해 필요한 정보를 제공하여, 전략적이고 효과적인 결정을 내릴 수 있도록 돕는 것을 목적으로 하고 있다. 기업, 정부, 의료, 금융 등 다양한 분야에서 사용되며, 의사 결정의 품질과 효율성을 향상시키는 중요한 역할을 한다. 빠르게 변화하는 비즈니스 환경에서 신속하고 효과적으로 의사 결정을 내리기 위한 필수적인 도구로 인식되고 있다. DSS는 다음과 같은 주요 기능을 제공한다.

1) 데이터 수집 및 분석: 다양한 소스로부터 데이터를 수집하고 분석하여, 의사 결정에 필요한 정보를 제공한다. 이를 통해 더욱 확실하고 광범위한 데이터 정보를 기초로 하여 적절한 의사 결정을 할 수 있다.
2) 모델링 및 시뮬레이션: 다양한 모델링 기법과 시뮬레이션을 사용하여, 시나리오 별로 결과를 예측하고 시험할 수 있다. 이를 통해 의사 결정자는 다양한 대안을 비교하고 최적의 결정을 내릴 수 있다.
3) 시각화: 데이터를 시각적으로 표현하여 사용자가 정보를 쉽게 이해하고

분석할 수 있도록 돕는다. 이를 통해 의사 결정자는 데이터와 결과를 더 욱 쉽고 빠르게 이해하고 해당 패턴이나 추세를 발견할 수 있다.

4) 사용자 인터페이스: 사용자가 쉽게 시스템을 사용할 수 있도록 직관적이고 사용하기 쉬운 인터페이스를 제공한다. 이를 통해 의사 결정자는 보다 효율적으로 시스템을 활용하고 의사 결정을 할 수 있다.

EAD (Employment Authorization Document)

EAD(미국 근로 허가서)는 미국 시민이 아닌 사람들에게 임시 고용을 허가하는 문서이다. 미국 이민국(USCIS)에서 발급하는 문서로서, 외국인이 미국에서 일을 할 수 있는 권한을 부여한다. 임시 근로 허가를 나타내며, 이민 상태와 관계없이 일을 할 수 있는지 여부만 확인할 목적으로 사용된다. EAD는 미국 이민국에서 양식 I-765(취업 허가 신청)을 통해 신청된다. 일부 비이민 비자 카테고리는 EAD 신청 후 근로 허가를 받아야 하며, 이민 상태에서도 특정 조건이나 상황에서 EAD를 신청하여 추가 근로 허가를 받을 수 있다. EAD는 이민 비자 카테고리인 F-1(학생 비자)이나 J-1(교환 비자) 소지자에게도 부여된다.

EAM (Enterprise Asset Management)

EAM(기업 자산 관리)은 기업이나 조직이 자산을 효과적으로 관리하기 위한, 포괄적인 전략적 접근 방식을 의미한다. 기업의 모든 자산을 최적화하고 관리하여, 비즈니스 성과를 향상시키는 목적을 지닌 관리 체계이다. 자산 관리의 전략적인 측면을 강조하며, 조직의 생산성, 안전성, 수익성을 향상시키는 측면에서 중요한 역할을 한다. EAM은 일반적으로 다음과 같은 기능을 포함한다.

1) 자산 관리: 모든 유형의 자산 관리를 포함한다. 예를 들어, 기계, 설비, 건물, 차량 및 기타 장비나 시스템 등을 식별, 추적하고 관리한다.
2) 유지 보수 관리: 자산의 유지 보수 활동을 계획하고 예약한다. 장애를 사전에 예방할 수 있게 계획된 유지 보수 작업을 관리한다.
3) 자산 수명 주기 관리: 자산의 수명 주기를 관리하고 최적화하여, 자산 가

치를 극대화하고 수명 주기 비용을 최소화할 수 있게 관리한다.

4) 예비 부품 및 재고 관리: 자산 유지 보수를 위해 필요한 예비 부품 및 재고를 관리한다. 부품 소요 주기를 관리하여 적정 재고를 유지한다.
5) 자산 성능 분석: 자산의 성능과 효율성을 주기적으로 분석하고 모니터링하여, 잠재적인 문제를 식별하고 개선 방법을 사전에 도출한다.
6) 조직 및 비즈니스 프로세스 통합: 조직의 다양한 부서 및 비즈니스 프로세스와 통합되어 운영 비용을 줄이고 기업의 효율적인 운영을 지원한다.

ECI (Early Contractor Involvement)

ECI(시공자 조기 참여)는 IPD(Integrated Project Delivery) 방식에 적용되는 용어로서, 시공자가 프로젝트 기획이나 설계 단계부터 참여하여, 설계를 최적화하고 프로젝트 수행 계획을 수립하는 기법이다. 전통적인 건설 절차는 발주자가 설계자를 통해 설계를 완성하고, 이 설계를 기준으로 시공자를 선정하여 공사 목적물을 완성하는 것이다. 반면에 ECI 방식을 적용하면 프로젝트 기획 및 설계 단계에서부터 시공자가 참여하여 설계를 최적화하고, 보다 효율적으로 공사 수행 계획을 사전에 수립하여 수행 단계에서의 오류를 줄일 수 있다.

ECN (Engineering Change Notification)

ECN(엔지니어링 변경 통지)은 기술적 변경 사항에 대한 승인을 통지하는 절차이다. 일반적으로 기술적 변경은 엔지니어링 변경 요청(ECR; Engineering Change Request)이 최초로 진행되고, 이를 검토 후 승인하면 엔지니어링 변경 지시(ECO; Engineering Change Order)가 진행된다. 엔지니어링 변경 지시가 최종 승인되면 ECN 절차를 끝으로 해당 엔지니어링 변경이 완료된다.

ECO (Engineering Change Order)

ECO(엔지니어링 변경 지시)는 기술적 사항의 변경 요청(ECR)에 대해 검토와 승인을 요청하는 절차이다. ECO 승인 이후 ECN 절차를 진행한다.

ECR (Engineering Change Request)

ECR(엔지니어링 변경 요청)은 기술적 사항을 변경하도록 요청하는 절차이다. 제품이나 시스템의 결함 수정이나 개선을 목적으로, 개발이나 제조의 변경을 요청하는 것이다. 엔지니어링 단계에서 요청을 적용함으로써 비용을 절감할 수 있고, 고객의 피드백이나 요구 사항에 대해 선제적으로 대처할 수 있는 장점이 있다. ECR 절차 후 변경 지시인 ECO(Engineering Change Order)를 거치고, 승인된 변경 사항은 ECN(Engineering Change Notification)으로 완료된다.

ECS (Environmental Control System)

ECS(환경 제어 시스템)는 항공기 내의 기압, 온도, 습도, 공기 순환 등을 제어하는 시스템이다. 항공기가 고도를 변경할 때마다 기압을 조절하여 승객 및 승무원의 편의와 안전을 유지한다. 항공기 내부와 외부의 압력 차를 조절하여 기압이 너무 높거나 낮지 않도록 제어한다. ECS는 항공기 내부 온도를 적절히 유지하여 승객 및 승무원의 편의를 증진한다. 항공기의 위치, 날씨 조건, 승객 수에 따라 온도 조건은 변화할 수 있다. 항공기 내부의 습도를 관리하여 승객의 편의를 증진하고, 전자 장비 및 시스템의 안전을 보호한다. 너무 건조한 공기는 습기를 추가하여 습도를 높이고, 너무 습한 공기는 제습기를 사용하여 습도를 낮춘다. 항공기 내부의 공기를 순환시켜 신선한 공기를 제공하고, 공기 내의 이산화탄소나 유해 물질을 제거하여 쾌적하게 유지한다.

EDMS (Electronic Document Management System)

EDMS(전자 문서 관리 시스템)는 종이 문서가 아닌 컴퓨터 기반의 전자 문서로 정보를 변환하여 관리하는 시스템이다. 종이 문서를 전자 문서 형태로 변환하여 업무 효율성을 향상시키고 비용을 절감할 수 있다. 다양한 유형의 문서를 전자화함으로써 안전하게 저장하고 관리할 수 있다. 코드화된 데이터베이스로 저장됨에 따라, 강력한 검색 기능을 통해 사용자가 필요한 문서를 쉽게 찾을 수 있도록 지원한다. 키워드 검색이나 메타데이터 검색 등의 기능도 포함될 수 있다. 문서의 수정 이력을 추적하고 버전을 관리하여, 사용자가 항상 최신 버전의 문서에 접근할 수 있도록 한다. 사용자 및 그룹에 대한 액세스 권한을 관리하여 민감한 정보를 보호한다. 문서의 읽기, 쓰기, 수정 및 삭제와 같은 권한을 포함할 수 있다. 문서의 작성, 검토, 승인 및 배포와 같은 작업 흐름을 관리하여 협업을 향상시킬 수 있다. 문서의 보관 기간을 관리하고 필요에 따라 전자 문서를 보존하거나 혹은 쉽게 폐기할 수 있다. 종이 문서와 비교하여 전자 문서는 공간을 적게 차지하기 때문에, 공간을 효율적으로 사용할 수 있고 유효 공간을 늘리며 사무 환경을 개선할 수 있는 장점을 제공한다.

EFW (Energy-from-Waste)

EFW(폐기물 에너지)는 폐기물 내에 저장되어 있는 에너지를 추출해서, 열이나 전기 에너지 형태로 변환함을 뜻한다. 폐기물 매립이나 소각에 따라 발생되는 비용과 환경 오염을 줄일 수 있다. 변환되어 생성된 에너지를 판매할 수 있는 경제적 장점도 있다. 단어를 반대로 Waste-to-Energy라고 표현하기도 한다.

EI (Engineer's Instruction)

EI(엔지니어 지시)는 건설 프로젝트의 상주 엔지니어(RE; Resident Engineer)가 시공자에게 전달하는 지시이다. FI(Field Instruction)도 유사한 개념이다.

EIA (Environmental Impact Assessment)

EIA(환경 영향 평가)는 건설 프로젝트가 환경에 미치는 영향을 평가하는 과정을 의미한다. 건설 프로젝트가 실시되기 전에 수행되어야 하며, 프로젝트가 환경에 미칠 수 있는 부정적인 영향을 식별하고 최소화하는 것에 목적을 둔다. EIA는 일반적으로 다음과 같은 절차를 거쳐서 평가되고 공유된다.

1) 범위 및 목적 설정: 환경 영향을 평가할 범위와 평가의 목적을 설정한다.
2) 기초 조사 및 자료 수집: 프로젝트 영향을 평가하기 위해 필요한 기초 데이터를 수집하고 분석한다. 지형, 생물학적 다양성, 수질, 소음, 대기질,

주변 문화 유산, 거주민을 포함한 주변 사회 정보 등을 포함할 수 있다.

3) 영향 예측: 프로젝트가 환경에 미칠 수 있는 영향을 예측하고 식별한다.
4) 영향 평가: 예측된 영향을 기반으로 환경 영향을 평가하고 가중치를 부여한다. 중요한 영향을 식별하여 환경 요소에 대한 영향을 평가한다.
5) 대안 평가: 다양한 대안에 대한 영향을 비교하여 환경에 미치는 영향을 최소화하는 대안을 식별하고 평가하여 제안한다.
6) 보고서 작성: 결과를 문서화하고 보고서를 작성하여 제출한다.
7) 영향 평가 결과 공유: 해당 프로젝트에 투입되는 인원들은 물론, 건설로 인해 직간접적으로 영향을 받는 지역 사회 구성원들에게도 공유된다.

ELP (Equipment Layout Plan)

ELP(장비 배치도)는 주요 장비(Equipment)의 배치를 표현한 도면이다.

EMS (Environmental Management System)

EMS(환경 관리 시스템)는 조직이 환경적 영향을 관리하고 개선하기 위해 구축하는 체계적인 접근 방법이다. 조직이 환경적 책임을 이행하고 지속 가능한 운영을 추구하기 위해 필요한 구조를 제공한다. EMS는 ISO 14001과 같은 국제 표준에 따라 구축될 수 있다. EMS에 포함되는 주요 내용은 다음과 같다.

1) 정책 및 목표 설정: 조직의 환경적 목표와 정책을 개발하고 문서화하는 것으로 시작한다. 이를 통해 조직이 환경적 책임을 이해하고 환경 관리에 대한 의무를 명확히 하도록 도움을 받을 수 있다.
2) 조직 및 책임 할당: 조직 내에서 환경 관리를 담당할 부서를 지정하고, 역할과 책임을 명확하게 하는 것으로 진행된다. 이는 환경 관리의 효과적인 운영과 모니터링을 위해 필수적인 단계이다.
3) 환경적 영향 평가: 조직의 활동이 주변 환경에 미치는 영향을 평가하는 과정을 포함한다. 조직이 환경적 영향을 이해하고 최소화하기 위한 조치를 취할 수 있도록 돕는 역할을 한다.

4) 계획 및 프로세스 개발: 환경 관리를 위한 계획 및 프로세스를 개발하고, 이를 조직 내에 구현하는 것을 목표로 한다.
5) 모니터링 및 개선: 조직의 환경 성과를 모니터링하고, 지속적인 개선을 위한 조치를 취하는 것을 포함한다. 조직이 환경적 성과를 계속 개선하고, 지속 가능한 운영을 실현하기 위해 도움을 주는 역할을 한다.

ENR (Engineering News Record)

ENR(www.enr.com)은 미국의 건설 관련 전문 잡지 회사이다. 매년 건설의 각 분야에서 전세계의 건설과 엔지니어링 회사들의 순위를 발표한다. 대형 건설 프로젝트의 진행 상황, 비용 및 일정 관리, 기술적 도전 과제 등도 다룬다.

EOB (End of Business)

EOB(업무 종료 시간)는 COB(Close of Business)와 마찬가지로 업무 종료 시간을 의미한다. 통상적으로는 오후 5시이며 해당 시간까지의 의미로 'by'와 같이 쓰는 것이 바람직하다. EOD(End of Day)는 하루의 끝을 의미하므로 해당 일의 자정과 같이 다른 개념으로 이해될 수 있으니 사용 시 유의해야 한다.

EOC (Expression of Concern)

EOC(우려 표명)는 주로 학술적인 논문이나 연구에서 사용되는 용어이다. 일반적으로 연구자나 전문가가 특정 주제나 문제에 대해 걱정이나 우려를 표명하는 문서나 성명을 의미한다. EOC는 학문적인 투명성과 윤리적인 기준을 유지하기 위해 사용되며, 연구 과정에서 발생할 수 있는 문제를 식별하고 개선하기 위한 도구로 쓰인다. EOC는 주로 다음과 같은 상황에서 사용될 수 있다.

1) 연구 결과에 대한 의문이나 논란이 있을 때: 연구자가 연구 결과의 타당성이나 정확성에 대한 의문을 제기할 때 사용된다.
2) 윤리적인 문제에 대한 우려를 표명할 때: 연구나 실험 과정에서 윤리적으로 의심스러운 행동이나 근거가 발견되었거나, 연구 결과의 윤리적인

측면에 대한 우려가 있을 때 사용된다.

3) 연구 과정이나 방법론에 대한 우려를 표명할 때: 연구 과정이나 방법론에 결함이 있거나, 적절하지 않은 경우에 대해 우려가 표명될 수 있다.

EOR (Engineer of Record)

EOR(감리자)은 미국 건설 산업에서 사용되는 용어로서, 설계부터 시공 단계까지 관리하는 책임자를 의미한다. 사업 전반을 관리하는 PM이나 건설 관리를 책임지는 CM과는 역할과 책임이 정확히 일치하지는 않는다. 설계를 관리하고 현장에서 설계대로 시공이 이루어지고 있는지 감독하며, 기술적인 해결책을 찾는 역할까지 수행하므로 감리자라고 해석하는 것이 적절할 것 같다.

EPI (Effective Point Information)

EPI(적용 시점 정보)는 엔지니어링 변경의 통지인 ECN 이후, 해당 변경이 언제 어디에서부터 적용될 예정인지 표시하는 정보이다. 변경이 실제로 적용되어 설계나 제조 프로세스에 효과를 발휘하기 시작하는 시점 정보를 포함한다.

ESP (Ensure Safe Production)

ESP(안전 생산 보장)는 건설이나 제조 현장에서 안전한 작업 환경을 유지하고, 생산 활동 중 발생할 수 있는 잠재적인 위험을 최소화하기 위한 노력이다. 안전 절차와 정책을 준수하고 안전 장비를 사용하며, 작업자들에게 적절한 훈련을 제공하여 안전성을 유지하는 것에 중점을 둔다. 사고 예방 및 건설 현장에서의 안전한 생산을 촉진하고, 재해나 사고에 대응하는 것을 목표로 한다.

ETO (Engineer to Order)

ETO(주문 설계 생산)는 확정된 주문을 기반으로 설계에 착수하는 생산 형태이다. 고객별 주문별 맞춤형으로 제품을 생산할 수 있어서 고객의 수용 정도는 높다. 반면에 고객의 주문 이후 생산까지 기간이 가장 오래 걸리는 방식이다.

FAR (Floor Area Ratio)

FAR(용적률)은 대지 면적에 대한 전체 지상층 연면적의 비율이다.

FAST (Function Analysis System Technique)

FAST(기능 분석 시스템 기법)는 VE 수행 과정 중에 사용되는 기능 분석 시스템 기법이다. FAST 다이아그램을 통해 시스템이나 제품의 비용과 기능을, 상호 논리 관계를 표현하여 대안과 함께 분석한다. 다양한 아이디어를 제안하고 분석하여 최선의 아이디어를 선택하는 목적으로 활용된다.

FCN (Field Change Notice)

FCN(현장 변경 통지)은 시공자가 발주자나 감리자의 승인이 불필요하다고 판단되는, 경미한 설계 변경 사항을 적용하기 위해 내부적으로 작성한 문서이다. 대형 프로젝트의 경우 FCN을 통해 해당 부서에 변경 사항들이 신속하게 공유될 필요가 있다. 한편, DCN은 공사 기간 중 설계 변경 사항을 현장 시공에 반영할 수 있도록, 발주자나 설계자가 감리자나 시공자에게 통보하는 문서이다. FCR은 FCN으로 처리할 수 없는 수준의 계약 금액이나 공사 기간 조정이 예상될 때, 시공자가 설계 변경 사항을 발주자나 감리자에게 통보하는 문서이다.

FCR (Field Change Request)

FCR(현장 변경 요청)은 계약 금액이나 공사 기간 조정 등이 예상될 때, 시공자가 해당 설계 변경 사항을 발주자나 감리자에게 통보하는 문서이다.

FDR (Final Design Review)

FDR(최종 설계 검토)은 프로젝트 설계의 마지막 단계에서 수행되는 검토 프로세스이다. 이 단계에서는 설계가 완료되고 최종 결정이 내려지기 전에, 시스템, 구조물 또는 설비의 최종 설계를 검토한다. 설계의 완결성, 안전성, 기능성, 비용 효율성 등을 최종적으로 확인하고 보장하기 위해 수행된다. 또한 고객의 요구 사항이 충족되었는지 여부를 검토하고 승인을 받기 위해 이루어진다.

FED (Far East District)

FED(미국 육군 극동 공병단)는 '미국 육군 공병단 극동 지구 사령부'라는 뜻으로, 우리나라에서는 각지의 미군기지를 대상으로 미국 정부에서 발주하는 중대규모 공사를 FED 공사라고 한다. 주한미군에서 직접 발주하는 중소규모 공사는 CCK(Construction Command Korea) 공사라고 한다. 미 육군 공병단(USACE; US Army Corps. of Engineers)의 산하인 태평양 지역 사령부(POD; Pacific Ocean Division) 내의 극동 지구 사령부를 FED라고 부른다.

FEED (Front-End Engineering Design)

FEED(기본 엔지니어링 설계)는 사업 초기인 프로젝트 기획 및 설계 단계에서, 플랜트 건설을 위한 기본적인 기획 및 설계 개념을 정립한 산출물이다. 기본 설계의 끝단(End)과 실시 설계의 앞단(Front)을 연결해 준다는 개념의 용어이다. 프로젝트 수행 단계에서 발생될 수 있는 설계 변경을 최소화하고, 건설비를 최적화하고자 하는 업무의 결과물이다. FEED는 기존의 플랜트를 참고하고 새로 개발될 플랜트의 설계 개념을 정립한다. 시장의 요구에 맞춰서 프로젝트 규모 결정, 변경, 공정 배치 등 다른 공정과의 호환 및 성능의 최적화를 위해 필요하다. EPC 계약의 경우 초기 입찰 단계에 입찰자에게 제공되어, 견적은 물론 계약 이후 상세 엔지니어링, 조달 및 건설을 위한 가이드라인이 된다.

FF&E (Furniture, Fixtures & Equipment)

FF&E(가구 기구 및 설비)는 건축 프로젝트에서 사용되는 용어로서, 움직일 수 있는 가구(Furniture), 내부에 부착되어 있는 기구(Fixtures), 각종 장비와 가전제품(Equipment)을 의미한다. 국제 계약에서 FF&E는 잠정공사비 성격의 PS(Provisional Sum)나 NS(Nominated Supplier) 형식으로 예산에 책정된다. 이후 시공자 계약에 포함시키거나 아예 발주자가 직접 발주하기도 한다.

FI (Field Instruction)

FI(현장 지시서)는 공사 기간 중 발주자나 감리자가 시공자에게 발급하는 작업이나 업무 지시서이다. SI(Site Instruction)도 유사한 개념의 용어이다.

FM (Facility Management)

FM(자산 관리)은 자산이나 건물에 대한 전반적인 관리 시스템이다. FM은 건물, 시설 또는 자산을 효율적으로 운영하고 유지하기 위한 다양한 서비스와 활동을 포함한다. 시설의 보안, 운영, 인원 관리, 유지 보수, 에너지 관리, 재해 대응, 건물 시설 및 환경의 주기적인 개선, 고객 대응 등이 FM에 포함된다.

GDC (General Design Criteria)

GDC(일반 설계 기준)는 특정 시스템, 장비, 구조물 또는 프로젝트의 설계 및 구축에 관련된 일반적인 기준이나 요구 사항을 정리한 자료이다. 일반적으로 해당 분야의 규정, 국제 표준, 기술 규격, 또는 특정 공학 원칙을 준수하기 위한 지침으로 사용된다. 설계자나 엔지니어가 특정 프로젝트를 진행할 때 고려해야 할 요소들을 명확하게 정의하고, 프로젝트의 안전성, 효율성 및 품질을 보장하기 위해 사용된다. 다양한 문서와 기준에 포함될 수 있으며, 프로젝트의 특성과 고유한 요구 사항에 따라 유연하게 조정될 수 있다. GDC 생성 이후에는 이의 하부 체계인 세부적 기준들이 구체적으로 마련되어야 한다.

GEP (Good Engineering Practice)

GEP(우수 엔지니어링 관행)는 공학 분야에서 일반적으로 인정되고 채택된 품질, 안전 및 효율성을 보장하기 위한 최고의 관행이나 기술을 말한다. 특정 분야나 산업에서의 엔지니어링 작업 및 프로젝트를 수행하기 위해 필요한 표준 절차, 기술 규격, 법규, 각종 규정 및 권고를 따르는 것을 의미한다. 이러한 관행은 공학 설계, 제조, 유지 보수 및 운영 등의 다양한 단계에서 적용될 수 있으며, 특히 안전 및 환경 보호에 중점을 둔다. GEP를 준수함으로써 엔지니어링 프로젝트나 작업이 안전하고 효율적으로 수행되고 품질을 유지할 수 있다.

GFA (Gross Floor Area)

GFA(총 연면적)는 건물 전체 층별 바닥 면적을 나타내는 용어이다. 건축 면적은 Building Area 혹은 Building Footprint라고도 한다. 대지 면적(Land Area)에 대한 지상층 연면적의 비율은 용적률(FAR; Floor Area Ratio)이다.

GLA (Gross Leasable Area)

GLA(총 임대 가능 면적)는 상업 부동산의 전체 연면적 중 실지로 임대를 하여 수익을 창출할 수 있는 부분의 면적이다. 전체 연면적 중 공용 공간이나 서비스 공간은 제외한다. 상업 부동산의 운영자나 투자자들은 GLA를 이용하여 건물이나 쇼핑몰의 총 임대 가능한 면적을 파악하고, 임대료 책정, 수익 분석, 운영 계획을 수립할 수 있게 도움을 받는다. Gross Lettable Area도 같은 의미다.

HRD (Human Resources Development)

HRD(인적 자원 개발)는 조직 내에서 인적 자원의 역량을 향상시키고 전문 기술, 지식, 능력 등을 개발하는 프로세스와 활동을 의미한다. 조직의 성과 향상과 개인의 직무 성과 및 직업 만족도 향상을 위해 중요한 역할을 한다. HRD는 교육 및 개발 프로그램, 성과 관리 시스템, 코칭 및 멘토링 프로그램 등 다양한 활동과 방법을 통해 구현될 수 있다. HRD의 목적은 다음과 같다.

1) 조직 성과 향상: 조직의 경쟁력을 향상시키고 기업 목표 달성을 위해 필요한 인적 자원의 역량을 강화한다. 이를 통해 조직의 생산성, 효율성 및 혁신성을 포함한 다양한 부분에서의 성과를 향상시킬 수 있다.
2) 직무 성과 개선: 개인이 필요로 하는 기술과 지식을 제공하고, 직무 수행 능력을 향상시킴으로써 개인의 직무 성과를 개선할 수 있다.
3) 조직 문화 및 리더십 강화: 조직 내 문화를 바람직한 방향으로 개선하고, 리더십 역량을 강화하여 조직 구성원 간의 협력과 의사소통을 촉진한다.

4) 전문 기술 및 능력 개발: 조직의 요구에 따라 필요한 전문 기술 및 능력을 개발하고 강화하여 조직의 성공을 지원한다. 사회적 상황 변화에 대응하고, 새로운 기회나 위협을 식별하여 조직에 반영할 수 있게 도움을 준다.

ICD (Initial Capabilities Document)

ICD(초기 역량 문서)는 미국 국방부에서 사용되는 용어로, 국방 시스템 개발의 효율성을 평가하는 목적으로 사용되는 문서이다. 시스템 아키텍처나 요구사항의 초기 수립 단계에서 ICD를 작성한다. 시스템의 초기 기능과 요구 사항을 문서화하여 명확하게 정의한다. 시스템의 초기 아키텍처를 수립하고, 이를 통해 시스템이 어떻게 구성되어야 하는지를 결정한다. 프로젝트의 초기 단계에 프로젝트의 방향성을 제시하고, 이후 개발 프로세스 계획에 사용된다.

IFA (Issued for Approval)

IFA(승인용 제출)는 설계 도서나 자재를 승인용으로 제출함을 의미한다.

IOM (Inter-Office Memorandum)

IOM(내부 메모)은 조직 내의 서로 다른 부서나 사무실 간에 정보를 교환하고 전달하기 위해 사용된다. 내부적으로 조직의 일반적인 운영 및 의사 소통을 지원하는 목적으로 사용된다. 조직 내의 직원들 간에 정책 변경, 회의 일정, 프로젝트 업데이트, 협조 요청, 중요 정보의 전달 등과 같은 다양한 주제에 관한 내용을 다룰 수 있다. 일반적으로 간단한 양식으로 작성되며, 보내는 사람과 받는 사람의 이름, 날짜, 제목 및 본문 내용, 필요한 첨부 서류들이 포함된다.

ITP (Inspection and Test Plan)

ITP(검사 시험 계획서)는 제조나 건설 중 각 단계별 품질 관리를 위해 작성하는 검사 시험 계획서이다. 검사 항목, 검사 규격 및 표준, 검사 합격 기준 범위, 검사 주체와 통제 구분을 명기한다. 대표적인 통제 구분에는 Inspection, Hold

Point, Review Report, Witness 및 Spot Witness가 있다.

JD (Job Descriptions)

JD(업무 기술서)는 특정 직무나 업무에 대한 세부적인 설명이 포함된 문서이다. 해당 직무의 업무 내용, 책임 및 필요한 직무 역량 등을 기술한다. 인사 관리 및 조직 관리에 중요한 도구로 이용된다. 채용 프로세스에도 이용되어 채용 대상 인원의 직무와 관련된 요구 사항을 명확히 기술하여 적합한 인재를 채용하고 관리하기 위한 기준을 제공한다. 외국인을 채용해야 하는 해외 프로젝트의 경우에는 특히 상세한 JD를 준비해서 채용을 진행해야 한다. 이에는 근로 조건, 근무 형태, 급여 수준 및 성과 평가 등이 구체적으로 기술되어야 한다.

KMS (Knowledge Management System)

KMS(지식 관리 시스템)는 조직이 지식을 수집, 저장, 공유, 활용하기 위해 사용하는 시스템이다. 조직의 지식 자산을 효율적으로 관리하고 이를 활용하여 조직의 성과를 향상시킬 수 있다. 다음과 같은 기능을 포함할 수 있다.

1) 지식 수집 및 저장: 조직 내부 및 외부에서 생성되는 지식을 수집하고 저장하는 기능을 제공한다. 이는 문서, 보고서, 메모, 이메일, 전자 결재, 블로그 포스트, 클라우드 스토리지 등의 형태로 이루어질 수 있다.
2) 지식 공유: 수집된 지식을 조직 내의 다른 구성원과 공유하는 기능을 제공한다. 이를 통해 중복 작업을 최소화하고 소통 효율성을 높일 수 있다.
3) 지식 검색 및 액세스: 사용자가 필요한 지식을 쉽게 찾고 액세스할 수 있는 검색 기능을 제공한다. 검색 엔진, 카테고리화된 지식 베이스, 키워드 검색, 스레드 관리 분석 등을 통해 이루어진다.
4) 지식 관리 및 분석: 지식의 품질을 평가하여 관리하고 분석한다.

KOM (Kick-off Meeting)

KOM은 프로젝트 초기에 진행되는 Kick-off Meeting의 약자이다.

KPI (Key Performance Indicator)

KPI(주요 성과 지표)는 개인 또는 조직의 성과를 객관적으로 평가하는 기준이며 정량적인 지표이다. 목표를 달성하기 위한 전략을 수립하고 세부적인 목표치를 정량화하여, 조직 구성원들에게 성과 달성에 대한 동기를 부여하고 해당 기간 만료 시점에 성과를 평가한다. 객관적이고 정량적인 기준을 통해 목표 달성 정도를 평가하여, 구성원들에게 평가의 신뢰성을 인지시킬 필요가 있다.

KPP (Key Performance Parameter)

KPP(핵심 성능 매개 변수)는 사용자가 설정한 요구 조건과 성능을 충족해야 하는 시스템의 핵심 기능이다. 시스템 개발의 기초가 되며 변경될 경우 개발 비용과 기간에 영향을 미치는 변수이다. 다음과 같은 특성을 가지고 있다.

1) Critical to Success: KPP는 프로젝트 또는 시스템이 성공적으로 완료되기 위해 반드시 충족되어야 하는 핵심적인 성능 요구 사항이다.
2) Quantifiable and Measurable: 수치화되고 측정 가능해야 하며 명확한 기준으로 성과를 평가하고 검증할 수 있도록 해야 한다.
3) Stable and Well-Defined: 프로젝트나 제품의 생명 주기 동안 안정적으로 유지되고, 요구 사항이 변동될 시의 예상 영향을 명확히 정의해야 된다.
4) Key System Characteristics: 주요 시스템 특성이나 기능을 반영해야 하며, 시스템이나 제품의 핵심 용도나 목표를 반영해야 한다.
5) Agreed Upon by Stakeholders: 이해 관계자들 간에 합의된 것이어야 한다. 프로젝트 팀과 고객 등 모든 이해 관계자들이 동의해야 되는 것이다.

KSA (Key System Attribute)

KSA(핵심 시스템 속성)는 시스템이나 제품의 핵심적인 특징이나 속성을 나타내는 개념이다. 이러한 핵심 시스템 속성은 시스템의 기능, 성능, 안전성, 신뢰성 등과 관련된 중요한 특성을 포함할 수 있다. 특정 시스템이나 제품이 제공해야 하는 핵심적인 특성을 정의하고, 이해 관계자들 간에 합의된 요구 사항을 포함한다. 프로젝트의 성공을 위해 필수적으로 충족되어야 하는 것이다.

LCC (Life Cycle Cost)

LCC(생애 주기 비용)는 시설물의 생산부터 철거에 이르는 전체 생애 주기에 들어가는 비용이다. 투자 단계의 건설 사업비만 검토하는 방식에서, 건물의 운용 후 철거 단계에까지 소요되는 비용 전체를 검토하는 방식으로 확대된 개념이다. 초기 사업 기획 및 설계 단계에서부터 유지 관리 비용을 최소화하며, 최고의 가치와 최대의 효과를 얻을 수 있도록 산정하고 분석해야 한다.

LL (Lessons Learned)

LL(학습 교훈)은 프로젝트나 업무 진행 중 얻은 교훈이나 배운 점을 나타낸다. 이는 특히 이전의 경험을 바탕으로 비슷한 상황에서, 더 효율적으로 업무를 수행하고 효과적으로 대응할 수 있도록 도와준다. 조직이 지식을 공유하고 향후 프로젝트나 업무에서의 성공을 촉진하기 위한 도구로 사용된다. 이를 위해서는 프로젝트나 업무에서 얻은 성공적인 경험과 실패 사례에 대한 분석과 정리가 필요하다. 프로세스나 시스템이 작동하는 것과 작동하지 않는 것에 대한 분석과 대책을 포함한다. 의사 소통 방법과 시기는 적절했는지에 대한 평가와 개선점도 도출한다. 시간, 예산, 인력과 같은 자원 관리에 대한 교훈과 최적화 방법을 제안한다. 리스크나 위기 상황에서의 대응 전략과 배운 점을 정리한다.

LOD (Level of Development)

LOD(상세 수준 정도)는 BIM(Building Information Modelling)의 상세 수준 정도를 나타내는 지표이다. 일반적으로 LOD 100부터 LOD 500까지 다섯 단계로 구분되며 유지 관리용 목적인 LOD 500이 가장 상세한 수준이다.

1) LOD 100: 개념 설계(Conceptual Design) 단계에 적용하는 스케치 수준의 모델링이며, 설계 방향이나 컨셉(Concept)을 정할 때 참고한다.
2) LOD 200: 기본 설계(Schematic Design & Design Development) 단계에

적용되며, 전체적인 건물의 형상을 확인할 수 있고, 견적용 상세 수량 산출은 어렵지만 개략적인 수량 산출이 가능한 수준의 모델링이다.

3) LOD 300: 실시 설계(Construction Document) 단계에 적용되며 전체 부재와 마감 상세까지 모델링한다. 부재 간의 간섭을 확인할 수 있고 상세 견적을 위해 BOQ(Bill of Quantities) 작성용 수량 산출도 가능하다.
4) LOD 400: 제작 및 시공 상세도(Fabrication and Shop Drawings) 작성 단계의 모델링이다. 제작과 시공을 위한 부자재들까지 적산이 가능한 수준의 상세를 포함한다. BOM(Bill of Materials) 작성의 기초가 될 수 있다.
5) LOD 500: 유지 관리용 도서(As-built & Maintenance Drawings) 작성 수준의 모델링이다. 실제 시공된 세부 데이터가 모두 포함되고, 유지 관리자가 건설 단계에서 생성된 모든 정보를 파악할 수 있어서, 유지 관리에 효율적으로 이용할 수 있는 수준의 모델링이다.

LOT (Letter of Transmittal)

LOT(업무 연락 양식)는 업무 연락을 위해 상세한 자료가 첨부된 표지를 말한다. 건설 프로젝트의 경우 승인 서류, 도면, 기술 자료나 상대방의 요청에 대한 답신을 LOT의 첨부 문서로 포함하여 주고 받는다. LOT에 첨부되는 문서들이 단독으로 송부되기도 한다. 예컨대, 자재 승인 요청서(RAM)가 단독으로 송부될 수도 있고, LOT 갑지의 을지 형식으로 포함되어 송부되는 경우도 있다. LOT 사용 여부는 문서 관리 절차(DCP; Document Control Procedure)에 따라 달라질 수 있다. 일부 프로젝트에서는 공문 자체를 LOT라 부르기도 한다.

MBO (Management by Objective)

MBO(목표 관리)는 목표에 의한 관리를 의미한다. 회사의 비전, 경영 전략과 연간 사업 계획 목표를 달성하기 위해, 조직별로 사전 협의를 통해 업무 목표와 달성 기준을 합의한다. 이를 일정 기간이 지난 후 그 결과를 평가하여, 계획 대비 성과를 점검해가는 관리 시스템이다. 조직의 목표를 먼저 설정하고 이를 구체적이고 측정 가능한 성과 목표로 설정한다. 이후 목표 달성 정도를 정기적으로 평가하고 이에 대한 피드백을 제공한다. 해당 기간 종료 시점에 목표 대비 달성 정도를 객관적으로 평가하여 팀원과 조직 평가에 활용한다.

MDR (Master Document Register)

MDR(종합 문서 기록)은 프로젝트 과정 중 생성된 모든 문서의 종합 기록부이다. 문서의 효율적인 관리와 추적을 지원하여 조직 내에서 문서의 유효성, 업데이트 상태, 버전 관리 등을 관리하게 도움을 준다. 이해 관계자들과의 협업 절차를 개선하고, 중복 작업을 줄여 문서 관리의 일관성을 유지할 수 있다.

MEP (Mechanical Electrical Plumbing)

MEP(기계 전기)는 기계 전기 배관의 의미로 기계 설비와 전기 설비를 지칭하는 용어다. M&E(Mechanical & Electrical)도 같은 개념의 용어로 쓰인다.

MOM (Minutes of Meeting)

MOM(회의록)은 회의 내용을 기록한 문서이다. Agenda는 회의 시 논의되어야 할 사안들을 사전에 공유하는 문서이다. 회의 이후 MOM을 참석자들로부터 확인 받아 확정하고, 부속 문서인 'To-do-list'와 함께 주기적으로 내용을 변경하여 관리한다. 회의 내용의 단순한 나열과 기록을 지양하고 항목별 'Action by'를 추가하면, 업무 수행 주체와 업무 완료 목표 시점을 명기함으로써, 'To-do-list'를 별도로 관리하지 않아도 되고 변경 이력 관리도 쉬워진다.

MOU (Memorandum of Understanding)

MOU(양해 각서)는 양 당사자가 해당 사항에 대해 협력하거나 합의한다는 의미로 작성하여 서명 날인한 서류이다. 정식 계약 이전에 신의성실의 원칙에 기반한 협력과 합의를 문서화한 것에 불과하므로, 계약적 구속력은 없으며 일방이 해당 협력과 합의를 취소해도 계약 분쟁이 될 수 없다.

MPR (Monthly Progress Report)

MPR(월간 공정 보고서)은 감리자나 시공자가 해당 월의 공사 진행 현황과 성과를 요약하여 보고하는 문서이다. 공정률, 도면과 자재 승인 현황, 비용의 집행 현황, 주요 이슈 사항, 의사 결정 필요 사항과 다음 달의 계획을 보고한다.

MR (Material Requisition)

MR(자재 청구)은 건설 프로젝트에서 필요한 자재나 장비를 청구하고 주문하기 위한 문서나 양식이다. 필요한 자재의 세부 목록과 수량을 명기한다. 재료의 사양, 품질 요구 사항, 납품 방법, 장소와 일정이 추가된다. 프로젝트 또는 공사 위치와 주문자 정보 및 필요한 재료의 예산 비용 정보도 포함된다.

MRR (Material Receiving Report)

MRR(자재 수령 보고서)은 자재나 장비가 공급 업체로부터 수령되었음을 문서화하고, 그 상태에 대한 초기 검사 결과를 기재한 서류이다. 시공자 자체 구매 업무의 일부에도 사용되지만, 발주자가 직접 발주한 자재나 장비의 수령을 확인하는 목적으로 사용되기도 한다. 향후 발생할 수도 있는 분쟁에 대비하기 위해 최대한 상세하게 수령 품목들을 검사하고 기록할 필요가 있다.

MTC (Mill Test Certificate)

MTC(검사 증명서)는 철강 제품의 성분 및 기계적 성질을 명기한 증명서이다. 제조사가 해당 제품의 특정 품질 규격을 준수하였음을 증명하는 서류이다. 건설 공사에 있어서는 철강재인 철근과 철골의 증명서가 대표적인 MTC이다.

MTO (Make to Order)

MTO(주문 생산)는 확정된 주문을 기반으로 생산에 착수하는 생산 형태이다. 주문 설계 생산(ETO; Engineer to Order)보다 기간은 짧게 소요되지만, 고객별 주문별 맞춤형으로 제품을 생산할 수 없는 단점을 지니고 있다.

MTO (Material Take-off)

MTO(수량 산출)는 제조나 작업에 필요한 자재 수량을 산출하는 작업이다. 상세한 자재 목록은 BOM으로 정리되고 이후 RFQ나 RFP에 포함된다.

MTS (Make to Stock)

MTS(재고 생산)는 생산이 완료되어 재고로 있는 상품을 구매하는 방식이다. 상품 생산 및 판매 방식 중 가장 속도가 빠르다. 반면, 고객별 요청에 대한 대응은 불가능하다. 고객은 생산 완료된 제품만을 선택할 기회를 가질 수 있다. 일반적인 구매는 모두 MTS에 속한다. 온라인 오프라인 구매 고객 모두는 이미 생산된 제품 구성 중에서 비교하고 분석하여 구매를 하기 때문이다.

NCR (Non-Conformance Report)

NCR(부적합 보고서)는 건설 공사 기간 중 특정 시공이나 설치 과정에서, 프로젝트 요구 조건이나 시방서를 준수하지 않았음을 지적하여 통보하는 문서이다. 발주자나 감리자가 시공자에게 송부하며, 특정 부적합 조건을 관련 근거와 함께 명기하고 이에 대한 조치 사항 및 조치 요구 일자를 명기한 문서이다.

NOI (Notification on Inspection)

NOI(검사 통지서)는 해당 물품이나 장비의 검사를 위한 예상 일정과 장소를, 생산자, 검사 감독관이나 검사 입회인에게 사전에 통지하는 서류이다.

NOS (Not Otherwise Specified)

NOS(특별히 명시되지 않은)는 문서에 특별히 명시되어 있지 않는 한이라는 의미로 쓰인다. 책임이나 의무를 부여함에 있어 해당 문서에 구체적으로 명시된 사항에 해당되지 않을 경우 일반적인 조건들이 적용된다는 의미다. Unless Otherwise Specified, Unless Otherwise Stipulated나 In the Absence of Specific Instructions to the Contrary도 유사한 개념의 용어로 쓰이고 있다.

NTC (Notice to Correct)

NTC(시정 통지)는 시공자가 계약의 의무를 수행하지 못하는 경우가 발생할 때, 이에 대한 시정을 요구하며 엔지니어가 발급하는 서류이다. NTC에는 시공자가 이에 대해 시정해야 할 합리적인 기한을 명시한다. 필요시 엔지니어는 시공자가 수행하지 못한 계약 의무와 관련된 계약 조항이나 조건을 구체적으로 명시한다. NTC 접수 후 시공자는 의무 이행 방법과 시정 조치를 취할 시작 날짜를 명시하여 즉시 엔지니어에게 회신하여야 한다. NTC는 현장의 부적합한 작업에 대한 조치 지시서인 부적합 보고서(NCR; Non Conformance Report)와는 다르게, 계약 의무 불이행과 같은 중대한 사유에 따른 조치 요구이므로 신속하게 대응할 필요가 있다. 시공자가 적기에 NTC에 회신하지 않거나, NTC 회신에 적시된 기한을 지키지 못할 경우 계약 해지의 사유가 될 수도 있다.

O&M (Operation & Maintenance)

O&M(운영 및 유지 보수)은 시설 및 주요 인프라의 지속적인 운영과 유지 보수를 위한 활동을 나타낸다. 시설의 안정성과 가용성을 확보하고, 요구 성능을 유지하고 최적화하기 위해 수행해야 할 활동이다. O&M의 주요 관리 항목은 다음과 같이 분류할 수 있다.

1) 전력 및 공조 시스템 유지 보수: 전력 공급 및 공조 시스템의 정상 작동을 보장하기 위해 주기적인 점검과 유지 보수가 필요하다.
2) 소방 시스템 유지 보수: 화재 예방을 위해 소방 시스템을 점검하고 테스트하여 화재 안전과 긴급 대응 조치를 관리한다.
3) 물리적 보안 시스템 유지: 출입 통제, CCTV, 침입 감지 시스템 등의 물리적 보안 시스템을 유지하고, 보안 문제 발생 시 즉각 대처한다.
4) 비상 대응 및 복구: 비상 상황에 대응하는 계획 및 절차를 개발하고, 이를 주기적으로 훈련하고 검토한다. 재난 후 복구 계획을 수립하고 관리한다.
5) 자원 관리 및 용량 계획: 자원 사용량을 모니터링하고 성능 점검을 수행하여 자원의 사용을 최적화한다. 필요한 자원 용량 계획을 수립하고, 자

원을 확장하거나 축소하는 결정을 내리기 위한 기준을 마련한다.

6) 보고 및 문서화: 운영 및 유지 보수 활동에 대한 보고서를 작성하고 데이터베이스로 관리하여 운영의 투명성을 높인다. 시설 및 장비의 업데이트, 유지 보수 기록, 문제 해결 내용 등을 문서화하여 관리한다.

PAM (Plant Asset Management)

PAM(공장 자산 관리)은 공장 내의 설비 및 자산을 효율적으로 관리하기 위한 체계적인 접근 방식을 의미한다. 제조 공장에서 사용되는 장비와 시설물들을 포함한 자산을 최적화하고 관리하는 측면에 중점을 둔 접근 방식이다. 자산의 상태를 모니터링하며 운영을 평가하고 유지 보수를 실시한다. 최상의 상태로 공장을 유지하고 최적의 비용으로 공장을 운영하는 활동을 포함한다.

PCM (Pre-Construction Meeting)

PCM(시공 전 회의)은 해당 공사 착수 이전에 프로젝트 참여자들이 모여서, 공사 계획을 공유하고 상호 토의하는 회의이다. 공사 범위, 공정 계획, 인원 및 장비 동원 계획, 품질 관리 계획, 안전 관리 계획, 설계 관리 계획 및 연관된 작업 공종들 간의 협력과 조정이 필요한 사항들을 공유하고 토의한다.

PCP (Project Continuity Plan)

PCP(프로젝트 연속성 계획)는 프로젝트 진행의 연속성을 보장하기 위한 계획을 나타낸다. 예상치 못한 사건이 발생했을 때 프로젝트가 중단되지 않고 계속 진행될 수 있도록 관리하는 방법을 제시한다. 해당 프로젝트의 특성을 반영한 계획이며, 비즈니스 연속성 계획(BCP; Business Continuity Plan)의 하위 개념이다. 일반적으로 PCP에는 다음과 같은 내용이 포함될 수 있다.

1) 리스크 평가 및 대응 전략: 프로젝트를 위협하는 다양한 리스크와 재해를 식별하고, 그에 대한 대응 전략을 개발한다. 프로젝트 내부의 요소인 기술적 문제, 인적 자원 부족은 물론 외부의 환경 변화까지도 고려한다.

2) 비즈니스 연속성 계획: 프로젝트가 중단될 경우 비즈니스 연속성을 유지하기 위한 계획을 개발한다. 재난 복구, 임시 작업 장소 설정, 중요한 데이터의 백업 및 복원, 대안 기술과 대체 자원 투입 등을 포함할 수 있다.
3) 인적 자원 및 역할 대체 계획: 주요 팀원의 부재가 예상될 때 이로 인한 업무 공백에 대비하여, 대체 인력을 식별하고 투입할 계획을 마련한다.
4) 장비 및 시스템 대체 계획: 프로젝트에 필요한 중요한 장비나 시스템에 장애가 발생되었을 경우를 대비하는 대체 방안을 개발한다. 대안 공급 업체와의 계약, 예비 장비나 시스템 구매, 기술 지원 등을 포함할 수 있다.
5) 프로젝트 문서 및 정보 관리: 중요한 프로젝트 문서와 정보를 안전하게 보관하고 백업한다. 물리적인 사고로 인한 문서 손실이나 보안 침입으로 인한 유출을 방지하고, 필요할 때 신속하게 복구할 수 있게 관리한다.
6) 테스트 및 훈련: 프로젝트 팀원들이 계획을 이행하는 방법을 테스트하고 훈련하여, 팀원들이 위기 상황에서 적절하게 대응할 수 있도록 한다.

PDR (Preliminary Design Review)

PDR(사전 설계 검토)은 기본 설계 산출물이 프로젝트 요구 조건을 충족하고, 이후 실시 설계로 진행될 수 있는 정도의 수준인지 검토하는 절차이다. 설계의 적절성, 요구 조건과의 부합 여부, 성능 구현 정도 등을 파악한다. PDR을 통해 발견된 결함이나 문제를 해결하고 설계를 보완한다. 보완된 설계가 완료되면 다음 단계인 최종 설계 검토(FDR; Final Design Review)를 실시한다. FDR은 상세 설계가 완료되고 생산이나 구현 단계로 나아가기 전에, 최종적인 설계 검토와 승인을 받는 절차이다. PDR은 일반적으로 다음과 같은 활동을 포함한다.

1) 설계 문서 검토: 프로젝트의 초기 설계 문서를 검토하고 분석한다. 기능 요구 사항, 기술 사양, 설계 요구 사항 등이 반영되었는지 검토한다.
2) 기술적인 타당성 평가: 설계의 기술적인 사항을 평가하고 타당성을 확인한다. 설계의 기술적인 제약 사항, 기술적인 위험 요소 등을 검토한다.
3) 성능 및 안전성 평가: 설계의 예상 성능과 안전성을 평가하고 확인한다.

4) 비용 및 일정 평가: 초기 설계의 예상 비용과 일정을 평가하고 확인한다. 프로젝트 목표를 달성하기 위해 설계 단계에서 검토해야 할 비용 및 일정 요구 사항을 검토하고, 필요할 경우 추가 비용 투입을 고려한다.
5) 리스크 식별 및 관리: 초기 설계 검토에서 파악한 잠재적인 리스크를 식별하고 관리하는 방안을 논의한다. 제품이나 서비스가 공급되었을 때에 발생될 수 있는, 설계의 기술적인 결함이나 고객 불만 사항을 고려한다.

PE (Professional Engineer)

PE(전문 엔지니어)는 기술적인 전문성과 역량을 가지고, 건축물이나 시스템의 설계, 감리, 공사 단계에서의 기술 지원을 담당하는 전문가이다. 기술 분야의 학위나 전문 자격증을 가지고, 건설 프로젝트에서 기술적인 문제를 해결하고 최적의 설계를 제공하는 중요한 역할을 한다. 정부 기관이나 협회에 등록되어 활동하며, 담당 분야에 대해 공식적이고 행정적인 인증 주체로서의 지위를 행사할 수 있다. 기술 분야의 최상위 자격인 전문 분야별 기술사 자격증 소지자를 의미하기도 한다. PE의 주요 활동 범위는 다음과 같다.

1) 설계 및 감리: PE는 건설 프로젝트의 설계 및 감리에 참여하여, 안전하고 효율적인 설계를 제공하고 프로젝트의 품질을 보장한다. 구조물의 안전성과 효율성을 확보하고, 관련 법규와 규정을 준수하게 지원한다.
2) 품질 보증: 건설 프로젝트의 설계와 시공 단계에서의 품질 관리를 담당하여, 설계와 실제 건설이 일치하는지 확인하고 품질 관리를 지원한다. 이를 통해 건축물의 품질을 높이고 신뢰성을 향상시킬 수 있다.
3) 법률 및 규정 준수: 건설 관련 법률, 규제 및 규정을 준수할 수 있도록 지원한다. PE가 인증한 설계는 해당 분야의 규정을 준수하고 법적 행정적 요구 사항을 충족할 수 있다고 공식적으로 인정된다.
4) 프로젝트의 안전성 보장: 건설 프로젝트의 안전성을 보장하고 위험을 최소화할 수 있도록 지원한다. 전문적인 지식과 경험을 바탕으로 안전한 설계 및 건설 방법을 제안하고 효율적으로 구현되도록 지원한다.

PE (Project Engineer)

PE(프로젝트 엔지니어)는 건설 프로젝트에 있어서 설계와 건설 단계에 실지로 참여하며 담당 업무를 수행하는 엔지니어이다. 일반적으로 PM이나 CM과 같은 직책자와 구분하여, 프로젝트 수행 실무를 담당하는 팀원으로 이해된다.

PEM (Project Engineering Manual)

PEM(프로젝트 엔지니어링 매뉴얼)은 프로젝트 엔지니어링과 관련된 절차, 지침 및 규정을 문서화한 매뉴얼이다. 프로젝트 엔지니어링 업무 수행을 관리하고, 효율적인 엔지니어링 작업을 수행할 수 있게 사용되는 중요한 도구이다. PEM에는 일반적으로 다음과 같은 지침과 내용이 포함될 수 있다.

1) 프로젝트 개요 및 목적: 프로젝트 엔지니어링의 개요와 목적을 설명하고, 프로젝트의 범위와 일정 계획을 확정하여 포함한다.
2) 프로젝트 조직 구조: 엔지니어링 팀의 구성원 및 역할을 정의한다. 엔지니어링 매니저, 담당 엔지니어, 설계자 및 협력 회사를 포함한다.
3) 기술적인 절차 및 규정: 기술적인 절차와 규정을 문서화한다.
4) 설계 및 일정 관리: 설계 및 일정 관리에 관련된 절차와 지침을 제공한다. 설계 요구 사항 도출, 단계별 설계 검토 및 변경 관리 절차를 규정한다.
5) 문서 관리: 엔지니어링 결과물의 작성, 보고와 보관에 대한 절차를 정의한다. 문서 작성 규칙, 문서 관리 시스템 사용, 보고 양식 등을 포함한다.
6) 변경 및 이슈 관리: 설계 변경 사항 및 이슈를 관리하는 절차를 정의한다. 변경 요청 처리, 이슈 추적 및 해결 방법 등을 포함할 수 있다.

PIP (Project Implementation Plan)

PIP(프로젝트 실행 계획)는 프로젝트를 성공적으로 실행하기 위해 필요한 단계별 항목별 활동 계획을 종합한 계획서이다. 프로젝트 실행 단계 전반에 걸쳐서 기준으로 제시되는 중요한 문서이다. 지정된 기간 내에 목표를 달성하기 위해 프로젝트를 실행하고 모니터링하며 관리하는 방법을 제시한다. 일반적으로 프로젝트 관리 계획(PMP; Project Management Plan) 보다 하위의 개념으로 이해되지만 차이는 미미하다. 다음과 같은 주요 사항들이 포함된다.

1) 프로젝트 범위: 프로젝트 범위, 목표, 결과물 및 제약 조건을 정의하여, 모든 팀 구성원이 달성해야 할 사항을 명확하게 이해할 수 있도록 한다.
2) 프로젝트 조직: 프로젝트 이해 관계자의 역할과 책임을 식별한다. 여기에는 프로젝트 팀원, 스폰서, 고객 및 관련된 외부 파트너가 포함된다.
3) 작업 분류 체계(WBS): 프로젝트 결과물을 더 작고 관리 가능한 작업으로 나눈다. 이를 통해 작업을 효과적으로 구성하고 계획할 수 있다.
4) 일정: 작업 순서, 기간, 종속성, 마일스톤 및 완료일을 설명하는 자세한 프로젝트 일정을 개발한다. 프로젝트 진도를 모니터링하고 관리한다.
5) 자원 관리: 각 작업이나 활동에 필요한 필수 자원을 식별하고 할당한다. 여기에는 인적 자원, 장비, 자재 및 예산 할당이 포함된다.
6) 리스크 관리: 프로젝트의 성공에 영향을 미칠 수 있는 잠재적인 리스크와 불확실성을 식별한다. 리스크의 영향을 최소화하기 위해 위험 완화, 이전, 회피 혹은 예비비 편성 등과 같은 대응 전략을 개발한다.
7) 커뮤니케이션 관리: 프로젝트 전반에 걸쳐 커뮤니케이션을 관리하는 방법을 정의한다. 여기에는 커뮤니케이션 방법과 빈도, 절차, 채널, 업데이트, 관련 이해관계자와의 협의 및 의사 결정에 필요한 절차를 규정한다.
8) 품질 관리: 프로젝트 결과물이 지정된 요구 사항 및 기대치를 충족하도록 품질 표준 및 절차를 설정한다. 여기에는 품질 보증 프로세스, 테스트 프로토콜 및 품질 관리 조치가 포함될 수 있다.
9) 변경 관리: 프로젝트 범위, 일정 또는 요구 사항에 대한 변경 사항을 관리하고 승인하는 방법을 정의한다. 변경 사항을 효과적으로 평가하고 우선순위를 지정하며 구현하기 위한 공식적인 변경 프로세스를 확립한다.
10) 모니터링 및 보고: 프로젝트 진행 상황을 모니터링, 추적 및 보고하는 방법을 설명한다. 핵심 성과 지표(KPI)를 기반으로 한 평가와 보고 체계를 정의하여, 프로젝트 계획 대비 진행 상황을 비교하여 측정한다.

11)교육 및 전환: 프로젝트 팀 구성원 또는 최종 사용자에 대한 교육 요구 사항을 식별한다. 프로젝트가 완료된 후 생성된 결과물을 운영 및 유지 보수 환경으로 전환하여 활용하기 위한 계획을 개발한다.

12)종료 및 평가: 프로젝트 종료 기준 및 종료 이후에 실시할 검토와 평가 방법을 정의한다. Lessons Learned를 체계적으로 정리하여 조직 프로세스 자산(OPA)으로 축적하고, 미래 프로젝트에 대한 참고 자료로 활용한다.

PM (Project Manager)

PM(프로젝트 매니저)은 건설 프로젝트에 있어 시공자 조직 상의 프로젝트 총괄 관리자의 의미와, 발주자를 대리하여 프로젝트 사업 전반을 관리하는 주체의 의미를 동시에 가지고 있다. 사업 관리자인 PMC의 해당 프로젝트 책임자나 회사 자체를 PD 혹은 PM이라고 부르기도 한다. 시공자의 프로젝트 총괄 관리자인 PM은 프로젝트를 계획, 조정, 실행 및 완료하기 위한 전반적인 책임을 지닌다. 프로젝트의 범위, 일정, 예산, 품질, 안전, 조달, 의사 소통, 리스크 및 자원을 관리하고 조정하는 역할을 한다. 프로젝트가 성공적으로 수행될 수 있게 프로젝트 팀원과 협력하고, 조직의 이해 관계자들과 의사 소통을 한다. PM의 역할이 전반적인 프로젝트 관리 및 조정이라고 하면, CM의 역할은 보다 협의의 개념으로서 건설 현장에서 공사를 직접 감독하고 관리하는 것이다. 건설 공사의 실질적인 실행과 생산성 보장에 더 중점을 둔다. 현장에서의 공정, 품질, 안전 관리를 직접 감독한다. 작업 인력의 투입과 진도를 파악하고 공종 간의 유기적인 협력을 위해 협력 회사와 의사 소통하고 조정한다.

PMIS (Project Management Information System)

PMIS(프로젝트 관리 정보 시스템)는 프로젝트 관리에 필요한 정보를 수집, 저장, 분석 및 보고하기 위해 사용되는 컴퓨터 기반의 시스템이다. 프로젝트 관리를 지원하는 도구와 기능을 포함한다. 프로젝트 계획, 일정, 예산 등과 같은 프로젝트 관련 문서들을 저장하고 관리한다. 프로젝트 일정과 리소스 할당을 관리하고 추적한다. 프로젝트 이해 관계자 간의 의사 소통을 지원한다. 프로젝트의 리스크와 문제를 식별하고 추적하며 관리한다. 프로젝트 진행 상황을 모니터링하고 성과를 평가하여 성과에 대한 보고서를 생성한다.

PMO (Project Management Office)

PMO(프로젝트 관리 본부)는 기업이 진행하는 해당 프로젝트의 총괄 관리 조직을 의미한다. 'PMI(Project Management Institute, www.pmi.org)'사에서 발간하는 PMBOK(Project Management Body of Knowledge) GUIDE의 정의에 따르면, "PMO는 프로젝트 업무 범위 내에서 프로젝트를 총괄 관장하고 조정 관리하는, 다양한 책임이 부과된 조직체 또는 주체이다".

PMP (Project Management Plan)

PMP(프로젝트 관리 계획)는 프로젝트의 모든 하위 관리 계획이 종합된 프로젝트 관리 계획이다. 프로젝트의 계획, 실행, 감시 및 통제를 종합한 문서로, 모든 과정의 부수적인 계획과 기준선을 포함한다. 프로젝트의 목적, 범위, 일정, 비용, 리스크 관리, 품질 보증 등을 다루며, 프로젝트의 성공을 보장하기 위한 기반을 제공한다. 프로젝트 팀과 이해관계자 간의 의사 소통을 촉진하고, 프로젝트 관리자가 프로젝트를 성공적으로 완료할 수 있도록 도와준다. PMBOK GUIDE에 따르면 PMP의 하위 계획에는 다음과 같은 계획들이 포함된다.

1) 범위 관리 계획(Scope Management Plan): 프로젝트 범위의 계획, 실행, 모니터링 및 제어 프로세스를 포함한다. 프로젝트가 정의된 경계 내에서 유지되고, 약속된 일정과 예산 내에서 완료되도록 계획한다.
2) 요구 사항 관리 계획(Requirements Management Plan): 프로젝트 전체의 요구 사항을 식별, 분석, 문서화, 추적 및 관리하는 방법을 정의한다.
3) 일정 관리 계획(Schedule Management Plan): 프로젝트 일정을 개발, 모니터링 및 제어하는 방법을 설명한다. 마일스톤, 마감일 및 종속성이 포함되며, 진행 상황을 추적하고 필요에 따라 조정하기 위해 사용된다.

4) 비용 관리 계획(Cost Management Plan): 프로젝트 예산을 책정, 모니터링하고 제어하는 방법을 설명한다. 프로젝트 전반에 걸쳐 예산 대비 투입 비용을 확인하고 추적하는 방법을 설명한다. 프로젝트가 예산 내에서 완료되고 목표 수익률이 달성되도록 도움을 준다.
5) 품질 관리 계획(Quality Management Plan): 프로젝트 품질을 정의, 관리 및 제어하는 방법을 설명한다. 최종 제품이 이해 관계자의 요구 사항을 충족하는지와 품질 문제 발생 시 조치 절차를 확인하도록 도움을 준다.
6) 자원 관리 계획(Resource Management Plan): 프로젝트 자원을 획득, 할당 및 관리하는 방법을 설명한다. 예산과 일정 내에서 필요한 자원을 사용할 수 있게 하고, 자원의 가용성을 식별하고 추적할 수 있게 한다.
7) 의사 소통 관리 계획(Communication Management Plan): 프로젝트 정보를 이해 관계자와 공유하는 방법과, 이해 관계자에게 프로젝트 진행 상황을 알리는 방법을 설명한다. 프로젝트 구성원과 이해 관계자에게 충분한 정보를 제공하고, 모든 문제를 신속하게 해결할 수 있게 도움을 준다.
8) 리스크 관리 계획(Risk Management Plan): 프로젝트 수행의 잠재적 리스크와, 이 리스크를 완화하거나 관리하기 위해 사용될 전략을 설명한다. 리스크를 식별하고 분석하고 우선 순위를 정한 다음, 해당 리스크를 효과적으로 관리하기 위한 계획을 개발하는 작업이 포함된다.
9) 조달 관리 계획(Procurement Management Plan): 프로젝트 전반에 걸쳐 상품과 서비스를 조달하는 방법과 계약을 관리하는 방법을 설명한다.
10) 변경 관리 계획(Change Management Plan): 프로젝트 변경 사항을 관리하고 제어하는 방법을 설명한다. 프로젝트에 대한 모든 변경 사항이 적절하게 평가되고, 프로젝트 목표 및 목적에 부합하며 프로젝트가 제대로 진행되는지 확인할 수 있게 도움을 준다.
11) 기준선(Baseline): 범위 기준선(Scope Baseline)은 프로젝트의 목표, 결과물 및 요구 사항을 정의한다. 비용 기준선(Cost Baseline)은 프로젝트 예산과 프로젝트에 할당된 자금의 개요를 설명한다. 일정 기준선(Schedule

Baseline)은 마일스톤 및 종료일을 포함한 프로젝트 일정을 제공한다.

12) 성과 측정 기준(Performance Measurement Baselines): 프로젝트의 실제 성과를 측정하기 위해 프로젝트 계획 단계에서 설정한 표준과 목표이다.

13) 프로젝트 생애 주기(Project Life Cycle): 프로젝트가 시작부터 종료까지 거치는 일련의 단계에 대한 종합적인 접근 및 평가 방식을 계획한다.

PMP (Project Management Professional)

PMP(프로젝트 관리 전문가)는 미국의 'PMI(Project Management Institute, www.pmi.org)'사에서 인증하는 국제 공인 프로젝트 관리 전문가 자격증이다. PMP는 주로 북미 지역에서 적용이 되고, 유럽 지역에서는 'PRINCE2(Projects IN Controlled Environments version 2)' 자격증을 선호한다.

POA (Power of Attorney)

POA(위임장)는 위임인이 대리인에게 위임인의 특정 권한을 부여한다는 것을 증명하는 서류이다. 건설 공사에 있어서는 입찰 단계나 공사 단계에 해당 회사의 직원이 대표이사의 권한을 위임 받아 업무를 수행할 때 사용한다. 특히 '현장대리인계'라 불리는 위임장은 현장대리인(현장 소장)이 해당 프로젝트에 있어서는 회사의 대표자로 권한을 행사할 수 있음을 의미한다. 위임장에는 '법인 인감계'와 '사용 인감계' 등이 포함되어 있어야 한다. 법적 분쟁을 피하기 위해서는 해당 위임장에 위임 권한을 구체적으로 특정할 필요가 있다.

PP (Plot Plan)

PP(부지 위치도)는 건설 공사에 있어서 개발이나 건설이 예정된 부지 내의 건물의 위치를 포함한 주위의 레이아웃을 표시한 도면이다.

PQP (Project Quality Plan)

PQP(프로젝트 품질 계획서)는 프로젝트의 품질 관리를 위한 계획서이다. 품질 관리 계획(QMP; Quality Management Plan)과 유사한 내용을 정리한 문서로서, QMP와의 상하위 관계를 기준으로 검토하는 것은 의미가 없다. PQP 작성의 주요 목적은 프로젝트 수행 과정은 물론, 건설이나 제작이 완료된 성과물이 요구 사항에 부합하는 품질을 유지할 수 있게 하는 것이다. 요구되는 품질을 유지하는 것은 일정 및 원가 관리에도 긍정적인 영향을 미친다. PQP에는 일반적으로 다음과 같은 내용들이 포함된다.

1) 품질 정책(Quality Policy): 프로젝트의 품질에 대한 정책이 포함된다.
2) 조직 및 책임(Organization and Responsibilities): 품질 관리를 담당할 조직 구조를 결정하고, 이들의 역할과 책임을 명확히 정의해야 한다.
3) 절차서(Procedure): 품질 관리를 위한 절차서가 포함되어야 한다. 품질 검사, 테스트, 문서화, 협력 업체 관리 등을 포함할 수 있다.
4) 표준 및 기술 시방서(Standards and Technical Specifications): 프로젝트에 적용되는 모든 표준 및 기술 시방서들이 명시되어야 한다.
5) 검사 및 시험 계획(Inspection and Testing Plan): 품질을 확인하기 위한 시험 절차와, 결과물에 대한 검사 및 시험 계획이 포함되어야 한다.
6) 품질 보증 및 관리(Quality Assurance and Quality Control): 생산물의 품질을 유지하기 위한 QA 및 완성품에 대한 QC 절차가 포함되어야 한다.
7) 교육 및 훈련(Training and Education): 프로젝트 팀원들에게 품질 관리에 필요한 정기적인 교육과 훈련이 제공되어야 한다.
8) 기록 관리(Record Management): 품질 관리의 모든 기록이 규정에 따라 적정하게 유지되고 변경되며 관리되어야 한다.

PR (Peer Review)

PR(동료 검토)은 프로젝트 기술 문서에 대해 유사한 경험과 지식을 갖춘 독립적인 기관이나 인물에 의해 검토를 받는 것이다. 프로젝트의 가치를 향상시키고 오류를 줄이며, 전반적인 성능을 향상시키는 효과를 얻을 수 있다. 문서가 제시하는 기술이 올바르게 이해되고 제시되었는지 검토하고, 오류나 부정확한 정보가 있는지 확인한다. 대상 기술이 프로젝트 환경에 적합한지, 현장 조건과 규제 사항 등을 고려하였는지 검토한다. 문서 내의 정보나 데이터가 일관성이 있는지 확인하고, 모순된 정보나 데이터가 있을 경우 이를 조정한다. 필요한 모든 세부 정보가 포함되어 있는지 확인하고, 중요한 부분이 빠져 있거나 부족한 내용이 있을 때 이를 보완할 수 있도록 조언한다. 관련 규격, 규제, 표준 등을 준수하였는지 확인하여, 해당 분야의 규정을 준수하지 않는 부분이 있는지 확인하고 수정을 요청한다. 프로젝트의 안정성과 안전성을 위협할 수 있는 잠재적인 위험 요소나 문제점이 있는지 확인하고 대응 계획을 제안한다. 제안된 기술이 필요한 자원과 비용을 효율적으로 활용할 수 있는지 검토한다.

PRO (Public Relation Officer)

PRO(대관 업무 수행인)는 중동 국가에서 사업을 할 경우, 주로 노동 허가를 포함한 대관 업무를 담당하는 직원이다. 현지인이나 아랍인이 고용되며 이들은 각종 인허가와 노무 관련 자료를 지참하고 관련 행정 기관을 방문하며 업무를 수행한다. 행정 서류들을 아랍어로 작성해야 하고, 행정 기관 공무원들이 아랍권 이외 사람들과의 업무 진행을 꺼리기 때문에 PRO 고용은 필수적이다. 중동 대부분의 국가들이 자국민 강제 고용을 종용하는 각종 제도들을 운영하고 있어서, 이에 대한 대책으로 현지인을 채용하여 대관 업무에 투입하기도 한다.

PS (Procurement Strategy)

PS(조달 전략)는 구매 및 조달 활동을 관리하고 지원하기 위한 전략이다. 프로젝트에 소요되는 자재, 장비, 시공 협력사 및 관련 서비스를 효과적으로 조달하고 관리하는 방법을 서술한다. 프로젝트 일정을 준수하기 위해 자원을 적기에 확보하는 것을 목표로 한다. 적절한 자원을 배정된 예산 내에서 조달할 수 있도록 구매 요청부터 공급까지 비용 관리를 실행한다. 요구 사항을 충족하는 품질을 갖추고 있는지 확인하는 검증과 검사 절차를 포함한다. 조달 과정에서 발생할 수 있는 잠재적인 리스크를 식별하고, 이에 대해 효과적으로 대응할 수 있는 방안을 포함한다. 자원 조달 및 계약 절차를 조직의 규정에 기준하여 진행하고, 관련 법규나 규제에 위배되는 사항이 있는지 지속적으로 검토한다.

PSI (Pound per Square Inch)

PSI(평방 인치당 파운드)는 영국과 미국에서 일반적으로 사용되는 압력의 단위이다. 1 PSI는 1 평방 인치 영역에 1 파운드의 힘을 가하는 것을 나타낸다. 이 단위는 파스칼(Pascal)과 비슷한 역할을 하며 압력을 측정할 때 사용된다. 자동차 타이어, 가스, 공기 및 유체의 압력 등을 측정하기 위해 널리 사용된다.

PTW (Permit to Work)

PTW(작업 허가서)는 건설 현장의 안전 관리 업무에 주로 적용되는 문서이다. 사전에 제출된 작업 계획서를 검토한 결과 안전 위험 요소를 확인했고 선제적으로 검토를 완료하였기에, 작업 착수가 가능하다고 발급하는 허가 서류이다.

QMP (Quality Management Plan)

QMP(품질 관리 계획서)는 프로젝트에서 품질을 관리하기 위한 계획서이다. 프로젝트의 품질 관리 프로세스와 방법을 기술하며, 품질 요구 사항을 충족시키기 위한 전략을 제시한다. 프로젝트 품질 계획(PQP; Project Quality Plan)의 내용과 유사한 내용들을 포함한다. QMP에는 다음과 같은 내용을 포함한다.

1) 목표 및 목적: 품질 관리 계획의 목표와 목적을 명확하게 정의한다. 프로젝트에서 어떤 품질 수준을 달성하고자 하는지를 기술하여 공유한다.
2) 범위: 품질 관리 계획이 적용되는 범위를 명시한다. 어떤 부분이나 어떤 단계에서 품질 관리가 이루어지는지를 예상 일정과 함께 정의한다.
3) 프로세스: 품질 관리에 사용되는 프로세스와 절차를 설명한다. 품질 보증, ITP(Inspection and Testing Plan)와 같은 시험 프로세스를 정의한다.
4) 조직: 품질 관리를 수행하는 구성원의 역할과 책임을 명시한다.
5) 도구 및 기법: 품질을 관리하기 위해 사용되는 도구와 기법을 설명한다.

통계 기법, 품질 검사 도구, 품질 보증 기법 등을 포함할 수 있다.

6) 활동 일정: 품질 관리 활동의 일정과 순서를 계획한다. 품질 관리 활동이 언제 어떤 순서로 수행되어야 하는지를 명시한다.
7) 결과 보고서: 품질 관리 활동의 결과를 문서화하고 보고하는 방법을 기술한다. 품질 보증 감사와 검사 결과 보고서 등이 포함될 수 있다.

QS (Quantity Surveyor)

QS(적산사)는 건설 프로젝트의 수량 적산과 견적을 담당하는 조직원의 의미가 있고, 공사비 견적을 포함하여 계약 관리와 클레임 등을 담당하는 회사나 조직원을 칭하는 의미도 지니고 있는 용어이다. 견적을 위한 수량 산출 자체 업무를 QS 혹은 MTO(Material Take-off)라고 부르기도 한다.

R&D (Research and Development)

R&D(연구 및 개발)는 기술 혁신과 제품 혁신을 추구하는 조직이나 기업의 연구와 개발 활동이다. 새로운 기술, 제품, 서비스, 공정 등을 개발하고, 새로운 지식을 창출하기 위한 활동이다. 연구(Research)는 새로운 지식을 탐구하고 발견하기 위한 활동을 의미한다. 학문적 연구나 기초 연구뿐만 아니라, 시장 조사와 경쟁 업체 분석 등을 포함할 수 있다. 개발(Development)은 연구 결과나 새로운 아이디어를 기반으로 제품, 서비스, 기술 등을 개발하는 활동을 의미한다. 제품 디자인, 실험, 시제품 제작, 초기 테스트 활동 등을 수행한다. R&D는 기업이 경쟁력을 유지하고 성장하기 위해 필수적인 활동으로 여겨진다. 새로운 기술을 개발하거나 혁신적인 제품을 출시함으로써, 시장에서의 위치를 강화하고 고객들에게 새로운 가치를 제공할 수 있다. 또한, R&D는 기술적 문제 해결, 효율성 향상, 비용 절감 등의 목표를 달성하기 위해 활용되기도 한다.

R&R (Roles and Responsibilities)

R&R(역할과 책임)은 조직원이 맡은 역할과 그에 따른 책임을 의미한다. 이 용

어는 프로젝트 관리, 조직 관리 및 업무 프로세스 설계 등 다양한 상황에서 사용된다. Roles(역할)는 조직 내에서 각각의 개인이 수행하는 특정한 작업이나 기능을 나타낸다. 예를 들어, 프로젝트 팀에서는 프로젝트 매니저, 개발자, 품질 보증 담당자 등이 서로 다른 역할을 맡을 수 있다. Responsibilities(책임)는 역할에 따른 각 개인의 의무나 책임을 나타낸다. 이는 특정 역할이나 기능에 대해 개인이 어떤 일을 해야 하는지, 그리고 그에 따른 결과에 대해 어떻게 책임을 져야 하는지를 정의한다. 예를 들어, 프로젝트 매니저는 프로젝트 일정을 관리하고 팀원들의 작업을 조정하는 역할과 이에 대한 책임을 부여 받는다.

RAM (Request for Approval of Material)

RAM(자재 승인 요청서)은 프로젝트에 사용되는 자재나 장비에 대한 승인을 요청하는 서류이다. 시공자는 사용이 예정된 자재의 설계 요구 조건에 대한 기술 사양의 적합성 등을 관련 자료와 함께 감리자에게 제출하고 승인을 받는다.

RE (Resident Engineer)

RE(상주 엔지니어)는 발주자를 대리하여 현장에 주재하며 시공을 관리하는 엔지니어이다. 영연방 국가에서는 SO(Superintending Officer)도 같은 개념으로 쓰인다. RE 하부 조직원인 COW(Clerk of Work)나 RI(Resident Inspector)는 주로 공사 부분의 검측을 포함한 품질 관리를 담당하는 엔지니어를 칭한다.

RFI (Request for Information)

RFI(질의서)는 건설 공사 진행 중 도서의 불일치, 간섭, 누락 등이 발견되거나 추가 정보가 필요할 때 정리하여 설계자에게 보내는 질의서이다. 일반적으로 누락이나 오류에 대한 수정을 포함한 RFI의 답변은 설계 변경을 수반하게 되고, 공사비 또는 공사 기간을 변경하는 CO(Change Order) 혹은 VO(Variation Order) 협상의 시작점이 되기도 한다. 해외 건설 계약에 있어서 RFI로 인지된 설계 변경 사안은 계약에 합의된 기한 내에 발주자에게 통지되어야 한다.

RI (Resident Inspector)

RI(상주 검사자)는 현장에서 RA(Resident Architect)나 RE(Resident Engineer)를 보좌하며, 공사 부분의 검측을 포함한 품질 관리를 담당하는 엔지니어이다.

RP (Residence Permit)

RP(거주 허가)는 외국인이 해당 국가에서 일정 기간 동안 거주하고 일할 수 있는 법적 행정적 권한이다. 거주 허가를 가진 외국인은 해당 국가의 법률에 따라 거주자로서 인식되며, 일부 법적 권리와 의무를 가질 수 있다. 근로, 부동산 소유, 세금 납부, 교육 및 건강 서비스 혜택 등을 포함할 수 있다. 거주 허가를 가진 외국인은 합법적으로 거주하고 일할 수 있으므로 이민 상태가 유지된다. RP의 유효 기간은 국가별로 다른데, 영구 체류가 가능할 수 있고 일정 기간이 지나면 이민국이나 노동 관련 부처 심사를 거쳐 기간을 연장할 수도 있다.

SD (Schematic Design)

SD(개념 설계)는 건설 공사 설계 단계 분류 중, 최초 설계 단계인 개념 설계를 의미한다. SD 완료 이후 DD(기본 설계)를 거쳐, CD(실시 설계)를 끝으로 전체 설계가 완료된다. SD와 유사한 개념으로 CD(Conceptual Design)도 쓰인다.

SDR (System Design Review)

SDR(시스템 설계 검토)은 시스템 설계를 검토하는 단계이다. 미국 국방부 개발 사업 및 항공 우주 프로젝트 관련하여 사용되는 용어이다. 시스템의 예비 설계를 평가하여 시스템이 지정된 요구 사항을 충족하고 목표를 달성할 수 있도록 진행되고 있는지를 평가한다. SDR은 일반적으로 시스템 요구 사항 검토(SRR; System Requirement Review)와, 중요 설계 검토(CDR; Critical Design Review)의 중간 단계에서 실시된다. CDR 실시 이전에 사전 설계 검토(PDR; Preliminary Design Review) 단계가 추가되기도 한다. SRR이 시스템 요구 사항을 정의하여 기반을 설정하는 반면, SDR은 예비 설계가 해당 요구 사항을 준수하는지 평가하고 기술적 타당성을 평가한다. SDR은 제안된 설계의 기술적 타당성과 건전성을 평가한다. 여기에는 사용 중인 설계 기본 방향, 하위 시스템, 인터페이스 및 기술을 검토하는 작업이 포함된다. 설계 및 개발 프로세스와 관련된 잠재적 위험을 식별하고 완화 전략을 제안한다. 계획된 예산 및 일정을 기준으로 한 평가도 포함된다. 프로젝트 관리자, 엔지니어, 최종 사용자, 고객 대표 등 관련 이해관계자들을 참여시켜 의견을 수집하고 반영한다.

SFR (System Functional Review)

SFR(시스템 기능 검토)은 시스템의 기능 수준이 설정되고 할당된 예산과 일정 내에서 요구 사항을 충족할 수 있는지 검토하는 절차이다. 시스템의 하위 수준 성능 요구 사항이 상위 수준 성능 요구 사항을 충족하는지 검토한다. SFR의 기준이 되는 문서에는 초기 역량 문서(ICD; Initial Capabilities Document)와 역량 개발 문서(CDD; Capability Development Document)가 있다.

SME (Subject Matter Expert)

SME(해당 분야 전문가)는 특정 주제나 분야에 대해 전문적인 지식과 경험을 보유한 사람을 의미한다. 자신이 전문가로서 인정받는 분야에서 다른 사람들에게 조언, 지도, 교육 또는 컨설팅을 제공할 수 있다. 자신이 전문적으로 활동하는 분야에 대한 광범위한 지식을 가지고 있다고 할 수 있다. 해당 분야에 대한 최신 동향, 관련 법규 및 규정, 주요 이슈 등을 포함한 전문 분야에서 발생하는 문제를 해결하고 의사 결정을 지원한다. 지식과 경험을 기반으로 교육 및 훈련 프로그램을 개발하고 이를 전달하여, 다른 사람들의 역량과 전문 지식을 향상시킬 수 있다. 프로젝트 팀에 속해서 다양한 분야의 SME들과 협업하고, 전문 지식을 활용하여 프로젝트를 성공적으로 수행할 수 있게 도움을 준다.

SMP (Safety Management Plan)

SMP(안전 관리 계획서)는 건설 현장에서 안전을 관리하고 유지하기 위한 종합적인 계획서이다. 다양한 안전 정책, 절차 및 조치들을 포함한다. 일반적으로 SMP에는 다음과 같은 정책과 부속 계획(Subsidiary Plan)들이 포함된다.

1) 안전 목표 및 정책: 안전 관리의 목표를 거시적으로 제시하고, 이에 따라 세부적으로 추진해야 할 정책과 부속 계획을 포함한다.
2) 위험 평가 및 관리 계획: 건설 현장에서의 잠재적인 위험을 평가하고 관리하기 위한 방안을 제시한다. 작업 환경, 장비, 작업자 등에 대한 위험을 평가하고, 그에 따른 대응책을 마련하는 것을 포함한다.
3) 작업 규정 및 절차: 모든 작업자들에게 건설 현장에서의 안전 규정과 작업 절차를 명확하게 제시한다. 안전 장비의 사용, 위험 구역 작업 절차, 사고 발생 시의 대응 절차, 비상 상황 대응 등을 포함한다.
4) 교육 및 훈련 계획: 건설 현장에서의 모든 작업자들이 안전 규정을 이해하고 준수할 수 있도록, 교육 및 훈련을 제공하는 계획을 수립한다. 이는 신규 채용자 교육, 정기적인 안전 훈련 프로그램 등을 포함한다.
5) 사고 대응 및 보고 절차: 재해나 사고가 발생한 경우 이에 대한 비상 대응 방법을 제시하고, 사고 조사와 함께 후속 조치를 취하는 절차를 제시한다. 비상 연락망을 통한 사고 전파 및 보고하는 절차도 포함한다.
6) 위험 물질 관리 계획: MSDS를 활용하여 위험 물질의 안전한 저장, 사용, 처리 및 폐기 처분을 관리하기 위한 계획을 수립한다.
7) 환경 관리 계획: 건설 공사로 인한 환경 영향을 최소화하기 위한 계획을 제시한다. 폐기물 관리, 자연 생태계 보호, 환경 오염 방지 등을 포함한다.

SO (Superintending Officer)

SO(공사 감독관)는 영연방 국가에서 사용하는 용어로서, 현장에 상주하며 발주자를 대리하여 건설 공사 전반을 관리하는 감독관이다. 건설 현장의 일정 및 진행 상황 관리, 자재 및 장비의 구매와 관리, 작업의 안전 및 품질 보증, 공사 진행과 관련된 기술적 문제의 해결 등을 담당한다. RA(Resident Architect)나 RE(Resident Engineer)의 업무와 유사한 업무를 수행한다.

SOC (Social Overhead Capital)

SOC(사회적 간접 자본)는 운수, 통신, 용수, 전력 등과 같은 산업 발전의 기반이 되는 여러 가지 공공 시설과 서비스를 말한다. 이 시설들은 대부분 정부나 지방 자치 단체의 통제 하에 있기 때문에 사회적 자본이라 불린다. 또한 특정 기업 또는 개인에게만 혜택이 돌아가는 게 아니라, 사회적 공익과 관련된 간접적 필요에 의해 마련되는 것이므로 사회적 간접 자본이라고 부르기도 한다.

SOE (Sequence of Events)

SOE(순차적 이벤트)는 대형 플랜트의 장비 제어 시스템에서 사용하는 용어로서, 변화하는 장비의 상태를 시간 순서대로 정렬한 이벤트 목록이다. 장애가 발생하였을 때 어떤 부분이나 지점이 원인인지 연관 고리를 찾아갈 수 있게 정리한 것이다. 장애 발생 전과 후의 데이터를 분석하여, 어떤 부분과 지점이 문제가 되었는지 확인할 수 있다. 데이터의 수집 주기가 짧아질수록 데이터의 양은 증가하지만, 원인 지점의 파악에는 보다 정확성을 확보할 수 있다.

SOW (Scope of Work)

SOW(업무 범위)는 프로젝트를 완성하기 위한 작업 범위나 과업의 범위를 기록한 자료이다. 프로젝트 참여자들에게 관련된 프로젝트의 결과물, 목표, 일정 및 비용들을 포괄적으로 요약하여 제공한다. ‘PMI’사에서 발간한 PMBOK GUIDE에 따르면 Scope Management에는 다음의 단계들이 있다.

1) Plan Scope Management(범위 관리 계획): 프로젝트 범위가 어떻게 정의되고 승인되고 통제될 것인지 계획하는 단계이다.
2) Collect Requirements(요구 사항 수집): 프로젝트의 목표 달성을 위해 이해 관계자의 요구와 요청 사항들을 수집한다.
3) Define Scope(범위 정의): 프로젝트와 제품에 대한 상세한 요구 조건과 설명을 작성하여 범위를 정의하는 단계이다.
4) Create WBS(WBS 작성): 프로젝트를 수행하기 위한 작업들을 작고 관리

가능한 요소인 WBS(Work Breakdown Structure)로 나누는 단계이다.

5) Validate Scope(범위 입증): 범위 산출물을 입증 받는 단계이다.
6) Control Scope(범위 통제): 프로젝트와 제품의 진행 상황을 감시하고, 범위 기준선과 비교하며 변경을 통제하고 관리하는 단계이다.

SOW (Statement of Work)

SOW(업무 명세서)는 프로젝트 완성을 목적으로 책임 범위를 명확하게 하기 위해 작성하는 명세서이다. 업무 범위(SOW; Scope of Work)를 바탕으로 보다 상세하게 작성한다. 외부 참여자와의 계약 범위를 규정하는 기초가 되며, RFP, RFQ나 WO의 부속 서류(Appendix)로 활용되기도 한다.

SRR (System Requirements Review)

SRR(시스템 요구 사항 검토)은 프로젝트 초기 단계에 생성된 설계가, 요구 사항들을 적절히 반영하였는지 검토하는 절차이다. 주로 시스템 엔지니어링이나 소프트웨어 개발 분야에서 사용되는 용어이다. 제품의 요구 사항이 명확하고 일관성 있게 적용되고 구현되었는지 검토한다. SRR을 통해 시스템이나 제품이 개발되는 과정에서 발생할 수 있는 혼란과 잠재적인 위험을 줄일 수 있다. 유사한 개념의 용어로는 SRR(Software Requirements Review)이 있다.

TBM (Tool Box Meeting)

TBM(툴 박스 미팅)은 영어 단어 그대로의 의미로 Tool Box(공구 상자)를 앞에 두고 작업원들이 작업에 착수하기 이전에, 작업팀장을 중심으로 해당 작업의 내용, 계획, 안전 관리 사항 등을 공유하고 협의하는 미팅이다.

TCF (Technical Construction File)

TCF(기술 문서)는 유럽 연합의 CE(Conformite Europeenne) 인증을 받기 위해 준비하는 서류 중 하나인 기술 문서이다. CE 표시는 유럽 연합 공동 표준에 적합한 상품을 의미하며 제품과 포장에 부착되어야 한다. 기술 문서에는 생산자 정보, 제품 정보, 사용자 매뉴얼, 도면, 시험 성적서와 카탈로그 등이 포함된다.

TCN (Third Country Nationality)

TCN(삼국인)은 해외 건설 현장에서 주로 한국 국적이 아닌 다른 국적을 가진 직원이나 노동자를 지칭한다. 예를 들어, 한국 기업이 중동이나 아프리카 등의 지역에서 건설 프로젝트를 수행할 때, 한국인이 아닌 필리핀이나 인도 노동자들을 TCN으로 지칭할 수 있다. 이들은 해당 국가의 노동법 및 이민법에 따라 일하는 경우가 많다. TCN은 주로 자국인보다 적은 비용으로 고용할 수 있고, 특정 기술 또는 노동력을 보완하기 위해 고용할 수도 있다.

TIA (Traffic Impact Assessment)

TIA(교통 영향 평가)는 해당 사업의 시행에 따라 발생하는 교통량과, 교통 흐름의 변화 및 교통 안전에 미치는 영향을 조사 예측 평가하고, 그와 관련된 각종 문제점을 최소화할 수 있는 방안을 마련하는 절차를 말한다.

TOC (Total Organic Carbon)

TOC(총 유기 탄소)는 화학 및 환경 분야에서 사용되는 용어로, 물 또는 다른 시료에 포함된 유기 탄소(Organic Carbon)의 총량을 나타낸다. 유기 물질이 물체나 환경에 존재하는 정도를 측정하기 위해 사용하는 지표이다. 대기, 토양, 물 등 여러 환경 시스템에서 유기 탄소의 농도를 측정하여, 환경 오염의 정도나 생태계의 건강 상태를 평가하기 위해 측정된다. TOC 측정 결과는 물질 처리 시스템의 성능을 평가하거나 환경 모니터링에 활용될 수 있다.

TOR (Terms of Reference)

TOR(참조 사항)은 과업 수행 예정자에게 과업의 주제, 특기 사항, 과업 중 다룰 사안들, 일정 및 인도물 등을 기술하여 제공하는 자료이다. 업무 범위(SOW;

Scope of Work)나 업무 명세서(SOW; Statement of Work)와 개념이 유사하다.

TR (Transmittal)

TR(문서 전달)은 프로젝트 진행 중에 상대방에게 문서를 전달하는 양식이다. 국내 공사에서는 시공자와 감리자가 주고 받는 자료로 통용된다.

TVD (Target Value Design)

TVD(목표 가치 설계)는 프리콘 활동 중의 한 가지로 프로젝트의 비용과 기능 간의 균형을 유지하면서, 프로젝트의 목표 가치를 최적화하는 설계 관리 기법이다. 목표 기능과 품질을 기초로 설계를 최적화하되, 비용 요소를 감안하여 비용 초과가 예상될 경우 일정 부분 기능과 품질 수준을 조정하는 것도 포함된다. 발주자의 예산을 먼저 결정한 후 프로젝트 참여자들이 설계 단계부터 참여하여, 예산에 맞는 설계를 도출하는 최적화 작업이다. 예산 대비 해당 시점의 예상 공사비를 대비하여, 현재 어느 정도까지 공사비가 추정되는지 추이를 보여주는 Cost Trending 기법을 사용한다. 설계 완료 후 시공자를 선정하는 전통적인 방식으로 공사를 수행할 경우, 예측하지 못했던 설계의 결함 등으로 시공자의 설계 변경 클레임이 등이 발생될 수 있다. 이로 인해 공사 기간이 증가하거나 프로젝트 비용이 과다하게 상승할 수 있다. 이러한 단점을 개선하기 위해 프리콘과 유사한 IPD(Integrated Project Delivery) 기법이 도입되었다.

UON (Unless Otherwise Noted)

UON(명시되지 않는 한)은 계약 문서 등에 쓰이는 문구로, 별도로 명시되지 않는 한으로 한정하는 문구이다. 특정한 사항이나 규칙이 명시적으로 언급되지 않을 경우에, 일반적인 사항이나 규칙이 기본적으로 적용된다는 것을 의미한다. 유사한 의미로 다음과 같은 용어들이 사용된다.

1) Unless Otherwise Specified(UOS): 특정 사항이나 조건이 명시되지 않은 경우에는, 일반적인 사항이나 조건이 기본적으로 적용된다는 의미이다.

2) Except as Otherwise Provided(EAOP): 특정 규정이나 조항이 명시되어 있지 않은 경우에는, 일반적인 규정과 조항에 따라 적용된다는 의미이다.
3) In the Absence of Contrary Provision(IACP): 반대되는 규정이 명시되어 있지 않은 경우에는, 일반적인 조항이나 규정이 기본적으로 적용된다.

VD (Vendor Document)

VD(공급자 서류)는 제품을 제조하는 공급 업체가 제출한 문서를 지칭한다. 공급 업체는 제품의 기술 사양, 설계, 제조 과정, 유지 보수, 운영 매뉴얼 등이 포함된 VD를 시공자에게 제출한다. 시공자는 이를 프로젝트 요구 조건과 부합하는지 확인한 후, 제조나 공급을 위해 승인용으로 발주자나 감독관에게 제출한다. 유사한 용어로는 VD(Vendor Data)와 VP(Vendor Print)가 있다.

VE (Value Engineering)

VE(가치 공학)는 프로젝트의 목표 기능은 유지하되, 대안 자재 등을 적용하여 비용을 줄이거나 건설 기간을 단축하는 등, 프로젝트의 가치를 높이는 일련의 활동을 말한다. 공법 개선, 대안 자재 및 장비 선택, 설계 도서 변경 등을 통해 일차적으로 공사비 절감이나 공사 기간 단축을 꾀할 수 있고, 추가로 생애 주기 비용(LCC; Life Cycle Cost)을 절감하여 가치를 높이는 활동까지 포함한다.

VM (Value Management)

VM(가치 관리)은 프로젝트의 가치를 극대화하고 비용을 최적화하기 위한 전략적인 접근 방식이다. 프로젝트의 목표를 달성하기 위해 필요한 결과물을 식별하고, 이를 최소한의 비용으로 달성하는 것을 목표로 한다. VM은 프로젝트 수행 초기부터 종료까지 적용될 수 있다. 초기에는 목표와 요구 사항을 식별하고 가치를 결정하며, 프로젝트 진행 중에는 변경 사항이나 문제가 발생할 때마다 계속해서 가치를 최적화하고 개선을 진행한다. VM은 일반적으로 다음과 같은 주요 원칙에 기반하여 작동한다.

1) 가치 식별: 프로젝트의 목표를 달성하기 위해 가장 중요한 결과물을 식별하고 우선 순위를 정한다. 이를 통해 프로젝트 팀은 가장 중요한 가치를 창출하고 추구할 수 있는 목표를 수립할 수 있다.
2) 비용 최적화: 프로젝트를 수행하는 동안 자원과 비용을 효율적으로 관리하여, 최소한의 비용으로 최대한의 가치를 창출할 수 있다.
3) 협력과 창의성: 프로젝트 팀의 협력과 창의성을 장려한다. 팀 멤버들은 함께 협력하여 가치를 극대화하는 최상의 해결책을 찾을 수 있다.
4) 지속적인 개선: 지속적인 개선과 혁신을 촉진한다. 프로젝트 팀은 계속해서 프로세스와 결과물을 검토하고 개선할 수 있도록 지원된다.

VMS (Vendor Management System)

VMS(공급자 관리 시스템)는 프로젝트에서 공급 업체를 효과적으로 관리하기 위한 시스템이다. 건설 프로젝트에서는 다양한 공급 업체들이 장비, 부품, 노동력 등을 제공하고 협력한다. 이러한 공급 업체들을 효과적으로 관리하고 협력 관계를 유지하기 위해서 공급 업체 관리 시스템을 활용한다. VMS는 일반적으로 다음과 같은 관리 및 보고 기능을 포함할 수 있다.

1) 등록 및 관리: 업체의 개요와 연락처 등을 등록하고 관리한다.
2) 계약 관리: 업체와의 계약 정보를 관리한다.
3) 자격 심사: 업체의 자격 및 성능을 심사하고 평가한다.
4) 주문 관리: 업체와의 주문 정보를 생성하고 관리한다.
5) 결제 관리: 업체에 대한 결제 처리를 관리한다.
6) 품질 관리: 업체의 제품 또는 서비스의 품질을 모니터링하고 관리한다.
7) 평가 및 보고: 업체 성과를 평가하고 보고하여 개선점을 확인한다.

VOC (Voice of Customer)

VOC(고객의 소리)는 고객의 의견, 요구 사항, 기대치, 만족도 및 피드백을 나타내는 용어이다. 고객 중심의 비즈니스 전략과 제품 또는 서비스 개발에 참고가 되는 중요한 개념이다. 기업이 제품이나 서비스를 개선하고 고객 만족도를 높이기 위해 사용될 수 있다. 고객의 목소리를 수집하고 분석함으로써 기업은 고객의 요구 사항을 이해하고 제품이나 서비스를 개선하는 방향으로 조치를 취할 수 있다. VOC는 다음과 같은 방식으로 수집될 수 있다.

1) 설문 조사: 고객에게 설문 조사를 실시하여 의견을 수집할 수 있다.
2) 피드백 양식: 웹사이트, 앱 또는 제품 내부에서 고객에게 피드백을 요청할 수 있는 양식을 제공하여 의견을 수집할 수 있다.
3) 고객 지원 상담: 고객과의 상담을 통해 고객의 불만을 수집할 수 있다.
4) 소셜 미디어 및 온라인 커뮤니티: 소셜 미디어 플랫폼이나 온라인 커뮤니티를 통해, 고객이 제품이나 서비스에 대한 의견을 공유할 수 있다.

VOC (Volatile Organic Compounds)

VOC(휘발성 유기 화합물)는 비점이 낮아서 대기 중으로 쉽게 증발되는 액체나 기체 유기 화합물의 총칭이다. 산업 시설에서 사용하는 용매나 화학 공장 등에서 배출되는 유기 가스와 같이 종류가 매우 다양하며, 끓는점이 낮은 액체연료, 파라핀, 올레핀, 방향족 화합물 등 생활 주변의 탄화수소류가 해당된다. VOC는 대기 중에서 질소산화물(NOx)과 함께 광화학 반응을 통해, 오존 등 광화학 산화제를 생성하여 광화학 스모그를 유발하기도 한다. 벤젠과 같은 물질은 발암성 물질로서 인체에 매우 유해하며, 스틸렌을 포함하여 대부분의 VOC는 악취를 일으키는 물질로 분류할 수 있다. 주요 배출원으로는 유기용제 사용 시설, 도장 시설, 세탁소, 저유소, 주유소 및 각종 운송 수단의 배기가스와 같은 인위적 배출원과, 나무나 강과 같은 자연적 배출원이 있다.

VP (Vendor Print)

VP(공급자 서류)는 제품을 제조하는 공급 업체가 제출한 문서이다. 유사한 용어로는 VD(Vendor Document)와 VD(Vendor Data)가 있다. VPIS를 통해 변경 이력 등을 관리한다. DCP(Document Control Procedure)의 통제를 받는다.

VPIS (Vendor Print Index and Schedule)

VPIS(공급자 서류 목록 및 스케줄)는 공급 업체에 의해 제출된 문서들을 관리하고 추적하는 문서이다. 공급 업체가 제출한 문서들의 목록 및 제출 일정을 관리한다. 각 문서의 제출, 승인, 수정, 배포 등의 과정을 추적하고 기록한다. 문서의 버전을 관리하여 최신 버전의 문서를 유지한다. 문서의 승인 과정을 관리하고 관련 담당자들에게 통지한다. 문서 제출 기한이나 승인 상태 변경 등에 대한 알림을 제공하고, 문서 제출 및 처리 상태에 대한 보고서를 생성한다.

VV (Vice Versa)

VV(반대도 마찬가지)는 라틴어에서 유래한 표현으로, 한 가지가 다른 것과 마찬가지의 의미를 줄 때 동일한 서술을 반복하지 않기 위해 사용한다. 예문으로, "I like you and vice versa."는 "나는 당신을 좋아하고 당신도 나를 좋아한다"는 뜻으로 vice versa를 써서, "I like you and you like me."의 의미이다.

WIR (Work Inspection Request)

WIR(작업 검사 요청서)은 건설 현장에서 특정 작업이나 작업 단계를 검사하고 승인을 요청하는 문서 또는 절차이다. 현장 검사 담당자는 품질 관리자가 작성한 체크리스트(Checklist)의 각 항목에 대해 작업의 결과물이 부합하는지 확인하고, 이후 작업을 승인하거나 수정 또는 재 작업을 지시할 수 있다.

WMP (Waste Management Plan)

WMP(폐기물 관리 계획서)는 건설 프로젝트에서 발생되는 폐기물을 효율적으로 관리하기 위해 작성한 계획서이다. 건설 현장에서 발생되는 다양한 종류의 폐기물에 대한 처리 및 처분 방법을 정의하고 관리하기 위해 작성된다. 폐기물 처리 및 관리에 대한 목표와 정책을 먼저 제시한다. 폐기물 관리에 대한 책임을 명시하고 담당 인력의 역할과 책임을 정의한다. 발생되는 다양한 종류의 폐기물을 식별하고 그 양을 평가한다. 폐기물 생성을 최소화하고, 생성된

폐기물 중 재활용 가능한 것들을 식별하고 재활용하는 계획을 수립한다. 폐기물에 대한 적절한 처리 및 처분 방법을 정의하여, 폐기물 분류, 임시 저장, 운송, 처리 및 최종 처분 단계별 방법을 포함한다. 폐기물 처리 관련 환경 규제 및 법적 요구 사항을 준수하기 위한 절차를 마련하고 개정하여 관리한다.

WMS (Work Method Statement)

WMS(작업 방법 계획서)는 특정 작업 또는 활동에 대한 수행 방법을 상세하게 설명하는 계획서이다. 해당 작업 시작 전에 시공자에 의해 작성되고 발주자나 감리자가 승인한다. 작업의 개요와 범위, 인원 및 자재 투입 계획, 안전 및 품질 관리 계획 등이 포함된다. 특히 작업 수행과 관련된 작업팀 간의 효율적인 커뮤니케이션과 협력에 필수적인 자료이다. 다음과 같은 내용을 포함한다.

1) 작업 개요: 어떤 작업 또는 활동에 대한 것인지 개요를 포함한다.
2) 작업 범위: 해당 작업의 범위가 무엇인지 설명되어야 한다. 해당 작업의 시작과 끝을 명시하고, 작업 내용을 세부적으로 기술해야 한다.
3) 인원 투입 계획: 관리 인원 및 작업팀 투입 계획을 상세하게 작성한다.
4) 작업 순서 및 일정 계획: 작업이 수행되는 순서를 설명해야 한다. 작업의 각 단계를 정의하고, 그에 따른 작업 시간과 일정을 기술해야 한다.
5) 자재 장비 투입 계획: 해당 작업에 필요한 모든 자재, 장비 및 도구를 나열해야 한다. 또한 장비와 도구의 안전한 사용 방법을 기술해야 한다.
6) 안전 관리 계획: 작업을 안전하게 수행하기 위한 계획이 포함되어야 한다. 개인 보호 장비(PPE)의 사용, 장비 사용 방법, 위험 구역 작업 방법, 화재 및 응급 상황 대응 절차, 안전 규정 준수 등을 포함한다. 작업 허가서인 PTW(Permit to Work) 작성 및 배포 절차를 확인한다.
7) 품질 환경 관리 계획: 작업의 품질을 보장하고 환경을 보호하기 위한 관리 계획을 포함한다. 작업 중 품질 검사 및 감독 방법, 품질 관리 기준 및 요구 사항 등을 포함한다. 아울러 작업이 환경에 미치는 영향을 사전에 검토하여, 부정적인 영향을 최소화하기 위한 조치 계획을 포함해야 한다.

8) 협력 및 커뮤니케이션 계획: 작업 수행과 관련된 작업팀과의 협력, 조율이나 순서 조정과 관련된 커뮤니케이션 절차와 계획을 명시한다.

CHAPTER 2 건설 계약

A&C (Addendum and Corrigendum)

A&C(추가 자료 수정 자료)는 계약이나 문서의 추가나 수정 자료를 의미하는 용어이다. Addendum은 추가 정보를 제공하고, Corrigendum은 오류를 수정하는 의미를 지니고 있다. 두 용어 모두 문서의 정확성과 일관성을 유지하고, 잘못된 정보를 수정하여 혼란을 방지하기 위해 사용된다. 차이는 다음과 같다.

1) Addendum: 원래 문서나 계약에 새로운 내용을 추가하는 것을 의미한다. 주로 기존 문서의 내용을 보완하거나 변경하기 위해 사용된다. 예를 들어, 건설 계약에서 프로젝트 범위에 새로운 항목이 추가되거나, 계약 조건이 변경될 경우에 사용될 수 있다. Addendum은 원래 문서에 첨부되거나 별도로 발행되어 전체 문서 패키지에 부록 형식으로 포함되기도 한다.
2) Corrigendum: 원래 문서나 계약에 있는 오류를 수정하거나 정정하는 것을 의미한다. 주로 오타, 오인쇄, 부정확한 정보 등을 수정하기 위해 사용된다. 예를 들어, 건설 계약서 문구 중에서 잘못된 금액이나 날짜를 수정하거나, 오류가 있는 기술 사양을 보정하기 위해 사용될 수 있다. 주로 이미 발행된 문서나 계약에 대한 수정 사항을 설명하는 문서로 발행된다.

ACA (Accepted Contract Amount)

ACA(낙찰 계약 금액)는 FIDIC에서 사용하는 용어로서, 계약에 따라 낙찰자가 수행해야 할 공사의 전체 계약 금액이다. 이 금액은 계약서에 명시되며, 계약의 진행 도중 변경 사항이 발생하면 상호 합의 하에 ACA도 조정될 수 있다.

ADR (Alternative Dispute Resolution)

ADR(대안적 분쟁 해결)은 분쟁을 해결하기 위해 법정 소송 이외의 대안적인 방법을 채택하는 절차를 의미한다. 소송 절차의 복잡성과 비용을 줄이고, 분쟁 당사자 간의 원만한 합의와 관계 유지를 촉진하기 위해 채택된다. 주요 ADR 방법으로는 중재(Arbitration), 조정(Adjudication) 및 협상(Negotiation) 등이 있다. 이러한 방법은 분쟁 당사자들이 대안적 방법으로 합의를 이룰 수 있도록 돕는, 독립적이고 중립적인 제3자의 개입을 포함할 수도 있다. EDR(External Dispute Resolution)도 ADR과 같은 의미를 지니고 있는 용어이다.

AI (Architect's Instruction)

AI(설계자 지시서)는 건설 프로젝트 진행 중 발생하는 설계 변경, 기술적 요구사항 변경이나 계약 변경을 포함한 내용들을, 설계자가 발주자를 대리하여 시공자에게 지시하는 문서이다. Architect라는 용어를 기초로 설계 변경 사항 통지서인 DCN(Design Change Notice)로 이해하면 안된다. PM이나 CM이 관리하거나 하부 개념인 RE(Resident Engineer)나 SO(Superintending Officer)가 관리하는 프로젝트에 있어서도, Architect는 발주자를 대리하는 포괄적인 권한도 지니고 있다. 이에 따라 설계 변경에 국한되지 않고, 계약을 포함한 프로젝트 제반 사항에 발주자를 대리하여 권한을 행사하고 지시를 내릴 수 있다.

AIP (Application for Interim Payment)

AIP(기성 청구서)는 시공자가 기성 조건에 따라 주기적으로 제출하는 기성 청구서이다. 최종 기성인 FP(Final Payment)와 대비되는 개념으로 중간 기성은 Interim Payment라는 용어를 사용한다. 사업 관리자의 검토를 거친 중간 기성은 IPC(Interim Payment Certificate)를 통해 시공자에게 통지된다.

ALOP (Advanced Loss of Profit)

ALOP(예정 이익 상실 보험)는 공사보험에서 담보하는 사고로 인한 재물 손해로, 프로젝트의 완공이 지연됨으로써 발주자에게 발생할 수 있는, 기대 이익의 감소 혹은 이익 실현 지연 등에 따른 재무적인 손실을 담보해주는 보험이다.

AOG (Act of God)

AOG(불가항력)는 법률 용어로, 자연적인 현상이나 사건을 의미한다. 일반적으로 인간의 통제나 예측이 어려운 자연적인 사건이나 현상을 의미한다. 불어로 Force Majeure라고도 한다. 주로 홍수, 지진, 태풍, 해일, 가뭄 등과 같은 자연 재해를 나타내며, 이러한 사건으로 인한 손해를 예상하거나 보상하기 위해 사용된다. 계약에서 AOG 조항은 특정한 상황이 발생할 경우, 계약 당사자들의 법적 책임 일부를 면제해 주는 역할을 한다. 즉, 자연 재해로 인한 손해나 지연에 대한 책임을 일부나 전체를 면제할 수 있다. 이를 통해 계약 당사자들이 자연 재해로 인한 예측 불가능한 상황을 고려할 수 있고, 계약을 체결할 때 리스크를 분산시킬 수 있다. 반면에, AOG 조항의 적용은 사건의 성격과 계약의 구체적인 조항에 따라 달라질 수 있다. 따라서 각각의 계약에서 AOG 조항이 어떻게 정의되고 적용되는지를 명확히 이해하는 것이 중요하다.

AOO (Act or Omission)

AOO(작위 혹은 부작위)는 특정 행위를 하거나, 이와 반대로 해야할 행위를 하지 않음으로 발생한 결과에 대한 법적 책임을 의미한다. 주로 행위를 하거나 그 행위를 하지 않아 발생한 손해에 대한 책임 여부를 결정하기 위해 적용된다. Act of Commission(작위), Act of Omission(부작위), 또는 Commission or Omission(작위 혹은 부작위)과 같은 용어를 쓰기도 한다.

AOP (Act of Prevention)

AOP(방해 행위)는 프로젝트가 예상대로 진행되지 않도록 방해하는 외부적인 요인이나 사건을 일컫는다. AOP가 발생할 경우 건설 프로젝트의 진행에 부정적인 영향을 미칠 수 있기에, 계약서에 명시된 조항에 따라 해당 상황에 대한 책임을 확인하고 대응 방안을 강구해야 한다. 일반적으로 AOP는 발주자나 외부 요인에 의해 발생되는 상황을 말한다. 도서 승인의 지연이나 의사 결정의 지연, 혹은 발주자의 필요에 의한 설계 변경 등이 해당된다. 발주자가 의도적으로 프로젝트의 진행을 방해하는 경우도 종종 발생한다. 정부의 법률, 규정, 정책 등의 변경으로 인해 프로젝트의 진행이 방해될 수 있는 경우도 포함한다. 이와는 별도로, 예상치 못한 천재지변, 화재, 전쟁, 테러 공격 등도 AOP에 해당되며, 이는 FM(Force Majeure)으로 취급되어 계약 규정에 따라 처리된다.

AP (Advance Payment)

AP(선급금)는 도급 계약 체결 후 공사 기성이 발생되기 전에, 시공자의 초기 공사 준비 업무와 구매에 필요한 자금 확보를 지원하기 위해 지급되는 초기 지불금이다. 선급금 지급에 대해 시공자는 선급금 보증(APB; Advance Payment Bond)을 제출한다. Down Payment도 유사한 개념으로 쓰이는 용어이다.

APB (Advance Payment Bond)

APB(선급금 보증)는 AP(Advance Payment)에 대한 보증이다.

APC (Adverse Physical Conditions)

APC(물리적인 악조건)는 건설 계약에서 사용되는 용어로서, 예상하지 못했던 물리적인 조건이나 환경으로 인해 공사 기간이나 비용이 증가하는 경우를 의미한다. 건설 현장에서 발생할 수 있는 예상하지 못했던 지하 구조물, 상이한 지반 조건, 지하수 레벨 차이, 오염 물질이나 지중 폐기물 등과 관련된 문제로 인해 발생된다. 건설 프로젝트의 리스크와 관련된 중요한 요소 중 하나이며, 건설 계약에서 명확하게 정의되고 다루어져야 한다. 이를 통해 계약 당사자가 프로젝트에서 발생할 수 있는 예상하지 못했던 문제에 대비할 수 있도록 도움을 준다. APC는 건설 계약에서 일반적으로 다음과 같은 방식으로 다뤄진다.

1) 조건 조항: 건설 현장에서 발생할 수 있는 예상하지 못했던 물리적 조건에 대한 설명이나 정의가 계약서에 포함될 수 있다.
2) 책임 및 보상: APC 발생 시 계약 당사자의 책임과 보상 방법에 대한 규정이 포함될 수 있다. APC로 인한 비용 증가는 계약 변경 사유에 해당된다.
3) 통지 및 조사: APC 발생 시 통지 및 조사 절차가 명시될 수 있으며, 이를 통해 계약 당사자들이 문제에 대해 적절히 대응할 수 있도록 한다. 해외 계약에 있어서는 발주자에게 통지할 기한을 지키는 것이 중요하다.

APG (Advance Payment Guarantee)

APG(선급금 보증)는 APB와 마찬가지로 선급금에 대한 보증이다.

APS (Advance Payment Security)

APS(선급금 보증)는 APB(Advance Payment Bond)나 APG(Advance Payment Guarantee)와 마찬가지로 선급금에 대한 보증이다.

BB (Bid Bond)

BB(입찰 보증)는 입찰에 성실하게 끝까지 임하겠다는 보증이다. 일반적으로는 입찰서 구매 시 BB를 제출한다. 이후 입찰서 구매자는 입찰이 종료될 때까지 참여하여야 하며, 입찰 기간 중에 참여를 포기할 경우 발주자는 BB를 몰수할 수 있다. 낙찰되지 않은 입찰자들에게는 낙찰자 선정과 동시에 돌려주어야 하며, 낙찰된 입찰자는 공사이행보증(Performance Security)을 제출하면서 BB를 돌려 받는다. BS(Bid Security)나 BG(Bid Guarantee)도 동일한 의미이다.

BCD (Bid Closing Date)

BCD(입찰서 제출일)는 입찰 절차 중 입찰서 제출일을 뜻한다. Tender Closing Date나 Bid Submission Date와 같은 유사한 용어들이 있다. 참고로 입찰을 의미하는 Bid와 Tender는 같은 개념이지만, Bid는 북미권과 중동에서 쓰이고, Tender는 유럽을 포함한 영연방 국가들에서 쓰인다.

BCT (Breakdown Costs of Tender)

BCT(입찰 가격 분개)는 건설 계약 입찰과 관련된 용어로, 입찰서에 포함되는 공사비의 세부 분개를 나타낸다. BCT는 입찰자가 제안하는 공사비를 세부적으로 설명하고, 각 요소를 분개하여 보다 상세하게 제시함으로써, 입찰서 검토자가 공사비 구성을 이해하고 비용을 비교할 수 있는 편의를 제공한다. 일반적으로 재료비, 노무비, 경비, 제보험료 및 기타 경비, 일반관리비 및 이윤 등으로 분개하며, 총괄원가계산서와 유사한 성격을 지닌다고 이해하면 된다.

BD (Base Date)

BD(기준 일자)는 FIDIC Pink Book의 일반 조건에 있는 용어로서, 입찰서 제출일 28일 전을 의미한다. 입찰 이후 예기치 못한 다양한 문제들이 발생하고, 이에 따라 계약 분쟁이 발생할 수 있다. 입찰 시 발주자가 제공한 여러 자료들에 명기된 Physical Condition들이나 관련 법령들도 BD 이후 변경될 수 있는데, BD 이전까지 제공된 입찰 도서 기준으로 협의의 기준을 삼는 것이다. BD 이후 변경된 사항들에 대해서는 발주자와의 다툼의 여지는 있지만, 대부분 입찰자에게 불리한 경우가 많다. 그렇기에 입찰자는 BD 이후에 발생 가능한 리스크까지 합리적으로 예측하여 입찰서를 작성해야 한다.

BDS (Bid Data Sheet)

BDS(입찰 데이터 시트)는 입찰서에 대한 정보를 담은 문서이다. 입찰 지침서인 ITB(Instruction to Bidders)와 유사한 개념으로 이해하면 된다. 일반적으로 입찰자가 프로젝트에 대한 입찰을 준비할 때 필요한 정보를 포함하고 있다. BDS는 입찰서를 작성할 때 필요한 요건과 조건, 그리고 제안서를 작성할 때 따라야 할 절차 등을 상세히 설명한다. BDS는 건설 프로젝트의 입찰 과정에서 입찰자와 입찰자 간의 투명하고 공정한 정보를 제공하기 위해서 사용된다. BDS를 통해 입찰자들은 프로젝트에 대한 정보에 대해 명확하게 이해하고, 입찰서를 제출하기 위해 필요한 모든 요구 사항을 검토할 수 있다. 일반적으로 BDS에는 다음과 같은 정보들이 포함될 수 있다.

1) 공사 개요: 입찰을 시행하는 해당 공사에 대한 정보가 포함될 수 있다.
2) 입찰 절차: 입찰서 제출 절차와 마감일, 제출 형식 등이 포함될 수 있다.
3) 제안서 형식: 제안서 작성에 대한 지침과 제안서 양식이 포함될 수 있다.
4) 입찰 요건: 입찰서가 포함해야 할 정보나 문서, 그리고 입찰자가 갖추어야 할 자격 조건 등에 대한 명시적인 요구 사항이 포함될 수 있다.

5) 계약 조건: 계약 이행 조건이나 계약서의 주요 조항들이 포함될 수 있다.
6) 기술 사양: 프로젝트의 기술적인 요구 사항들이 포함될 수 있다.
7) 입찰 평가 기준: 입찰서 평가 기준과 절차에 대한 설명이 제공될 수 있다.

BF (Bona Fide)

BF(선의의) 입찰자는 입찰자의 진정성이나 투명함을 나타내는 용어이다. 입찰 과정에서 'Bona Fide'라는 용어는 입찰자가 진정으로 프로젝트에 관심을 가지고, 제안을 진심으로 제출하는 것을 의미한다. 따라서 BF 입찰자는 부정한 목적을 가지거나 거짓 정보를 제출하지 않고, 제안을 진심으로 준비하고 제출하는 입찰자를 의미한다. 이는 입찰 과정의 공정성과 투명성을 유지하기 위해 매우 중요한 요소이다. BF 입찰자는 입찰 프로세스의 공정성과 투명성을 보장하는 중요한 역할을 한다. 그들의 참여는 프로젝트의 성공과 입찰 과정의 신뢰성을 유지할 수 있게 도움을 준다. 입찰서를 신뢰도 높게 작성하고, 프로젝트에 대한 충분한 이해를 가지고 있음을 증명한다. 프로젝트의 모든 요구 사항과 조건을 준수하고 정확히 이해하였음을 의미한다. 부정한 의도가 없고 성실히 입찰에 참여하며, 프로젝트의 보안 요구 조건을 이행함을 의미한다.

BG (Bid Guarantee)

BG(입찰 보증)는 입찰에 성실하게 끝까지 임하겠다는 보증이다. 일반적으로는 입찰서 구매 시 BG를 제출한다. 이후 입찰서 구매자는 입찰이 종료될 때까지 참여하여야 하며, 입찰 기간 중에 참여를 포기할 경우 발주자는 BG를 몰수할 수 있다. 낙찰되지 않은 입찰자들에게는 낙찰자 선정과 동시에 돌려주어야 하며, 낙찰된 입찰자는 공사이행보증(Performance Security)을 제출하면서 BG를 돌려 받는다. BS(Bid Security)나 BB(Bid Bond)도 동일한 의미이다.

BO (Beneficial Occupancy)

BO(부분 점유)는 건물이 완전히 준공되지 않은 상태에서 발주자가 일부 구간이나 시설을 사용함을 의미한다. 건물 전체의 인프라나 마감 작업이 완전히 완료되지 않았더라도, 일부 구역이 사용 가능한 상태일 때 BO가 발생할 수 있다. BO는 발주자나 사용자가 건물 또는 시설 일부분을 사용하기 시작할 수 있는 시점을 나타내며, 일반적으로 BO가 발생하는 시점부터 임대 계약 또는 운영을 시작할 수 있다. TOP(Temporary Occupation Permit)는 행정적인 절차인 임시 사용 승인을 의미하며, 공사 완료를 의미하는 TOC(Taking Over Certificate) 발급일과 시간 차이가 있을 수 있다. 이에 따라 발주자가 일부 구역을 TOP 발급 이전에 점유하고자 할 때는 부분 준공 확인서(CPC; Certificate for Partial Completion)를 발급할 수 있다. TOC를 대신하여 유사한 의미로 법적 준공을 의미하는 CSC(Certificate of Statutory Completion)라는 용어를 쓰기도 한다.

BOC (Breach of Contract)

BOC(계약 위반)는 계약 위반을 가리키는 용어이다. 계약 위반은 계약 당사자 중 하나가 계약에서 규정한 의무나 조건을 이행하지 않거나, 그와 반대되는 행동을 취하는 경우를 의미한다. 계약에서 명시된 조항이나 의무를 어긴 것을 의미하며, 이로 인해 다른 당사자가 손해를 입거나 불이익을 당할 수 있다. BOC가 발생하면 피해 당사자는 보상을 요구할 수 있고, 필요에 따라 법적 조치를 취할 수도 있다. 계약의 유효성과 신뢰성을 유지할 수 있게 해주는 중요한 요소 중 하나이다. BOC는 다음과 같은 경우와 상황에서 발생할 수 있다.

1) 의무 불이행: 계약에서 정해진 의무를 이행하지 않는 경우에 발생한다. 예를 들어, 기간 내에 물품이나 서비스를 제공하지 않거나, 그 물품과 서비스가 품질 기준을 충족하지 않는 경우 등이 해당된다.
2) 금전 지불 불이행: 계약에서 정해진 지불 의무를 이행하지 않는 경우에 발생한다. 예를 들어, 계약에서 약정된 대금을 지불하지 않는 경우이다.
3) 조건 위반: 계약에서 명시된 조건을 이행하지 않는 경우 발생한다. 예를 들어, 특정 기간 내에 특정 조건을 충족시키지 않는 경우 등이 해당된다.
4) 불법 행위: 계약에서 금지된 행위를 하는 경우에 발생한다. 비밀 유지 협

약(NDA)을 위반하거나 계약서의 약정을 어긴 행위 등이 해당된다.

BOM (Bill of Materials)

BOM(자재 명세서)은 건설 공사를 포함한 제조업에서, 건물 공사 및 제조에 소요되는 단위 자재들을 기록한 목록이다. 적산 및 견적 작업에 사용되는 BOQ (Bill of Quantities)의 하부 항목으로서, BOQ의 수량을 제조에 필요한 원자재로 세분화하여 작성된다. 예컨대 BOQ에 레미콘이 m^3 단위로 기재되어 있다면, BOM에는 이 레미콘을 제조하는 데 소요되는 시멘트 kg, 모래 kg, 자갈 kg, 물 liter, 혼화재 kg, 혼화제 liter 단위로 세분화할 수 있다.

BOO (Build Operate Own)

BOO(건설 운영 소유)는 사회 간접 자본(SOC)을 민간이 주도하여 설계 시공한 후, 그 시설의 운영과 함께 소유권도 민간에 이전하는 방식이다. 설계와 시공을 민간이 완료해 운영자에게 이전한 후, 운영자가 운영을 통해 투자비를 회수한다. 장기적인 자금의 투자에 대한 수익성이 보장되고 부대 사업의 활성화를 도모할 수 있다. 정부나 지자체는 민간 주도로 투자가 이루어짐에 따라 투자 비용에 대한 부담이 적어지나, 투자 비용 회수를 목적으로 한 운영자들의 운영에 따라 이용자들에게 과도한 이용료가 부과될 수 있는 단점이 있다.

BOQ (Bill of Quantities)

BOQ(수량 금액 내역서)는 건설 공사를 포함한 제조업에서, 공사나 제조를 완료하기 위해 공종별 항목별로 구분하여 작성된 금액 내역서이다. 일정한 산출 원칙을 지닌 수량 적산을 거친 후, 이에 대해 단가와 금액을 산정한다. 계약을 위해 입찰을 실시할 때 입찰자는 동일한 항목 기술, 수량 및 단위가 기재된 내역서를 기반으로, 시공 및 제조 단가와 금액을 기입하여 입찰한다. 낙찰자는 발주자와 이 내역서를 합의하고 계약서의 부속 서류(Appendix)로 포함하여 계약한다. BOQ 작성을 위한 수량 산출은 QS(Quantity Survey)라고 한다.

BOT (Build Operate Transfer)

BOT(건설 운영 이전)는 사회 간접 자본(SOC)을 민간이 주도하여 설계 시공한 후, 일정 기간 동안 시설물을 운영하여 투자 금액을 회수해 가는 투자 방식이다. 이후 그 시설물과 운영권을 무상으로 정부나 단체에 이전해 준다.

BP (Building Permit)

BP(건축 허가)는 행정 관청이 대상 부지에 건축을 승인함을 의미한다.

BS (Bid Security)

BS(입찰 보증)는 입찰에 성실하게 끝까지 임하겠다는 보증이다. 일반적으로는 입찰서 구매 시 BS를 제출한다. 이후 입찰서 구매자는 입찰이 종료될 때까지 참여하여야 하며, 입찰 기간 중에 참여를 포기할 경우 발주자는 BS를 몰수할 수 있다. 낙찰되지 않은 입찰자들에게는 낙찰자 선정과 동시에 돌려주어야 하며, 낙찰된 입찰자는 공사이행보증(Performance Security)을 제출하면서 BS를 돌려 받는다. BB(Bid Bond)나 BG(Bid Guarantee)도 동일한 의미이다.

BSS (Bid Submission Sheet)

BSS(입찰 제출 시트)는 입찰서를 제출하기 위한 양식 또는 문서를 가리키는 용어이다. FOT(Form of Tender)와 동일한 의미를 지닌다. 입찰 프로세스에서 사용되며, 입찰자가 입찰서를 작성하고 제출할 때 필요한 정보를 명기하는 목적으로 마련된다. BSS에는 일반적으로 다음과 같은 내용들이 포함될 수 있다.

1) 프로젝트 정보: 입찰서가 제출되는 프로젝트에 관한 기본적인 정보가 포함된다. 프로젝트 명, 위치, 프로젝트 번호 등을 포함할 수 있다.
2) 입찰자 정보: 입찰자의 기본 정보가 포함된다. 입찰자의 상호, 주소, 연락처 등을 포함할 수 있다. 공동 참여일 경우 참여자들이 모두 명기된다.
3) 입찰 제안 정보: 입찰 제안의 세부 조건들이 포함된다. 입찰 기간 중 발급된 추가나 수정 자료(Addendum or Corrigendum) 반영을 확인한다.

4) 서명 및 날짜: 입찰자나 입찰 책임자의 서명과 제출 일자가 포함된다.

BTL (Build Transfer Lease)

BTO(건설 이전 임대)는 사회 간접 자본(SOC)을 민간이 주도하여 설계 시공한 후, 소유권을 이전(Transfer)함과 동시에 정부나 단체에 시설을 임대(Lease)하고, 임대료를 징수하여 시설 투자비를 회수해 가는 투자 방식이다.

BTO (Build Transfer Operate)

BTO(건설 이전 운영)는 사회적 간접 자본(SOC)을 민간이 주도하여 설계 시공한 후, 시설물의 소유권을 무상으로 정부나 단체에 이전(Transfer)하고, 이후 약정 기간 동안 그 시설물을 운영(Operate)하여 투자 금액을 회수해 가는 방식이다. 운영 시기에 따라 BOT(Build Operate Transfer)와 구분할 수 있는데, BOT가 BTO보다 조기에 투자 금액을 회수할 수 있는 장점을 제공한다.

BV (Best Value)

BV(최고 가치) 낙찰 제도는 LCC(Life Cycle Cost)가 고려된 프로젝트의 가치(Project Value)를 기준으로, 입찰 가격과 기술 능력을 종합적으로 평가하는 낙찰 제도이다. 공사비를 고려함은 물론 준공 이후 유지 관리비까지 고려한, 건축물 LCC 기준 가격과 기술을 종합적으로 평가하는 낙찰 제도이다.

CA (Contract Administration)

CA(계약 관리)는 계약 당사자들이 계약 조건을 이행하고 계약이 제대로 실행되고 있는지 확인하고 조정하는 업무이다. 사업 기획 단계에서부터 건설 종료 후 상호 정산이 완료될 때까지 업무를 수행한다. 계약 당사자 간의 의견 차이를 조정하고 변경 사항을 관리하며, 프로젝트가 원활하게 진행될 수 있도록 관리한다. 주요 활동에는 계약서 작성, 입찰 및 낙찰, 계약 조건 및 규정의 검토, 변경 요청 및 관리, 기성금 관리, 계약 분쟁 조정 및 종료 프로세스가 포함된다.

건설 프로젝트의 경우 내부 구성원이 CA를 수행할 수도 있고, 계약 관리 및 클레임 전문가인 QS(Quantity Surveyor) 담당자나 조직을 선임할 수도 있다.

CA (Contract Agreement)

CA(계약서)는 건설 프로젝트에 대한 계약서를 가리키는 용어이다. 건설 공사 계약서의 경우 발주자(Employer or Client)와 시공자(Contractor) 간에 서명 날인되며, 건설 공사의 범위, 조건, 공사 비용, 공사 기간 및 기타 중요한 사항을 규정한다. 프로젝트가 진행되는 동안 당사자 간의 권리와 의무를 명확하게 규정하여, 분쟁을 방지하고 건설 공사가 효율적으로 진행될 수 있게 사용된다. 계약 당사자들이 프로젝트를 효과적으로 관리하고 완수하기 위한 핵심 문서이다. 건설공사 CA는 일반적으로 다음과 같은 내용을 포함한다.

1) 당사자 정보: 발주자와 시공자(또는 시공자의 대리인)의 기본 정보 및 대리인의 경우 대리인의 권한에 관한 정보가 포함된다.
2) 계약 범위: 건설 공사의 범위와 세부 사항이 포함된다. 프로젝트의 설계, 시공, 재료 공급, 품질 기준, 테스트 및 검사 기준 등을 포함한다.
3) 계약 조건: 공사비, 공사 대금 지불 일정, 보증, 보험 등을 포함한다.
4) 공사 기간: 건설 공사의 시작일과 완료일, 중요한 마일스톤이 포함된다.
5) 지불 조건: 시공자에게 지불되는 공사 기성 대금의 지불 일정, 계약 금액의 조정, 보증금 및 최종 기성 지불에 관한 조항이 포함된다.
6) 분쟁 해결: 계약 분쟁의 해결을 위한 준거법 등 방법과 절차가 명시된다.

CAR (Contractor's All Risk)

CAR(건설 공사 보험)은 각종 건축 공사 및 토목 공사 중 공사장 내에서 예기치 못한 돌발적인 사고로 인해 본공사, 가설공사, 공사용 자재 등에 발생한 손해를 보상하는 보험이다. 공사 중에 제3자의 신체나 재산에 손해를 입힘으로써 피보험자가 부담해야 하는 법률상의 배상 책임과, 공사 목적물의 손해에 따른 잔존물 제거 비용, 건설용 기계 장비 및 피보험자의 재산 손해 등을 보상받을 수 있어서, 건설 산업 현장에서는 반드시 가입해야 하는 보험이다. 과거에는 Construction All Risk 보험으로 불렀지만, 근래에는 Contractor's All Risk로 통용된다. 플랜트 공사와 같이 장비 설치 공사비가 건축 공사비보다 높을 경우, CAR과 유사한 개념의 EAR(Erection All Risk) 보험을 가입하기도 한다. CAR은 일반적으로 다음과 같은 Section별 담보를 포함할 수 있다.

1) Section 1 MD(Material Damages): 물적 손해를 담보한다. 공사 중 목적물이 손상될 경우 혹은 건물이 무너지는 경우의 손해액을 담보한다.
2) Section 2 TPL(Third Party Liability): 제 3자에 대한 배상 책임을 담보한다. 공사 현장 이외의 대인 및 대물 책임을 포함한다.
3) Section 3 ALOP(Advance Loss of Profits): 발주자의 예정 이익 상실을 담보한다. 사고로 인해 손실 또는 손해가 발생하여 사업 개시가 지연되는 경우 등으로 인한 발주자의 예상되는 손실액까지 보장하는 것이다.

CBE (Commercial Bid Evaluation)

CBE(금액 입찰 평가)는 입찰자가 제출한 입찰서의 금액 관련된 내용을 평가하는 프로세스이다. 건설공사 입찰서(Bid)는 금액 입찰서(Commercial Bid)와 기술 입찰서(Technical Bid)로 구성되는데, 이 중에서 계약 조건과 금액 관련 내용인 금액 입찰서를 평가하는 것이다. CBE는 정량화된 금액 부분을 평가하기 때문에 객관성을 확보할 수 있지만, TBE(Technical Bid Evaluation)는 기술 제안 등과 관련된 내용의 평가이기 때문에 다소 정성적으로 평가할 수 밖에 없다. 입찰서 평가의 객관성을 확보하기 위해, TBE와 CBE를 각각 다른 평가자들로 분리 선발하여 평가하거나 평가 기준을 달리 정하기도 한다.

CCI (Construction Cost Index)

CCI(건설 공사비 지수)는 기간 변화에 따른 건설 공사 직접 공사비 가격 변동을 측정하는 지수이다. 2015년의 지수를 100으로 기준한 후, 해당 시점의 재료비 노무비 장비비 등에 대한 물가 변동을 추정하기 위해 작성된 통계 자료이다. '한국건설기술연구원'의 '공사비원가관리센터'에서 매월 발표하고 있다.

CCO (Commencement of Commercial Operation)

CCO(상업 운전 시작)는 플랜트가 건설 및 시험 단계를 마치고 상업적으로 운영을 시작할 때라는 의미이다. 이는 플랜트가 생산 또는 용도에 맞게 가동되며, 제품이나 서비스를 생산하기 위한 운영이 개시되었다는 것을 나타낸다.

CD (Commencement Date)

CD(착공일)는 건설 계약의 시작일을 의미한다. 공사가 시작되는 정확한 날짜를 나타낸다. FIDIC 계약서에서 CD는 일반적으로 계약서의 핵심 사항 중 하나로 규정되며, 계약상의 공사 시작일을 명확하게 정의한다. 이 CD를 기준으로 준공 기한(TFC; Time for Completion)이 산정되고 계약 기간으로 확정된다.

CD (Concurrent Delay)

CD(동시 지연)는 건설 공사에서 두 가지 이상의 다른 사유나, 쌍방의 귀책 사유로 인해 공사 일정이 지연되는 상황을 의미한다. 이러한 지연은 서로 독립적인 사유 혹은 복합적으로 발생하며, 프로젝트 완료에 영향을 미친다. 공기 지연에 따른 계약 분쟁 시 CD는 공사 일정 지연의 원인을 파악하고, 이에 대한 책임을 정확히 규명해야 할 중요한 사안이다. 이에 반해 시공자의 공기 연장을 정당화해주는 지연은 상당한 지연(ED; Excusable Delay)이라고 칭한다. 건설 공사에서 CD가 발생하는 경우, 일반적으로 다음과 같은 절차를 따른다.

1) 지연 통보: 시공자는 CD가 발생했음을 즉시 발주자에게 통보해야 한다. 지연 원인, 발생 기간 및 예상 영향 등을 명확하게 제시해야 한다.
2) 지연 분석: 시공자는 발주자와 함께 CD에 대한 원인과 영향을 분석하여 합의해야 한다. 지연에 대한 기여도와 영향력을 공정하게 평가해야 한다.
3) 계약 변경 요청: CD로 인한 계약 변경이 필요한 경우, 시공자는 발주자에게 지연으로 인해 추가로 발생 예상되는 비용이나, 계약 기간 변경 등

을 포함하는 계약 변경을 요청해야 한다.

4) 협상 및 합의: 계약 변경 요청에 대한 협상을 진행 후, 시공자와 발주자는 계약 변경 내용을 명확하게 규정할 수 있게 합의해야 한다.
5) 계약 변경 서류 작성: 변경 내용에 대한 합의가 이루어지면, 변경된 계약 조항을 포함한 계약 변경 서류를 작성하고 서명해야 한다.

CD (Contract Data)

CD(계약 자료)는 FIDIC(국제 컨설팅 엔지니어 연맹; International Federation of Consulting Engineers)이 제공하는, 건설 계약서에 사용되는 핵심 정보를 담은 섹션을 의미한다. 계약의 특정한 세부 사항과 전반적인 계약 조건을 정의하고 문서화하기 위해 사용된다. 일반적으로 다음과 같은 정보를 포함한다.

1) 계약 당사자 정보: 발주자, 시공자, 감리자, 설계자 등과 같은 계약에 관련된 모든 당사자의 세부 정보가 포함된다.
2) 계약 범위: 계약 범위와 관련된 세부 사항이 포함된다. 프로젝트의 목적, 위치, 구성 요소, 범위 변경 및 추가 작업 등을 포함할 수 있다.
3) 금액 및 지급 조건: 계약 금액, 지급 일정, 계약 금액 조정 및 지급 보증금과 같은 금액과 관련된 조건이 포함될 수 있다.
4) 시간 및 일정: 공사 시작일, 완료 기한, 공사 기간 연장 및 지연에 따른 계약 해지나 변경 조건에 관련된 사항이 포함될 수 있다.
5) 보증서 및 보험: 보증서와 보험의 책임 범위 조건들이 포함될 수 있다.
6) 분쟁 해결 절차: 분쟁 해결 절차와 관련된 조항이 포함될 수 있다. 분쟁 발생 시 적용할 준거법, 해결 방법 및 절차에 대한 정보를 제공할 수 있다.

CMA (Construction Management at Risk)

CMA(책임형 CM)는 CM 혹은 CM사가 공사 전체를 도급 받아 수행하는 계약 방식이다. CM은 설계 단계에서부터 참여하여 발주자와 함께 설계 최적화 업무를 수행한다. CM at Risk 계약은 일반적으로 Cost plus Fee나 GMP Open

Book 계약 방식과 같이 사용된다. 프로젝트 초기 단계부터 CM이 참여하여 발주자의 요구 조건을 설계에 적극 반영하고, 프로젝트 가치를 높일 수 있는 VE를 포함한 다양한 최적화 업무를 수행한다. 반면에 CM for Fee 방식은 전통적인 건설사업관리를 칭하며, CM이 발주자의 대리인으로서 설계, 구매 조달 및 시공 단계에서 관리 업무를 수행하고, 이에 대한 관리비를 지급받는 방식이다.

CO (Change Order)

CO(계약 변경)는 건설 사업에 있어서 발주자와 시공자 간에 체결한 계약 내용 중, 계약 업무 범위(Scope of the Contract)가 변경될 경우 계약을 변경하는 행위이다. VO(Variation Order)도 동일한 개념으로 쓰이고 있다. 주로 공사 금액과 공사 기간의 변경을 수반하여, 공사 금액 증액 또는 감액과 공기 변경 등이 발생된다. 발주자가 변경 지시서인 COI(Change Order Instruction)를 시공자에게 발급하고, 시공자는 발주자로부터 변경 지시서를 수령하였거나 변경이 필요할 때 발주자에게 COR(Change Order Request)을 제출한다.

CO (Contracting Officer)

CO(계약 담당관)는 정부 기관을 대표하여 입찰, 계약 및 공사 관리까지 전 분야를 관리하는 주체이다. 시공자나 공급자가 제출한 입찰서나 제안서를 평가하고, 가격, 품질, 일정 등의 요소를 기반으로 가장 적합하고 경쟁력 있는 시공자나 공급자를 선정한다. 계약이 체결되면 계약 상의 의무 완료 시까지 모든 이행을 감독한다. 계약에 따른 업무 진행이 해당 법률, 규정 및 조직 정책을 준수하는지 확인하고, 일정, 원가, 품질, 리스크와 계약 분쟁 등을 관리한다.

CO (Contractor's Obligation)

CO(시공자의 의무)는 건설 계약에서 시공자가 이행해야 하는 의무나 책임을 가리키는 용어이다. 시공자가 프로젝트를 성공적으로 완료하고 계약 조건을 이행하기 위해 준수해야 하는 다양한 활동과 의무를 포함한다. 시공자의 의무와 책임은 건설 계약서의 조항에 따라 정의되며, 계약 당사자 간의 합의에 따라 변경될 수 있다. CO는 일반적으로 다음과 같은 내용을 포함할 수 있다.

1) 공사 진행: 시공자는 계약 조건 및 요구 사항에 따라 공사를 진행해야 한다. 설계, 시공, 재료 공급, 품질 관리 및 안전 보장 등을 포함할 수 있다.
2) 일정 준수: 시공자는 계약에 정해진 일정을 준수해야 한다. 공사의 시작일과 이에 따라 지정된 단계별 마일스톤과 완료 기한을 준수해야 한다.
3) 품질 기준 준수: 프로젝트의 공사 작업에 대한 품질 기준을 충족해야 한다. 설계 기준, 시방서, 기술 규격 및 관련 규정에 따라 계약에서 지정한 품질 요구 사항을 충족해야 함을 의미한다.
4) 안전: 공사 현장에서 안전한 작업 환경을 유지하고 관련 법률 및 규정을 준수해야 한다. 작업자의 안전을 보장하고 재해 사고를 예방해야 한다.
5) 문서 및 보고: 프로젝트 진행 상황에 대한 문서 및 보고를 제공해야 한다. 공정 보고서, 변경 요청 및 품질 관리 문서 등을 포함할 수 있다.

COC (Conditions of Contract)

COC(계약 조건)는 계약서에 포함된 계약 조건을 의미한다. 보통은, 계약 일반조건(GCC; General Conditions of Contract)과 계약 특수 조건(PCC; Particular Conditions of Contract)으로 구성되어 있다. 이 계약 특수 조건은 SPC(Special Conditions of Contract)라는 용어를 사용하기도 한다.

COD (Commercial Operation Date)

COD(상업 운전일)는 플랜트가 시공자로부터 인수되고 상업 운전이 시작된 날짜를 의미한다. COD 이후 10년은 가동일로부터 10년이 경과했다는 의미다.

COO (Commission or Omission)

COO(작위 혹은 부작위)는 특정 행위를 하거나, 이와 반대로 해야할 행위를 하지 않음으로 발생한 결과에 대한 법적 책임을 의미한다. 주로 행위를 하거나 그 행위를 하지 않아 발생한 손해에 대한 책임 여부를 결정하기 위해 적용된다. Act of Commission(작위)과 Act of Omission(부작위)으로 구성된다.

COPA (Conditions of Particular Application)

COPA(특수 적용 조건)는 계약서 일반 조건을 보완하거나 변경하여, 특정 상황에 맞는 특별한 조건을 규정하는 문서이다. 일반적으로 특정 프로젝트의 고유한 요구 사항이나 조건을 다루기 위해 사용된다. 대부분의 프로젝트에 적용되는 표준 건설 계약서의 부록 형태로 작성되며, 특정 프로젝트의 요구 사항에 맞게 수정되거나 변경된다. 일반적이지 않는 프로젝트의 특성, 범위, 기술 규격, 품질 요구 사항 등을 포함할 수 있다. 프로젝트의 특성에 부합하는 기성 지불 조건, 보증 기간, 분쟁 해결 절차 등을 추가할 수 있다.

CP (Coercive Practice, Collusive Practice, Corrupt Practice)

CP(강압, 담합, 부패)는 각각 부당한 경쟁 관행을 나타내는 용어들이다. 이들은 국제적인 입찰 및 계약 절차에서 사용되며, 부정 행위를 방지하고 투명성을 유지하기 위한 중요한 개념이다. 모두 국제적인 입찰 및 계약 규정에서 엄격하게 금지되며, 발각된 경우 법적인 조치까지 받을 수 있다. 부당한 경쟁 관행을 나타내며 입찰 및 계약 프로세스에서 투명성과 공정성을 해치는 행위들이다.

1) CP(Coercive Practice; 강압): 강요 행위로 다른 입찰자에게 압력을 가하거나 협박하여, 이익을 얻으려고 시도하는 행위를 의미한다. 보통 경쟁력 있는 입찰자를 제외시키거나, 경쟁력이 약한 입찰자를 입찰에서 제외하도록 하는 등의 방식으로 발생할 수 있다. 예를 들어, 특정 입찰자가 입찰을 포기하게 강요하거나, 자신의 우위를 위해 그들의 입찰 가격을 인위적으로 높이거나 낮추도록 강요하는 경우가 이에 해당된다.
2) CP(Collusive Practice; 담합): 강압과는 달리 입찰자들 간의 합작이나 약정을 통해, 부당하게 입찰을 조작하거나 경쟁을 왜곡하는 행위를 의미한다. 보통 입찰자들 사이의 불공정한 협력이나 입찰 가격 조정으로 이루

어질 수 있다. 예를 들어, 경쟁 입찰자들이 서로 협력하여 특정 입찰에 참여하지 않거나, 입찰 순서를 정해 참여하는 등의 경우가 이에 해당된다.

3) CP(Corrupt Practice; 부패): 부정한 방법을 통해 수주하거나 계약을 체결하려고 시도하는 행위를 나타낸다. 보통 입찰 진행 주체나 관련자에게 뇌물을 주거나 받는 것과 관련되어 있다. 예를 들어, 입찰자가 공무원이나 해당 프로젝트의 의사 결정권자에게 뇌물을 주고, 특정 프로젝트를 수주하거나 특정 계약을 체결하는 것이 이에 해당된다.

CP (Currencies of Payment)

CP(지급 통화)는 건설 계약에서 대금 지불에 사용되는 통화를 가리키는 용어이다. 시공자가 공사 작업에 대한 대가를 받을 때 사용되는 통화를 의미한다. 특히 국제 건설 프로젝트에서는 발주자와 시공자 간의 협상에 따라 여러 가지 통화로 지불이 이루어질 수 있다. CP는 계약서에 명시되는데 일반적으로 다음과 같은 형태로 구분될 수 있다.

1) 단일 통화: 단일 통화로 모든 지불이 이루어지는 경우이다. 예를 들어, 현지 화폐, 미국 달러(USD)나 유로(EUR)가 단일 통화로 사용될 수 있다.
2) 복수 통화: 다양한 통화로 지불이 이루어질 수 있는 경우이다. 프로젝트의 특성에 따라 현지 통화와 국제 통화를 혼합할 수도 있다.
3) 고정 환율 또는 변동 환율: 계약 조건에 따라 지급 통화에 대한 환율이 고정되어 있거나, 시장 변동에 따라 조정될 수 있다고 합의할 수도 있다.

CPC (Certificate of Practical Completion)

CPC(준공 증명서)는 시공자가 계약에서 요구되는 모든 작업과 시험을 끝내서, 발주자가 인수할 수 있음을 증명하는 서류이다. 실질적 준공에 따른 증명서로서 공사 임시 완료 증명서(PAC; Provisional Acceptance Certificate)와 동일한 개념으로 사용된다. CPC 발급 이후 시공자는 잔여 기성을 지급받고, 조건에 따라 유보금(Retention Money)을 돌려 받을 수 있다. CPC 발급일을 계약 상

공사 완료일과 대비하여 지체 보상금인 DD(Delay Damages) 부과 여부를 결정한다. CPC 발급일로부터 하자 보증 기간인 DLP(Defect Liability Period)가 시작된다. 발주자가 공사 목적물에 대한 점유를 시작했기 때문에, 시공자는 건물에 대한 보험이나 기타 발생 비용에 대한 책임을 발주자에 전가할 수 있다.

CPF (Cost Plus Fee)

CPF(실비 정산 보수 가산 방식)는 시공자가 공사에 실지로 투입한 실비(Cost)를 정산하고, 이에 대한 보수(Fee)를 발주자로부터 지급 받는 계약 방식이다. 계약 체결 시점에 설계가 완료되지 않았거나, 공사 범위가 미확정일 때 채택할 수 있는 계약 방식이다. 실비는 외주 공사비와 자재 구매비를 포함한 투입 비용 개념이며, 보수는 일반관리비(Overhead)와 이윤(Profit)을 포함한다. 시공자가 과도한 투입을 방지하고 원가를 관리하지 못할 경우 공사비가 상승할 위험도 있다. 이에 상호간의 신뢰가 바탕이 되어야 적용 가능한 계약 방식이다.

CR (Contractor's Representative)

CR(시공자의 대리인)은 시공자를 대리하여 프로젝트를 관리하는 조직 혹은 개인을 뜻한다. 시공자로부터 위임을 받아 프로젝트를 관리하고 진행하는 역할을 한다. 시공자의 대리인으로서 책임을 지고 공사 작업의 진행과, 공정, 품질, 안전 및 원가 등을 지속적으로 관리한다. 시공자와 발주자 간의 의사 소통을 중개하고 조정하는 역할도 한다.

CRD (Cost of Remedying Defects)

CRD(하자 보수 비용)는 하자를 해결하기 위해 필요한 비용을 의미한다. 건설 프로젝트에서 발생한 하자나 결함을, 수정하고 개선하기 위해 들어가는 비용이다. CRD는 일반적으로 다음과 같은 상황에서 발생할 수 있다.

1) 하자 보상: 건설 프로젝트의 하자나 결함으로 인해, 시공자가 책임을 지고 이를 보상해야 하는 경우에 발생한다. 공사 작업의 품질 미달, 설계 오

류, 잘못된 재료 사용 등으로 인한 하자를 수정하는 비용을 포함한다.

2) 유지 보수: 프로젝트 완료 후에도 발생할 수 있는 하자나 결함을 수정하고 유지하기 위해 들어가는 비용을 의미할 수 있다. 건물의 정기적인 유지 보수 및 수리를 위한 비용을 포함할 수 있다.
3) 보증 기간 내 하자 해결: 건설 계약에서 명시된 보증 기간 동안 발생한 하자를 시공자가 수정하기 위해 필요한 비용을 의미할 수 있다.

CSC (Certificate of Statutory Completion)

CSC(법적 준공 증명서)는 싱가폴 주택 공사와 관련되어 사용되는 용어로서, 법적 행정적 절차를 모두 마친 준공을 증명하는 서류이다. 싱가폴의 건축 건설청인 BCA(Building and Construction Authority)가 발급한다. 해당 건축 공사가 안전하고 기능을 완전히 충족할 수 있는 상태가 되었음을 증명한다. 유사하지만 의미가 다른 TOP(Temporary Occupancy Permit)는, 해당 건물의 일부가 아직 공사 중이거나 목표한 기능을 수행할 수 없는 상태이지만, 건축 허가 조건이 대부분 충족되고 거주민들이 입주하여 생활할 수 있을 정도만 되는 수준에서 발급된다. TOP는 국내의 임시 사용 승인과 유사한 개념의 용어이다.

D&B (Design & Build)

D&B(설계 시공) 방식은 시공자가 설계와 시공을 같이 수행하는 것이다. 전통적인 발주 방식은 발주자가 설계자와 함께 설계를 완료하고, 이후 시공자를 선정하여 공사를 수행하는 것이다. 이에 따라 시공자는 설계에 기반하여 단순하게 시공만 수행해 왔다. 공사 진행 중 설계의 불합리성이나 문제를 발견하면, 시공자는 이를 설계 변경이나 계약 변경과 연계시킬 수 있기 때문에 공사비 상승 리스크가 커진다. D&B 방식을 적용하면 시공자가 설계와 시공을 같이 수행하기 때문에, 설계의 문제는 시공자가 부담할 수 밖에 없다. 발주자 입장에서는 시공자 단일 주체에게 설계와 시공의 책임을 전가할 수 있어서, 리스크 관리가 수월해지는 장점을 가질 수 있다. 전통적인 방식에서는 실시 설계가 완

료되어야만 시공자를 선정할 수 있었지만, D&B 방식을 적용할 경우 기본 설계만 완료되면 실시 설계와 시공을 병행하는 Fast Track을 적용할 수 있어서 사업 기간을 단축할 수 있다. 설계 구매 건설이 통합된 EPC 방식과 유사하다.

D&F (Deceit and Fraud)

D&F(기만과 사기)는 속임수를 뜻하는 기만과 사기를 나타내는 용어이다. 부당한 방법으로 타인을 속여 이득을 얻으려는 행위를 의미한다. D&F는 법적인 책임을 수반할 수 있는 심각한 행위로, 사회적으로나 법적으로 처벌을 받을 수도 있는 행위이다. 건설 프로젝트나 기타 비즈니스 상황에서, 이러한 행위를 방지하기 위해 적절한 보호 조치와 검토 절차가 필요하다.

1) Deceit(기만): 다른 사람을 속이거나 기만하는 행위를 의미한다. 속임수는 거짓 정보를 이용하여 상대방을 속이는 것을 포함한다.
2) Fraud(사기): 부정한 목적으로 거짓 정보를 사용하여 타인을 속이는 행위를 의미한다. 허위 표현, 왜곡된 정보나 부정한 행동을 통해 이익을 얻으려는 의도적인 행위를 포함한다.

DAB (Dispute Adjudication Board)

DAB(분쟁 조정 위원회)는 분쟁 조정 기관으로서 건설 계약에서 발생하는 분쟁을 조정하고 해결하기 위해 적용되는 절차이다. FIDIC의 계약서들 중에서 Red Book (Construction Contract)과 Yellow Book (Plant and Design-Build Contract), Silver Book (EPC/Turnkey Contract) 등에 정의되어 있다. DAB의 주요 정의와 역할은 다음과 같다.

1) 정의: DAB는 계약 당사자 간의 분쟁을 해결하기 위해 독립적으로 운영되는 조정 기관이다. 이는 분쟁이 발생한 단계에서 중재(Arbitration)보다는 신속하고 효율적인 해결을 위해 소집되고 운영된다.
2) 구성: DAB는 일반적으로 1인 이상의 전문가로 구성된다. 이들은 주로 건설, 기술, 법률 분야에서의 전문 지식을 가지고 있으며, 독립적이고 공

정한 판단을 위해 초청되고 선발된다.

3) 분쟁 조정: 계약 당사자 간의 분쟁에 대해 중재하고 조정하는 역할을 수행한다. 이를 통해 분쟁의 신속한 해결을 유도한다.
4) 의견 제시 및 결정: 분쟁 발생 시 DAB는 관련된 법률 및 계약 조항에 따라 객관적인 의견을 제시한다. 분쟁이 발생하고 당사자들이 합의에 이르지 못할 경우, DAB는 분쟁에 대한 최종 결정을 내린다. 이 결정은 임시적인 중재 결정으로, 소송을 통한 재판 과정에서 다시 결정이 될 수 있다.

DALC (Declaration on Adjudication and Litigation Cases)

DALC(분쟁 및 소송 사례에 대한 선언서)는 FIDIC 계약서의 일부로서, 건설 프로젝트에서 분쟁 조정 및 소송 사례에 대한 선언서를 의미한다. 계약 당사자들이 분쟁 발생 시 효과적인 해결 방법을 채택하고, 문제를 신속하게 해결할 수 있도록 돕는 역할을 한다. 분쟁 조정 및 소송과 관련된 문제에 대해 당사자들 간의 합의를 이루는 것을 목적으로 한다. DALC의 내용은 다음과 같다.

1) 분쟁 조정 절차: DALC는 건설 계약에서 발생할 수 있는 분쟁에 대한 해결 방법을 명시한. 주로 분쟁 조정 위원회인 DAB(Dispute Adjudication Board)를 통한 절차, 중재, 또는 법적 절차에 관한 것을 다룬다.
2) 선언 내용: 당사자들이 분쟁 발생 시 사용할 분쟁 해결 방법을 선언한다. 일반적으로 계약서에 명시된 절차와 일치하도록 설계된다.
3) 소송 제한: DALC는 당사자들이 소송에 의존하기보다는 분쟁을 신속하고 원만하게 해결하기 위한 대안적인 방법을 찾도록 유도한다. 비용과 시간을 절약하며 분쟁을 신속하게 해결할 수 있도록 지원한다.

DD (Delay Damages)

DD(지체 보상금)는 건설 계약에서 발생한 지연으로 인한 손해를 보상하는 금액이다. 공사 작업이 계약에 정해진 기간 내에 완료되지 않을 때 발생하는 금전적인 손실을 보상하기 위해 적용된다. DP(Delay Penalty)와 LD(Liquidated

Damages)도 같은 개념의 용어들이다. 발주자의 영업 손실이나 대체 시공자를 선정해서 공사함에 따른 비용과 시간 손실을 발주자에게 보상하는 개념이다.

DLC (Defects Liability Certificate)

DLC(하자 책임 완료 증명)는 계약에 명시된 하자 보증 기간(DLP) 동안 시공자가 하자 보수를 완료했다는 증명이다. 유사한 의미의 용어로는 하자 보수 증명서(MC; Maintenance Certificate), 이행 증명서(Performance Certificate)와 최종 수락 증명서(FAC; Final Acceptance Certificate)가 있다. DLC의 발급으로 해당 계약은 종료되며 이행 보증(Performance Security)도 만료된다.

DLP (Defects Liability Period)

DLP(하자 보증 기간)는 건설업의 경우 준공 이후부터 하자 처리를 보증하는 기간이다. TOC 발급일로부터 기산하여 통상 1년 정도의 기간으로 정한다. DNP(Defects Notification Period) 혹은 Maintenance Period도 유사한 의미로 쓰이고 있다. 반면에 Warranty Period(보증 기간)는 설비나 자재의 품질 보증 기간이므로 DLP와 엄밀히 같을 수 없다. 해당 장비의 설치 및 시운전이 완료될 경우, 시공 계약의 준공일 이전에도 품질 보증 기간이 시작될 수 있기에 다른 의미를 지니고 있다. 국제 표준 계약인 FIDIC에 따르면 DLP가 만료되는 시점에, 발주자는 시공자가 계약 의무를 모두 이행했음을 증명하는 이행 증명서(Performance Certificate)를 발급해야 한다. 이행 증명서 발급은 시공자의 이행 보증 기간이 만료되었다는 것을 의미하고, 이에 유보금(Retention Money)이 적용되는 계약의 경우는 발주자가 유보금을 시공자에게 돌려 주어야 한다.

DNP (Defects Notification Period)

DNP(하자 통지 기간)는 하자 책임 기간인 DLP(Defects Liability Period)와 동일한 의미를 가지는 용어이다. DNP 기간 내에 성공적으로 하자를 모두 보수한 이후에야, PC(Performance Certificate)가 발급되고 계약은 종료된다.

DOC (Duty of Care)

DOC(주의 의무)는 일반적으로 법률에서 사용되는 용어로서, 개인 또는 조직이 다른 개인 또는 조직에 대해 상식적으로 요구되는 주의나 조심을 가지고 행동해야 한다는 법적 의무를 나타낸다. 건설 계약에 있어서는 건설 계약 당사자 간의 책임 및 의무를 정의하는 중요한 조항 중 하나이다. 이 조항에 따르면 시공자는 공사를 진행함에 있어서 다음과 같은 일반적인 주의 의무를 가진다.

1) 적절한 주의 및 조치: 시공자는 합리적인 주의와 조치를 통해 공사를 수행해야 한다. 안전 및 환경 보호를 포함한 모든 분야에 적용된다.
2) 품질 보증: 계약서와 규정에 따라 적절한 품질 기준을 충족해야 한다.
3) 설계 및 시공의 적절성: 시공자는 공사 목적물의 설계 및 시공이 계약서에 명시된 요구 사항과 일치하도록 관리해야 한다.
4) 사고 예방: 시공자는 공사 현장에서 발생할 수 있는 재해 사고를 예방하기 위하여 안전 관리 등의 적절한 조치를 취해야 한다.

DOD (Duty of Disclosure)

DOD(고지 의무)는 계약 관계에 있어서 일방의 계약 당사자가 상대 계약 당사자에게, 계약 관계 유지에 장애가 되는 요인이나 위험 요소를 적기에 알려 주어야 한다는 의무이다. 건설 계약에 있어서는 프로젝트와 관련된 중요한 정보를 상대방에게 공개하여, 합리적인 협력과 원만한 계약 관계를 유지하는 것이 중요하다. 이에 따라 당사자가 계약을 체결하기 전에 상대방에게 특정 정보를 제공하는 의무를 포함한다. 일반적으로 합의된 핵심 정보뿐만 아니라, 관련된 모든 중요한 사실과 사항도 포함되어 제공되어야 한다. 또한 당사자가 제공하는 정보는 정확하고 완전하며 투명하다는 것을 보장해야 한다. 정보를 조작하거나 은폐함으로써 상대방에게 손실을 입히는 것을 방지해야 한다. DOD는 보험 계약 또는 금융 거래와 같은 다양한 상황에서도 법적으로 요구되는 의무인 경우가 많다. 계약 관계자 쌍방이 공정하게 협상하고 행동할 수 있도록 도움을 주기도 한다. 계약 이행 중의 위험을 완전히 이해하고 평가할 수 있도록 한다.

DP (Delay Penalty)

DP(지체 보상금)는 시공자가 계약에 명시된 기간 동안 공사를 완료하지 못할 때 발주자에게 지불해야 하는 보상금이다. DD(Delay Damages)도 같은 의미의 용어이다. 발주자가 DP를 부과하고자 할 때는 시공자 일방의 귀책 사유를 증명할 객관적이고 합리적인 근거를 제시해야 한다. 통상적으로는 Concurrent Delay의 경우처럼 쌍방에 의한 복합적인 사유로 지연이 발생하기 때문이다.

DP (Delayed Payment)

DP(지급 지연 기성)는 건설 프로젝트에서 발생하는 지급이 지연된 기성금이다. 시공자, 자재 공급사 또는 협력 업체가 공사 작업을 완료하고도, 제공한 서비스 또는 공사에 대한 대가를 규정된 기한 내에 지급받지 못한 경우를 의미한다. 지연된 기성금 지급은 시공자에게 금전적인 어려움을 초래할 수 있으며, 프로젝트의 흐름과 협력에도 부정적인 영향을 미칠 수 있다. 이를 방지하기 위해 건설 계약에서는 기성금 지급 조건과 기한을 명확하게 정의하고, 지급의 지연에 대한 페널티나 손실 보전에 대한 조항을 포함하는 것이 일반적이다.

DP (Down Payment)

DP(선급금)는 공사를 시작할 때 지불하는 금액이다. Advance Payment와 동일한 의미를 지니며, 도급 계약 체결 후 공사 기성이 발생되기 전에 시공자의 초기 공사 준비 업무와 긴급 구매를 위한 자금 확보를 지원하기 위해 지급된다.

DP (Due Payment)

DP(지급 예정 기성)는 발주자가 시공자나 협력업체에게 지급할 예정인 기성금을 의미한다. 제출된 기성 신청서를 검토한 후 확정된 기성을 시공자나 협력업체에게 통보하면, 이때부터 해당 기성은 DP로 인정을 받는다. 완료된 공사 작업에 대한 대가가 해당될 수 있고, 중간 기성의 형태로 주기적으로 지급되는 대가도 해당될 수 있다. 계약서에 규정된 지급 기준에 따라 지급된다.

DR (Dispute Resolution)

DR(분쟁 해결)은 계약 관계자들과의 관계에서 발생하는 분쟁을 해결하는 의미의 용어이다. 건설 계약이나 다른 유형의 계약에서 발생하는 분쟁을 조정하고 해결하기 위해 채택된다. 이러한 DR 프로세스는 계약서에 명시되거나, 분쟁 발생 시 당사자 간의 합의를 통해 결정되기도 한다. 분쟁 해결의 목적은 분쟁을 신속하게 해결하고 비용 발생을 최소화하여, 계약 당사자 간의 건전한 관계를 유지하는 것이다. 일반적으로 DR은 다음과 같은 과정들을 통할 수 있다.

1) 협상(Negotiation): 분쟁 당사자 간에 합의점을 찾기 위해 직접 대화하고 협상하는 과정이다. 분쟁을 신속하고 원만하게 해결하기 위한 가장 일반적이고 비용 효율적인 방법 중 하나이다.
2) 중재(Arbitration): 중재는 분쟁을 독립적인 중재인이 판단하는 과정이다. 상사 법원 등의 재판에 비해 비교적 빠르고 비용이 적게 드는 방법이다.
3) 조정(Adjudication): 조정은 분쟁을 독립적인 제 3자의 판단에 의뢰하는 것이다. 분쟁을 빠르게 해결하고 공정한 결정을 내리기 위해 사용된다.
4) 소송(Litigation): 소송은 법원에서 법률적 절차를 통해 강제적으로 분쟁을 해결하는 과정을 말한다. 다른 방법보다 형식적이고 시간과 비용이 많이 들지만, 판결 결과의 강제성으로 인해 경우에 따라 선택될 수도 있다.

DRCB (Discharge Rate of Central Bank)

DRCB(중앙 은행 발행 금리)는 중앙 은행의 발행금리를 나타낸다. 중앙 은행이 은행 시스템에 대해 발행하는 기본 금리를 의미한다. 중앙 은행은 이 금리를 조절하여 통화 공급을 조절하고 경제의 안정을 유지하려고 한다. DRCB는 은행 간의 대출 및 예금 금리의 기준이 된다. 중앙 은행이 발행하는 금리가 높으면 은행들이 돈을 빌리는 비용이 높아지므로 대출 금리가 상승하고, 반대로 낮은 경우 대출 금리가 낮아지게 된다. 건설 계약에 있어서 기성금 지불 지연에 따른 이자를 산정하는 경우, 계약서에서 합의된 해당 국가와 해당 시점의 DRCB나 LIBOR(London Inter-Bank Offered Rate)를 기준으로 한다.

DRO (Deviations, Reservations and Omissions)

DRO(변경 조건 제외)는 건설 계약에서 사용되는 용어로, 계약서에 명시된 조항과 다른 사항을 규정할 때 사용된다. 발주자나 시공자가 제시된 계약 조건을 변경하거나 예외를 신청할 때 사용된다. 다음과 같이 구분할 수 있다.

1) Deviations(변경): 제시된 계약 조건을 변경하도록 제안하는 경우이다. 계약서에 명시된 규정이나 조항을 수정하거나 대체하는 것을 포함한다.
2) Reservations(조건): 시공자가 계약 조건에 대한 특정 부분에 대해 거부하거나 조건부 수용을 신청하는 경우를 나타낸다. 특정 조항이나 의무를 시공자가 수행하기 어려운 경우에 발생할 수 있다.
3) Omissions(제외): 계약서에 포함되어야 할 항목이나 사항이 누락된 경우를 의미한다. 시공자가 일부 조항이나 항목이 제외되거나 누락되었음을 식별하고, 이를 수정하거나 보완하는 것을 포함할 수 있다.

DSC (Direct Sub-Contractor)

DSC(직접 하도급자)는 원도급자가 직접 선정하는 하도급자를 의미한다. 일부에서 NSC(Nominated Sub-Contractor)와 대비되는 개념으로 사용한다.

EAR (Erection All Risk)

EAR(건설 공사 보험)은 CAR(Contractor's All Risk)과 마찬가지로 각종 건축공사 및 토목 공사 중, 공사장 내에서 예기하지 못한 돌발적인 사고로 인해 본공사, 가설공사, 공사용 자재 등에 발생한 손해를 보상하는 보험이다. CAR 보험과 유사한 개념이지만, 발전소나 대형 플랜트 공사와 같이 장비 설치 공사비가 건축 공사비보다 높을 경우 EAR 보험에 가입한다. 근래에는 EAR과 CAR을 구분하지 않고 건설 공사 보험을 CAR로 통칭하는 추세이다.

ED (Effective Date)

ED(유효 일자)는 계약이 발효되고 유효성을 갖는 날짜를 나타낸다. 이 날짜는 계약이 서명되고 모든 조건이 충족되어 계약이 효력을 갖게 되는 시점을 의미한다. ED는 주요한 법적 상태 변화가 발생하는 시점으로, 계약의 유효성, 효력 및 권리와 의무의 발생을 결정한다. 이 날짜 이후에는 시공자와 발주자 간의 계약 조건이 적용되며, 프로젝트의 진행과 관련된 모든 사항은 계약서에 따라 관리된다. ED는 보통 계약서의 첫 페이지나 제목 페이지에 기재되며, 주요 계약 조항 중 하나로 간주된다. 계약 당사자 간의 의사 전달을 확인하고, 계약의 시작 일자를 명확하게 하기 위한 중요한 목적을 지니고 있다.

ED (Excusable Delay)

ED(상당한 지연)는 시공자가 당연히 공기 연장을 받을 수 있게 객관적으로 증명된 지연이다. 경험있는 시공자로서 충분히 예상 가능한(Foreseeable) 것이었고, 통제(Control) 가능한 것이었는지를 판단해야 한다. 시공자가 공사 지연을 방지하기 위해 합리적인 조치를 취했음(Take Reasonable Measures)에도 불구하고 공기가 지연되고 연장이 필요한 경우, 시공자가 통제할 수 없는(Beyond Contractor's Control) 범위에 속하는 ED에 해당된다고 할 수 있다.

EDR (External Dispute Resolution)

EDR(대안적 분쟁 해결)은 ADR(Alternative Dispute Resolution)과 같은 의미로 쓰이며, 분쟁을 해결하기 위해 법정 소송 이외의 대안적인 방법을 채택하는 절차를 의미한다. 소송 절차의 복잡성을 고려하고 비용을 줄여서, 분쟁 당사자 간의 원만한 합의와 관계 유지를 촉진하기 위해 채택된다. 주요 EDR 방법으로는 중재(Arbitration), 조정(Adjudication) 및 협상(Negotiation) 등이 있다.

ELI (Employer's Liability Insurance)

ELI(사용자 배상 책임 보험)는 사업장에 고용된 근로자가 업무 수행 중 사고로 불의의 재해를 입었을 경우, 산업재해보상보험법 및 근로기준법에서 정한 금액을 초과하여 사용자가 부담하여야 할 민법상의 배상 책임 및 소송 비용을 보상하는 보험이다. 자동차 운전자 보험의 성격과 비슷하다.

EOB (Explanation of Benefits)

EOB(혜택 설명서)는 보험 관련 용어로, 보험사가 보험 가입자에게 제공하는 문서를 의미한다. 이 문서에는 의료 서비스나 처방약 등에 대한 보험금 청구와 지급에 대한 설명이 포함된다. EOB는 가입자가 받은 의료 서비스에 대한 보험금 지급 내역과 보험사가 실제로 지불한 금액, 그리고 가입자가 지불해야 할 금액 등을 상세히 설명하여 보험금 처리 과정을 투명하게 하기 위해 사용된다.

EOI (Expression of Interest)

EOI(참여 의사 표명)는 건설 공사 입찰 단계에서 참여를 희망한다는 의미로 시공자가 발주자에게 제출하는 서류이다. 구체적인 ITB나 RFP 발송 이전에 해당 입찰에 참여하고자 하는 시공자들을 파악하는 용도로 쓰인다. EOI 접수 후 필요 시 사전 자격 심사(PQ; Pre-qualification) 단계를 거치기도 한다. 반대로, 발주자가 시공자에게 입찰 참가 여부를 질의할 때도 EOI를 보낼 수 있다.

EOP (Explanation of Payments)

EOP(지급 설명서)는 대금 지급에 대한 설명을 의미한다. 일반적으로 계약이나 거래에서 어떤 지급이 이루어졌는지, 그리고 해당 지급이 어떤 항목에 대한 것인지를 설명하는 문서이다. EOP는 대금 지급의 증거와 내용을 명확하게 하고, 계약 당사자들간의 불필요한 분쟁을 방지하는 목적으로 사용된다.

EOT (Extension of Time)

EOT(공사 기간 연장)는 건설 공사에 있어 계약된 공기의 연장을 뜻한다. 공사 범위의 변경이나 설계 변경을 포함한 여러 이유로 발생된다. 시공자의 클레임 종류 중 하나인 계약 공기의 연장을 요구하는 클레임이 EOT 클레임이다. 공사의 지연이 상당한 지연(ED; Excusable Delay)인지, 시공자의 귀책 사유에 의한 지연인 NED(Non Excusable Delay)인지 먼저 확인할 필요가 있다. 양 당사자의 공동 책임에 의한 동시 지연(CD; Concurrent Delay)도 발생할 수 있다.

EPC (Engineering Procurement Construction)

EPC(설계 조달 건설)는 건설 프로젝트에 필요한 설계, 조달 및 건설을 종합적으로 포함하는 계약 방식이다. EPC 계약은 일반적으로 엔지니어링 디자인, 필요 재료와 장비의 구매, 그리고 현장에서의 건설을 하나의 계약에 통합하여 수행된다. 대규모의 발전 시설, 화공 플랜트, 제조 시설, 유전 개발, 공항이나 항만 시설과 같은 프로젝트에 많이 적용된다. EPC 계약은 모든 단계를 하나의 계약으로 통합하므로 프로젝트 관리 및 협력 절차가 간소화된다. 엔지니어링과 조달, 건설 단계가 순차적으로 진행되므로 프로젝트의 속도가 향상되는 장점도 있다. 시공자가 설계, 조달, 건설 모든 단계를 관리하고 통제하므로, 예상 투입 공사비와 공사 완료 시점 예측이 상대적으로 용이할 수 있다.

EQC (Evaluation and Qualification Criteria)

EQC(평가 심사 기준)는 입찰서를 평가하고 입찰자를 선정하기 위한 기준이다. 입찰서를 제출하는 각 업체가 충족해야 하는 요구 사항 및 평가 기준을 설명한다. EQC는 일반적으로 다음과 같은 요소를 포함할 수 있다.

1) 기술적 요구 사항: 프로젝트에 필요한 기술적 요구 사항을 설명한다.
2) 실적: 입찰자의 실적이나 유사 프로젝트에서의 성과를 평가한다.
3) 재무적 안정성: 입찰자의 재무 상태를 평가하여, 프로젝트를 정상적으로 수행할 수 있는 재무적 안정성을 확보하고 있는지 평가한다.
4) 법적 및 규제적 요구 사항: 입찰자가 관련 법률 및 규제를 준수하고, 프로젝트 수행에 필요한 라이선스나 인증을 보유하고 있는지 확인한다.

ESC (Escalation)

ESC(물가 변동 조정)는 건설 공사 계약 체결 후 계약 금액을 구성하는 각종 비목의 가격이 변동된 경우, 그에 따른 계약 금액 조정의 의미로 쓰인다. '품목조정률', '지수조정률', '원자재 가격 급등', '단품조정'과 같은 조정 방법이 있다.

FAC (Final Acceptance Certificate)

FAC(최종 인수 증명서)는 시공자가 하자 보증 기간 만료 시까지, 발주자가 인정할 수 있게 모든 하자를 처리하였음을 증명하는 서류이다. 공식적으로 상호 간 계약 관계가 종료되었음을 뜻하며, 이에 계약 완료 증명서인 Performance Certificate와 동일하다. FAC 발급 시점에는 비슷한 의미의 여러 서류가 같이 발급될 수 있는데, 하자 보수가 모두 완료되었다는 증명인 Defects Liability Certificate와 Certificate of Making Good Defects 등이 있다. DLP 기산일은 준공 검사 통과 증명서인 TOC(Taking Over Certificate)가 발급되고, 발주자가 공식적으로 건물을 인수하였음을 증명한 일자이다.

FCP (Final Contract Price)

FCP(최종 계약 금액)는 FIDIC 계약에서 최종 계약 금액을 의미한다. 모든 조건과 변동 사항이 반영되고 계약 종료 시점에 합의된 최종적인 계약 금액이다.

FIDIC (Fédération Internationale Des Ingénieurs-Conseils)

FIDIC(국제 컨설팅 엔지니어 연맹)은 1913년에 프랑스에서 창립된, 건설 관련 국제 표준 계약 조건들을 작성하고 보급하고 있는 단체이다. 표준 계약 조건을 책으로 출판할 때의 표지 색에 따라 Red Book, Pink Book, Yellow Book, Gold Book, Silver Book, Green Book, White Book으로 나눈다. 지속적으로 개정판을 내면서 계약 내용을 보완하고 있다. 영어로는 International Federation of Consulting Engineers로 번역된다.

FM (Force Majeure)

FM(불가항력)은 계약 당사자가 통제할 수 없는 외부적인 사건 또는 상황으로 인해 계약의 이행이 불가능하게 되는 상황을 의미하는 용어이다. 계약 당사자가 예측할 수 없는 자연재해, 전쟁, 사회적 불안, 법적 제재, 정부 조치 등과 같은 이유로 발생할 수 있다. 사건이 발생하면 이로 인해 발생한 계약 의무의 불이행에 대한 책임을 면제해주는 경우가 일반적이다. 이는 해당 사건이 사전에 예측할 수 없거나 대비할 수 없는 것으로 간주되기 때문이다. AOG(Act of God)도 유사한 의미의 용어이다. 해당 사건이 FM 적용 대상인지 여부는 계약서 조항에 따라 다를 수 있으나, 일반적으로 다음과 같은 사항들이 포함될 수 있다.

1) 자연재해: 지진, 홍수, 태풍, 해일, 화재 등과 같은 자연재해로 인한다.
2) 전쟁 및 사회적 불안: 전쟁, 사회 불안, 테러 등으로 인한 상황이다.
3) 법률이나 규제 변경: 법률이나 규제의 변경에 따라 발생한다.
4) 정부 조치: 정부나 지자체의 규제나 명령 등으로 인한 조치가 포함된다.

FOA (Form of Agreement)

FOA(계약서)는 건설 공사 계약 당사자들의 권리, 의무 및 계약 조건을 포함한 계약서 양식이다. FOC(Form of Contract)도 같은 개념의 용어이다. FOA의 부속 서류로 계약 일반 조건(GCC)과 계약 특수 조건(PCC)이 있다.

FOC (Form of Contract)

FOC(계약서)는 FOA와 같은 개념의 용어로서 계약서를 의미한다.

FOT (Form of Tender)

FOT(입찰서)는 입찰자가 제출하는 입찰 서류 중 가장 중요한 서류로서, 입찰 가격과 공사 기간을 기입하는 서류이다. Letter of Tender, Form of Bid, Tender Form 또는 Bid Form 등으로도 불린다. FOT에는 입찰 기간 중에 발급된 추가 자료(Addendum 혹은 Corrigendum)를 포함한 모든 입찰 조건을 반영하였고, 별도의 조건 없이 입찰서를 작성했다는 문구가 포함되기도 한다. 입찰자의 공문 형식을 지니기도 하고, 발주자가 제공한 별도의 양식을 사용하기도 한다.

FP (Final Payment)

FP(최종 기성)는 하자 보증 기간 만료 이후 시공자에게 지급되는 최종 기성이다. 하자 보수 증명서(MC; Maintenance Certificate), 최종 인수 증명서(FAC; Final Acceptance Certificate), 이행 증명서(Performance Certificate) 등 여러 증명서 중 하나가 발급된 이후 지급이 이루어진다. 유보금(Retention Money) 적용 계약일 경우 유보금도 모두 해제되고, 이행 보증(Performance Security) 또한 만료된다. 중간 기성과 별도로 최종 기성은 지급 기한을 달리하기도 한다.

FP (Fraudulent Practice)

FP(사기 행위)는 사기와 같은 부정 행위를 의미한다. FP는 계약 당사자 중 한쪽이 의도적으로 사기를 저지르거나 부정한 행위를 행하는 경우에 발생한다. 계약의 공정성과 투명성을 침해하며, 다른 당사자에게 손해를 입힐 수 있는 행위이다. 계약 당사자 간의 신뢰와 존중을 훼손하며, 계약 이행과 관련하여 심각한 문제를 초래할 수 있다. FP가 발생하면 법적 계약적 조치가 취해질 수 있다. FIDIC 계약에서 FP는 다음과 같은 행위로 정의될 수 있다.

1) 위조: 문서나 서류를 위조하거나 조작하여 사기를 저지르는 행위이다.
2) 부당한 영향력: 다른 당사자에게 부당한 영향력을 행사하여, 계약 조건을 조작하거나 계약의 공정성을 훼손하는 행위들이 해당된다.
3) 기밀 유출: 기밀 정보나 중요한 정보를 부당하게 유출하는 행위이다.
4) 뇌물 수수: 뇌물이나 부정한 대가를 제공하거나 받는 행위가 해당된다.
5) 기타 부정 행위: 계약의 공정성과 투명성을 침해하는 기타 행위들이다.

FPC (Final Payment Certificate)

FPC(최종 기성 증명서)는 FIDIC 계약에서 최종 기성 증명서를 의미한다. 모든 계약 조건이 이행되었음을 확인하고, 최종 기성 지급이 가능함을 증명하는 서류이다. 계약 종료에 대한 모든 기준이 충족되고, 모든 당사자가 합의한 후 발급된다. 계약의 의무와 모든 조건이 이행되었음을 증명하는 서류이다. FPC

의 발급 기준은 일반적으로 다음과 같다.

1) 완료 확인: 계약 범위 내에서의 모든 작업이 완료되었는지 확인한다. 공사의 실제 완료는 물론 시공자와 관련된 자재 공급사나 협력사의 모든 의무와 조건을 이행했는지도 확인하는 것을 의미한다.
2) 결산 및 정산: 모든 결제 사항이 완료되었는지 확인한다. 모든 진행된 대금 지급과 추가 비용, 변경 작업 등이 정확하게 정산되었음을 의미한다.
3) 보증 및 보험: 모든 보증서와 보험증명서가 제출되고 처리되었는지 확인한다. 계약 관련된 보증 및 보험 관련 업무가 모두 완료되어야 한다.
4) 적합성 검토: 모든 제출 문서 및 인증서가 적합하게 처리되었는지 확인한다. 모든 기술적 문제나 법적 문제가 처리되었는지도 확인한다.
5) 각 당사자의 합의: FPC 발급에 필요한 모든 조건이 당사자 간에 합의되었는지 확인한다. 모든 당사자가 최종 기성 지급에 동의하여야 발급된다.

FS (Final Statement)

FS(최종 명세서)는 FIDIC 계약에 포함된 용어로서 최종 명세서를 의미한다. 준공 확인서인 TOC(Taking-Over Certificate)가 발급된 후, 시공자는 사전에 합의된 금액이 정리된 최종 명세서를 발주자나 감리자에게 제출한다. 준공 이후 모든 결산 및 정산이 완료되었음을 확인하고, 최종 계약 금액을 제시하는 문서이다. FS에는 일반적으로 다음과 같은 항목들이 포함될 수 있다.

1) 최종 정산 내역: 모든 기성 지급 사항이 포함된 최종 정산 내역을 보여준다. 공사 진행에 따라 지급된 중간 기성 및 미지급 기성을 포함한다.
2) 변경 작업 및 추가 비용: 공사 중 발생한 변경 사항이나 추가 비용에 대한 내역을 포함한다. 변경으로 인한 비용 증가나 감소를 포함함을 의미한다.
3) 보증 및 보험: 모든 보증서와 보험 증명서에 대한 내용을 확인한다. 공사물의 보증 및 보험 관련 사항이 모두 처리되었는지 보여준다.
4) 세금 및 수수료: 모든 세금 및 수수료에 대한 내역을 포함한다. 관련 세금 및 수수료가 모두 정산되었는지 상호 확인하는 것을 의미한다.

5) 최종 결산: 모든 결산 사항이 정리되고 재무적인 측면에서 최종 결산이 완료되었음을 확인한다. 계약의 재무적 측면을 종결하는 단계이다.
6) 사전 합의: FS는 계약이 완료되고 모든 결산이 완료된 후 발급된다. 각 당사자 간의 사전 협의를 통해 합의한 이후 발급되는 것이 일반적이다.

GC (General Contractor)

GC(원도급자)는 발주자로부터 전체 공사를 도급 받아 포괄적으로 계약에 대한 책임을 지는 시공자다. 하도급자(SC; Subcontractor)에 대비되는 의미로서 MC(Main Contactor) 또는 PC(Prime Contractor)라고도 불린다.

GCC (General Conditions of Contract)

GCC(계약 일반 조건)는 계약서 구성 요소 중 일반 조건을 의미한다. 일반적으로 계약서는 계약서(FOC; Form of Contract), 계약 일반 조건(GCC)과 계약 특수 조건(PCC; Particular Conditions of Contract)으로 이루어진다. 계약 특수 조건은 SCC(Special Conditions of Contract)라고 부르기도 한다.

GL (Governing Law)

GL(준거법)은 계약을 해석할 때 어느 국가의 어느 법률을 적용할 것인지 미리 계약에 정하여 두는 것이다. 계약은 서로 다른 국가나 지역을 포함한 이해를 달리하는 당사자 간의 합의일 수 있으므로, 계약을 해석함에 있어서 의견 차이나 분쟁이 발생할 수 있다. 이러한 분쟁을 해결함에 있어서 계약서에 명시된 법적 규정이나 국가의 법률이, 해당 문서에 적용되고 해석되어야 함을 의미한다. 일반적으로 계약서나 합의서에는 GL이 명시되어 있으며, 이는 계약 당사자가 법적 분쟁이 발생했을 때 어떠한 법률이 적용되는지를 알 수 있게 한다. FIDIC은 입찰서 부록인 Appendix to Tender에 준거법을 명시하도록 하고 있다. 예를 들어, "이 계약은 대한민국 법률에 따라 해석되고 적용된다."라는 문구가 포함된다면, 해당 계약이 대한민국의 법률에 따라 이행되며, 법적 분쟁이 발생할 경우 대한민국의 법원에서 해결되어야 함을 의미한다.

GMP (Guaranteed Maximum Price)

GMP(최대 공사비 상한 보증) 계약 방식은 발주자와 시공자가 공사비 상한선을 합의하고, 시공자가 이 상한선을 초과하지 않을 것을 보증하는 건설 공사 계약 방식이다. 총액 계약(Fixed Lump Sum Price Contract)에서의 공사비 한도와 다른 개념으로서, 주로 Open Book이나 Cost plus Fee 방식의 계약에서 발주자의 예산 한도를 초과하지 않도록 안전 장치를 두는 것이다. 공사 완료 시점에 공사비가 GMP를 초과해도 시공자는 보상받지 못한다. 발주자는 시공자가 보증한 공사비이므로 사업비 초과에 대한 부담을 해소할 수 있다.

GST (Goods and Services Tax)

GST(부가 가치세)는 영연방 국가들에서 VAT를 대신하여 쓰인다.

GTC (General Terms and Conditions)

GTC(일반 계약 조건)는 GCC(General Conditions of Contract)와 마찬가지로 계약이나 거래의 일반 조건을 의미한다. 유사한 성격의 계약이나 거래가 지속적으로 이루어질 경우, 해당 계약이나 거래에 관련된 특수 조건은 계속 변경될 수 있다. 이런 경우 변경이 없는 일반적인 조건들은 최초에 합의한 이후, 각각의 계약 건에 대해 첨부 형식으로 포함할 수 있다.

IJV (Incorporated Joint Venture)

IJV(융합 공동 도급)는 기업 간의 합작법인과 같은 형태의 공동 도급이다. 두 개 이상의 기업이 서로 협력하여 새로운 법인을 설립하고, 이를 통해 특정 프로젝트나 사업을 수행하는 것을 의미한다. 이러한 형태의 합작법인은 새로운 법인으로부터 발생하는 모든 활동에 대해 법적으로 책임을 공유하게 된다. IJV는 주로 큰 규모의 프로젝트나 사업을 수행하기 위해 결성된다. 이러한 형태의 합작법인은 각 기업들의 자본, 기술, 경험 등을 융합하여, 프로젝트에 필요한 자원을 보다 효율적으로 활용할 수 있게 한다. 또한, 법인의 형태로 운영되기 때문에 법적 구조가 강화되고, 이를 통해 계약 및 재무 관리가 용이해진다. IJV는 다른 형태의 합작법인과 비교하여 상대적으로 복잡한 법적 절차가 필요하고, 각 기업 간의 관계를 잘 조율할 필요가 있다. 한편, 올바르게 구성된 IJV는 각 기업이 개별적으로 수행하기 어려웠던 대규모 프로젝트에 대한 기회를 확장하고, 융합된 역량을 이용하여 리스크를 분담할 수 있는 장점을 제공한다.

IPC (Interim Payment Certificate)

IPC(중간 기성 확인서)는 시공자가 기 제출한 기성 서류(AIP; Application for Interim Payment)를 검토(Valuation)한 이후, 확정된 기성 금액을 시공자에게 통지하는 서류이다. Interim Payment는 중간 기성이라는 의미이기에 쓰이고, 유사한 개념으로서 Progress Payment라는 용어도 있다. 그렇기 때문에 IPC는 PPC(Progress Payment Certificate)로도 대체하여 쓸 수 있다.

IPD (Integrated Project Delivery)

IPD(통합 프로젝트 수행)는 시공자가 프로젝트 기획이나 설계 단계부터 참여하여, 설계자와의 상호 협력을 통해 프로젝트 성과 최적화, 가치 증대 및 설계와 시공을 준비하는 기법이다. 시공자의 조기 참여를 뜻하는 의미인 ECI(Early Contractor Involvement) 개념을 포함한다. 전통적인 건설 절차는 발주자가 설계자를 통해 설계를 완성하고, 이 설계를 기준으로 시공자를 선정하여 공사 목적물을 완성한다. 반면에 IPD 기법을 적용하면 프로젝트 기획 및 설계 단계에서부터 시공자가 참여하여 설계 및 시공을 최적화할 수 있다. 근래에 적용이 확대되고 있는 프리콘(Precon)도 IPD와 유사한 개념의 용어이다.

IPR (Intellectual Property Rights)

IPR(지적 재산권)은 개인이나 조직이 창작한 무형의 자산에 대한 권리를 보호하는 법적 개념이다. 지적 재산권은 창작물이나 발명품 등을 보호함으로써, 창작자나 기업이 자신의 노력과 투자에 대한 보상을 받을 수 있게 한다. 또한, 혁신과 창조성을 촉진하고 경제적 발전을 지원할 수 있게 도움을 준다. 건설 계약에 있어서는 설계 도서, 컨설팅 결과물, 기술 자료 및 공법 자료들이, 해당 건설에 사용되지만 최종적인 재산권은 생성자와 발주자에게 있음을 의미한다. 지적 재산권은 주로 저작권, 특허, 상표, 디자인 등의 형태로 나타난다.

1) 저작권(Copyright): 저작물에 대한 창작자의 권리를 보호한다. 저작물은 예술 작품, 문학 작품, 음악, 영상물 등을 포함한다.
2) 특허(Patent): 발명품이나 신기술에 대한 배타적 사용 권리를 보호한다.
3) 상표(Trademark): 상품이나 서비스의 로고나 상표를 보호한다.
4) 디자인(Design): 제품의 디자인에 대한 권리를 보호한다.

ISDS (Investor-State Dispute Settlement)

ISDS(투자자와 국가간 분쟁 해결)는 투자자와 투자가 이루어진 국가 간의 분쟁을 해결하는 의미로 사용된다. 국제 투자 협약에서 일반적으로 사용되며, 외국 투자자가 특정 국가에서 투자를 할 때 발생할 수 있는 분쟁을 해결하기 위한 방법론을 제공한다. ISDS는 특히 외국 투자자가 특정 국가에서 투자를 할 때, 그 국가가 그 투자를 존중하고 보호하기로 약속했지만, 이러한 약속이 깨지거나 국가가 투자자의 권리를 침해한 경우에 유용하다. 이 메커니즘은 투자자가 직접 국가를 상대로 분쟁을 제기하고, 중립적인 국제 패널에서 이를 해결할 수 있도록 한다. ISDS는 일반적으로 국제 조정 기구나 국제 투자 협약에 따라 설정된 특별한 패널에서 진행된다. 이 패널은 중립성과 독립성을 보장하기 위해 구성되며, 투자자와 해당 국가 간의 분쟁을 공정하게 평가하고 해결한다. ISDS는 국제 투자의 증대와 함께 중요성이 커지고 있으며, 투자자들이 자신들의 권리를 보호하고 투자에 대한 확신을 얻을 수 있도록 하는 역할을 한다. 한편, ISDS에 대한 논란도 있는데 일부에서는 이런 체제가 투자자의 권리를 지나치게 보호하거나, 국가의 정책 수행을 제한하는 영향도 있다고 주장한다.

ITB (Instruction to Bidders)

ITB(입찰 지침서)는 입찰자들에게 해당 프로젝트 입찰에 대한 개괄적인 지침을 안내하는 서류이다. ITT(Instruction to Tenderers)도 동일한 개념으로 사용된다. 입찰 서류 전체를 지칭하기도 하므로 RFP나 RFQ도 유사한 개념이다.

JO (Joint Operation)

JO(공동 이행)는 건설공사에서 두 개 이상의 회사나 조직이 공동으로 프로젝트를 수행하는 방식을 의미한다. 일반적으로 큰 규모의 프로젝트를 수행하거나, 자원을 공유하여 프로젝트를 성공적으로 수행하기 위해 채택되는 수행 방식이다. 각 회사는 자신의 전문 지식이나 실적과 같은 강점을 이용하여, 프로젝트의 성공에 기여하고 재무적 기술적 리스크를 분산시킬 수 있다. JO는 종종 다음과 같은 이유로 선택될 수 있다.

1) 자원 공유: 각 회사가 자신의 자원을 공유하여 프로젝트를 완료하기 위해 필요한 능력과 경험을 보완한다. 이는 인적 자원과 실적을 포함한다.
2) 재무적 이점: 자원 및 비용을 공유함으로써 재무적 이점을 얻을 수 있다.
3) 기술 혁신: 각 회사가 자신의 기술적 전문성을 상호 결합하고 공유함으로써, 프로젝트 수행에 있어서 기술적인 혁신을 가져올 수 있다.
4) 리스크 분산: 여러 회사가 함께 참여하기에 리스크를 분산시킬 수 있다.

JSL (Joint and Several Liability)

JSL(연대 책임)은 두 개 이상의 당사자가 공동으로 책임을 지는 법적 개념이다. 각 당사자가 개별적으로 책임을 지는 것뿐만 아니라, 모든 당사자가 함께 책임을 지는 것을 의미한다. 따라서, 피해자는 필요에 따라 단일 당사자 또는 모든 당사자에 대해서 소송을 제기할 수 있다. JSL은 특히 건설업이나 금융 분야에서 흔히 사용되는 용어이다. 여러 당사자가 프로젝트에 참여하고, 각 당사자가 프로젝트의 성공이나 실패에 영향을 미칠 수 있기 때문에 필요한 법적 보호 수단이다. JSL은 각 당사자가 자신의 행위에 대해 책임을 지는 동시에, 모든 당사자가 프로젝트의 결과에 대해 공동으로 책임을 지는 것을 규정한다.

JV (Joint Venture)

JV(공동 도급)는 공사 규모가 크거나 복잡한 경우, 두 개 이상의 시공자가 임시로 결합하여 연대 책임 하에 공사를 진행하는 방식이다. 공사의 특정 구역이나 공종을 구분하여, 해당 분야의 전문성을 지닌 시공자들이 공동으로 수행하는 목적으로 결성되기도 한다. 컨소시엄(Consortium)도 유사한 의미로 사용되고 있다. 운영 방식에 따라 공동이행방식과 분담이행방식으로 구분된다. 공동이행방식은 단일한 시공자와 마찬가지 성격으로 혼합된 조직으로 구성하여 공사를 수행하는 방식이다. 반면에 분담이행방식은 구역별 공종별로 구분하여, 해당 시공자가 각자 분담한 부분만을 독립된 조직으로 수행하고 이에 대하여 책임을 지는 방식이다. 대형 프로젝트의 발주자로서는 분담이행방식보다는 공동이행방식을 수용하여, 문제가 발생했을 경우 일괄 책임을 묻는 것으로 추진하는 것이 보다 더 효율적일 수 있다.

JV (Joint Venture Agreement)

JVA(공동 도급 합의서)는 JV 간에 서로 프로젝트 수행 방식과 책임 등을 합의하여 작성한 서류이다. 입찰 단계에서 발주자의 요구에 따라 제출되기도 한다.

LD (Liquidated Damages)

LD(지체 보상금)는 시공자가 계약 기간 내에 공사를 끝내지 못했을 경우 시공자가 발주자에게 보전해야 할 보상금이다. DD(Delay Damages)와 DP(Delay Penalty)도 같은 개념으로 사용된다. 발주자가 계약 기간 내에 공사가 완료된다는 기준으로 건물의 인수 시점을 결정하고 사업 계획을 수립하였는데, 시공자가 그 일정을 준수하지 못함으로 인해 발생된 발주자의 사업 손실에 대한 보상금 성격이다. 일반적으로 계약 금액의 1/1000을 지연 일수에 곱하고, 최대 LD는 계약 금액의 10% 수준으로 한정하여 계약한다.

LE (Losses and Expenses)

LE(손실과 비용)는 주로 계약상의 분쟁이나 위반으로 인해 추가적으로 발생하는 손실과 비용을 지칭하는 용어이다. 계약 진행 중에 발주자나 시공자가 계약 조항을 위반하거나, 의무를 이행하지 않아 발생한 손실과 비용을 포함할 수 있다. 일반적으로는 시공자의 귀책 사유가 아닌 공기 지연에 따른 손실과 추가 비용을 의미한다. FIDIC 계약 조항은 LE의 기준을 명확하게 정의하고, 이에 따라 발생한 손실과 비용이 적절하게 합의되고 처리될 수 있게 규정하고 있다. FIDIC 계약에 따르면 LE는 일반적으로 다음과 같은 상황에서 발생할 수 있다.

1) 공기 연장: 공기 연장에 따라 발생하는 추가 비용이나 손실을 포함한다.
2) 추가 작업: 발주자의 요청에 따른 추가 작업으로 인해 비용이 발생한다.
3) 품질 문제: 건물의 품질 문제로 인해 발생하는 추가 작업 비용이다.
4) 계약 분쟁: 계약 위반이나 분쟁으로 인해 발생하는 비용을 포함한다.

LIBOR (London Inter-Bank Offered Rate)

LIBOR(런던 은행간 금리)는 런던의 은행 간 금리를 의미한다. 글로벌 금융 시장이나 계약 관리에서 중요한 역할을 하는 지표 중 하나이다. 은행들이 서로 간에 대출을 할 때 적용하는 이자율을 나타낸다. 건설 공사에 있어서는 기성금 지급 지연이나 계약 해지 사유가 발생하여 이자 비용을 산정할 때, LIBOR에 일정 퍼센트를 가산하여 이자율을 결정한다는 형태로 합의되기도 한다.

LOA (Letter of Award, Letter of Acceptance)

LOA(낙찰 통지서)는 입찰서 검토 결과 해당 입찰자가 시공자로 낙찰되었음을 발주자가 통지하는 문서이다. 공사비, 공사 기간 및 본계약의 주요 조건들을 포함하여 작성된다. 공식적으로 낙찰을 확인하고 통지하였기에 계약적 효력을 지니고 있다. 계약적 효력이 없는 LOI(Letter of Intent)와는 달리, LOA에 명기된 주요 조건들에 부합하는 객관적인 근거와 사유를 통하지 않고 낙찰을 철회하면 계약적 법적 분쟁을 초래할 수도 있다.

LOG (Letter of Guarantee)

LOG(보증서)는 일반적으로 금융 거래나 계약에서 한 당사자가 다른 당사자에게 특정 약속이나 의무를 이행하기를 보장하는 서면 문서이다. 건설 공사에 있어서는 입찰 과정 중 입찰 참여자가 입찰을 끝까지 참여하겠다고 제출하는 입찰 보증(Bid Bond, Bid Guarantee, Bid Security)이 있다. 선급금 보증(AP Bond, AP Guarantee)과 함께 계약의 의무를 성실히 수행하겠다는 이행 보증(Performance Security, Performance Bond, Performance Guarantee)도 있다.

LOI (Letter of Intent)

LOI(낙찰 의향서)는 입찰 검토가 완료된 시점에 해당 입찰자가 낙찰자로 선정될 수 있다는 발주자의 의향을 통지하는 문서이다. LOA(Letter of Award) 발급이 곤란한 상황이거나, 시공자의 긴급한 업무가 필요할 경우 발급하기도 한다. LOA와는 달리 법적 계약적 구속력은 없다. 최종 낙찰 이전에 우선 협상 대상자 선정 통지의 목적으로도 LOI가 사용될 수 있다.

LOL (Limitation of Liability)

LOL(배상 책임의 제한)은 계약 또는 합의서에서 한 당사자가 다른 당사자에 대한 책임을 제한하는 조항을 의미한다. 즉, 한 당사자가 특정 상황에서 배상해야 되는 손실이나 손해의 범위와 한도를 제한하는 것이다. LOL은 주로 상업 거래나 서비스 계약에서 사용된다. 각 당사자가 프로젝트나 거래와 관련되어 부담해야할 잠재적인 위험을 제한하고, 재정적인 안정성을 확보하기 위해 적용된다. LOL은 계약 당사자 간의 상호 동의에 따라 설정되며, 상세한 내용은 해당 계약의 조항에 따라 다를 수 있다. 이 조항은 계약상의 분쟁이 발생했을 때 각 당사자의 책임을 명확하게 정의하고, 잠재적인 소송을 예방할 수 있는 안전 장치의 일종이다. LOL은 일반적으로 다음과 같은 사항을 명시한다.

1) 최대 책임 금액: 한 당사자가 최대로 책임을 지게 될 금액을 명시한다.
2) 특정 종류의 손실 또는 손해의 제한: 특정 종류의 손실이나 손해에 대한

책임만으로 제한하는 내용을 포함할 수 있다.

3) 특정 조건에 따른 제한: 특정 조건이 충족되지 않는 경우에만 책임을 제한하는 조항을 포함할 수 있다.

LOT (Letter of Tender)

LOT(입찰서)는 일반적으로 건설 프로젝트나 서비스 계약을 입찰할 때 업체가 제출하는 문서이다. FOT(Form of Tender)나 FOB(Form of Bid)도 유사한 개념으로 사용되고 있다. LOT에는 입찰서를 제출하는 업체의 이름, 주소, 연락처 등의 정보가 포함된다. 입찰 업체가 제안하는 가격, 일정, 품질 등의 사항을 명시한다. 입찰 추가 자료(Addendum)와 수정 자료(Corrigendum)가 모두 반영되었음을 확인하기도 한다. 입찰 조건과 요구 사항에 대한 이해 및 수용을 확인하는 내용이 포함된다. 아울러, 입찰서의 유효 기간을 명시하여, 입찰이 제출된 후 일정 기간 동안 유효하다는 것을 나타내기도 한다.

LPI (Late Payment Interest)

LPI(지급 지연 기성 이자)는 일반적으로 계약이나 합의서에서 지정된 일정한 날짜까지 지급되지 않은 금액에 대해 부과되는 이자를 말한다. LPI는 지급이 지연된 기간과 원금에 대해 계산되며, 일반적으로 연이율로 표시된다. 계약이나 합의서에서 지급 지연 기성에 대한 이자 지급과 이자율이 명시되어 있는 경우, 지급 지연에 따른 추가 비용에 대해 당사자 간에 합의된 것으로 볼 수 있다.

LS (Legal Successors)

LS(법적 상속인)는 주로 법률 문서나 계약에서 사용되며, 특히 재산이나 권리에 대한 이전 또는 상속과 관련된 문맥에서 자주 등장한다. 법적 상속인은 어떤 개인이나 조직의 재산, 권리, 채무, 계약 등을 그 이후에 이어받을 수 있는 자를 의미한다. 일반적으로 해당 개인이나 조직의 사망, 파산, 합병, 분할 등으로 인해 발생할 수 있다. 예를 들면, 건설 계약에 있어서 채무나 권리 이전 등이 발생했는데 해당 기업이 파산이나 합병되었을 경우, LS에 대해 계약적 책임을 물을 수 있다. 해당 기업이 다른 기업에 통합되거나 합병되는 경우에, 해당 기업의 법적 상속인이 해당 계약을 계속 이행할 수 있게 되기도 한다.

MCC (Mechanical Completion Certificate)

MCC(시공 완료 증명)는 대형 플랜트 공사에서, 시운전을 개시하기 전까지의 모든 시공을 완료했다는 증명이다. 전체 공사의 완료 증명인 TOC(Taking Over Certificate)와는 다른 개념의 용어이다. MCC 발급 이후 본격적인 시운전이 시작되며, 일부에서는 MCC가 Pre-Commissioning의 완료를 의미하기도 한다.

MD (Material Damage)

MD(물질적 손상)는 일반적으로 건설 계약이나 보험 관련 문서에서 사용되며, 물리적인 개체나 소유물에 발생한 손상을 나타낸다. 건물, 장비, 자산 등에 생긴 손상으로 인해 발생하는 비용이나 손실을 포함할 수도 있다. FIDIC 계약에 따르면 건설 현장에서 재료, 장비 또는 기타 구성 요소에 발생한 손상을 포함한다. 천재지변, 화재, 사고 등의 외부 요인으로 인해 발생한 손상도 포함한다.

MLA (Master Lease Agreement)

MLA(마스터 임대 계약)는 일련의 임대 계약을 통합하고 관리할 목적으로 사용되는 기본 계약이다. 일반적으로 여러 임대 계약이 하나의 단일 임대 계약으로 대체되거나, 단일 마스터 임대 계약 아래에서 여러 개별 임대 계약이 유지될 수도 있다. 이러한 계약은 일련의 임대 계약을 통합하고, 임대인과 임차인 간의 관리 및 의사 소통을 향상시키며, 관련된 법적 문서 작성이나 계약과 관련된 절차 이행을 간소화 할 수 있게 도움을 준다.

MOM (Method of Measurement)

MOM(적산 방법)은 건설 프로젝트에 있어서 크기, 면적, 부피 등을 측정하는 방법을 칭하는 용어이다. 구체적으로는 BOQ(Bill of Quantities)나 BOM(Bill of Materials)을 작성하기 위해 항목, 규격, 단위를 결정하고, 이에 따라 설계 도서에 표현된 부재나 장비들의 수량을 산정하는 방법이다. 이를 위해 MOM은 표준화된 적산 방법을 제공하며, 모든 이해관계자가 동일한 기준으로 수량 적산을 수행할 수 있도록 도움을 준다. 이 수량 산출은 Measurement 이외에도 QS(Quantity Survey)나 MTO(Material Take Off) 등의 용어를 사용한다.

MRC (Monthly Recurring Cost)

MRC(월 단위 청구 요금)는 데이터센터 운영 단계에서 발생된 비용을 분배하여 임차 고객사 등에게 청구하는 월간 이용 요금이다. 데이터센터 운영에 따라 정기적으로 발생하는 비용들을 포함하며, 주로 서비스 제공자 또는 데이터센터 운영자가 임차 고객사 등에게 청구하는 요금이다. MRC에 포함되는 주요 청구 항목은 다음과 같이 나눌 수 있다.

1) 전력 및 냉방 비용: 전력 및 냉방 시스템 운영으로 인해 발생된 전기 요금과 냉방 장치 운영 비용이 포함될 수 있다.
2) 네트워크 연결 비용: 데이터센터 내의 네트워크 인프라 및 연결 서비스에 따라 발생되는 비용이 포함될 수 있다.
3) 공간 임대료: 서버 룸과 같은 물리적 공간의 임대료가 포함될 수 있다.
4) 보안 및 모니터링 서비스: 데이터센터 내의 보안 시스템 및 모니터링 서비스에 따른 비용이 포함될 수 있다.
5) 유지 보수 및 기술 지원: 하드웨어 및 소프트웨어 유지 보수 비용과 기술 지원 서비스로 발생된 비용이 포함될 수 있다.
6) 기타 운영 및 관리 비용: 데이터센터 운영과 유지 보수를 위한 관리 비용들이 포함되어 청구될 수 있다.

MSA (Master Services Agreement)

MSA(종합 서비스 계약)는 데이터센터 운영자와 고객 간에, 서비스 제공과 관련된 기본적인 규칙과 조건을 합의한 이후 체결하는 종합 계약이다. 계약 관계가 장기적으로 지속된다는 합의 하에 계약하며, 아래와 같이 서비스 범위와 수준, 기간, 비용 및 책임 등에 대한 합의 사항을 포함한다.

1) 서비스 범위 및 서비스 수준(SLA, Service Level Agreement): MSA에는 제공되는 서비스의 범위와 서비스 수준에 관한 합의 사항이 포함된다. 이를 통해 어떤 서비스가 제공되고 그에 대한 요구 수준과 기대 가치가 어느 정도인지 합의하여 포함한다.
2) 계약 기간 및 종료 조건: 계약의 시작일과 종료일, 그리고 조기 종료나 연장에 관한 조건이 포함된다.
3) 가격 및 지불 조건: 서비스 비용이나 부대 비용들에 대한 내용과 지불 조건들에 대해 합의한 사항들이 명시된다.
4) 기술 지원 및 유지 보수: 제공되는 기술 지원 및 유지 보수 서비스의 수준과 내용에 대한 조건이 명시된다.
5) 기밀 유지 및 보안 조항: 계약 내용의 기밀을 유지하기 위한 조항과 보안 관련 사항이 포함된다. NDA(Non-Disclosure Agreement)가 포함된다.
6) 소유권 및 지적 재산 권리: 제공되는 서비스와 관련된 소유권 및 지적 재산 권리에 대한 조항이 포함된다.
7) 분쟁 해결 및 소송 관할 지역: 분쟁 발생 시 해결 방법과 소송 관할 지역에 대한 합의 사항이 포함된다. 필요 시 조정(Arbitration)을 포함한다.

NAQ (Net Actual Quantity)

NAQ(정미 수량)는 특정 재료나 항목에 대한 할증이나 시공 오차를 고려하지 않고, 설계 도서의 수치를 그대로 적용하여 산출된 수량이다.

NDA (Non-Disclosure Agreement)

NDA(비밀 유지 협약서)는 둘 이상의 당사자 간에 정보의 공개와 공유를 조절하기 위한 문서이다. 주로 기업, 개인, 또는 기관 간에 비밀 정보나 중요한 정보를 공유하거나 제공할 때 사용된다. 공유되는 정보의 기밀성을 유지하고 관리하기 위해 작성되며, 유출이나 무단 공개로부터 정보의 안전을 보장한다. 비밀 정보의 보호를 명확하게 정의하며, 당사자 간의 신뢰성과 상호 합의를 강화하기 위한 문서이다. NDA에 포함되는 주요 내용은 다음과 같다.

1) 당사자 정의: NDA를 통해 합의하는 모든 당사자의 이름과 소속 정보 등을 정의하고 해당 주체들의 책임을 명시한다.
2) 효력 일정: 합의 효력의 시작일과 종료일을 정의한다.
3) 정의 및 범위: 어떤 정보가 기밀 정보로 간주되는지 명확하게 정의하며, 무엇을 공유할 수 있는지를 설명한다.
4) 기밀 정보의 사용 목적: 기밀 정보의 사용 목적을 명시한다.
5) 공개 및 제한: 정보의 공개를 제한하며 정보 보유 당사자가 어떤 조건 하에서 정보를 공개할 수 있는지를 규정한다. 정보를 공유하는 당사자 외의 제3자에게 사전 합의나 승인없이 정보를 제공하거나 전달할 수 없도록 제한하는 내용은 반드시 포함되어야 한다.
6) 위반 시 조치: NDA 위반 시 법적 조치나 손해 배상에 대한 규정과 분쟁 시 이용할 상사 중재원이나 관할 법원 등도 포함된다.

NED (Non Excusable Delay)

NED(시공자 귀책 지연)는 공사의 지연이 시공자 또는 시공자가 관리하는 하도급사의 귀책에 의해 발생된 지연이다. 공기 연장 및 추가 비용을 보상받을 수 없다. 시공자의 귀책 사유가 아니며 공기 연장과 추가 비용을 보상받을 수 있는 상당한 지연(ED; Excusable Delay)과 반대의 의미를 지니고 있다.

NOC (No Objection Certificate)

NOC(동의서)는 어떠한 행위나 업무에 있어서 반대 의견이 없다는 의미의 동의서이다. 중동 지역의 건설 공사에 한정하여 살펴 보면, NOC는 두가지의 의미를 지니고 있다. 첫번째로는 외국인들이 중동 국가에서 근로 비자(Working

Visa)를 받고 근무를 하기 위해, 사전에 노동부로부터 발급받는 서류이다. 두 번째는 해당 국가에서 회사와 계약하여 근무 중이던 외국인 근로자가, 다른 회사로 이직하고자 할 때 현 소속 회사가 이직에 동의한다는 의미로 발급한다.

NRC (Non-Recurring Cost)

NRC는 데이터센터 운영주와 임차 고객사 간의 계약 시, 고객사가 그들의 요구 조건에 부합하는 시스템 구축을 위해 추가적으로 부담하는 비용이다. 초기 구축 설치 단계에서 산정되며 일회성으로 발생하는 비용이다. 데이터센터 운영주와 임차 고객사 간의 계약에서 중요한 부분을 차지하며, 재무 모델을 통한 프로젝트 사업성 검토 시 투입 자금을 산정하기 위해 고려해야 할 중요한 요소이다. NRC 금액 산정 시 고려할 주요 사항들은 다음과 같이 분류할 수 있다.

1) 설치 및 구성 비용: 가장 일반적인 항목 중 하나는 데이터센터 장비 및 시스템을 설치하고 구성하는 비용이다. 이 비용은 건축물 자체인 하드웨어와 소프트웨어 설치 등 초기 작업과 관련이 있다.
2) 구매 비용: 고객사가 필요로 하는 하드웨어 및 소프트웨어 라이선스 등을 구매하기 위해 발생하는 비용이 포함될 수 있다.
3) 특수 요구 사항: 고객사의 특수 요구 사항을 구현하기 위한 비용도 포함될 수 있다. 고객사의 특수한 요구 사항 기준으로 시스템을 구성하기 위해 필요한 추가 비용을 고려해야 한다.
4) 법적 행정적 규정 준수: 법적 규정이나 인허가권자가 규정한 행정 기준을 준수하기 위해 소요되는 비용을 산정하여 포함하기도 한다.

NSC (Nominated Sub-Contractor)

NSC(지명 하도급자)는 건설 공사에서 발주자가 프로젝트의 특정 업무 영역 또는 작업을 수행하기 위해서 지명한 하도급 업체이다. 발주자가 지명하지만 실제 계약은 시공자와 지명 하도급자가 직접 체결한다. NSC를 선택하는 주된 이유는 해당 프로젝트의 특정 작업 또는 부분에 대한 전문 기술과 노하우를 가진 장비 공급사나 하도급 업체가 필요해서이다. 냉동기, 발전기, UPS 및 공조기와 같이 중요한 장비들에 특정한 사양이 필요한 경우, 발주자가 직접 요구 조건과 사양을 확인하여 업체를 선정하는 경우가 많다. NSC 공종은 발주자와 지명 하도급자가 합의한 금액에 기준하여, NSC 관리비(Attendance & Profit)라는 명목으로 일정 요율에 따라 산정된 비용을 시공자가 제시한다. 입찰과 계약 시점까지 NSC의 정확한 금액 산정이 이루어지지 않는 것이 일반적이기에, 건설 국제 표준 계약인 FIDIC은 NSC를 Provisional Sum으로 책정한다.

NTC (Notice to Commence)

NTC(착수 지시서)는 NTP(Notice to Proceed)와 같은 개념으로 사용되는 용어로서, 특정 업무에 착수할 것을 지시하는 문서이다.

NTP (Notice to Proceed)

NTP(착수 지시서)는 건설 사업에 있어서 발주자가 시공자나 설계자에게 특정 업무에 착수할 것을 지시하는 문서이다. 유사한 개념의 용어로 NTC(Notice to Commence)가 있다. 일반적으로 본 계약 이전에 일부 선행 업무가 필요할 경우 발급된다. LOA와 LOI에 주로 포함되는 내용을 보다 간소화하고 특정 업무만을 명시하여 착수를 지시하는 것이다.

O&P (Overhead & Profit)

O&P(일반관리비 및 이윤)는 공사에 직접적으로 필요한 공사비에 추가되는, 시공자의 일반관리비와 공사 이윤을 뜻한다. 개별 현장에서 발생된 매출 이익을 영업과 유지 활동을 하는 본사와 지사의 일반관리비로 분배한다.

OB (Open Book)

OB(회계 장부 공개 계약)는 주로 GMP(Guaranteed Maximum Price) 방식과 결합하여 적용하는 계약 방식이다. 공사 단계에서 시공자가 직접 공사비 지출

증빙 자료를 발주자에게 제공하고 공사비를 지급받는다. 시공자는 직접 공사비 명세는 제출하지만 현장관리비나 부대 비용 등은 제출하지 않고, 직접 공사비에 대해 합의한 비율로 지급받는다. Cost plus Fee와 유사한 계약 방식이다.

P&G (Preliminary and General)

P&G(일반 경비)는 건설 공사의 경우 직접 공사비 이외의, 현장 관리비와 공통 가설 공사비를 포함한 간접 공사비를 의미한다. 영연방 국가에서는 BOQ(Bill of Quantities)의 공종별 내역서 앞에 Preliminary Bill을 추가하여, 여기에 현장 관리비와 공통 가설 공사비를 기입할 수 있게 제공하기도 한다.

PAC (Provisional Acceptance Certificate)

PAC(임시 준공 증명서)는 공사가 완료되고 발주자의 준공 검사를 통과하여, 발주자에게 목적물이 계약 조건에 합의된 방식으로 인도 가능하다는 증명서이다. 이 증명 일자를 기준으로 계약에 명시된 공사 기간을 준수하였는지 확인하고, 지체 보상금(DD; Delay Damages) 부과 여부를 판단한다. 하자 보증 기간(DLP; Defects Liability Period)의 기산 일자가 PAC 발급일이다.

PC (Partial Completion)

PC(부분 준공)는 공사 목적물 전체가 완료되지 않은 상태에서, 일부분을 사전에 지정하여 준공 검사를 완료하는 절차이다. 건물이 완전히 준공되지 않은 상태에서 발주자가 일부 구간이나 시설을 사용하는 BO(Beneficial Occupancy)와 유사한 의미를 지닌다. 건물 전체의 인프라나 마감 작업이 완전히 완료되지 않았더라도, 일부 구역이 사용 가능한 상태일 때 PC를 추진할 수 있다.

PC (Performance Certificate)

PC(최종 이행 증명서)는 건설 프로젝트에 있어서 시공자가 하자 보증 기간(DLP; Defects Liability Period) 만료 시까지, 계약의 의무를 모두 성공적으로 이행하였음을 증명하는 서류이다. PC 발급으로 해당 건설 계약은 종료된다.

PC (Prime Cost)

PC(발주처 지정 비용) 항목은 발주처가 지명하는 하도급사나 자재 공급사에 대한 공사비이다. NSC로 통칭되는 지명 하도급사의 금액이 PC로 산정되어 입찰 내역서에 포함되며, 입찰자는 이러한 PC 항목들에 Attendance(일반관리비)와 Profit(이윤)을 기입하여 제출한다. PC Rated Item은 타일이나 석재 등 지명 자재 공급사의 공급분이 해당된다. 입찰서에 기재된 단가들에 Wastage(할증 및 Loss)와 Profit(이윤)을 추가하여 제출한다.

PC (Prolongation Cost)

PC(추가 비용)는 건설 프로젝트가 예정된 완료일 이후로 지연될 경우 발생하는 추가 비용을 의미한다. 일반적으로는 발주자의 귀책 사유에 의한 공기 연장에 대해, 시공자가 청구할 수 있는 간접비를 일컫는다.

PCC (Particular Conditions of Contract)

PCC(계약 특수 조건)는 계약서 구성 요소 중 특수 조건을 의미한다. 일반적으로 계약서는 계약서(FOC; Form of Contract), 계약 일반 조건(GCC; General Conditions of Contract)과 계약 특수 조건(PCC)으로 이루어진다. 계약 특수 조건은 SCC(Special Conditions of Contract)라고 부르기도 한다. 특기 시방인 Specification과 혼용되기도 하나, 기술 시방서인 Specification에 비해 계약 상 특별히 규정해야 할 조건들을 광범위하게 명기한 것이 PCC나 SCC이다.

PCD (Pre-Contract Deposit)

PCD(계약 전 예치금)는 건설 계약이 체결되기 전에, 발주자가 시공자에게 지급하는 예치금이다. 이 예치금은 계약의 일부로서 프로젝트를 진행하기 위해 시공자에게 지급하는 것으로, 일종의 선급금이나 예약금으로 볼 수 있다. PCD

는 다음과 같이 다양한 목적으로 사용될 수 있다.

1) 계약 체결 유도: 시공자에게 PCD를 지급함으로써 시공자와의 계약 체결을 유도하고 계약의 확정을 도모할 수 있다.
2) 리스크 감소: 시공자는 프로젝트를 시작하기 전에 발주자로부터 PCD를 받음으로써, 프로젝트 시작 전에 발생할 수 있는 비용이나 리스크를 줄일 수 있다. 프로젝트가 취소되거나 중단될 경우에도 시공자에게 일부 비용을 보상해주는 장점을 제공하기도 한다.
3) 자금 조달 지원: 시공자가 프로젝트를 시작하기 위해 필요한 초기 자금을 조달할 수 있게 도움을 주기도 한다. 재료 구매, 인력 고용 등과 같은 초기 비용을 충당하기 위해 사용될 수 있다.

PDL (Potential Defects Liability)

PDL(잠재적 하자 책임)은 시공자가 완공한 건물에서 발생할 수 있는 잠재적인 결함에 대한 책임을 나타낸다. 건설 계약에서는 시공자가 완공한 건물에 대해, 일정 기간 동안 결함이나 하자를 보수할 책임을 지는 조항이 포함된다. 이 결함이나 하자에는 잠재적 결함이 포함된다. 하자 보증 기간은 DLP(Defects Liability Period)이며, 건축 공사의 경우 통상 준공 이후 1년을 산정한다. 이 기간 동안 시공자는 프로젝트에서 발생하는 결함이나 하자를 무상으로 보수해야 한다. 하자 보증 기간 이후 발생되는 하자나 결함에 대해 시공자의 책임을 물을 때 PDL을 준용하기는 하지만, 계약적으로는 실효성이 떨어진다.

PHC (Period for Honoring Certificate)

PHC(허용 지급 기한)는 특정 확인증이나 결제서가 발급된 후, 해당 확인증이나 결제서에 대한 승인 및 지급을 위해 설정된 시간을 의미한다. 일반적으로 이 기간 동안에는 해당 확인증이나 결제서가 유효하며, 이후에는 확인증이나 결제서의 승인이나 지급이 지연되거나 거부될 수 있다. 이 기간은 프로젝트의 특성, 계약 조건, 현지 법규 등에 따라 다를 수 있다. PHC의 목적은 확인증이나 결제서의 적시 승인 및 지급을 촉진하고, 건설 프로젝트 계약 당사자 간의 현금 흐름을 효과적으로 관리하는 것이다.

PHO (Partial Hand Over)

PHO(부분 인계)는 건설 공사 중 일부 구역 또는 부분이 완료되어, 이용 가능한 상태로 발주자에게 인계되는 것을 의미한다. 전체 공사가 완료되기 전에 발생하는 것으로, 특히 대형 건설 프로젝트에서 흔히 발생한다. 프로젝트의 일부분이 이미 사용 가능한 상태이거나 긴급한 사용이 필요한 경우, PHO를 통해 해당 부분이 사용 가능하도록 인계될 수 있다. 프로젝트 계약서에서 PHO에 대한 조항이 명시되어 있거나, 이용자 또는 이해 관계자들이 일부분을 빠르게 사용하고자 할 경우 PHO가 발생할 수도 있다. 전체 공사가 완료되지 않은 상태에서 이루어지기 때문에, 이후에 추가적인 작업이나 변경 사항이 발생할 수 있다. 전체 공사가 완료되기 이전에 부분적으로 인계된 관계로, 인계 구역에서 문제가 발생시 계약적 책임에 대해 분쟁이 있을 수 있다.

PI (Patent Indemnity)

PI(특허 보증)는 특허권 보호를 위한 법적인 보증이다. 건설 계약이나 기술 관련 계약에서 사용되는 용어 중 하나이다. 일반적으로 PI는 한 당사자가 다른 당사자에 대해 특허 침해로 인해 발생할 수 있는, 손해나 비용을 보호하는 법적 보증을 제공한다. 특히, 한 당사자가 다른 당사자에게 제공한 제품, 서비스 또는 기술이 특허권을 침해하는 경우 발생하는 손해에 대한 책임을 보증한다.

PII (Professional Indemnity Insurance)

PII(전문인 배상 책임 보험)는 건설 공사의 경우 설계자와 같은 전문인의 과실로 손해를 끼쳤을 때, 발생된 손해에 대한 전문인의 배상을 책임지는 보험이다. 유사한 개념의 용어로는 전문인 책임 보험의 의미를 지닌 PLI(Professional Liability Insurance)가 있다.

PLI (Product Liability Insurance)

PLI(제조물 배상 책임 보험)는 피보험자가 제조하고 판매한 제조물의 결함으로 발생된 손해에 대해 보상하는 보험이다. 제조물의 결함으로 타인의 신체나 재물에 손해가 발생되고, 법률상의 손해 배상 책임으로 부담해야 하는 경우 PLI를 통해 이에 대해 보상을 할 수 있다. 제조물에는 서비스 용역도 포함된다.

PO (Purchase Order)

PO(구매 주문서)는 서비스나 물품의 구매를 통지하는 서류이다. 판매자의 견적(Offer)에 따라 구매자는 이를 검토 후 금액, 수량, 사양, 인도 목적지 및 결제 조건 등을 기록한 PO를 판매자에게 송부함으로써 구매 요청이 완료된다.

PP (Prevention Principle)

PP(방해 원칙)는 발주자가 프로젝트 계약의 정상적인 진행을 방해하는 행위를 일컫는다. 의사 결정의 지연, 자재나 장비의 승인 지연, 도면의 적기 제공 불이행, 잦은 설계 변경 등이 해당된다. 이에 따라 시공자는 발주자의 행위로 인한 공기 연장과 계약 금액 증액을 요구할 수 있다. 발주자가 시공자의 계약 의무 이행을 방해하였기에, 계약 공기 내 공사 완료를 강제할 수 없다. 이 결과 시공자는 완료 기한이 없는 'Time at Large' 원칙에 따라 공사를 수행할 수 있다.

PPP (Public Private Partnership)

PPP(민관 합동 투자 사업)는 대규모 투자가 이루어지는 사회 간접 자본(SOC) 구축을 위해, 공공 기관(Public)과 민간(Private)이 협력하는 사업 방식이다. 공공 기관 단독으로 진행하기 어려운 대규모 사업일 경우, 재원 조달, 설계, 시공 및 운영 단계까지 민간이 참여하여 공동으로 사업을 진행하는 것이다.

PQ (Pre-Qualification)

PQ(사전 자격 심사)는 건설 프로젝트의 경우 입찰 참가 자격 사전 심사로 사용된다. 발주자가 입찰 초청 이전에 시공자의 입찰 참가 의향을 확인하고 질의서를 송부하면, 시공자는 해당 항목에 대한 답변과 증빙 자료들을 발주자에게 제출한다. 서류에는 유사 공사 실적, 경험 인원, 초기 기술 제안 및 재무제표 등이 포함된다. PQ를 통과했다는 의미는 건설회사가 발주자의 자격 심사를 통과해서 정식으로 입찰 참가 자격을 부여 받았다는 확인이다.

PQM (Price Quality Method)

PQM(가격 품질 심사 기법)은 싱가폴 건설 분야의 공공 시공계약에서, 가격과 품질을 모두 고려하여 입찰자를 평가하고 최종 계약자를 선정하는 기법이다. 싱가폴에서는 PQM이 공공 시공 계약에서 널리 사용되고 있고, 건설 프로젝트의 계약자 선정에 중요한 역할을 하고 있다. PQM을 도입함으로써 가격 경쟁력과 품질 관리 수준, 해당 프로젝트 수행을 위한 기술력 등을 모두 고려하여 최적의 계약자를 선정할 수 있다. PQM의 평가 절차와 방법은 다음과 같다.

1) 비용과 품질의 균형: PQM은 가격과 품질 모두를 중요하게 고려한다. 가격만을 고려하지 않고 제안된 품질과 기술적인 측면도 함께 평가한다.
2) 정량화된 평가: 입찰자의 제안을 정량적으로 평가한다. 객관적인 평가 기준을 사용하여 각 제안의 가격과 품질 측면을 평가하고 점수를 매긴다.
3) 가중치 부여: 가격과 품질 간에 적절한 가중치를 부여한다. 각각의 프로젝트의 성격이나 입찰 공고에 따라 다를 수 있다. 가격, 품질 관리 수준과 기술력의 중요도에 따라 가중치를 달리하여 평가한다.
4) 투명성과 공정성: PQM은 입찰 과정을 투명하고 공정하게 만들기 위해 사용된다. 제안자들은 평가 기준과 가중치를 사전에 알 수 있으며, 평가 결과도 공개됨으로 인해 결과의 객관성을 확보할 수 있는 장점도 있다.

PR (Pro Rata)

PR(비율 배분)은 건설 공사의 계약 금액 조정이 필요할 때, 전체 항목에 대해 변경 비율을 동일하게 적용하여 조정하는 방법이다. 예를 들어, 공사비의 3%

를 감액하여 내역서를 작성할 경우, 내역서의 전체 항목에 대해 동일하게 3% 비율을 적용하여 감액 조정하는 것이다.

PR (Procedural Rules)

PR(절차적인 규칙)은 건설 프로젝트의 진행과 관련된 절차적인 규칙 또는 규정이다. 이러한 규칙은 프로젝트의 각 단계에서의 절차 및 행동에 대한 지침을 제공하여, 프로젝트를 원활하게 운영하고 효과적으로 관리할 수 있도록 도움을 준다. 이해 관계자들이 공통된 프로세스 및 절차에 따라 행동하고 의사 소통하면서, 프로젝트의 효율성을 향상시키고 프로젝트 성공에 기여할 수 있다. 건설 계약의 PR은 다음과 같은 내용을 포함할 수 있다.

1) 변경 관리 절차: 프로젝트 진행 중의 변경 사항을 관리하는 절차를 정의한다. 변경 요청의 제출, 검토, 승인에 대한 절차를 포함할 수 있다.
2) 품질 관리 절차: 프로젝트에서 품질을 보장하기 위한 절차를 포함할 수 있다. 품질 표준의 준수, 검사 및 시험 등의 관리 절차를 다룰 수 있다.
3) 사고 및 보고 절차: 사고나 문제가 발생했을 때의 대응 절차를 정의한다. 사고의 보고 및 기록, 관련 이해 관계자에 대한 통보 등을 다룰 수 있다.
4) 커뮤니케이션 절차: 프로젝트 이해 관계자 간의 효과적인 커뮤니케이션을 보장하기 위한 절차를 포함한다. 회의 일정과 진행, 보고서 및 문서의 분배, 의견 조율 및 의사 결정 프로세스 등을 다룰 수 있다.
5) 계약 관리 절차: 계약 조항 및 조건의 이행을 보장하기 위한 절차를 정의한다. 계약 변경 및 요청의 처리, 분쟁 해결 절차 등을 다룰 수 있다.

PS (Performance Security)

PS(이행 보증)는 시공자가 계약 조건을 이행하고, 프로젝트를 성공적으로 완료할 것을 확약하는 보증이다. Performance Bond 또는 Performance Guarantee도 같은 의미의 용어이다. 시공자가 계약 조건을 이행하지 않을 경우 발생하는 발주자의 손해를 보상하기 위해 적용된다. 이와 유사한 보증으로는 Parent

Company Guarantee가 있다. 시공자의 모회사가 계약 이행을 보장하는 문서이다. 시공자의 자본력이 부족하거나 위험이 큰 경우 사용되기도 한다.

PS (Prolonged Suspension)

PS(장기 공사 중단)는 건설 작업이 장기간 중단되는 상황을 지칭하는 용어이다. 일반적으로 예상치 못한 문제나 외부 요인으로 인해 공사가 계속되지 못하는 경우에 발생한다. PS는 건설 프로젝트의 일시적인 중단이 아닌, 장기간 동안 공사가 중지되는 상황을 의미한다. PS가 발생하면 계약서에 명시된 절차와 조건에 따라 대비하고 관련된 협상을 해야 한다. PS가 언제 시작되고 끝나는지를 명확하게 정의하고, 추가 비용이 발생할 수 있는지 여부를 확인해야 한다. 해당 기간 동안 계약 조건의 변경이나 보상에 대한 협상이 이루어질 수 있다. PS는 일반적으로 발주자의 예산 부족과 같은 자금 문제에 기인한다.

PS (Provisional Sum)

PS(잠정 공사비)는 국제 건설 표준 계약의 일종인 FIDIC의 조항 중, 계약 시점에 정확한 비용이나 범위를 확정하지 않은 특정 항목의 금액이다. 공사 계약을 체결할 때 특정 작업 항목의 비용이나 세부 사항이 불분명하거나 확정되지 않은 경우에, 잠정 공사비로 분류하여 개략 추정 금액을 책정한다. 해외 건설 계약에서 NSC(Nominated Sub-Contractor 혹은 Nominated Supplier) 대상 금액을 PC(Prime Cost)로 칭하고, 집행이 예상되지만 금액이 확정되지 않은 공사비를 잠정 공사비인 PS라고 정의했다. 근래에는 이를 통합하여 PS로만 사용하는데, 일반적으로 발주자 지명 하도급 공종인 NSC 공사비로 이해된다.

PSF (Price Schedule Form)

PSF(가격 계획 양식)는 건설 공사 계약 금액의 결정과 지급 일정을 명시하는 양식이다. 계약 내역서인 BOQ(Bill of Quantities)와 함께, 해당 공종별 항목별 금액의 월별 지급 일정이 포함된다. 각 작업 또는 마일스톤에 대한 지급 일정이 포함되며, Schedule of Payment나 Cash Flow Forecast와 같은 역할을 한다.

PSSCOC (Public Sector Standard Conditions of Contract)

PSSCOC(공공 부문 표준 계약 조건)는 싱가폴 공공 부문 건설 프로젝트에 적용되는 표준 계약 조건이다. 싱가폴 정부가 제정하고 개정하며, 공공 부문에서 발주하는 건설 공사와 관련된 계약에 적용된다.

RCA (Rules of Conciliation and Arbitration)

RCA(조정 중재 규칙)는 건설 프로젝트 계약 당사자 간의 분쟁을 조정과 중재로 해결하기 위한 절차와 규칙을 규정하는 문서이다. 이는 계약서의 일부로서 분쟁이 발생할 경우 적용되는 절차를 명확하게 하고, 분쟁을 효율적으로 조정하거나 중재할 목적으로 사용된다. RCA는 보통 다음과 같은 내용을 포함한다.

1) 분쟁 해결 절차: 분쟁이 발생할 경우 어떤 절차를 따를 지에 대해 명시한다. 먼저 협상을 시도한 후 협상이 실패할 경우, 중재나 조정 혹은 법정 절차를 거치는 등의 절차를 포함할 수 있다.
2) 중재인 및 조정인 지정: RCA는 분쟁을 중재하거나 조정할 중립적인 중재인이나 조정인을 지정하는 방법과 절차를 규정한다.
3) 중재 및 조정 절차: 중재나 조정 절차에 대한 세부 사항을 규정한다. 증거의 제출, 토론의 방법, 결정의 시기 등을 포함할 수 있다.
4) 결정의 구속력: 중재나 조정의 결정이 당사자들에게 구속력이 있다는 점을 명시한다. 다만, 어느 한 당사자가 조정이나 중재의 결정에 불복하여 소송(Litigation)을 진행할 경우, 중재와 조정의 결정은 효력을 잃는다.

RFP (Request for Proposal)

RFP(입찰 요청서)는 발주자가 시공자에게 입찰서 제출을 요청하는 문서이다. RFQ(Request for Quotation)는 RFP의 일종이지만 견적에 국한된 협의적 개념이며, RFP는 금액과 기술 제안 등을 종합적으로 요청하는 광의적 개념의 문서이다. 입찰지침서인 ITB나 ITT가 RFP의 부속 문서이지만, 국내에서는 RFP를 입찰서의 의미인 ITB와 유사한 의미로 사용하기도 한다.

RFQ (Request for Quotation)

RFQ(견적 요청서)는 RFP와 유사한 개념이지만, 특정 부분에 대한 금액 견적만 요청하는 문서로 이해되고 있다. RFP 보다 협의적 개념으로 이해된다.

RM (Retention Money)

RM(유보금)은 시공자의 기성금에서 일정 비율로 유보되는 금액을 말한다. 예를 들어, 매월 기성의 5% 또는 10%의 금액이 해당 기성에서 차감되어 지급된다. 계약의 특성 및 규모에 따라 RM의 비율은 달라질 수 있다. 일반적으로 RM은 임시 준공인 PAC(Provisional Acceptance Certificate) 발급 시 50%를 지급하고, 최종 준공인 PC(Performance Certificate) 발급 시 잔여 50%를 돌려준다.

RMD (Rack Month Deal)

RMD(월간 랙 약정)는 고객이 데이터센터의 랙 스페이스를 임대하고 사용할 때, 일정 기간별로 랙 당 금액을 약정하는 방식이다. 약정의 기준이 되는 다음과 같은 요소들이 RMD에 포함되고 합의되어야 한다.

1) 랙 스페이스 할당: 계약에 따라 데이터센터 운영자는 고객에게 일정한 랙 스페이스를 할당한다. 서버 랙이나 서버 캐비닛으로 구성될 수 있으며, 고객은 해당 스페이스를 사용하여 서버와 네트워크 장비를 설치한다.
2) 약정 기간: 랙 스페이스를 임대하는 약정 기간이 포함된다. 이 약정 기간 동안 고객은 할당된 랙 스페이스를 사용하게 된다. 이러한 계약은 일반적으로 연간 단위로 체결되는데, 월간 단위로 분리하기도 한다.
3) 가격 및 요금 체계: 랙 스페이스의 월간 가격 또는 비용이 명시되며, 주로 랙 당 월 단위로 책정된다. 고객은 요금을 지불하고 데이터센터 시설 및 서비스를 이용할 권리를 얻는다.

ROI (Rate on Interest)

ROI(지연 이자율)는 보통 기성금 지급 지연으로 인해 발생하는 이자율을 나타낸다. 이자율은 일반적으로 계약 조건에 명시되어 있으며, 발주자가 시공자에게 지급 기한을 지키지 않을 경우 발생한다. 이자율은 계약 조건에서 명시되며, 일반적으로 연간 이율로 표시된다. 이자율은 통상적으로 LIBOR(London Inter-Bank Offered Rate)에 합의된 % 금리를 더한 값으로 산정된다.

ROT (Rehabilitate Operate Transfer)

ROT(정비 운영 이전)는 PPP 사업 방식의 하나로, 민간이 시설을 정비하고 운영을 한 뒤, 소유권과 운영권을 공공 기관에 이전하는 방식이다. 민간은 자체 재원으로 정비를 하고 일정 기간 동안 시설에 대한 소유권과 운영권을 갖는다.

RTV (Right to Vary)

RTV(변경할 권리)는 건설 계약에서 발주자 또는 시공자가 계약 조건을 변경하거나 수정할 권리를 나타낸다. 계약 당사자가 예상치 못한 상황이나 변경된 요구 사항으로 인해, 프로젝트 조건을 조정해야 할 때 유용하다. 프로젝트 진행 중에 발주자가 추가적인 기능을 요구하거나, 설계 변경이 필요한 경우 등의 변경된 요구 사항이 발생할 수 있다. RTV를 통해 계약 당사자는 새로운 조건이나 요구 사항을 계약에 반영할 수 있다. 또한, 프로젝트 진행 중에 설계 오류나 기술적인 문제로 인해 작업 방법이 변경되는 경우도 있다. RTV를 통해 새로운 기술적인 요구 사항이나 변경된 설계를 계약에 적용할 수 있다. 추가 작업 또는 변경된 요구 사항으로 인해 발생하는 비용의 조정이 필요하거나, 예산이 초과될 때 RTV를 통해 계약 금액을 조정할 수 있다.

SBD (Standard Bidding Documents)

SBD(표준 입찰 서류)는 공개 입찰을 위한 표준 입찰 서류이다. 주로 정부나 국제 기구 등에서 개발되어, 국제적으로 입찰 절차를 표준화하기 위해 사용된다.

SCC (Substantial Completion Certificate)

SCC(준공 증명서)는 공사 목적물을 완료하여 발주자에게 인도될 수 있다는 의미의 준공 증명서이다. 준공의 유사한 개념으로는 Practical Completion이 있다. SCC는 TOC(Taking Over Certificate)와 동일한 의미이며, 발급일 기준으로 지체 보상금(DD; Delay Damages) 부과 여부를 결정하고, 하자 보증 기간(DLP; Defects Liability Period)이 시작된다.

SCO (Subcontract Change Order)

SCO(하도급 변경 지시)는 건설 프로젝트에서 하도급사와의 계약에서 발생하는 변경 주문이다. 발주자 또는 시공자가 하도급사에게 추가 작업이나 변경된 요구 사항을 통보하여, 프로젝트의 업무 범위를 조정할 때 발생한다. 하도급사가 발주자 또는 시공자에게 추가 작업이나 조정된 범위에 대한 요청을 제출하는 경우도 SCO가 발생할 수 있다. 프로젝트 진행 중에 설계 오류나 기술적인 문제로 인해, 하도급사가 작업 방법을 변경해야 할 경우 발주자나 시공자가 SCO를 통보할 수 있다. 변경된 설계 또는 기술적인 조정에 대한 하도급사의 요청에 대해 발주자 또는 시공자가 동의할 때도 발생한다.

SD (Sole Discretion)

SD(독점적 재량)는 특정 조치 또는 결정을 하는 재량권이, 한 쪽에게 독점적이며 일방적으로 주어진다는 것을 의미한다. 대부분은 발주자나 발주자의 대리인에게 주어지는 것으로서, 'at the sole discretion of Employer(발주자의 독점적 재량으로)'와 같은 문장으로 표현된다.

SFC (Short Form of Contract)

SFC(약식 계약서)는 FIDIC(International Federation of Consulting Engineers)의 Green Book으로 이해되는 약식 계약서이다. FIDIC은 계약 형태에 따라 책 표지 색깔을 구분하는데, Red, Pink, Yellow, Gold, Silver, White, Green Book

이 있다. SFC는 이 중 Green Book에 해당하며, 공사 금액이 상대적으로 적고 기간이 짧은 공사에 적용한다.

SGP (Stop-Go Policy)

SGP(중지 재개 정책)는 건설 프로젝트의 진행을 일시적으로 중지하거나 재개하는 정책을 의미한다. 프로젝트 진행 중에 다양한 이유로 발생할 수 있는, 중단이나 지연을 관리하고 조정하기 위해 사용되는 정책이다. SGP는 일반적으로 다음과 같은 상황에서 적용된다.

1) 재정적인 이유: 프로젝트에 할당된 예산이 부족하거나 재정적인 문제가 발생한 경우, 프로젝트의 임시 중단이 필요할 수 있다.
2) 기술적인 문제: 프로젝트 진행 중에 예상치 못한 기술적인 문제가 발생하거나, 부적절한 자재 등의 사용으로 인해 프로젝트가 중단될 수 있다.
3) 법적인 문제: 건축 규정이나 환경 규제 등의 법적인 문제로 인해 프로젝트가 중단되어야 할 수 있다.
4) 의사 결정 필요: 프로젝트의 방향성이나 일정 등에 대한 의사 결정이 필요한 경우, 프로젝트를 일시 중단하여 상황을 평가하고 결정할 수 있다.

SOI (Solicitation of Invitation)

SOI(입찰 참가 초청서)는 발주자가 시공자에게 입찰 참가 여부를 질의할 때 시공자에게 보내는 서류이다. 구체적인 ITB나 RFP 발송 이전에 해당 입찰에 참여하고자 하는 시공자들을 파악하는 용도로 쓰인다. SOI에 대한 답변으로 시공자의 EOI(입찰 참가 의향서) 접수 후 사전 자격 심사(PQ; Prequalification) 단계를 거치기도 한다. EOI는 SOI와 마찬가지로 발주자가 보내기도 한다.

SOP (Schedule of Payment)

SOP(기성 지급 계획서)는 건설 계약에서 지급해야 할 기성 금액과 지급 일정이 표현된 문서이다. 발주자나 시공자가 프로젝트 전 기간 중 기성금 지급과 수령에 대한 일정을 확인할 수 있게 도움을 주는 자료이다.

SOP (Security of Payment)

SOP(지급 보증) 법은 싱가폴 건설 프로젝트에서 사용되는 용어로서, 건설 이해 관계자 간의 분쟁을 조정을 이용하여 신속하게 해결하는 제도이다. 다수의 영연방 국가에서도 유사한 제도를 운영하고 있다. 주된 목적은 기성금 지급을 촉진하고 양방의 현금 흐름을 용이하게 하는 것이다. 또한 법적 소송보다 절차가 간소하고 신속하게 결정을 내림으로써 분쟁을 조기에 해결할 수 있다. 조정의 결과는 싱가폴 조정 센터(Singapore Mediation Center)의 재결(Adjudication)이다. 싱가폴 조정 센터는 재결 신청서를 접수 후 7일 이내에 건설 분야 전문가인 재결인을 지정하고, 재결 답변서가 제출 된 이후 7일 이내에 즉시 재결 절차를 개시한다. 이후 쌍방의 동의 하에 기간을 연장하지 않는 한, 그로부터 14일 이내에 재결을 내린다. 재결의 집행은 법원의 허가를 받아야 되며, 집행 허가가 거부되거나 소송으로 변경될 시 재결은 효력을 상실한다.

SOR (Schedule of Rates)

SOR(단가표)은 특정 작업 또는 서비스에 대한 단위 가격을 정리한 문서이다. 건설 프로젝트의 특정 작업이나 항목에 대한 단위 가격을 계약 시 합의하여, 계약 변동 사항이 발생할 경우 계약 당사자 간의 협상 및 분쟁 해결에 사용한다. 물량이 포함되지 않고 항목, 규격, 단위와 단위 수량에 대한 가격만 명시된다. BOQ(Bill of Quantities)보다 확장된 개념으로서, BOM(Bill of Materials)에 직종별 노무비와 장비비까지 포함하여 작성된다고 할 수 있다.

SOW (Suspension of Work)

SOW(작업 중단)는 공사가 일시적으로 중단되는 상황이다. 발주자가 특정 이유로 공사의 일시 중단을 요청할 경우 발생하는 것이 일반적이다. 예를 들어 자금 부족과 같은 재원 문제나 건축 규정, 환경 규제, 건축 재허가 등의 법적인 요구 사항을 준수하기 위해 공사 작업이 중단되어야 할 수 있다. 예상치 못한 기술적인 문제가 발생되거나, 일부 설계 변경이 필요한 경우에도 SOW가 발생된다. 공사 현장에서 안전 위험이 발견되거나 사고가 발생할 경우, 작업을 일시 중단하고, 안전 문제를 해결하기 위한 조치를 취하기 위해서 발생한다.

T&C (Terms and Conditions)

T&C(계약 조건)는 일반적으로 계약서에 포함되는 각종 조건이나 규정을 칭하는 용어이다. 계약 일반 조건(GCC; General Conditions of Contract)과 계약 특수 조건(PCC; Particular Conditions of Contract)으로 구분할 수 있다.

TA (Technology Assessment)

TA(기술 평가)는 새로운 기술이나 제품을 개발할 때, 이 기술과 제품이 사회나 환경에 미치는 영향을 사전에 검토하는 절차이다. 사회나 환경에 미치는 위험성이나 악영향을 사전에 충분히 검토하여, 이의 개발에 따르는 위험과 악영향을 최소화하기 위한 것이다. 개발 완료 기술뿐만 아니라 개발과 제조 과정에 있어서의 종합적인 안전성도 평가한다. 기술 평가의 활용도, 평가 방법, 전문가 중심의 평가 주체 선정 등에 있어서의 한계로 확대 적용되지는 않고 있다.

TAC (Tests after Completion)

TAC(준공 후 시험)는 건설 프로젝트가 완료된 후에 수행되는 시험을 의미한다. 프로젝트의 완료 및 인수 절차의 일부로서, 시공된 시설물이 설계 기준을 충족하고 안전하게 운영될 수 있는지 확인하기 위해 수행된다.

TAD (Table of Adjustment Data)

TAD(조정 데이터 표)는 특정 조정 데이터나 정보를 정리한 표를 의미한다. 보통 계약의 일부로서 사용되며, 프로젝트의 조정 사항이나 변경 사항을 문서화하고 추적하기 위해 생성된다. 공사 금액이나 기간 변경 등이 포함된다.

TBE (Technical Bid Evaluation)

TBE(기술 입찰 평가)는 입찰자가 제출한 입찰서의 기술 제안 관련 내용을 평가하는 절차다. 금액 입찰서(Commercial Bid)와 기술 입찰서(Technical Bid) 중에서 기술 입찰서를 평가하는 것이다. 금액 입찰 검토는 CBE(Commercial Bid Evaluation)라고 부른다. TBE와 CBE를 조합하여 입찰서를 평가하는 유사한 개념의 용어로는 TES(Two Envelope System)가 있다.

TES (Two Envelope System)

TES(선기술 후가격 평가)는 건설 공사 입찰 시 기술 입찰서(Technical Bid)와 금액 입찰서(Commercial Bid)를 별도의 봉투(Envelope)에 담아서 제출하고, 이를 별도로 평가하여 낙찰자를 선정하는 방식이다. 기술 능력이 우수한 업체를 선정하여 예정 가격 내에서 입찰가를 협상한다. 가격 위주 평가가 가지고 있는 저가 업체 선정 위험을 회피하고자, 기술 능력 평가까지 종합적으로 고려하는 방식이다. 객관적인 평가 기준을 수립하기 곤란한 단점이 있다.

TFC (Time for Completion)

TFC(준공 기한)는 건설 프로젝트에서 공사 완료 기한을 나타내는 용어이다. 건설 계약에서 사용되며 착공일(CD; Commencement Date)로부터 프로젝트가 완료되어야 하는 최종 기한을 정의한다. 주로 다음과 같은 목적을 지닌다.

1) 공사 일정 계획: 건설 프로젝트의 일정을 계획할 때 TFC를 기준으로 하여, 시작 날짜부터 완료 기한까지의 기간을 설정한다.
2) 계약 조건: 건설 계약서에는 일반적으로 TFC가 명시되어 있으며, 이는 시공자가 프로젝트를 완료해야 하는 최종 기한을 정의한다. 시공자는 계약에서 정의된 TFC 내에 프로젝트를 완료해야 한다.
3) 보상 및 페널티: 건설 계약에서 프로젝트 완료가 TFC를 초과할 경우, 시공자에게 지체 보상금(DD; Delay Damages)이 부과될 수 있다. 반대로, TFC 내에 프로젝트가 완료될 경우 포상(Incentive)이 제공될 수도 있다.

4) 프로젝트 관리: TFC는 프로젝트 관리자나 시공자가 프로젝트 진행을 모니터링하고 조정할 때 중요한 지표 역할을 한다. 프로젝트가 TFC 내에 완료되지 못할 것으로 예상되면, 추가 조치를 취할 필요가 있다.

TOC (Taking Over Certificate)

TOC(공사 목적물 인수 확인서)는 공사가 실질적으로 완공되고 준공 검사를 통과하여, 발주자가 인수할 수 있다는 증명서이다. TOC 발급일 기준으로 지체 보상금(DD) 부과 여부를 결정하며, 하자 보증 기간(DLP)이 시작된다.

TOC (Termination of Contract)

TOC(계약 파기)는 계약의 파기나 종료를 나타내는 용어이다. 계약이 체결된 이후 계약 당사자들은 계약에서 규정한 조건과 기간을 준수하며 서로 협력한다. 하지만 때로는 계약의 조건을 더 이상 이행할 수 없거나, 이익을 얻지 못할 경우 계약을 종료해야 할 수 있다. 계약 조건에 따라 다를 수 있지만, 대부분의 TOC는 쌍방의 합의가 아닌 발주자에 의한 일방적인 계약 파기를 의미한다.

TOC (Test on Completion)

TOC(준공 검사)는 공사 완료 단계에서 그 건물이나 완료물이 허가 기준을 충족하는지 확인하기 위한 검사를 의미한다. 공사가 완료되고 건물이나 인프라가 즉시 사용될 수 있을 정도로 안전하고 기능적인지 또한 확인하는 검사이다.

TOP (Temporary Occupation Permit)

TOP(임시 점유 허가)는 싱가폴 주택 공사와 관련되어 사용되는 용어로서, 해당 건물의 일부가 아직 공사 중이거나 목표한 기능을 수행할 수 없는 상태이지만, 거주민들이 입주하여 생활할 수 있을 정도만 되는 수준에서 발급되는 허가서이다. 이와 다르게 싱가폴의 건축 건설청인 BCA(Building and Construction Authority)가 별도로 발급하는 법적 준공 증명서(CSC; Certificate of Statutory

Completion)는, 해당 건축 공사가 안전하고 기능을 완전히 충족할 수 있는 상태가 되었음을 증명한다. CSC는 법적 행정적 절차를 모두 마친 실질적이고 법적인 준공을 증명하는 서류이기 때문에, 일반적으로 TOP 이후에 발급된다.

TOP (Terms of Payment)

TOP(결제 조건)는 상업 및 금융 거래에서 사용되는 용어로 결제 조건을 의미한다. 거래 당사자 간의 금전적 의무를 규정하고, 어떻게 대금이 결제될 것인지 명시한다. 이러한 결제 조건은 거래 당사자 간의 합의에 따라 결정되며, 계약서나 견적서에 명시된다. 일반적으로 다음과 같은 요소들을 포함할 수 있다.

1) 결제 기간: 결제가 이루어지는 기간을 명시한다. 일반적으로 제품이나 서비스 제공 후, 결제가 이루어져야 하는 날짜까지의 기간을 의미한다.
2) 결제 방법: 결제에 사용되는 방법을 명시한다. 현금, 수표, 은행 이체, 어음이나 신용카드 등의 결제 수단을 포함할 수 있다.
3) 결제 조건: 결제의 조건을 설명한다. 결제 기한을 준수할 경우 할인을 받을 수 있는지 혹은 연체 시 추가 비용이 발생하는지도 포함할 수 있다.
4) 화폐 단위: 결제에 사용되는 통화를 명시한다. 기준 환율을 포함한다.
5) 반환 및 환불: 제품의 반환이나 환불에 대한 조건을 포함할 수 있다.

TPL (Third Party Liability)

TPL(제3자 배상 책임) 보험은 공사와 관련된 사고로 제3자에게 피해를 줄 수 있으므로, 이에 대해 시공자의 배상 책임을 면제해주는 책임 보험이다. 제3자는 인근 건물 소유주, 인근 주민, 현장 주위를 통행하는 이 등 다양할 수 있다.

TSA (Technical Service Agreement)

TSA(기술 서비스 계약)는 공항이나 대형 플랜트와 같은 시설의 기술 컨설팅 계약이다. 합의된 계약 기간 동안 시설의 운영 및 유지 보수를 담당한다. 일반적으로는 EPC 계약으로 건설을 수행한 시공자나 민간 자본을 투자한 전문 기관들이, TSA를 통해 계속 참여하여 장기적인 기술 서비스를 제공한다.

UJV (Unincorporated Joint Venture)

UJV(무법인 공동 도급)는 무법인 공동 도급을 의미하는 용어이다. 새로운 법인을 설립하는 IJV(Incorporated Joint Venture)와는 달리, UJV는 별도의 법인을 설립하지 않는다. 따라서 각 참여 기업은 자체적인 법적 주체로 남아 있다.

UOM (Unit of Measurement)

UOM(측정 단위)은 측정이나 계량에 사용되는 단위를 나타내는 용어이다. 제품이나 서비스의 양을 정확하게 표현하고 비교할 수 있도록 하기 위해 사용된다. 일반적으로 길이, 무게, 부피, 시간, 온도, 에너지 등과 같은 물리적 양을 측정하기 위해 적용된다. 일반적으로 길이의 경우 인치, 센티미터, 미터 등의 단위가 사용된다. 무게의 경우 파운드, 킬로그램, 그램 등이 사용될 수 있다. 부피의 경우 리터, 갤런, 세제곱 미터 등의 단위가 일반적으로 사용된다.

UPC (Unforeseeable Physical Conditions)

UPC(예측 불가능한 물리적 조건)는 건설 계약에서 사용되는 용어로, 예상하지 못한 물리적 조건을 나타낸다. 공사 현장에서 예상하지 못한 지하 구조물, 지반 조건, 지진 피해, 지반 오염 등과 같은 상황을 의미한다. 이러한 상황은 공사 기간을 변경시키거나 추가 비용을 발생시키는 요인이 될 수 있다.

VO (Variation Order)

VO(계약 변경)는 CO(Change Order)와 유사한 의미로서, 공사 기간 중 발생하는 공사비나 공사 기간 변경을 포함한 계약의 변경을 지칭한다.

WCI (Worker's Compensation Insurance)

WCI(근로자 보상 책임 보험)는 근로자가 업무상 재해를 입었을 경우, 사용자가 부담해야 할 민법상 사용자 배상 책임을 보장하는 보험이다. 근로자가 업무 중 사고나 질병으로 인해 입은 의료 비용과 임금 손실을 보상하기 위해 사용된다. WCI의 목적은 근로자들에게 일하는 동안 안전하고 보호된 환경을 제공하는 것이다. 근로자가 사고나 질병으로부터 피해를 입은 경우, 이 보험은 의료 비용, 임금 손실, 일시적이거나 영구적인 장애에 대한 보상 등을 포함하여 여러 가지 형태의 보상을 제공한다.

WO (Work Order)

WO(작업 주문서)는 일반적으로 계약 당사자들이 상호 합의한 주문서를 의미한다. 데이터센터의 경우 운영자와 임차 고객사가 주요 계약 조건을 포함하여 WO나 MSA(Master Service Agreement)를 체결한다. 일반적으로 고객 요구 사항(OR; Owner's Requirement), 요건 정의(Basis of Design), 업무 범위(Scope of Work) 등이 부속 서류로 포함된다.

WOC (Waiver of Claim)

WOC(클레임 포기 각서)는 클레임 청구권을 포기하는 의미로 작성하는 서류이다. 주로 추가적인 분쟁이나 논쟁을 방지하고, 분쟁을 합리적으로 조정하기 위해 사용된다. 계약서나 분쟁 해결 합의서 등의 문서를 통해 명시될 수 있고, 계약 당사자 간의 명시적인 동의에 따라 효력이 발생된다. 한편, WOC로 특정 권리나 청구권을 포기하게 되면, 해당 권리나 청구권을 다시 주장할 수 없다는 점을 염두에 두어야 한다. WOC는 다음과 같은 상황에서 발생할 수 있다.

1) 일방적인 동의: 한 계약 당사자가 다른 당사자에 대해 특정한 권리나 청구권을 포기하는 경우 WOC가 발생할 수 있다. 주로 한쪽이 다른 쪽에게 어떠한 법적인 책임도 부담하지 않겠다는 의미를 가질 수 있다.
2) 분쟁 해결: 분쟁이 발생한 후 분쟁을 해결하기 위한 합의의 일부로 사용될 수 있다. 각 당사자가 분쟁을 해결하기 위해 상대방에 대한 청구권을 포기하고 합의하는 경우에 발생할 수 있다.

3) 상호 협의: 계약 당사자 간에 상호 협의하여 특정한 권리나 청구권을 포기하는 경우에도 발생할 수 있다. 주로 상호 협의된 계약 조정이나 변경 사항을 포함한다.

CHAPTER 3 건설 관리

AC (Actual Cost)

AC(실제 비용)는 공정 관리 기법인 EVMS(Earned Value Management System)에서 사용하는 용어로서 실제 투입된 비용이다. 해당 기간 동안 획득 가치(EV; Earned Value)를 성취하기 위하여 실제로 투입된 비용들이다. ACWP(Actual Cost of Work Performed)도 동일한 개념의 용어로 쓰인다.

ACWP (Actual Cost of Work Performed)

ACWP(실제 비용)는 AC(Actual Cost)와 동일한 의미로 쓰인다.

AFR (Accident Frequency Rate)

AFR(사고 빈도율)은 일정 기간 동안 발생한 사고의 빈도를 나타내는 지표이다. 사고 발생 횟수를 일정한 기간 동안의 근로자 인원이나 작업 시간으로 나눈 값을 사용하여 계산된다. AFR이 낮을수록 해당 시간 동안의 사고 발생률이 낮아지므로, 이는 조직이 안전 사고를 성공적으로 방지했음을 나타낸다.

AFR (Audit Finding Report)

AFR(감사 결과 보고)은 조직이나 기업 내부 또는 외부 감사 과정에서 도출된 발견 사항을 문서화한 보고서를 의미한다. 감사 발견 보고서라고도 불리며, 감사 결과 및 결론에 대한 요약, 발견된 사안에 대한 상세한 설명, 그리고 추천된 개선 조치 등이 포함될 수 있다. AFR은 감사의 결과를 관련 이해관계자에게 투명하게 전달하고, 조직의 운영 및 관리에 대한 개선을 위한 기반을 마련한다. AFR은 감사 자료와 함께 보고서 형태로 작성된다.

AIA (Authorized Inspection Agency)

AIA(공인 검사 기관)는 미국 인증 기관인 ASME의 공인 검사 자격 기준을 충족하고, ASME 규정에 따라 인가를 받은 조직이다. 보일러 및 압력 용기와 같은 특수한 분야에 대한 제3자 검사 서비스를 제공한다.

ALARP (As Low as Reasonably Practicable)

ALARP(합리적으로 실행 가능한 최저 수준)는 위험 및 안전 관리에서 사용되는 원칙으로, 위험을 최소화하기 위한 노력을 최대한으로 기울이되 합리적인 비용과 노력 내에서 가능한 수준으로 줄이는 것을 의미한다. 사고나 재해를 최소화하기 위한 최선의 노력을 할 수 있지만, 완전한 위험 제거가 현실적으로 불가능한 경우에 적용될 수 있다. 위험을 추가로 줄이기 위해 집행하는 비용이 얻는 이익에 비해 효과가 적을 때, 위험 제거와 비용 간의 균형점을 찾아 관리하는 것이다. 영연방 국가에서는 SFAIRP(So Far As is Reasonably Practicable) 라는 유사한 개념의 용어를 사용한다. 낮은 비용 추구는 물론 시간이나 기술적 한계 등을 종합적으로 고려하여 효용성의 균형점을 찾는다는 의미이다.

AOA (Activity on Arrow)

AOA(화살 표시 활동)는 프로젝트 관리에서 작업 간의 관계를 나타내는 네트워크 계획 기법 중 하나이다. 작업을 화살표로 나타내고 작업의 시작과 완료를 화살표의 양 끝점에 표시한다. 화살표 위에는 작업의 이름 또는 식별자, 작업의 소요 시간 등의 정보를 표시할 수 있다. 작업 간의 선후 관계를 표현할 때 유용하며, 어떤 작업이 다른 작업에 의존하는지와 어떤 작업이 다른 작업에 영향을 미치는지를 보여준다. 이를 통해 프로젝트 관리자는 작업 간의 종속성을 이해하고 프로젝트 일정을 개발하고 관리할 수 있다. 반면에, 도식화해서 작성해야 하므로 작성에 시간이 소요되고 표기상 제약이 많다. 최근에는 컴퓨터를 사용하여 작성할 수 있는 AON(Activity on Node) 기법이 주로 사용되고 있다.

AON (Activity on Node)

AON(노드 상의 활동)은 작업이 노드로 표시되고, 작업 간의 관계를 노드가 연결된 선으로 나타내는 기법이다. 각 작업이 노드로 표현되고, 각 노드 사이를 연결하는 선은 작업 간의 선후 관계를 나타낸다. 각 노드에는 작업의 이름 또는 식별자, 작업의 소요 시간 등의 정보가 포함될 수 있다. AON 다이어그램은 작업 간의 관계를 직관적으로 이해하기 쉽게 도움을 준다. 노드와 선을 사용하여 작업 및 작업 간의 종속성을 시각적으로 표현하기 때문에, 프로젝트 관리자와 팀원들이 프로젝트 일정을 이해하고 관리하기 쉽다. 각 작업의 선후 관계를 선으로 표현하기 때문에 작업 간의 복잡한 종속성을 효과적으로 관리할 수 있다. 각 노드에는 작업에 대한 자세한 정보를 포함할 수 있으므로, 프로젝트 관리자는 작업의 소요 시간, 작업 담당자 등의 정보를 쉽게 확인할 수 있다.

AP (Audit Plan)

AP(감사 계획)는 감사 과정을 계획하고 이행하기 위해 작성한 문서 또는 계획이다. 감사를 수행하기 전에 감사원 또는 감사팀이 작성하며, 감사의 범위, 목적, 기준, 방법, 일정 및 투입 인력, 보고의 형태와 시기 등을 명시한다.

AQL (Acceptance Quality Limit)

AQL(합격 품질 한계)은 제조업 및 품질 관리 분야에서 사용되는 용어로, 제품 또는 공정에서 수용 가능한 결함 또는 불량의 최대 수준을 나타낸다. 일반적으로 AQL은 제품이나 공정에서 발생할 수 있는 결함 또는 불량의 수준을 숫자로 표현한다. 전체 수량 대비 결점 수량의 백분율이나 비율로 표현한다. AQL은 제조업자와 구매자 간의 품질 요구 사항을 정의하고 합의하는 목적으로도 사용된다. 제조업자는 AQL을 충족시키기 위해 제품 또는 공정의 품질을 관리하고 품질 향상을 위해 노력한다. 구매자는 AQL을 기준으로 제품이나 공정의 품질을 평가하고, AQL을 초과하는 결함 또는 불량이 발생할 경우 이를 거부할 수 있다. AQL 수준은 다음과 같은 세 가지 수준의 결함으로 분류할 수 있다.

1) 중대 결함(Critical Defects): 제품의 안전성을 심각하게 해치거나 제품의 주요 기능을 수행하지 못하게 만들 수 있는 결함이다. 제품의 사용에 심각한 위험을 초래할 수 있으므로 AQL을 초과할 경우 거부된다.
2) 주요 결함(Major Defects): 제품의 성능, 외관 또는 기능을 제한하거나 사용 가능성을 감소시킬 수 있는 결함이다. 제품의 품질에 영향을 미치지

만 중대 결함만큼 심각하지 않아서 일부 수용 가능한 경우에 해당한다.

3) 경미한 결함(Minor Defects): 주로 미적 결함이나 작은 문제로 분류되며, 제품의 성능이나 기능에 직접적인 영향을 미치지 않는 결함이다. 제품의 외관이나 마감에 영향을 줄 수 있지만 기능에는 영향을 미치지 않는다.

ARL (Acceptable Reliability Level)

ARL(합격 신뢰성 수준)은 제품이나 시스템이 일정 시간 또는 사용 횟수 동안, 얼마나 신뢰할 수 있는지를 나타내는 지표이다. 일반적으로 제품 또는 시스템이 오작동이나 고장 없이 작동할 확률을 의미한다. 제품의 신뢰성을 측정하고 고객이나 사용자의 요구에 부합하는 수준으로 유지하기 위해 사용된다. ARL이 높을수록 제품이나 시스템이 더 믿을 만하고 안정적으로 작동한다는 것을 의미한다. ARL을 결정하기 위해서는 다음과 같은 요소들이 고려된다.

1) 디자인 신뢰성: 제품이나 시스템의 설계 품질과 디자인은 ARL에 큰 영향을 미친다. 견고한 디자인의 품질과 안전성을 고려한 설계는 제품이나 시스템에 대한 신뢰성을 높일 수 있으므로 ARL이 높아진다.
2) 제조 프로세스: 제조 과정에서의 오류 및 결함은 제품의 신뢰성을 저하시킬 수 있다. 그렇기에 품질 보증 및 품질 관리 프로세스가 중요하다.
3) 테스트 및 검증: 제품이나 시스템의 테스트 및 검증 프로세스는 신뢰성을 확인하고 ARL을 높이기 위해 중요한 역할을 한다.
4) 환경 요인: 제품이나 시스템이 사용되는 환경의 조건은 신뢰성에 영향을 미칠 수 있다. 요구되는 환경 조건을 충족할수록 ARL은 높아진다.

BAC (Budget at Completion)

BAC(총 사업 예산)는 프로젝트 종료 시까지 할당된 예산의 총 합계이다.

BCWP (Budgeted Cost of Work Performed)

BCWP(실적 기성 금액)는 해당 기간 동안에 실제 수행되거나 완료된 일의 양에 할당된 예산이다. 실제 투입된 예산을 기초로 공사 진도를 파악할 수 있다.

BCWR (Budgeted Cost for Work Remained)

BCWR(잔여 예산)은 전체 예산에서 해당 시점까지 소요된 비용을 제외한 잔여 예산이다. 전체 예산인 BAC(Budget at Completion)에서 EV를 위한 작업에 소요된 예산인 BCWP(Budget Cost for Work Performed)를 뺀 값이다.

BCWS (Budgeted Cost of Work Scheduled)

BCWS(계획 예산)는 계획된 일정상 작업을 종료하기 위한 예산이다.

BRD (Business Requirements Document)

BRD(비즈니스 요구 사항 문서)는 새로운 프로젝트의 성공을 위해 필요한 요구 사항들을 설명하는 문서이다. 프로젝트의 범위와 목표를 명확히 제시하고, 개발팀이 작업에 참고해야 할 요구 사항들을 모두 포함하여 작성된다.

CAPA (Corrective Action and Preventive Action)

CAPA(시정 조치 예방 조치)는 품질 관리에 사용되는 용어로서, 이미 발생한 문제에 대한 시정 조치와 향후 발생 가능한 문제에 대한 예방 조치를 의미한다. CA는 문제의 근본 원인을 파악하고, 해당 원인을 제거하거나 수정하는 조치이다. 결함의 원인을 분석하고 수정하여 재발을 방지한다. PA는 미래에 발생할 수 있는 문제를 사전에 예방하기 위해서 취하는 조치이다. 제품의 설계단계에서부터 잠재적인 결함을 수정하고 향후 발생될 수 있는 문제를 예방한다.

CBB (Contract Budget Base)

CBB(계약 예산 기준)는 계약에 따라 정의된 예산 기준이다. 프로젝트나 계약의 예산을 결정하고 관리하는 목적으로 사용된다. 보통 계약서나 합의서에 명시되며, 해당 계약이나 프로젝트의 비용을 기반으로 삼는다. 프로젝트 시작 초기에는 CBB가 총 할당 예산(TAB; Total Allocated Budget)과 동일하지만, 프로젝트 진행 과정 중에 예산의 변경으로 인해 목표 초과 기준선(OTB; Over Target Baseline)이 경영진으로부터 승인될 경우, CBB와 TAB도 변경된다.

CCB (Change Control Board)

CCB(변경 통제 위원회)는 프로젝트 관리나 시스템 개발 과정에서 변경 요청을 검토하고 승인 또는 거부하는 기구 또는 그룹을 의미한다. 프로젝트나 시스템에 대한 변경 요청을 수신하고, 해당 요청이 프로젝트 범위, 일정, 비용, 리스크 등에 어떤 영향을 미칠지를 검토한다. 모든 변경 요청을 우선 순위에 따라 분류하고, 중요도에 따라 처리 순서를 결정한다. 변경 요청에 대한 승인 또는 거부를 결정하는데, 변경 사항이 프로젝트의 목표나 범위에 부합하는지, 리스크를 증가시키는지 등도 고려한다. 승인된 변경 사항을 추적하고 문서화하여 프로젝트 팀과 이해 관계자에게 신속하게 공유하고 관리한다.

CCM (Critical Chain Method)

CCM(주공정 연쇄법)은 자원 제약의 의존 관계(Resource Dependency)까지 고려하여 프로젝트 일정을 작성하는 기법이다. CPM(Critical Path Method)이 필요한 자원이 모두 동원될 수 있다는 가정 하에 수행 시간 만의 의존 관계를 파악하였다면, CCM은 자원에도 제약이 있고 의존 관계가 존재한다는 가정에서 출발하였다. 자원의 의존 관계까지 고려하고 일정을 관리함으로써, CPM 보다 일정을 단축할 수 있고 지연을 보다 효과적으로 예방할 수 있는 장점을 지니고 있다. 계획 수립 시 여유 시간을 줄여 통합된 버퍼로 책정하고, 버퍼의 소진 현황을 파악하며 전체 프로젝트 일정을 효율적으로 관리할 수 있다.

CED (Cause and Effect Diagram)

CED(특성 요인도)는 특정한 문제에 영향을 미치는 원인들을 파악할 수 있게 인과 관계를 표현하는 다이어그램 기법이다. 주로 특정 문제의 원인을 분석하고 해결책을 찾을 수 있다. 특성 요인도는 다음과 같은 구조를 가진다.

1) 주요 원인 분류(Major Categories of Causes): 주제와 관련된 주요 원인 카테고리를 나타낸다. 대표적인 변동 요인은 자원과 같은 사람, 설비, 재료, 측정, 방법과 환경의 변화 등으로 분류한다.
2) 세부 원인(Detailed Causes): 주요 원인 분류 아래에 해당 세부 원인들을 나열한다. 세부 원인은 주요 원인을 발생시킨 구체적인 원인들이다.
3) 주제나 문제의 중심(Effect): 분석하려는 주제나 문제를 중심에 놓는다.

CMO (Contract Manufacturing Organization)

CMO(위탁 생산)는 다른 기업의 요구에 따라 제품을 위탁받아 생산하는 회사를 의미한다. 위탁 받은 회사는 완제품 또는 부품의 생산, 포장, 라벨링 등을 수행할 수 있다. 주로 의약품, 전자 제품, 자동차 부품 등의 산업에서 적용된다.

COA (Chart of Accounts)

COA(계정 차트) 시스템은 프로젝트 관리에서 사용되는 번호 체계로, 프로젝트의 작업 항목을 고유하게 식별하고 구분하기 위해 사용된다. COA는 프로젝트 계획 및 예산을 관리하고, 이해관계자 간의 의사 소통을 용이하게 하기 위해 설계되었다. COA는 일반적으로 다음과 같은 요소를 포함한다.

1) 계정 코드(Account Code): 프로젝트 내에서 특정 작업 항목을 식별하는 고유한 코드이다. 특정 작업 패키지, 활동, 자원 등을 식별할 수 있다.
2) 비용 코드(Cost Code): 각 작업 항목에 할당된 비용을 추적하고 관리하기 위해 사용되는 코드이다. 예산 관리를 위해 중요한 역할을 한다.
3) 작업 패키지 코드(Work Package Code): 프로젝트의 각 작업 패키지를 식별하는 코드이다. 작업을 관리하고 할당된 자원을 추적하도록 사용된다.
4) 활동 코드(Activity Code): 각 작업의 세부 활동을 식별하는 코드이다. 프로젝트 일정을 관리하고 작업의 진행 상황을 추적하도록 사용된다. 작업 분류 체계인 WBS(Work Breakdown Structure)와 유사한 목적을 지닌다.

COQ (Cost of Quality)

COQ(품질 비용)는 제품 또는 서비스의 품질을 유지하고 보증하기 위해 소요되는 비용을 나타낸다. COQ는 주로 다음 네 가지 범주로 분류된다.

1) 예방 비용(Prevention Costs): 제품이나 서비스의 품질을 유지하기 위해 생산 이전에 투입하는 비용이다. 예방 비용에는 품질 교육 및 훈련, 품질 시스템 개선, 품질 검사 및 검사 프로그램 구현 등이 포함될 수 있다. 이러한 비용은 제품이나 서비스가 생산되기 전 단계에서 품질을 보장하기 위해 발생하므로, 품질 문제가 발생하지 않도록 예방하기 위해 사용된다.
2) 평가 비용(Appraisal Costs): 제품이나 서비스의 품질을 평가하고 검사하기 위해 소요되는 비용이다. 품질 검사, 테스트, 검사, 평가 등을 포함한다. 제품이나 서비스가 생산된 후에 품질을 확인하기 위해 사용된다.
3) 내재 결함 비용(Internal Failure Costs): 제품이나 서비스의 품질 결함으로 인해 발생하는 비용이다. 내재 결함 비용에는 제품 재작업, 불량 제품 폐기, 고객 불만 처리, 보상 및 보증 비용 등이 포함될 수 있다.
4) 외부 결함 비용(External Failure Costs): 제품이나 서비스의 품질 결함으로 인해 외부에서 발생하는 비용이다. 외부 결함 비용에는 고객 불만 처리, 제품 리콜, 소송 및 손해 배상 비용 등이 포함될 수 있다. 이러한 비용은 품질 결함이 고객이나 외부 이해관계자에게 영향을 미쳤을 때 발생하며, 품질 문제를 해결하고 향후 결함을 예방하기 위해 사용된다.

CP (Critical Path)

CP(크리티컬 패스)는 공정표 상에서 가장 기간이 길고 여유 기간이 없는 경로(Path)이다. 계획된 기간 내에 반드시 완료되어야 하며, 이 작업을 목표 기간 내에 끝내지 못하면 전체 프로젝트의 완료 일정이 지연된다.

CPI (Cost Performance Index)

CPI(원가 성과 지수)는 공정 관리에 사용되는 용어로서, 실제 발생한 원가에 대한 실행된 일의 가치의 비율이다. 획득 가치(EV; Earned Value)를 실제 원가(AC; Actual Cost)로 나눈 값이다. CPI 값이 1.0 미만이면 실제 원가가 예산 금액을 초과한 것이고, 1.0 이상이면 예산 금액보다 원가가 적게 투입된 것이다.

CPM (Critical Path Method)

CPM(크리티컬 패스 기법)은 공정표에서 CP를 식별하고 이를 집중 관리하는 공정 관리 기법이다. 프로젝트에서 수행해야 할 모든 작업을 식별하고, 작업의 시작일과 종료일을 정의한다. 각 작업 간의 선후 관계를 정의하고, 어떤 작업이 다른 작업의 시작 또는 완료에 의존하는지를 파악한다. 이후 프로젝트에서 가장 긴 경로인 CP를 식별한다. CP는 프로젝트를 완료하기 위해 가장 오랜 시간을 필요로 하는 작업들의 시퀀스를 의미한다. CPM으로 각 작업의 소요 시간과 선후 관계를 고려하여 전체 프로젝트의 일정을 계산하고, 이를 통해 프로젝트 완료 날짜를 결정할 수 있다. 프로젝트가 진행되는 동안 CPM을 이용하여 실제 진행 상황을 추적하고 변경된 상황에 대응하며 일정을 업데이트한다.

CQA (Certified Quality Auditor)

CQA(국제 품질 심사원)는 미국 품질 협회(ASQ; American Society for Quality)에서 부여하는 품질 관리 자격증이다. 대표적인 ASQ 인증은 다음과 같다.

1) CMQ/OE (Certified Manager of Quality / Organizational Excellence)
2) CQA (Certified Quality Auditor)
3) CQE (Certified Quality Engineer)
4) CQIA (Certified Quality Improvement Associate)
5) CQT (Certified Quality Technician)
6) CRE (Certified Reliability Engineer)

CR (Contingency Reserve)

CR(우발 예비비)은 알려진 리스크(Known Risk)에 대비하기 하기 위해 편성한 예비비이다. 알려지지 않은 리스크(Unknown Risk)에 대해서는 경영진 예비비(Management Reserve)를 편성한다. 리스크 대응 계획 수립 후 생성된 리스크 등록부(Risk Register)에는, 우발적인 사태에 대비하여 대안으로 계획한 Contingency Plan이 포함된다. 우발 사태 대응이 실패할 경우 사용할 대체 계획(Fallback Plan) 또한 수립해야 한다. 리스크 대응을 한 후에도 유지될 것으로 예상되는 잔존 리스크(Residual Risk)와, 대응 후 새로 발생한 2차 리스크(Secondary Risk)에 대한 대응 계획도 리스크 등록부에 포함되어야 한다.

CR (Critical Ratio)

CR(위험율)은 공정 관리 용어인 비용 성과 지수(CPI; Cost Performance Index)를 일정 성과 지수(SPI; Schedule Performance Index)로 나눈 값이다. 프로젝트가 계획대로 진행되고 있는지 여부를 파악할 수 있는 지표 중 하나이다. CR 값이 1이거나 1보다 클 경우 프로젝트가 계획대로 진행될 수 있다고 할 수 있으나, CPI와 SPI 중 하나의 값이 1.0 이상이고 다른 값이 1.0 이하일 수도 있다. 그렇기에 CPI와 SPI를 각각 확인하고 관리해야 한다. CR 값이 1 이상이더라도 한쪽의 값이 1.0 이하일 수 있는데, 이를 상쇄의 의미로 Trade-off 라 부른다.

CV (Cost Variances)

CV(비용 편차)는 EV(Earned Value)에서 AC(Actual Cost)를 뺀 값이다. CV 값이 음수가 되면 비용이 초과 지출되었다는 의미이다. 예산 집행 계획에 기준하였을 경우, 해당 시점에 예산 집행 목표를 초과하였다는 의미이기도 하다.

DOE (Design of Experiment)

DOE(실험 계획법)는 최소의 실험을 통해서 최대의 결과를 얻기 위한 실험 조건을 계획하는 것이다. 실험의 방법, 수집할 데이터, 사용할 통계적 기법들을 사전에 계획한다. 다양한 요인이 결과에 미치는 영향을 이해하기 위해 특별히 설계된 실험을 수행한다. 이를 통해 특정 요인 또는 요인의 조합이 결과에 미치는 영향을 정량화할 수 있고, 최적의 조건을 결정할 수 있다. DOE는 실험 결과를 분석하고 최적의 조건을 식별하기 위해 사용될 수 있으며, 제품 개발, 프로세스 개선, 품질 향상 및 비용 절감을 위해서도 사용될 수 있다.

DOR (Division of Responsibility)

DOR(업무 분담)은 프로젝트 수행 중 관련된 조직, 팀 또는 팀원들의 책임과 역할을 정의하는 것이다. 각 조직과 팀원들이 어떤 책임을 맡고 있으며 무엇을 담당하고 있는지 정의한다. 역할과 책임이 명확하게 정의되면 협력과 소통이 원활해진다. 상호간의 DOR에 누락되거나 중복된 점이 없는지 확인해야 한다.

EAC (Estimate at Completion)

EAC(총 예상 비용)는 현재 시점에서 추정한, 프로젝트 시작에서부터 완료 시점까지 투입이 예상되는 비용의 총 합계이다. EVMS를 이용한 공정 관리에 있어서 예상 투입 원가를 관리할 수 있는 중요한 지표가 EAC이다.

EEF (Enterprise Environmental Factor)

EEF(기업 환경 요인)는 PMBOK(Project Management Body of Knowledge)에서 제시하는, 조직이나 기업 외부에서 프로젝트에 영향을 미치는 모든 요소를 나타낸다. 이러한 요소들은 프로젝트의 환경적인 맥락을 형성하고, 프로젝트의 진행과 결과에 영향을 미치는 중요한 변수로 작용할 수 있다.

EF (Early Finish)

EF(빠른 종료일)는 크리티컬 패스 기법(CPM)에서 사용되는 용어로서, 시작일 기준으로 가장 빨리 종료할 수 있는 날짜를 의미한다.

ES (Early Start)

ES(빠른 착수일)는 크리티컬 패스 기법(CPM)에서 사용되는 용어로서, 시작일 기준으로 가장 빨리 착수할 수 있는 날짜를 의미한다.

ETC (Estimate to Complete)

ETC(잔여 투입 예상 금액)는 현 시점까지 투입된 비용(AC; Actual Cost)을 제외하고, 프로젝트 완료 시까지 예상되는 잔여 투입 비용의 합이다.

EV (Earned Value)

EV(획득 가치)는 일정 시점까지 완료된 작업에 대한 기성의 누적 금액이다.

EVMS (Earned Value Management System)

EVMS(획득 가치 관리 시스템)는 프로젝트의 비용과 일정을 지표를 통해 계획 대비 성과를 파악하고, 문제 분석과 대책 수립에 도움을 주는 예측 시스템이다. 프로젝트의 일정과 비용을 계획하고 예산을 설정하며, 이 단계에서 작업 범위, 일정, 자원 할당 등이 결정된다. 프로젝트의 진행 상황을 추적하고 측정하여, 실제로 수행된 작업에 대한 비용과 성과를 평가하고 예산과 비교한다. 실적 데이터를 기반으로 프로젝트의 성과를 분석하고 예측한다. 예산 대비 실적 비용 및 일정에 대한 정보를 활용하여 프로젝트의 상태를 평가할 수 있다.

FAC (First Aid Cases)

FAC(보건 치료 사고)는 현장 내의 First Aid Room에서 치료 가능한 정도의 경미한 부상 사고를 의미한다. 현장에 비치된 약물이나 간호사로부터 간단한 치료를 받는 경우이다. 현장 내에서 치료가 불가능하거나 외부 병원 혹은 치료 시설로 옮겨서 추가적인 검사를 받아야 한다면, 이때부터는 병원 치료 사고(MTC; Medical Treatment Case)로 호칭이 변경된다.

FF (Free Float)

FF(자유 여유)는 해당 작업이 지연되어도 후속 작업에 영향을 주지 않는 기간이다. FF 작업은 다른 작업에 영향을 주지 않고 일정을 조정할 수 있다. 유연하게 조정이 가능하므로 다른 중요한 작업에 리소스를 더 투입할 수 있다.

FFR (Fatality Frequency Rate)

FFR(사망 빈도율)은 안전 관리 용어로서, 해당 기간의 전체 근로 시간 중 사망 사고가 발생한 건수를 비율로 표현한 것이다. 예를 들면, 100 명의 근로자가 하루 8 시간 근무하며 100 일간 작업을 했는데, 이 중 1 건의 사망 사고가 발생했다면, FFR은 [1 / (100 x 8 x 100)] x 1,000,000으로 12.5이다.

FMEA (Failure Mode and Effect Analysis)

FMEA(고장 유형 영향 분석)는 제품이나 프로세스 설계에서 발생할 수 있는 잠재적인 고장이나 불량 유형과 문제점들을 파악하고, 원인별 리스크를 평가하여 사전 예방을 추구하는 분석 기법이다. FMEA의 종류에는 상품 기획 및 설계 단계에 적용되는 시스템 FMEA, 개발 초기 단계의 설계 FMEA(DFMEA), 생산 단계의 프로세스 FMEA(PFMEA)와 소프트웨어 FMEA가 있다. FMEA에 사용되는 주요 용어는 다음과 같다.

1) Failure Mode(고장 유형): 설계, 제조, 품질 관리, 사용 및 유지 보수 상의 결함 유형을 의미한다. 주로 설계와 제조 과정의 결함이다.
2) Effect(영향): 내 외부 고객에게 미치는 부정적인 영향이다.
3) Cause(원인): 고장 유형을 초래한 설계나 제조 공정의 문제점이다.
4) Controls(관리): 고장 유형 파악, 원인 규명 및 고장을 사전에 방지하기 위해 수행하는 업무의 총칭이다. 검사, 감사, 훈련 등이 포함된다.

GD&T (Geometric Dimensioning and Tolerancing)

GD&T(기하 공차)는 제품 제조를 위한 설계에 기본 치수와 허용 가능한 편차를 표시하는 기호 언어이다. 기하학적인 형상, 위치 및 방향의 요구 사항을 정의할 때 사용된다. 제품의 치수 및 특성을 정확하게 정의하여 제품의 기능, 조립 및 상호 호환성을 향상시키는 중요한 역할을 한다. 제품들이 허용되는 편차를 지닌 치수로 제작되었기 때문에, 기능적인 요구 조건을 모두 만족할 수 있다는 가정에서 출발한 기법이다. 다음과 같은 요소들이 포함될 수 있다.

1) 치수(Dimensioning): 제품의 치수는 기하학적인 형상을 설명하기 위해 사용되며, 길이, 두께, 지름 등과 같은 특정 치수를 나타낸다.
2) 허용 편차(Tolerancing): 제품의 치수와 형상에 대해 수용 가능한 허용 범위를 나타낸다. 제조 프로세스의 변동성이나 조립 오차를 고려하여 제품이 기능적으로 수용 가능한 편차 내에서 제조될 수 있도록 도움을 준다.
3) 기호(Symbols): GD&T에서는 다양한 기호와 표기법을 사용하여 특정 기하학적 요구 사항을 나타낸다. 공차 기입 프레임(Feature Control Frame)이나 특정 형상을 나타내는 기하학적 특정 심볼 등이 있다.
4) 기준(Datum): 특정 치수 또는 형상의 기준을 나타내기 위해 기준점이나 기준 평면을 정의하여, 제품의 치수 및 형상을 평가하기 위해 사용된다.

GERT (Graphical Evaluation and Review Technique)

GERT(그래픽 평가 및 검토 기법)는 확률적인 요소와 불확실성을 고려하여 프로젝트의 일정을 모델링하는 기법이다. AOA나 AON과 같은 기본적인 네트워크 계획 기법과는 다르게, GERT는 불확실한 작업의 지연 또는 선후 관계를 나타낼 수 있다. 순환(Looping)과 조건 분기(Branching)를 표현할 수 있다. 특히 공학, 건설, 방위 산업 등과 같이 불확실성이 높은 프로젝트에서 사용된다. 이러한 프로젝트에서는 작업이 지연될 수 있는 확률이 높거나, 작업 간의 선후 관계가 명확하지 않을 수 있다. GERT는 이러한 불확실성을 고려하여 프로젝트 일정을 개발하고 관리할 수 있게 도움을 준다. 한편, GERT는 PERT나 CPM과 같은 다른 네트워크 계획 기법보다 복잡하고 모델링 자료가 많을 수 있다.

GLP (Good Laboratory Practice)

GLP(비임상 시험 관리 기준)는 의약품이나 화학품의 안전성 평가를 수행하는,

실험실의 인력, 장비 및 시험 방법을 포함한 전 과정을 종합적으로 검증하고 관리하는 기준이다. GLP를 적용함으로써 국가 간 테스트 데이터의 상호 인정이 가능하고, 이를 통해 제품의 품질과 신뢰성을 객관적으로 보장할 수 있다.

GMP (Good Manufacturing Practice)

GMP(의약품 제조 및 품질 관리 기준)는 의약품, 식품, 화장품 등과 같은 제품을 생산하는 산업에서, 품질 보증을 위해 준수해야 하는 지침과 기준이다. 품질 확보에 필요한 직원, 설비, 환경, 원재료 및 문서 관리 등의 항목을 다루고 있다. 국내 인증은 KGMP이며 유럽의 EU GMP와 미국의 cGMP 인증이 있다.

GUP (Good Utility Practice)

GUP(우수 유틸리티 관행)는 공공 시설 또는 공공 유틸리티 서비스를 제공하는 기관이나 조직이 따라야 하는 규정, 가이드라인 및 최선의 실천 방법이다. GUP는 주로 전기, 가스, 물 등과 같은 유틸리티 서비스를 제공하는 회사나 기관에 적용된다. 이러한 기업들은 일반적으로 시설을 구축, 운영, 유지 보수하고, 서비스를 제공하며, 소비자에게 안전하고 신뢰할 수 있는 서비스를 제공해야 한다. 따라서 GUP는 이러한 기업이 시설과 서비스를 운영하기 위해 필요한, 최상의 기준을 정의하고 유지하기 위해 개발되었다. 시설과 서비스의 안전성을 유지하고 개선하기 위해 안전 관련 규정과 절차를 제공한다. 시설과 서비스의 효율성을 향상시키기 위한 최선의 실천 방법을 제공한다. 환경에 대한 영향을 최소화하고 지속 가능한 운영을 촉진하기 위한 가이드라인을 제공한다.

HACCP (Hazard Analysis and Critical Control Point)

HACCP(요소 분석과 주요 관리점)는 식품 안전 및 위생을 유지하기 위한 시스템으로, 식품 안전 관리 인증 기준이라 한다. 식품을 만드는 과정에서 생물학적이나 화학적인 유해 요인과 같은 잠재적인 위험을 식별하고 통제하기 위한 체계적인 규정이다. 미국 식품 의약국(FDA) 및 세계 보건기구(WHO) 등 국제적인 식품 안전 규정 기관에서 권장하는 방법론으로 널리 사용되고 있다. 식품 안전 및 위생 수준을 향상시키고, 식품으로 인한 질병의 발생을 예방하고 안전성을 확보하기 위한 중요한 도구로 인정받고 있다. 주요 요소는 다음과 같다.

1) 위험 분석(Hazard Analysis): 식품 제조 및 가공 과정에서 발생할 수 있는 위험을 식별하고 평가한다. 이러한 위험에는 미생물 오염, 화학적 오염, 물리적 오염, 제조자나 가공자에 의한 오염 등이 포함될 수 있다.
2) 중요 관리점 식별(CCP; Critical Control Point): 위험을 통제하고 예방하기 위해 중요한 관리점인 CCP를 식별한다. CCP는 식품 제조 및 가공 과정 중에서 위험이 통제되어야 하는 지점으로 정의된다.
3) CCP의 모니터링 및 조절(Monitoring and Control of CCP): CCP에서 위험을 통제하기 위한 절차 및 방법을 개발하고, 제조 과정을 모니터링하여 정확한 조절과 관리가 이루어지도록 할 수 있다.
4) 기록 보존(Record Keeping): 모든 CCP에서의 모니터링 및 조절 활동에 대한 기록을 보존하여, 유사 문제 발생 시 조치를 취할 수 있도록 한다.

HAZID (Hazard Identification)

HAZID(위험 식별)는 프로세스나 시스템에서 발생할 수 있는 잠재적 위험을 체계적으로 식별하고 평가하는 기법이다. 석유 화학 플랜트 시설이나 특수 제조 공정의 잠재적인 안전 위험을 식별하고 평가하여 조치를 취하는 것이다. 잠재적인 위험 요소를 식별하기 위해 전문가 집단의 브레인 스토밍을 동반하기도 한다. 초기 설계 및 계획 단계에서 이루어지므로, 설계 중간 단계와 운영 중에 평가하는 HAZOP와 대비된다. 다음과 같은 주요 프로세스가 있다.

1) 위험 식별(Hazard Identification): 프로젝트 또는 시설에서 발생할 수 있는 모든 잠재적인 위험을 식별한다. 이는 화학 물질 사용, 작업 환경, 기계 작동, 자연 재해 등과 같은 다양한 요소에 의한 위험을 포함한다.
2) 위험 분석(Hazard Analysis): 식별된 위험에 대해 가능한 영향과 발생 가능성을 분석한다. 위험의 심각성, 노출 가능성, 그리고 위험으로부터의

보호 수준을 평가한다. 여기서 정리된 분석 자료는 평가에 이용된다.

3) 위험 평가(Hazard Evaluation): 분석된 위험을 평가하여 가장 위험한 것을 우선 순위에 따라 구분한다. 이를 통해 프로젝트 또는 시설에 가장 중요한 영향을 미칠 수 있는 위험을 식별하고 대응 조치를 개발할 수 있다.
4) 조치 계획(Mitigation Planning): 가장 심각한 위험에 대한 대응 및 관리 계획을 개발한다. 위험에 대해 사전에 대비하고 이를 제어하기 위한 조치 계획을 수립하여 위험을 최소화할 수 있다.

HAZOP (Hazard and Operability)

HAZOP(위험성 운영성)는 공정 설계 또는 시설 운영 중에 발생할 수 있는 위험과, 시스템 또는 공정의 운영 가능성에 대해 분석하는 기법이다. 주로 석유화학, 제약 및 발전소 등의 산업 분야에서 사용된다. 설계 결함이나 운영 오류로 인한 잠재적인 위험을 사전에 식별하고 예방하는 기법이다. 이를 통해 사고나 재해의 발생 가능성을 줄이고 안전한 작업 환경을 보장할 수 있다. HAZOP 평가는 일반적으로 다음과 같은 주요 프로세스로 진행된다.

1) 위험 식별(Hazard Identification): 시스템 또는 공정에서 발생할 수 있는 모든 잠재적인 위험을 식별한다. 화학적 반응, 압력 변화, 온도 변화, 유량 변화, 장비 고장 등과 같은 다양한 요소에 대한 위험을 포함한다.
2) 운영 가능성 분석(Operability Analysis): 시스템 또는 공정의 운영 가능성을 평가한다. 시스템이나 공정이 의도된 운영 상태에서 올바르게 작동하는지, 예기치 않은 조건이나 상황에 대응할 수 있는지 평가한다.
3) 위험 평가(Hazard Evaluation): 각 식별된 위험에 대해 가능한 영향과 발생 가능성을 분석하여 위험의 심각성과 민감도를 평가한다.
4) 조치 계획(Mitigation Planning): 식별된 위험에 대한 대응 및 관리 계획을 개발하고 시행한다. 위험을 줄이고 제어하기 위한 조치를 수립하고 사전에 대비하여, 위험을 최소화하기 위한 계획을 수립한다. 개발되고 시행된 조치에 대한 결과를 분석하여 추가 조치 계획을 수립한다.

HEMP (Hazards and Effects Management Process)

HEMP(위험 및 영향 관리 프로세스)는 HSE 위험과 이의 영향을 식별, 평가, 통제 및 복구 조치를 취하는 프로세스이다. 시스템, 공정 또는 작업 영역에서 발생할 수 있는 모든 잠재적인 위험을 식별한다. 이러한 위험은 화학 물질 누출, 기계 고장, 화재, 폭발, 인적 요인 등 다양한 요소로 인해 발생될 수 있다. 이후 식별된 각각의 위험에 대해 가능한 영향과 발생 가능성을 평가하고 위험의 심각성을 결정한다. 이를 통해 위험의 우선 순위를 정하고 보다 중요한 위험을 식별한다. 식별된 위험의 영향을 관리하고 줄이기 위한 계획을 수립한다. 위험에 대응하는 방법, 사고 예방을 위한 조치, 위험 경감을 위한 시설 개선 등을 포함할 수 있다. HEMP는 식별된 위험들이 ALARP(As Low as Reasonably Practicable) 수준으로 관리될 수 있는지 검증하는 프로세스이다.

HSE (Health Safety Environment)

HSE(보건 안전 환경)는 건설을 포함한 산업 분야에서 사용되는 용어로, 보건, 안전, 환경을 의미한다. 조직이 작업장이나 환경에 대한 건강과 안전을 보장하고, 환경 보호를 위해 책임을 지는 중요한 개념을 나타낸다. 보건(Health)은 건설 현장이나 작업 환경에서 작업자들의 건강을 보호하는 것을 의미한다. 작업자들이 안전하고 건강한 조건에서 일할 수 있도록 환경을 제공하는 것을 포함한다. 안전(Safety)은 작업자들이 안전하게 작업할 수 있는 환경을 제공하는 것을 의미한다. 안전 장비의 사용, 안전 규정의 준수, 위험 요소의 식별 및 제거 등이 포함된다. 환경(Environment)은 환경을 보호하고 지속 가능한 운영을 추구하는 것을 의미한다. 자연 생태계를 보호하고 오염을 최소화한다.

HSPM (Hazardous Substance Process Management)

HSPM(유해 물질 프로세스 관리)은 생산된 제품에 유해 물질이 포함되지 않게, 개발 단계부터 원재료 구매와 생산은 물론 공급 이후까지의 전 과정을 관리하는 시스템이다. 환경 규제를 파악하고 생산 프로세스 전 분야를 관리하는 조직의 구성과 이들을 교육하는 과정도 관리된다. 조직 구성원의 급료를 포함한 비용과 교육 과정의 비용도 포괄적으로 고려되어야 한다.

IBR (Integrated Baseline Review)

IBR(통합 기준선 검토)은 프로젝트 초기 단계에 진행되며, 기술, 일정 및 비용 기준선들을 종합적으로 검토하는 절차이다. 이 절차의 결과물로 성과 측정 기준(PMB; Performance Measurement Baseline)이 생성되어 승인된다.

IPC (In-Process Control)

IPC(제조 중 관리)는 제조 중 수행되는 품질 관리를 의미한다. 최종 제품이 요구 조건을 충족할 수 있는지를 제조 과정 중에 확인하는 절차이다. 제품이 완전히 생산되기 전에 제조 과정 중 발생할 수 있는 잠재적인 문제를 식별하고 조치를 취하여, 최종 제품의 품질을 보장하는 것을 목표로 한다. 제품의 샘플을 추출하고, 해당 샘플을 테스트하여 품질을 확인한다. 제조 과정 중에 특정 매개 변수를 모니터링하고 측정하여, 생산 과정의 안정성을 확인한다. IPC 결과에 따라 필요한 경우 생산 과정을 조정하여 품질을 유지하거나 개선한다.

IPI (In-Process Inspection)

IPI(제조 중 검사)는 제품 제조 중에 이루어지는 검사이다. 제조 공정 중간에 제품 또는 부품을 검사하는 작업이다. 제조 공정에는 원자재를 가공하고 부품을 조립하여 최종 제품을 만드는 과정도 포함된다. 제조 과정 중간에 제품 또는 부품을 검사함으로써, 제품의 품질을 관리하고 불량품을 방지할 수 있다. 고객에게 인도된 후 발생될 수 있는 불만, 반품이나 재작업 등을 생산 과정 중에 파악하고 조치하여, 생산 완료 후 수정해야 하는 비용의 발생을 억제한다.

JIT (Just in Time)

JIT(적기 생산)는 제품이나 부품을 필요한 시점에 정확한 수량으로 생산하고 제공하는 방식이다. JIT 방식을 적용할 경우 재고량을 최소화하고, 생산 프로세스를 효율적으로 관리할 수 있다. 필요 수량만큼만 구매해서 생산할 수 있으므로, 불필요한 구매 비용과 재고 관리 비용을 절감할 수 있는 장점을 지닌다.

JSEA (Job Safety Environmental Analysis)

JSEA(작업 안전 환경 분석)는 작업 안전 및 환경을 분석하는 프로세스이다. 건설이나 산업 현장에서 작업을 수행하기 전에, 작업 영역에서 발생할 수 있는 위험과 환경적 요인을 식별하고 평가한다. JSEA의 주요 목표는 다음과 같다.

1) 위험 식별: 작업 현장에서 발생할 수 있는 위험과 안전 문제를 식별한다. 작업자의 안전을 위협할 수 있는 잠재적인 위험 요소들을 식별한다.
2) 위험 평가: 식별된 위험에 대해 심층적인 평가를 수행하여, 위험의 심각성과 발생 가능성을 평가한다. 이 평가 자료는 위험의 우선 순위를 결정하고 관리 대책을 수립하는 자료로 활용된다.
3) 조치 및 대책 수립: 식별된 위험에 대한 조치 및 대책을 개발한다. 위험을 줄이고 사고를 방지하기 위한 안전 절차 및 조치 대책을 수립한다.
4) 환경 영향 평가: 작업이 주변 환경에 미칠 수 있는 영향을 평가하고 관리한다. 환경 오염을 방지하고 자원을 보호하기 위한 조치를 수립한다.

LCL (Low Control Limit)

LCL(관리 하한선)은 제품이나 서비스의 품질 관리 과정 중, 요구 조건을 충족하지 못함을 허용할 수 있는 하한선이다. LCL은 제어 차트에 사용되며, 해당 차트를 통해 관찰한 값이 허용 가능한 범위를 벗어나면 경고를 생성한다.

LF (Late Finish)

LF(늦은 종료일)는 크리티컬 패스 기법(CPM; Critical Path Method)에서 사용하는 용어로서, 가장 늦은 종료일을 의미한다. 후진 계산 방식을 통해 산정되며 해당 프로세스의 가장 후순위 단계가 된다.

LIMS (Laboratory Information Management System)

LIMS(실험실 정보 관리 시스템)는 실험실 환경에서 발생하는 데이터와 정보를 관리하고 처리하는 소프트웨어 솔루션이다. 실험실 작업의 모든 측면을 관리할 수 있으며, 실험 데이터의 수집, 추적, 저장, 분석, 보고, 관리 등 다양한 기능을 제공한다. 이를 통해 실험실의 생산성과 효율성을 향상시키고, 실험실 데이터 관리 및 워크 플로우(Work Flow) 자동화를 가능하게 할 수 있다.

LLI (Long Lead Item)

LLI(장기 소요 제품)는 발주 후 제조 완료와 반입까지 시간이 오래 걸리는 제품을 말한다. 프로젝트 일정 계획 시 필수적으로 고려해야 하는 항목이다. LLI를 미리 발주하여 프로젝트의 지연을 방지하거나 최소화할 필요가 있다.

LOB (Line of Balance)

LOB(균형 라인)는 초고층 건설 프로젝트나 대량 반복 생산 공정 관리에 사용되는 용어로서, 라인을 구성하는 공정과 시간을 시각적으로 표현하여 관리하는 기법이다. 전체 공정 중에서 중점적으로 관리해야 할 중간 공정을 지정 후 관리한다. 중점 관리 대상 공정은 통제점(Check Point)이라고 부르고, 통제점부터 생산 완료까지 소요되는 시간인 Lead Time을 확인한다. 최종 생산 이전인 중간 단계에서부터 공정의 진척도를 확인할 수 있는 장점을 제공한다.

LOE (Level of Effort)

LOE(노력 수준)는 다른 작업이나 프로젝트를 지원하고 수행하기 위해 필요한 시간, 리소스, 인력 등과 같은 노력의 양을 나타내기 위해 사용된다. 최종 제품이나 서비스의 제조 과정과 직접적으로 관련되지는 않고 그 작업을 지원하는 활동인 것이다. 프로젝트의 중요한 경로에 있지는 않지만, 특정 작업을 완료하기 위해 필요한 노력의 크기나 양을 평가할 수 있다. LOE는 작업의 상대적 복잡성과 비용을 추정하기 위해 사용되며, 프로젝트의 일정을 계획하고 리소스를 할당할 수 있게 도움을 준다. 정기적으로 반복해야 하는 작업들의 수준이며, 일반적으로 작업의 규모나 복잡성을 기반으로 시간 단위로 표시된다.

LS (Late Start)

LS(늦은 착수일)는 크리티컬 패스 기법(CPM)에서 사용하는 용어로서, 가장 늦은 착수일을 의미한다. 후진 계산 방식을 통해 산정된다.

LTI (Lost Time Injury)

LTI(시간 손실 사고)는 발생한 사고로 인해 일정 시간 동안 작업을 하지 못하는 사고 유형을 의미한다. 일반적으로 일정 기간 동안 일의 중단이나 작업 참여자가 일을 할 수 없는 상태를 나타낸다. 사고 또는 부상으로 인해 근로자가 일을 하지 못하는 의미로 잃어버린 작업 시간이라고 칭한다. 근로자가 즉시 작업을 중단하지 않아도 후속적으로 작업을 중단해야 하는 경우도 포함된다.

LWC (Lost Workday Case)

LWC(근무일 손실 사고)는 사고로 인해 1일 이상의 요양이 필요하거나, 본인의 기존 업무를 제한적으로 수행할 수 있는 결과를 가져오는 사고이다.

MAD (Mean Absolute Deviation)

MAD(평균 절대 편차)는 통계적으로 데이터의 산포도를 측정하는 지표 중 하나로서, 주어진 데이터 집합의 각 데이터 포인트와 해당 데이터 집합의 평균값 사이 거리의 평균을 의미한다. MAD는 일반적으로 이상값이나 특이값이 존재할 때, 데이터 집합의 산포도를 더 정확하게 나타내기 위해 사용된다. MAD를 계산하기 위해서는 다음과 같은 단계를 따른다. 데이터 집합의 평균을 구한다. 각 데이터 포인트와 평균 간의 거리를 구하고, 이 거리의 절대값을 취한다. 모든 데이터 포인트에 대한 절대 거리를 합산한다. 데이터 포인트의 수로 이 합을 나누어 데이터 값들의 평균 절대 편차를 구할 수 있다.

MCI (Machine Capability Index)

MCI(기계 능력 지수)는 제품 생산 공정에서 기계 장비의 성능을 평가하는 지수이다. 공정 전체의 능력을 평가하는 공정 능력 지수(PCI; Process Capability Index)의 하위 개념이다. 공정 능력은 4M(Man, Machine, Material, Method)으로 나눌 수 있는데, MCI는 이 중 Machine(기계 혹은 장비)의 능력을 평가한다.

MOM (Manufacturing Operations Management)

MOM(제조 운영 관리)은 제조업에서 생산 프로세스를 관리하고 최적화하기 위한 전략적인 접근 방식이다. 제조업체가 생산 프로세스를 효율적으로 운영하고, 생산성을 향상시킬 수 있게 도움을 준다. 제조 과정의 모든 단계를 관리하고 조율하여, 생산성을 극대화하고 제품 품질을 유지하는 것을 목표로 한다. MOM은 일반적으로 다음과 같은 주요 기능을 포함한다.

1) 생산 계획 및 일정 관리: 생산 계획을 수립하고 생산 일정을 관리하여, 생산량을 최적화하고 재고를 줄이는 것을 목표로 한다.
2) 제조 실행 및 모니터링: 제조 공정을 실행하고 모니터링하여, 생산 과정의 성능 지표를 실시간으로 추적하고 품질 문제를 식별한다.
3) 자원 관리: 생산 과정에서 필요한 자원을 관리하고 최적화하여 생산 효율성을 극대화한다. 기계, 장비, 노동력 및 원자재들이 자원에 포함된다.
4) 품질 관리: 제조 과정에서 품질을 관리하고 품질 문제를 식별하여 불량률을 최소화한다. 품질 검사, 품질 보증 및 품질 향상을 포함한다.
5) 생산 데이터 분석 및 의사 결정 지원: 생산 데이터를 수집하고 분석하여, 생산 프로세스를 지속적으로 개선하기 위한 의사 결정을 지원한다.

MR (Management Reserve)

MR(경영자 예비비)은 식별할 수 없는 리스크(Unknown Risk)에 대한 예비비이다. 식별된 리스크(Known Risk)를 고려한 예비비는 Contingency Reserve라고 한다. MR은 원가 기준선(Cost Baseline)에는 포함되지 않지만, 전체 예산

(TAB; Total Allocate Budget)에는 포함된다. 프로젝트 관리자 보다 상위 주체인 경영진(Management)의 승인 후에만 집행할 수 있는 예비비이다.

MSAT (Manufacturing Science and Technology)

MSAT(제조 과학 기술)는 공정 기술이라고도 부르며, 고객사에서 개발한 생산 기술을 이전 받아 최적화된 공정을 개발하고 품질까지 관리하는 기술이다. '삼성바이오로직스'사가 주력으로 진행하고 있는 생산 기법이다.

MSDS (Material Safety Data Sheets)

MSDS(물질 안전 보건 자료)는 화학 물질과 제품의 안전 정보를 제공하는 자료이다. 건설 공사 현장이나 제조 작업장에서 화학 물질을 사용하거나 다룰 때, 근로자의 안전을 보호하고 화학물질에 노출될 경우 적절히 대처할 수 있게 도움을 주는 자료이다. 근로자가 화학 물질과 제품을 안전하게 다룰 수 있도록 정보를 제공하고, 물질에 노출될 경우 즉각적인 대응과 응급 상황에서의 조치를 지원한다. 주로 포함되는 정보는 다음과 같다.

1) 물질 식별 정보: 화학 물질의 이름, 제조 업체, 화학식 등을 포함하여 어떤 물질인지 식별할 수 있다. 유효 기간을 포함하기도 한다.
2) 물질의 물리적 및 화학적 특성: 물질의 녹는 점, 끓는 점, 밀도, 화학적 반응과 같은 물리적 화학적 특성을 설명한다.
3) 위험성 정보: 물질이 어떤 위험을 가지고 있는지, 물질에 노출될 경우 인체에 어떤 영향을 미칠 수 있는지에 대한 정보를 제공한다.
4) 화재 및 폭발 위험: 물질이 화재와 폭발 위험을 가지는지 여부와, 이러한 위험이나 사고가 발생했을 때의 안전 조치를 설명한다.
5) 화학 물질의 안전 사용 및 저장 정보: 물질을 안전하게 사용하고 저장하는 방법을 설명한다. 저장 방법을 특기하여 표현하기도 한다.
6) 응급 처치 정보: 물질에 노출될 경우 인체에 나타나는 증상과, 피해를 최소화하기 위해 취해야 할 응급 처치 절차나 처치 장비를 설명한다.

7) 폐기 처리 및 환경 영향 정보: 물질의 안전한 폐기 처리 방법과 이로 인해 환경에 미치는 영향을 설명한다. 적정한 처리를 통한 재활용도 고려된다.

MTC (Medical Treatment Case)

MTC(병원 치료 사고)는 현장 내의 First Aid Room에서 처치나 치료가 불가능하고, 외부 치료 기관이나 의사로부터 치료를 받아야 하는 사고이다.

NCC (Negotiated Contract Cost)

NCC(협상된 계약 비용)는 획득 가치 관리 시스템(EVMS)의 용어로서, 프로젝트에 할당된 전체 비용을 의미한다. 계약 당시 협상을 거쳐 합의된 비용이며 프로젝트 초기에 편성된다. 계약 예산 기준(CBB; Contract Budget Base)과 총 할당 예산(TAB; Total Allocated Budget)은 초기 단계에는 NCC와 동일하다.

NGT (Nominal Group Technique)

NGT(명목 집단 기법)는 의사 결정, 문제 해결 및 아이디어 생성을 위한 그룹 프로세스로 사용되는 구조화된 방법론이다. 그룹 내의 구성원들이 아이디어를 제안하고 순위를 매기는 과정을 조직하기 위해 사용된다. 구성원들은 개인적으로 아이디어를 먼저 제안하여 그룹 내에 순차적을 공유한다. 아이디어들이 공유된 후, 그룹은 아이디어를 토론하고 평가하여 가장 우수한 아이디어를 선정한다. 이를 통해 그룹 내의 다양한 의견을 수집하고 객관적으로 평가할 수 있다. 브레인 스토밍 중 발생될 수 있는 자유로운 대화에 의한 사고 진행 방해나, 강하게 자기 의견을 주장하는 구성원에 의해 다른 구성원의 적극적인 의견 제시가 적어지거나 의견 쏠림 현상 등이 발생하는 것을 방지할 수 있다.

OBS (Organizational Breakdown Structure)

OBS(조직 분류 체계)는 조직의 구조와 계층을 시각적으로 표현한 자료이다. 조직의 각 부서, 팀 또는 개인들 간의 관계와 책임을 명확히 하기 위해 사용된다. 일반적으로 트리 형태로 표시되며, 상위 수준에서 하위 수준으로 연결되는 조직의 계층 구조를 보여준다. 이를 통해 조직의 각 요소가 프로젝트나 작업에 어떻게 관련되어 있는지를 시각적으로 보여준다. OBS를 사용하면 조직 구성원들 간의 역할과 책임을 명확하게 이해할 수 있다. 프로젝트 팀원들의 역할과 조직 간의 의사 소통을 계획할 때 유용하게 활용될 수 있다.

OPA (Organizational Process Assets)

OPA(조직 프로세스 자산)는 프로젝트 관리 분야에서 사용되는 용어로서, 조직의 프로세스, 정책, 절차, 템플릿, 지침 등과 같은 내부적인 자원을 의미한다. 이러한 자원들은 조직의 경험, 지식, 문서화된 정보 등으로 구성된다. 과거 프로젝트에서 얻은 배운 것들(Lessons Learned), 조직의 경험과 지식은 향후 비용 절감, 일정 준수, 품질 향상, 위험 관리를 위해 사용될 수 있다. OPA를 효과적으로 활용하면 프로젝트 진행에 도움이 되는 자원을 최대한 활용할 수 있다.

OPL (Operational Performance Level)

OPL(운영 성능 수준)은 품질 관리와 안전 관리 분야에서 사용되는 지표로, 일반적으로 제품이나 프로세스의 운영 중 성능을 측정할 목적으로 사용된다. 제품이나 프로세스가 기대한 수준에서 작동하는 정도를 나타낸다. 특정 기준에 따라 정량화되며, 이러한 기준은 주로 품질 요구 사항, 안전 요구 사항 또는 기타 운영적인 측면에 관련될 수 있다. OPL 검토를 통해 조직은 문제가 발생할 가능성이 있는 영역을 식별하고 개선할 수 있다. 또한 제품 또는 프로세스의 품질을 유지하고 향상시키기 위한 계획 및 조치의 기초로 활용할 수 있다.

OTB (Over Target Baseline)

OTB(목표 초과 기준선)는 기존의 예산이 목표를 초과하였을 경우 새롭게 수립하는 예산 기준선이다. 기존의 목표를 달성하지 못한다고 예상되기에, 관리 목적을 위해 새롭게 목표로 정의된 예산 기준선이다. 기존 목표인 계약 예산 기준(CBB; Contract Budget Base)에 대한 초과의 결과가 OTB이다. OTB 책정 결과 총 할당 예산(TAB; Total Allocated Budget)은 변경되며, 이 변경의 결과로 OTB와 TAB는 같아진다. 최종적으로 OTB가 포함된 새로운 성과 측정 기준선(PMB; Performance Measurement Baseline)이 승인되고 사용된다.

PB (Project Brief)

PB(프로젝트 개요)는 프로젝트를 시작하기 전에 프로젝트의 목표, 범위, 요구사항 및 제약 사항을 요약하여 설명하는 문서이다. 프로젝트 관련 이해관계자들 간에 명확한 이해를 도모하고, 프로젝트의 올바른 방향을 설정하기 위해 사용된다. 또한 프로젝트 초기에 중요한 결정을 내릴 때 참고하는 목적으로도 사용된다. 일반적으로 PB에는 다음과 같은 내용이 포함될 수 있다.

1) 프로젝트 목표 및 목적: 프로젝트의 목표와 목적을 설명한다.
2) 프로젝트 범위: 프로젝트에서 수행해야 할 작업의 범위를 설정하고, 제한 사항이나 예외 사항을 명시한다. 리스크 식별 내용도 포함한다.
3) 프로젝트 요구 사항: 프로젝트가 충족해야 하는 요구 사항이나 기대치를 설명한다. 기술적 요구 사항, 기간, 예산 등이 포함될 수 있다.
4) 프로젝트 일정: 프로젝트의 주요 마일스톤과 작업 일정을 기술한다.
5) 예산 및 자원 할당: 프로젝트에 할당된 예산과 자원을 요약하고, 추가 자원이나 예산이 필요한 경우 그에 대한 조치 방안을 포함한다.
6) 이해관계자 및 역할: 프로젝트 이해관계자들과 그들의 역할을 명시한다.

PC (Project Charter)

PC(프로젝트 헌장)는 프로젝트를 시작하기 위한 핵심 문서이다. 프로젝트의 시작을 승인하고, 프로젝트 팀과 이해 관계자들 간의 프로젝트 목표에 대한 이해를 확립할 목적으로 사용된다. 프로젝트 시작 단계에서 생성되며, 프로젝트 팀과 이해 관계자들이 프로젝트의 목표와 범위에 대한 공감대를 형성할 수 있게 중요한 역할을 한다. 일반적으로 PC에는 다음과 같은 내용들이 포함된다.

1) 프로젝트 목표: 프로젝트가 왜 진행되는지를 설명한다. 프로젝트의 비즈니스 모델, 프로젝트의 목표 및 결과물의 종류와 수준을 기술할 수 있다.
2) 프로젝트 추진 배경, 산출물과 기간: 프로젝트가 추진되는 배경을 설명한다. 프로젝트 진행을 통해 생성할 산출물과 소요 기간을 설명한다.
3) 프로젝트 범위: 프로젝트가 어떤 작업을 포함하고 어떤 작업을 포함하지 않는지를 정의한다. 프로젝트의 경계를 명확히 하고 프로젝트의 범위가 무엇인지 정확하게 이해할 수 있도록 도움을 준다.
4) 프로젝트 팀 구성: 프로젝트 팀의 구성원과 그들의 역할을 설명한다. 프로젝트의 주요 이해 관계자들과 프로젝트 팀원들이 누구인지를 설명하고, 역할과 책임을 명기하여 팀 간의 커뮤니케이션과 협업을 촉진한다.
5) 프로젝트 제약 사항과 가정: 프로젝트를 제약하는 요소나 가정 사항을 명시한다. 이를 통해 프로젝트를 수행함에 있어서 주요 제약 사항과 가정 사항이 무엇인지를 이해하고 관리할 수 있게 도움을 준다.
6) 중요한 이해 관계자들: 프로젝트에 영향을 미칠 수 있는 이해 관계자들을 식별하고 설명한다. 이를 통해 프로젝트 팀이 중요한 이해 관계자들과의 관계를 관리하고 필요한 커뮤니케이션을 유지할 수 있게 한다.

PCI (Process Capability Index)

PCI(프로세스 능력 지수)는 제조 프로세스가 얼마나 정밀하게 제품을 생산할 수 있는지를 나타내는 지표이다. 프로세스에 허용된 한계 내에서 얼마나 일관되게 제품을 생산할 수 있는지를 측정할 수 있게 도움을 준다. 정밀성과 일관성을 정성적으로 판단할 수 없으므로, 정량화하여 판단하기 위해 PCI를 도입한 것이다. PCI는 일반적으로 다음과 같은 두 가지 지표로 나타낼 수 있다.

1) Cpk(Process Capability Index for a Process Centered on the Mean): 공정의 중심이 목표치와 얼마나 가까운지, 그리고 공정이 허용한 한계 내에서 어느 정도의 분산값을 가지고 있는지를 고려한다. 일반적으로 Cpk 값이 1.33 이상이면 해당 공정은 우수한 프로세스 능력을 가지고 있다고 판

단된다. 조직의 목표에 따라 Cpk값은 유연하게 조정할 수 있다.

2) Cp(Process Capability Ratio): 공정의 정밀성을 나타내며, 공정이 허용한 한계 내에서 어느 정도로 좁은 범위 내에서 제품을 생산할 수 있는지를 측정한다. 일반적으로 Cp 값이 1.0 이상이면, 해당 공정은 허용 범위 내에서는 정밀하게 작동할 수 있는 것으로 간주된다.

PCO (Project Close-out)

PCO(프로젝트 종료)는 프로젝트가 완료되고 종료되는 단계를 가리키는 프로젝트 관리 용어이다. 프로젝트의 성공적인 완료와 최종적인 전달을 보장하기 위한 프로세스를 포함한다. PCO 프로세스를 통해 프로젝트는 성공적으로 완료되고, 결과물은 고객 또는 이해 관계자에게 전달된다. 프로젝트 팀은 이에 따른 성과와 배운 점(LL; Lessons Learned)을 문서화하여, 조직 프로세스 자산(OPA; Organizational Process Assets)으로 축적한다. PCO는 일반적으로 다음과 같은 절차와 단계로 구성된다.

1) 종료 계획 수립: 프로젝트 종료 단계를 위한 계획을 수립한다. 이 단계에서는 프로젝트의 성과물을 검토하고 최종 제출물을 식별하며, 프로젝트 종료 절차를 공식적이며 체계적으로 문서화한다.
2) 활동 완료: 모든 프로젝트 활동을 완료하고 결과물을 산출한다. 일정에 따라 모든 작업이 완료되었는지 확인하는 것을 포함한다.
3) 프로젝트 평가: 프로젝트의 성과를 평가하고 목표를 달성했는지 확인한다. 프로젝트 목표와 비교하여 성과를 검토하고 평가한다.
4) 결과물 검토 및 인수: 완료된 결과물을 검토하고 승인을 받는다. 프로젝트 결과물이 품질 기준을 충족하는지 확인 후 이해 관계자에게 제공된다.
5) 자원 및 리소스 정리: 프로젝트에 사용된 자원과 리소스를 정리하고 반환한다. 장비, 도구, 문서 및 인력과 같은 자원을 처리하는 것을 포함한다.
6) 계약 종료 및 금융 결산: 프로젝트와 관련된 모든 계약을 종료하고 잔여 예산을 처리한다. 금융과 관련된 법적 의무를 해결하고, 프로젝트 예산

을 최종적으로 평가하는 것을 포함한다.

7) 프로젝트 보고서 및 문서화: 프로젝트의 성과와 경험을 문서화하고 보고서를 작성한다. 프로젝트의 성과와 배운 점(LL; Lessons Learned)을 기록하고, 다음 프로젝트에 대한 교훈을 얻는 것을 목표로 한다.

PCR (Process Capability Ratio)

PCR(프로세스 능력 비율)은 제조 프로세스가 일정한 허용 한계 내에서, 특정 제품 특성 또는 치수를 어느 정도로 정밀하게 제어할 수 있는지를 나타내는 지표이다. 공정의 표준 편차와 허용 한계 간의 비율을 측정하여 산정한다. 시방의 상한 한계(USL; Upper Specification Limit)와 시방 하한 한계(LSL; Lower Specification Limit)의 차이가 표준 편차(Standard Deviation)에 대해 어느 정도 비율인지를 측정한다. PCR 값이 1.0 이상이면 공정은 허용 한계 내의 치수를 지니고 생산될 수 있는 정밀도를 지닌다고 간주된다. PCR 값이 1.0 미만인 경우, 공정이 허용 한계 내의 정확한 치수를 생산하기 어렵다고 판단한다.

PCS (Progress Control System)

PCS(공정 제어 시스템)는 프로젝트의 진행 상황을 추적하고 관리하는 시스템이다. 프로젝트 팀이 일정 및 예산 대비 실제 진행 상황을 모니터링하고, 프로젝트의 성과를 측정하기 위해 사용된다. PCS의 기능은 다음과 같을 수 있다.

1) 일정 추적: 프로젝트 일정을 관리하고 프로젝트 작업의 진행 상황을 추적한다. 이를 통해 프로젝트 팀은 작업이 예상 일정에 따라 진행되고 있는지 혹은 지연되고 있는지 여부를 파악할 수 있다.
2) 비용 관리: 프로젝트의 예산을 추적하고 실제 투입 비용과 비교하여 예산 상태를 모니터링한다. 이를 통해 프로젝트 팀은 비용 초과 또는 절감 가능성을 파악하고 조치를 취할 수 있다. 비용 모니터링의 주기는 일반적으로 3개월을 반영하나, 조직의 목표에 따라 이 주기를 조정할 수 있다.
3) 자원 관리: 프로젝트에 할당된 자원을 추적하고 관리한다. 이를 통해 자

원 사용량을 최적화하고 필요한 경우 자원을 재할당할 수 있다.

4) 리스크 관리: 프로젝트의 리스크를 식별하고 추적하여 관리한다. 예상하지 못한 리스크를 사전에 대비하고 적절한 대응 전략을 마련할 수 있다.
5) 의사 결정 지원: 프로젝트 관리자와 이해 관계자들이 프로젝트의 상태 및 진행 상황을 이해하고, 적기에 의사 결정을 내릴 수 있게 도움을 준다.

PDCA (Plan Do Check Act)

PDCA(계획 실행 검토 개선)는 1950년에 미국의 에드워드 데밍에 의해 개발된, 품질 개선을 위한 프로세스 진행 사이클(Cycle)이다. 지속적인 개선을 위한 품질 관리에 사용되는 방법론이다. 다음은 통제 사이클의 각 단계이다.

1) Plan(계획): 먼저 문제 또는 개선할 사항을 식별하고 목표를 설정한다. 이후 목표를 달성하기 위한 계획을 수립한다. 이 계획은 목표를 이루기 위한 전략, 접근 방식, 예산을 고려한 리소스 할당 및 일정 등을 포함한다.
2) Do(실행): 계획을 실행한다. 이 단계에서는 계획된 작업을 수행하고 프로세스를 변경하거나 개선한다. 이때 데이터와 정보를 주기적으로 모니터링하고 수집하여, 검토와 조치에 사용할 수 있도록 한다.
3) Check(검토): 실행한 결과를 검토하고 평가한다. 이를 통해 목표 대비 달성 정도를 파악하고, 문제점이나 개선할 점을 식별한다. 데이터 분석과 비교를 통해 실제 결과를 계획한 목표와 대비하는 과정을 포함한다.
4) Act(조치): 평가 결과를 기반으로 개선 조치를 취한다. 이 단계에서는 발견된 문제를 해결하고 프로세스를 조정하여, 향후 결과를 개선하기 위한 계획을 수립한다. 이전 단계 자료를 바탕으로 프로세스를 관리한다.

PDM (Precedence Diagramming Method)

PDM(선후행 도형 기법)은 작업 간의 순서와 연관 관계를 다이어그램 형식으로 표현하여 프로젝트 일정을 관리하는 기법이다. AON(Activity on Node)이 대표적인 기법이며, 관계 표현에는 다음과 같은 네 가지 형태가 있다.

1) FS(Finish to Start): 선행 작업이 완료된 후에야 후행 작업이 시작된다.
2) SS(Start to Start): 선행 작업이 시작된 후에야 후행 작업도 시작된다.
3) FF(Finish to Finish): 선행 작업이 완료된 후에야 후행 작업도 완료된다.
4) SF(Start to Finish): 선행 작업이 시작된 후에야 후행 작업이 완료된다.

위와 같은 연관 관계를 정의하기 위해서는, 다음과 같은 유형을 정해야 한다.

1) 필연적 의존 관계(Mandatory Dependency): 후속 작업을 진행하기 전에 정해지고 반드시 선행되어야 하는 선후 관계이다. 의존 관계의 조정과 변경이 어려워서 Hard Logic이라고 부르기도 한다.
2) 임의 의존 관계(Discretionary Dependency): 임의로 정할 수 있어 선후 관계 조정이 가능한 유형이다. Soft Logic이라고 부르기도 한다.
3) 외부 의존 관계(External Dependency): 내부의 통제 범위를 넘어서서 외부 작업의 결과에 의해 영향을 받는 유형의 의존 관계라고 할 수 있다.
4) 내부 의존 관계(Internal Dependency): 내부적으로 관리 가능한 유형이다.

PEFS (Process Engineering Flow Scheme)

PEFS(프로세스 엔지니어링 흐름 개념)는 프로세스 엔지니어링에서 사용되는 문서이며, 프로세스나 시스템의 흐름을 시각적으로 표현한 자료이다. 프로세스의 주요 구성 요소, 유체 및 에너지의 흐름을 보여주며, 각 단계의 장치와 장비의 연관 관계와 프로세스 흐름이 포함된다. 프로세스에 사용되는 장치, 장비 및 기타 설비의 목록이 포함되어야 한다. 프로세스 자동화 및 제어를 위한 시스템을 설명할 수 있도록, 센서, 제어 밸브, PLC 등이 포함된다. 운전 조건 및 제어 기준에 대한 정보도 제공한다. 개념 설계 단계에서부터 세부 설계 및 운영 단계에 이르는 전 단계에서 사용될 수 있도록 작성된다. 대표적인 PEFS에는 P&ID(Piping & Instrumentation Diagram)와 같은 문서가 있다.

PERT (Program Evaluation and Review Technique)

PERT(프로그램 평가 및 검토 기법)는 CPM(Critical Path Method)과 결합하여

공정 계획, 일정 계획과 진도 관리를 위해 적용되는 공정 관리 기법이다. 각 작업 완료를 위해 필요한 시간을 계획하고 CP를 결정할 수 있다. CP는 계획된 기간 내에 반드시 완료되어야 하는 가장 기간이 길고 여유가 없는 경로이다.

PFD (Process Flow Diagram)

PFD(프로세스 흐름도)는 제조 공정 각각의 계통과 흐름을 표시한 도면이다. 주로 건설 산업, 화학 공학, 제조 및 기타 산업 분야에서 사용된다. 각 작업이 어떻게 연결되고 수행되는지를 보여주며, 재료의 흐름, 장치 및 장비의 배치, 제어 시스템 및 기타 요소를 포함할 수 있다. 일반적으로 간단한 도형과 화살표를 사용하여 공정의 흐름을 나타내어, 계통의 흐름을 이해하기 쉽게 해준다

PHA (Preliminary Hazard Analysis)

PHA(사전 위험 분석)는 프로젝트 초기 단계에서 이루어지는 위험 분석 절차이다. 건설 현장에서 발생할 수 있는 위험을 사전에 식별하고 평가하는 프로세스로, 사고나 사건의 발생 가능성을 줄이고 프로젝트의 안전성을 향상시킬 수 있게 도움을 얻을 수 있다. 프로젝트 진행 중 발생할 수 있는 인적, 환경, 기술적 요인에 의한 다양한 위험을 식별한다. 식별된 위험의 심각성과 발생 가능성을 평가하여, 위험 관리 우선 순위를 정하여 관리한다. 식별된 위험에 대한 대응책을 도출하여, 사고를 예방하거나 피해를 줄이는 조치를 취한다.

PHC (Public Health Center)

PHC(공중 보건 센터)는 지역 사회에서 보건 서비스를 제공하는 공공기관이다.

PIM (Probability and Impact Matrix)

PIM(확률 영향 매트릭스)은 발생 확률과 프로젝트 목표에 대한 잠재적 영향을 기반으로, 리스크를 평가하고 우선 순위를 지정하기 위해 리스크 관리에 사용되는 도구이다. 이는 프로젝트 팀이 리스크를 체계적으로 평가하고, 가장 주

의를 기울이거나 완화 노력이 필요한 리스크를 결정할 수 있게 도움을 준다.
PIM을 작성하고 활용하는 방식은 일반적으로 다음과 같다.

1) 리스크 식별(Identification): 프로젝트에 영향을 미칠 수 있는 잠재적 리스크를 식별하는 것이다. 이러한 리스크는 브레인 스토밍 세션, 과거 데이터, 전문가 판단 또는 기타 위험 식별 기술을 통해 식별할 수 있다.
2) 확률(Probability): 리스크가 발생할 가능성이나 확률을 말한다. 이는 종종 백분율 또는 정성적 평가(예: 낮음, 중간, 높음)로 표시된다.
3) 영향(Impact): 리스크가 일정, 비용, 품질 또는 범위와 같은 프로젝트 목표에 미칠 수 있는 잠재적인 결과 또는 영향을 나타낸다.
4) 매트릭스 생성: 확률 및 영향 매트릭스는 일반적으로 한 축에 확률 수준(예: 낮음, 중간, 높음)이 나열되고 영향 수준이 다른 축(예: 경미, 보통, 심각)에 나열되는 매트릭스로 표시된다. 매트릭스의 각 셀 값은 확률과 영향의 조합을 나타내며, 이를 종합적으로 대비하고 분석할 필요가 있다.
5) 등급 할당: 식별된 각 리스크에 대해 확률과 영향을 평가하고, 그에 따라 등급을 할당한다. 일반적으로 매트릭스의 해당 셀에 등급이 표시된다.
6) 우선 순위 지정: 모든 리스크를 평가한 후에는 확률과 영향 등급의 조합으로 결정되는 전체 리스크 점수를 산정하고, 리스크 관리 우선 순위(RPN; Risk Priority Number)를 지정한다. 점수가 높은 리스크는 일반적으로 추가 분석, 완화 또는 관리를 위해 우선 순위로 지정되고 관리된다.
7) 대응 계획 개발: 우선 순위가 지정된 리스크를 기반으로 식별된 리스크를 해결하거나 완화하기 위해 적절한 대응 계획을 개발한다. 부정적 리스크 대응 계획에는 회피(Avoid), 전가(Transfer), 완화(Mitigate) 및 수용(Accept)이 포함된다. 긍정적 리스크 대응 계획에는 활용(Exploit), 공유(Share), 증대(Enhance) 및 수용(Accept)이 있다.

PLC (Project Life Cycle)

PLC(프로젝트 생애 주기)는 프로젝트의 전체 생애 주기를 나타내는 개념이다.

PMBOK(Project Management Body of Knowledge)에서 제시된 개념이며, 프로젝트가 시작되어 완료될 때까지의 전반적인 과정을 설명한다. 프로젝트 생애 주기는 각 단계가 순차적이고 상호 의존적이며, 프로젝트 팀이 목표를 달성하고 프로젝트를 성공적으로 완료하기 위해 필요한 활동을 정의한다. 이러한 단계는 프로젝트 관리 프로세스의 기본 요소이며, 각 단계마다 다른 활동과 책임이 있다. 일반적으로 다음과 같은 다섯 가지 단계로 구성된다.

1) 시작 단계(Initiating): 프로젝트의 아이디어나 필요성을 식별하고 검토한다. 프로젝트의 목표와 범위를 정의하고 프로젝트에 대한 승인을 받는다.
2) 계획 단계(Planning): 프로젝트 목표를 달성하기 위한 계획을 수립한다. 일정, 예산, 범위, 자원 할당, 커뮤니케이션 등을 계획하고 문서화한다. 리스크를 식별하고 관리할 수 있는 계획도 포함하여 수립한다.
3) 실행 단계(Executing): 계획에 따라 프로젝트 작업을 수행하고 관리한다. 자원을 할당하고 일정을 준수하며 품질을 관리한다. 이해 관계자와의 소통을 유지하고 상황을 모니터링한다.
4) 통제 단계(Monitoring and Controlling): 프로젝트의 진행 상황을 모니터링하고 실제 결과를 계획과 비교한다. 발생하는 문제나 변경 사항을 식별하고 통제 조치를 취한다. 리스크를 평가하고 관리한다.
5) 종료 단계(Closing): 프로젝트를 완료하고 최종 결과물을 검토하고 승인을 받는다. 프로젝트를 평가하고 배운 점(Lessons Learned)을 문서화하여, 조직 프로세스 자산(Organizational Process Assets)으로 축적한다.

PMB (Performance Measurement Baseline)

PMB(성과 측정 기준선)는 프로젝트 관리 항목 중 원가, 일정 및 범위 관리 기준선(Baseline)이 통합된 성과 측정 기준선이다. 항목별로 다양한 평가 기준선이 있지만, 일반적으로 PMB에는 다음과 같은 세 가지의 기준선이 포함된다.

1) 원가 기준선(Cost Baseline): 프로젝트 기간 중 예상되는 비용의 총합을 나타내는 기준선이다. 각 작업별 예산을 할당하고 배분할 수 있다.

2) 일정 기준선(Schedule Baseline): 프로젝트 기간을 나타내는 기준선이다. 일정을 관리하기 위해 작성되며 작업 간의 의존 관계를 포함한다.
3) 범위 기준선(Scope Baseline): 프로젝트의 범위를 정의하고 관리하기 위한 기준선이다. 프로젝트가 무엇을 포함하고 무엇을 제외하는지 정의한다. 세분화된 작업 단위인 WBS(Work Breakdown Structure)가 포함된다.

PMBOK (Project Management Body of Knowledge)

PMBOK(프로젝트 관리 지식 체계) GUIDE는 미국 'PMI'사가 발간하는 프로젝트 관리의 표준 가이드북이다. 프로젝트 관리에 대한 지침을 제공하고, 각 관리 프로세스의 개념을 설명한다. 2021년에 PMBOK GUIDE 7판(7th Edition)이 발간되었다. 5가지 기본 프로세스 그룹과 10가지 지식 영역으로 구성되어 있다. 각 프로세스는 입력(Inputs), 도구 및 기술(Tools and Techniques)과 산출물(Outputs)로 이루어진다. 5가지 기본 프로세스 그룹은 다음과 같다.

1) 개시(Initiating): 프로젝트가 시작되고 승인되는 단계이다. 프로젝트의 목적과 범위가 정의되고, 이해 관계자와의 커뮤니케이션이 이루어진다.
2) 계획(Planning): 프로젝트의 목표를 달성하기 위한 전략과 계획이 수립되는 단계이다. 범위, 일정, 비용, 품질, 자원, 커뮤니케이션, 리스크 및 구매 계획 등이 수립된다. 전체 지식 체계를 총괄 기획하는 단계이다.
3) 실행(Executing): 계획된 활동을 실제로 수행하고 결과물을 생성한다. 리소스 관리, 통합 관리, 범위 관리, 일정 관리, 비용 관리 등을 통한다.
4) 모니터링 및 제어(Monitoring and Controlling): 프로젝트의 진행 상황을 모니터링하고 목표 달성을 위해 필요한 조치를 취한다. 프로젝트의 성과를 측정하고 문제점을 해결하기 위한 조치를 포함한다.
5) 종결(Closing): 프로젝트가 성공적으로 완료되어 평가되며, 보고서 작성하고 조직 프로세스 자산인 프로젝트 결과물이 생성된다.

10가지 프로세스 관리 지식 영역은 다음과 같다.

1) 프로젝트 통합 관리(Project Integration Management): 프로젝트 전체 기

간 중 업무를 조정하고 통합하는 프로세스와 활동을 다룬다.

2) 프로젝트 범위 관리(Project Scope Management): 프로젝트의 범위를 결정하고 관리하는 프로세스와 활동을 다룬다.
3) 프로젝트 일정 관리(Project Schedule Management): 프로젝트의 일정을 계획하고 관리하는 프로세스와 활동을 다룬다.
4) 프로젝트 비용 관리(Project Cost Management): 프로젝트 예산을 설정하고 관리하는 프로세스와 활동을 다룬다.
5) 프로젝트 품질 관리(Project Quality Management): 프로젝트 결과물의 품질을 보장하고 관리하기 위한 프로세스와 활동을 다룬다.
6) 프로젝트 인적 자원 관리(Project Resource Management): 프로젝트 팀을 관리하고 팀원들을 할당하는 프로세스와 활동을 다룬다.
7) 프로젝트 의사 소통 관리(Project Communications Management): 프로젝트의 의사 소통을 계획하고 관리하는 프로세스와 활동을 다룬다.
8) 프로젝트 리스크 관리(Project Risk Management): 프로젝트 리스크를 식별하고 분석하며, 위험에 대비하고 관리하는 프로세스와 활동을 다룬다.
9) 프로젝트 조달 관리(Project Procurement Management): 내부와 외부로부터 자원을 조달하고 관리하는 프로세스와 활동을 다룬다.
10) 프로젝트 이해 관계자 관리(Project Stakeholder Management): 프로젝트 이해 관계자들을 관리하고, 이들의 요구 사항을 충족시키는 프로세스와 활동을 다룬다. 프로젝트 의사 소통 관리 계획을 이용한다.

PMS (Progress Measurement System)

PMS(공정률 측정 시스템)는 프로젝트나 생산 과정의 진행 상황을 측정하고 평가하는 시스템이다. 진행 상황을 모니터링하여 사전에 설정된 목표 대비 진척 상황을 평가할 수 있게 도움을 준다. 측정 주기는 프로젝트와 생산 대상물에 따라 다르게 지정할 수 있다. 진척 상황 평가에는 프로젝트 완료 단계에서의 성과 및 결과물에 대한 평가도 포함된다.

PMSA (Progress Measuring System Application)

PMSA(공정률 측정 시스템 프로그램)는 PMS(Progress Measurement System)에 활용되는 소프트웨어이다. 일정 관리, 작업 추적, 리소스 할당 및 성과 보고에 활용되며, 프로젝트팀이 진행 상황을 측정하고 관리할 수 있게 돕는다.

PPE (Personal Protective Equipment)

PPE(개인 보호 장구)는 작업자를 다양한 위험으로부터 보호하기 위해 사용되는 개인 보호 장구를 칭한다. 안전모, 보안경, 방호복, 장갑, 안전화 등이 있다.

PPI (Process Performance Index)

PPI(프로세스 성능 지수)는 프로세스의 성능을 측정하고 평가하기 위한 지표이다. 주로 제조 및 생산 환경에서 사용되며, 공정이나 생산 라인이 얼마나 효율적으로 운영되는지를 나타낸다. 이상 생산(Ideal Output)에 대한 실제 생산(Actual Output)의 비율이다. 실제 생산은 실제로 생산된 제품의 양이나 서비스의 수량이고, 이상 생산은 이상적으로 생산될 수 있는 최대 양이나 수량을 나타낸다. PPI 평가를 위해서는 일반적으로 다음과 같은 요소를 고려한다.

1) 생산성(Productivity): 단위 시간당 생산되는 제품과 서비스의 수량이다.
2) 품질(Quality): 생산된 제품이나 서비스의 품질을 나타내는 지표로, 결함 비율이나 품질 관련 지표를 포함할 수 있다.
3) 비용(Cost): 생산 프로세스에 소요되는 비용을 나타낸다. 비용은 재료비, 노무비, 장비비, 운영 경비 등으로 구분할 수 있다.

PRA (Probabilistic Risk Assessment)

PRA(확률적 리스크 평가)는 시스템이나 프로세스의 잠재적인 리스크 요소를 식별하고, 시나리오에 기반하여 그에 대한 가능성과 영향을 평가하는 프로세스이다. 잠재적인 리스크의 내부 및 외부 요인, 장애 모드 및 사고 유형 등을 먼저 식별한다. 각각의 식별된 리스크에 대해 이들이 미치는 가능한 원인과 영향을 분석한다. 이를 통해 잠재적인 리스크의 원인과 결과를 이해할 수 있다. 각각의 리스크에 대해 발생 가능성(Probability)과 발생 시의 영향(Impact)을 평가한다. 평가는 주로 확률적 통계적 기법을 사용하여 수행된다. 식별된 리스크를 관리하기 위한 전략을 개발하고 시행한다. 이 전략에는 리스크를 최소화하거나 통제하기 위한 조치 또는 계획 등이 포함된다. 리스크는 알려지지 않은(Unknown) 리스크와 알려진(Known) 리스크로 구분할 수 있고, Management Reserve와 Contingency Reserve를 이에 따라 구분하여 책정한다.

PSFS (Process Safeguarding Flow Scheme)

PSFS(공정 안전 흐름 개념)는 공정 안전을 유지하기 위해 사용되는 시스템 또는 프로세스의 흐름을 보호하기 위한 시스템이다. 주로 공장이나 제조 시설에서 사용되며, 잠재적인 위험을 최소화하고 사고의 영향을 완화하기 위한 목적으로 설계된다. 공정 내에서 발생할 수 있는 위험을 줄이기 위해 다양한 안전 장치 및 시스템을 설치한다. 이러한 장치에는 센서, 밸브, 자동화된 시스템 등이 포함될 수 있다. PSFS를 활용하여 공정 내에서 위험을 식별하고, 이를 신속하게 감지하여 통제한다. 비상 상황이 발생할 경우 즉각 대응하기 위한 메커니즘을 제공한다. 감지된 위험에 대한 경보 시스템, 비상 정지 장치 등의 메커니즘이 포함될 수 있다. 또한, 공정 운전자에 대한 교육 및 훈련을 제공하여 안전 절차와 규정을 준수하고, 위험을 인식하고 이에 대응할 수 있도록 지원한다.

PSM (Process Safety Management)

PSM(공정 안전 관리)은 중대 산업 사고 발생 위험이 큰 유해 위험 설비를 보유한 사업장에서, 잠재된 사고의 위험 요인을 사전에 발굴하고 제거하여, 중대 산업 사고를 체계적으로 예방하는 시스템이다. 산업안전보건법 제44조에 따르면, 유해 위험 설비를 보유한 사업장의 사업주는, 그 설비로부터의 위험 물질 누출, 화재, 폭발 등으로 인하여, 사업장 내 근로자에게 즉시 피해를 주거나 사업장 인근 지역에 피해를 줄 수 있는 사고를 예방하기 위하여 공정 안전 보고서를 작성하여야 한다. 사업주는 유해 위험 설비의 설치, 이전 또는 구조 부분의 변경 공사 착공일 30일 전까지, 공정 안전 보고서를 안전보건공단에 제출해야 한다. 접수 후 가스안전공사 15일과 안전보건공단 15일 간의 심사를 거쳐서 사업장에 결과를 통보한다. PSM의 세부 내용은 다음과 같다.

1) 공정 안전 자료: 취급하고 저장하고 있는 유해 위험 물질의 종류 및 수량을 포함한 자료이다. 물질 안전 보건 자료(MSDS)를 포함한다.
2) 공정 위험성 평가: 위험성 평가, 개선 계획, 피해 범위 산정 및 영향 평가 등이 포함된다. 피해 최소화 계획을 수립하고 시행해야 한다.
3) 안전 운전 계획: 안전 운전 지침서, 설비 검사 및 유지 보수 계획, 안전 작업 허가, 도급 업체 안전 관리 계획, 근로자 교육 계획, 가동 전 점검 지침, 변경 요소 관리 계획, 자체 감사 및 사고 조사 계획 등을 포함한다.
4) 비상 조치 계획: 비상 조치를 위한 장비 인력 보유 현황, 사고 발생 시 각 부서 및 유관 기관과의 비상 연락 체계, 비상 조치 계획에 따른 교육 계획, 주민 홍보 계획 등과 같은 비상 조치 계획을 포함한다.

PSM (Project Scope Management)

PSM(프로젝트 범위 관리)은 프로젝트 이해 관계자의 요구 사항을 분석하여 프로젝트 범위를 결정하고, 각 단계별 작업 활동을 구체화하는 프로세스이다. 프로젝트 범위 관리 단계에서는 다음과 같은 프로세스들이 수행된다.

1) 범위 관리 계획 수립(Plan Scope Management): 프로젝트 범위와 제품 범위를 어떻게 정의하고, 확인하고, 통제할 것인지를 문서화한다.
2) 요구 사항 수집(Collect Requirements): 프로젝트의 목표를 달성하기 위해 이해 관계자의 요구 사항을 수집, 분류, 문서화 및 관리하는 단계이다.
3) 범위 정의(Define Scope): 프로젝트와 제품에 대한 구체적이고 세부적인 설명을 통해 범위를 정의하고 개발하는 단계이다.
4) 작업 분류 체계 작성(Create WBS): 프로젝트 인도물(Deliverables)과 프로젝트 작업을 관리하기 쉽게 더 작은 하위 단계(WBS)로 세분화한다.

5) 범위 검증(Validate Scope): 품질 통제를 통해 완성된 인도물의 승인을 형식화하고 검토 및 검증하는 단계이다.
6) 범위 통제(Control Scope): 프로젝트 상태와 범위를 감시하고 범위 기준선(Scope Baseline)에 대한 변경 사항을 관리하는 단계이다.

PSM (Project Sustainability Management)

PSM(프로젝트 지속 가능성 관리)은 건설 프로젝트에서 지속 가능성을 관리하고 최대화하기 위한 접근 방식을 의미한다. 프로젝트의 생애 주기 전반에 걸쳐서 환경, 사회 및 경제적인 측면을 고려하여 프로젝트를 계획, 실행 및 평가하는 것을 목표로 한다. PSM은 다음과 같은 주요 목표를 가지고 있다.

1) 환경적 지속 가능성: 프로젝트의 환경적 영향을 최소화하고, 자연 및 생태계에 대한 손상을 방지하는 것을 목표로 한다. 에너지 효율성, 자원 관리, 폐기물 관리, 오염 방지 등을 포함한다.
2) 사회적 책임: 프로젝트가 사회에 미치는 영향을 이해하고 사회적 가치를 창출하며, 지역 사회와의 협력과 소통을 강화하는 것을 목표로 한다. 지역 사회의 이해 관계자와의 상호 작용, 사회적 가치 제공 등을 포함한다.
3) 경제적 지속 가능성: 프로젝트가 경제적으로 효율적이고 지속 가능한 결과를 달성하는 것을 목표로 한다. 비용 효율성, 투자 대비 이익, 재무 건전성, 성장 가능성 등을 고려한다.

PSND (Project Schedule Network Diagram)

PSND(프로젝트 일정 네트워크 다이어그램)는 프로젝트 일정 관리를 위해 작업들 간의 논리적 관계를 시각적으로 표현한 다이어그램이다. 선후행 도형법(PDM; Precedence Diagramming Method)이 대표적인 PSND 작성 기법이다.

PSSR (Pre-Startup Safety Review)

PSSR(시작 전 안전 검토)은 새로운 공정, 설비 또는 장비가 시작되기 전에 수행되는 안전 검토 절차이다. 공정이나 설비가 운영에 들어가기 전에 안전 및 환경적 측면에서 준비되었는지 확인하기 위해 수행된다. 주요 목표는 새로운 설비가 시작될 때 발생할 수 있는 잠재적 위험을 최소화하고 안전한 운영을 보장하는 것이다. PSSR은 일반적으로 다음과 같은 단계로 진행된다.

1) 사전 준비 및 문서 검토: 이 단계에서는 새로운 공정이나 설비의 설계 및 안전 관련 문서를 검토한다. 기술적 설비 사양서, 안전 절차, 작업 절차서, 그리고 기존에 발생되었던 사고 및 사건 이력 등이 포함될 수 있다.
2) 시설 검토: PSSR 팀은 새로운 공정이나 설비가 설치된 시설을 방문하여 안전 및 환경 측면에서의 적절성을 평가한다. 이 단계에서는 설비의 배치, 접근성, 화학 물질의 저장 및 처리, 안전 시설 설치 여부를 검토한다.
3) 시험 및 검사: 새로운 공정이나 설비가 안전하게 작동하는지 확인하기 위해 시험 및 검사를 실시한다. 시험 계획의 수립, 시설 및 장비의 기능 테스트, 안전 장치의 작동 테스트 등을 포함할 수 있다.
4) 절차 및 교육 검토: PSSR팀은 새로운 공정이나 설비를 운영하기 위한 절차 및 작업자 교육 결과를 검토한다. 이를 통해 안전 절차의 이행 가능성, 작업자의 이해도 등을 평가할 수 있다.
5) 결과 문서화 및 보고: PSSR의 결과는 문서화되고, 결함이나 개선 사항이 있다면 이를 보고서에 기록하여 관련 담당자에게 통보한다.

PV (Planned Value)

PV(계획 가치)는 EVMS 용어로서 계획된 스케줄에 의해 할당된 예산을 의미한다. BCWS(Budgeted Cost of Work Schedule)도 동일한 의미를 지니고 있다. PV와 BCWS는 해야할 작업의 양이며 계획된 작업의 가치이다.

PV (Process Validation)

PV(프로세스 검증)는 프로세스가 어느 정도로 일관성 있게 품질 수준을 유지할 수 있는지 검증하는 절차이다. 매번 생산할 때마다 품질 상태가 달라진다면 프로세스에 일관성이 없다고 할 수 있다. 생산 과정이 품질 요구 사항을 충족하고, 안정적으로 운영되며, 예상대로 제품을 생산할 수 있는지를 확인하는 과정이다. 주로 의료 기기, 의약품, 식품, 화학물질 등의 산업 분야에서 적용된다. PV는 생산 시작 전에 수행되며, 검증 후에도 주기적으로 평가되어야 한다. 아울러, 제품 및 생산 프로세스에 변경 사항이 있을 때마다 재검토되어야 한다. 일반적으로 프로세스 검증은 다음과 같이 세 단계로 진행된다.

1) 설계 검증(Design Validation): 프로세스 및 설비의 설계가 품질 요구 사항을 충족하는지 확인하는 단계이다. 제품의 기능적 기술적 요구 사항이 설계에 반영되었고, 이에 대한 기술적 조건들이 충족되었는지 검증된다.
2) 설비 및 설치 검증(IQ; Installation Qualification): 설비가 설치된 후에 요구되는 설비가 적절하게 설치되었는지 검증하는 단계이다.
3) 작동 검증 및 성능 검증(OQ; Operational Qualification, PQ; Performance Qualification: 설비가 원활하게 작동하고 예상된 결과를 내는지 확인하는 단계이다. OQ는 설비가 예상대로 작동하는지 확인하고, PQ는 프로세스가 일관되고 품질이 우수한 제품을 생성하는지 확인한다.

QA (Quality Assurance)

QA(품질 보증)는 품질 관리의 절차로서 제품이나 서비스가 생산되는 프로세스를 관리하고 개선하는 것을 목표로 한다. 제품이나 서비스가 생산 완료된 후 검사하는 QC(Quality Control)와는 다르게 QA는 프로세스 자체를 관리한다.

QA (Quality Audit)

QA(품질 감사)는 제품, 프로세스 또는 시스템의 품질을 평가하고 확인하기 위한 체계적이고 독립적인 검토 과정이다. 시스템 설계와 성과를 검토한다.

QC (Quality Control)

QC(품질 관리)는 제품이나 서비스가 제공되는 최종 단계에서 이루어지는 품질 관리의 절차이다. 생산이 완료된 제품과 서비스가 요구되는 품질 기준을 충족하는지 여부를 검사하고 관리한다. 요구되는 품질 기준을 충족하지 못하거나 결함이 발견될 때, 수정하는 절차까지 포함된다. 생산 과정을 관리하는 QA와 대비되어 생산이 완료된 후에 제품과 서비스를 검사하는 것이 QC이다.

QDN (Quality Deficiency Notice)

QDN(품질 결함 통보서)은 생산된 제품이나 서비스가 요구 품질 조건을 충족하지 못했거나 결함이 발생되었을 때, 이에 대해 공급자에게 통보하는 서류이다. 부적합 보고서(NCR; Non Conformance Report)와 시정 조치 요구서(CAR; Corrective Action Request)도 유사한 개념으로 사용되는 용어이다.

QHSE (Quality Health Safety Environment)

QHSE(품질 보건 안전 환경)는 품질(Quality), 보건(Health), 안전(Safety), 환경(Environment)을 포함하는 개념을 의미한다. QHSE는 건설 산업의 모든 단계에서 중요한 요소로서 인식되며, 프로젝트의 성공과 이해 관계자들의 만족을 보장하기 위해 주요한 관리 영역으로 간주된다. 효과적인 QHSE 관리는 건설 프로젝트의 위험을 줄이고, 비용과 시간을 절감할 수 있게 도움을 준다. 환경 보호 및 사회적 책임에 대한 기업의 의무를 이행할 수 있게 도움을 준다.

1) 품질(Quality): 건설 프로젝트의 품질은 건축물이나 시설물이 목표한 기능을 수행하고, 고객의 요구를 충족시키는 능력을 나타낸다. 품질 관리는 재료의 품질 관리, 품질 통제, 품질 보증 및 검사 등을 포함한다.
2) 보건 및 안전(Health and Safety): 건설 현장에서의 보건 및 안전은 건설 작업자들과 이해 관계자들의 안전을 보장하는 것을 의미한다. 보건과 안전에 대한 적절한 규정 및 절차가 준수되어야 한다. 안전 장비의 사용, 위험 요소의 식별 및 관리, 교육 및 훈련, 사고 예방 등을 포함한다.
3) 환경(Environment): 건설 산업은 환경에 미치는 영향을 최소화하기 위한 노력을 경주해야 한다. 환경적인 책임과 지속 가능성을 고려하여 자원의

효율적인 사용, 폐기물 및 오염 관리, 친환경 기술의 채택 등이 필요하다.

QRA (Qualitative Risk Assessment)

QRA(정성적 리스크 평가)는 리스크를 정성적인 방법을 이용하여 평가하는 것이다. QRA는 주로 주관적인 판단과 경험에 의존하며, 전문가의 의견과 평가가 포함된다. 정량적인 데이터나 숫자가 부족한 경우에 유용하며, 리스크 관리 프로세스의 초기 단계에서 주로 사용된다. 리스크의 가능성과 영향을 평가하여 어떤 리스크가 더 중요하고 급한지 판단할 수 있게 도움을 준다. 반면에, 정성적 평가는 신뢰성과 객관성을 확보하기 어렵다는 한계를 지니고 있다.

QRA (Quantitative Risk Assessment)

QRA(정량적 리스크 평가)는 리스크를 정량적인 방법을 이용하여 평가하는 것이다. QRA는 주로 수학적인 모델링 및 통계 분석 기법을 사용하여 수행된다. 확률 및 통계 이론, 시뮬레이션 기술 등을 활용하여 다양한 리스크 시나리오를, 정량적으로 평가하고 예측하기 위해 사용되며 객관성을 확보할 수 있다.

QTC (Quality Time Cost)

QTC(품질 일정 비용)는 프로젝트 관리에서 중요한 세 가지 측면인 품질, 일정과 비용을 나타낸다. 프로젝트의 관리와 성공을 평가하기 위한 핵심지표이다.

1) Quality(품질): 프로젝트의 품질은 제품 또는 결과물이 요구 사항과 기대에 부합하는 정도를 의미한다. 품질은 프로젝트의 목표와 표준에 따라 측정되며, 제품이나 서비스의 완성도, 정확성, 신뢰성 등을 포함한다.
2) Time(일정): 일정은 프로젝트가 완료되기까지 소요되는 시간을 의미한다. 시간은 프로젝트의 일정과 마감일을 준수하기 위해 고려해야 할 중요한 요소이다. 따라서 프로젝트가 제때에 완료되는지 여부는 프로젝트의 성공을 결정하는 중요한 지표 중 하나로 인식된다.
3) Cost(비용): 비용은 프로젝트 수행에 소요되는 자원의 금전적인 비용을

의미한다. 프로젝트의 예산을 준수하고 원가 목표를 달성하는 것이 중요하다. 따라서 예산 관리도 프로젝트의 성공을 판단하는 중요한 요소이다.

R&R (Repeatability and Reproducibility)

R&R(반복성과 재현성)은 측정 결과의 일관성을 나타내는 지표이다. 반복성은 동일한 조건에서 동일한 측정 장비 또는 동일한 사람이, 동일한 시험을 반복하여 얻은 결과의 일관성을 의미한다. 측정 장비나 측정자가 동일한 상황에서 같은 측정을 반복할 때 얼마나 일관된 결과를 얻는지를 나타낸다. 반면에, 재현성은 다른 조건에서도 동일한 측정 결과를 얻을 수 있는 능력을 의미한다. 다른 장비나 다른 사람이 동일한 측정을 수행할 때, 얼마나 일관된 결과를 얻을 수 있는지를 나타낸다. 이 두 가지 요소는 품질 관리에서 중요한 역할을 한다. 제품이나 공정의 품질을 측정하고 제어하기 위해서는 반복성과 재현성이 높아야 한다. 만약 이러한 요소들이 낮다면, 측정 결과의 신뢰성이 떨어지게 되어 품질 관리나 공정 개선에 문제가 발생할 수 있다.

RAM (Responsibility Assignment Matrix)

RAM(책임 배정 매트릭스)은 작업 분류 체계(WBS)와 조직 분류 체계(OBS)를 기반으로, 팀원들의 책임과 업무를 분류한 매트릭스이다. RAM 분석에 따라 책임과 권한이 일치하는 것이 이상적인 조직의 구성이다. RAM은 일반적으로 다음과 같은 RACI 형식으로 분류한다.

1) R(Responsible): 실제 작업을 수행하고 완료할 책임이 있는 조직이다.
2) A(Accountable): 작업의 결과에 대해 최종 책임을 지는 조직이다. 책임자는 작업의 진행 상황을 모니터링하고, 결과물이 품질 요건에 부합하는지 확인한다. 이에 대한 대책 수립과 검증 과정에도 책임을 진다.
3) C(Consult): 작업의 수행 과정에서 전문적인 조언을 할 조직이다
4) I(Inform): 작업에 대한 결과물과 의사 결정 사항들에 대한 자료를 보고받고 결과를 통보 받아야 할 조직이다.

RBS (Resource Breakdown Structure)

RBS(자원 분류 체계)는 프로젝트 관리 계획 수립을 위한 자료이며, 프로젝트에 필요한 자원을 체계적으로 분할하여 구조화한 체계이다. 인적 자원, 장비나 도구, 자재 및 자금 등이 포함되며, 프로젝트의 일정과 필요에 따라 배분된다.

RBS (Risk Breakdown Structure)

RBS(리스크 분류 체계)는 프로젝트의 리스크를 체계적으로 분류하고 구조화한 자료이다. 다양한 리스크를 계층적 구조로 나열하여, 각 리스크의 원인과 영향을 이해하고 관리할 수 있게 도움을 준다. 다음과 같이 분류할 수 있다.

1) 프로젝트 관리 리스크(Project Management Risk): 프로젝트 관리의 9가지 지식 영역(범위, 일정, 원가, 품질, 자원, 의사 소통, 위험, 조달, 이해 관계자)에서 발생하는 리스크를 분류하여 나타낸다.
2) 조직 리스크(Organizational Risk): 프로젝트 팀 간에 우수한 인력을 확보하기 위한 리스크이며, 상호 협상을 통해 해결될 수 있다.
3) 기술 리스크(Technical Risk): 프로젝트 수행 중 발생하는 기술 관련 리스크를 나타내며, 외부 업체 아웃소싱 등을 통하여 해결될 수 있다.
4) 외부 리스크(External Risk): 외부에서 발생하는 리스크를 나타낸다. 예를 들어, 국제 프로젝트에서는 환율 변동이나 국제적 분쟁과 같은 외부 요인으로 인해 리스크가 발생할 수 있다.
5) 시간 리스크 (Time Risk): 프로젝트 수행 기간 중 일상적이지 않거나 예측되지 않은 상황이 발생할 경우의 리스크이다.

RM (Risk Management)

RM(리스크 관리)은 조직이나 프로젝트가 직면할 수 있는 위험을 식별하고, 평가하고, 관리하는 과정을 말한다. RM의 주요 목표는 불확실성을 줄이고, 부정적인 결과의 발생 가능성을 최소화하며, 긍정적인 결과의 가능성을 극대화하는 것이다. 일반적으로 RM은 조직의 목표, 프로젝트의 특성, 업종, 법규 및 기타 요소에 따라 다양하게 진행할 수 있다. 이에 따라 위험 관리 접근 방식은 조직의 필요에 따라 조정될 수 있다. 일반적으로 RM의 핵심 단계는 다음과 같다.

1) 위험 식별(Risk Identification): 조직이나 프로젝트가 직면할 수 있는 모든 위험을 식별하는 단계이다. 이는 내부 및 외부 위험을 모두 포함한다.
2) 위험 평가(Risk Assessment): 식별된 위험에 대해 확률과 영향을 평가하여 위험의 중요도를 결정한다. 어떤 위험이 가장 심각하며, 어떤 위험이 우선적으로 다루어져야 하는지 결정할 수 있게 도움을 준다.
3) 위험 대응(Risk Response): 위험에 대한 대응 전략을 개발하고 이행하는 단계이다. 위험을 줄이거나 완화하는 방법을 결정하고 이를 실행한다.
4) 위험 모니터링 및 제어(Risk Monitoring and Control): 식별된 위험이나 새로운 위험이 계속 발생하는지 여부를 모니터링하고, 위험 대응 전략이 효과적으로 작동하는지 평가하여 조치하고 관리한다.

RMP (Risk Management Plan)

RMP(리스크 관리 계획)는 프로젝트의 리스크를 식별, 분석, 대응 및 감시하는 방법을 기술한 문서이다. 위험 관리 전략, 위험 관리에 필요한 인적 물적 자원의 할당, 리스크 관리 주기, 수용 가능한 리스크 수준, 리스크 범주, 리스크 확률 및 영향의 정의, 위험 확률 영향 매트릭스, 관련 서식 등이 포함된다. 미국 'PMI'사의 자격증인 Risk Management Professional의 의미도 지니고 있다.

RPN (Risk Priority Number)

RPN(리스크 우선 순위 번호)은 리스크를 정량화하여 분석한 후, 우선 순위를 숫자로 표현한 지표이다. 다음과 같은 요소를 고려하여 산정한다.

1) Severity(심각도): 리스크 발생 시의 잠재적인 심각성이다. 일반적으로 1부터 10까지의 범위로 표시되며, 숫자가 클수록 더 심각함을 의미한다.
2) Occurrence(발생 빈도): 리스크 발생 빈도와 가능성을 나타낸다. 일반적으로 1부터 10까지의 범위로 표시되며, 숫자가 클수록 발생 빈도가 높다.

3) Detection(검출 능력): 리스크를 검출하고 대응하는 능력을 나타낸다. 일반적으로 1부터 10까지의 범위로 표시되며, 숫자가 클수록 리스크를 더 쉽게 검출하고 대응할 수 있음을 의미한다.

RTM (Requirements Traceability Matrix)

RTM(요구 사항 추적 매트릭스)은 소프트웨어 개발과 같은 프로젝트에 있어서, 고객의 요구 사항을 관리하고 추적하기 위해 사용되는 매트릭스이다. 각 요구 사항을 식별하는 고유한 식별자(ID), 요구 사항의 내용과 설명이 포함된다. 요구 사항의 원본 및 출처를 확인하고, 요구 사항이 적용되는 대상과 기능을 파악한다. 요구 사항이 현재 어떤 상태에 있는지를 추적할 수 있다. 예를 들어, 요구 사항이 승인되었는지, 반영 중인지 아니면 테스트 중인지 상태가 표현된다. 제품 요구 사항 정의서인 PRD(Product Requirements Document)를 시간과 항목의 요소를 반영한 매트릭스의 형태로 표현하여 관리하기도 한다.

RWC (Restricted Work Case)

RWC(제한 작업 사고)는 부상으로 인해 본인 작업의 일부를 수행할 수 없는 상태의 사고이다. 부분적으로 작업을 할 수 있거나 일시적으로 가능한 상태이다. 작업을 100% 수행하지만 생산성이 낮고 속도가 늦어지면 RWC가 아니다.

RWP (Rolling Wave Planning)

RWP(연동 기획)는 프로젝트 관리에서 사용되는 기법 중 하나이다. 전체 프로젝트를 한 번에 세부적으로 계획하는 것이 아니라, 시간이 지남에 따라 점진적으로 계획을 조정하고 세부 사항을 개발하는 방법을 말한다. 프로젝트 초기에는 주로 전반적인 목표와 대략적인 계획이 수립되고, 프로젝트가 진행되면서 필요한 세부 사항이 점진적으로 발전하고 변경된다. 즉, 미래의 일정이나 요구 사항이 상세하게 계획되는 것이 아니라, 일정이나 계획이 필요할 때마다 조정되고 업데이트되는 형태의 계획 방식인 것이다. RWP를 적용하면 프로젝트가 진행되면서 새로운 정보나 요구 사항이 발생할 때마다 계획을 조정할 수 있다. 프로젝트 초기에 상세한 계획을 세우지 않아도 되므로, 초기에 소요되는 시간과 비용을 절감할 수 있다. 진행되는 작업에 따라 계획이 조정되기 때문에 실제 진전 상황을 더 파악할 수 있어서, 불확실성이 높거나 변화가 빈번한 프로젝트에 유용하다. RWP의 유연성과는 별개로 프로젝트 초기에 가능하면 최대한 세부적으로 계획을 수립하는 것이 전체 일정과 예산 관리를 위해 필요하다.

SCM (Supply Chain Management)

SCM(공급망 관리)은 원자재 구매부터 고객에게 제공되는 전 분야의 활동을 관리하는 기법이다. 주문 접수, 원자재 구매, 설계, 생산, 물류 및 유통, 재고 관리, 공급자 관리에 이르는 전 과정을 관리하는 시스템이자 소프트웨어이다.

SDDR (Supplier Deviation Disposition Request)

SDDR(공급자 설계 변경 요청서)은 생산 중인 제품이 구매 고객의 요구 사항을 일부 충족시키지 못할 때, 공급자가 요구 조건 일부의 변경을 요청하는 서류이다. 대체 자재의 사용, 일부 허용 오차 변경, 제품 표준 변경 등이 있다.

SFAIRP (So Far as is Reasonably Practicable)

SFAIRP(합리적으로 실행 가능한 범위 수준)는 ALARP와 유사한 의미이지만, 주로 영연방 국가에서 사용하는 용어이다. ALARP의 낮은 비용 추구는 물론 시간이나 기술적 한계 등을 종합적으로 고려하여 균형점을 찾는다는 의미다. SFAIRP 원칙은 안전 및 보건에 대한 실용적인 접근을 제공하며, 과다한 투입을 방지하면서도 적절한 위험 관리를 할 수 있도록 유연한 지침을 제공한다.

SIL (Safety Integrity Level)

SIL(안전 무결성 레벨)은 공장의 안전을 위해 현장에 설치되는 기계 설비의 안전 등급이며, 안전 계기 시스템의 무결성을 나타내는 레벨이다. 위험성이 높은 설비일수록 SIL 등급을 높게 책정하여 관리하며, 높은 등급의 유지는 시스템의 신뢰성이나 효율성이 더 높다고 이해하면 된다. ANSI/ISA-S84.01과 IEC 61508에서 사용하는 기준으로, SIL 1부터 SIL 4까지로 구분된다. SIL 1은 10년에서 100년 사이에 예상치 못한 장애가 1회 미만으로 발생이 예상된다. SIL 4는 10,000년에서 100,000년 사이에 예상치 못한 장애가 1회 미만으로 발생 예상되므로, SIL 4가 가장 신뢰할 수 있는 시스템 등급이라고 할 수 있다.

SIS (Safety Instrumented System)

SIS(안전 계장 시스템)는 잠재적인 위험을 나타내는 조건이 사전에 감지되면, 프로세스를 안전한 상태로 되돌리기 위해 독립적으로 제어를 하여 조치를 취하는 시스템이다. 일반적인 SIS는 센서(Sensor), 로직 솔버(Logic Solver), 최종 제어 요소(Final Element)로 구성된다. 센서는 안전한 작동 조건의 편차를 감지하고, 로직 솔버는 상황을 평가하고 적절한 조치를 결정하며, 최종 제어 요소는 수정 조치(예: 장비 차단, 안전 릴리프 밸브 활성화)를 취한다. SIS의 신뢰성과 효율성을 측정한 지표가 SIL(Safety Integrity Level)이다.

SPC (Statistical Process Control)

SPC(통계적 공정 관리)는 통계적 방법을 사용하여 공정의 변동성을 모니터링하고 제어함으로써, 제품의 일관된 품질을 유지하기 위해 이용되는 관리 기법이다. 공정에서 얻어진 데이터를 통계적으로 분석한다. SPC에 활용되는 통계 분석 도구에는 공정 흐름도(Process Flowchart), 체크 시트(Check Sheet), 히스토그램(Histogram), 파레토 도표(Pareto Diagram), 특성 요인도(Cause and Effect Diagram), 산점도(Scatter Diagram)와 관리도(Control Chart)가 있다.

SPI (Schedule Performance Index)

SPI(일정 성과 지수)는 공정 관리에 사용되는 용어로서, 실적 공정률에 대한 계획 공정률의 비율이다. 실적 공정률(EV; Earned Value)을 계획 공정률(PV;

Planned Value)로 나눈 값이다. SPI 값이 1.0 미만이면 실적 공정이 계획에 미치지 못하는 것이고, 1.0 이상이면 실적 공정이 계획 대비 앞서는 것이다.

SRD (System Requirements Document)

SRD(시스템 요구 사항 문서)는 시스템의 수준, 기능 및 성능 요구 사항을 정의한 문서이다. 주로 소프트웨어 개발에 사용되는 용어로서, 유사한 개념으로 소프트웨어 요구 사양(SRS; Software Requirements Specification)이 있다. 건설 프로젝트의 경우 고객 요구 사항(OR; Owner's Requirements)이나 설계 기본 사항(BOD; Basis of Design)과 같은 유사한 개념의 용어들이 있다.

SSC (Significant Safety Concern)

SSC(중대한 안전 관련 우려)는 항공 운항 관련해서, 해당 항공사나 국가에 심각한 안전 관련 우려가 있음을 지정하는 용어이다. 국제 민간 항공 기구인 ICAO(International Civil Aviation Organization)가 지정한다. 정부가 안전 관리를 소홀히 하였거나 국제 기준을 심각하게 위반한 사례가 발견된 경우에, ICAO는 해당 국가를 중대 안전 우려국으로 지정하고 회원국에게 공개한다.

SV (Schedule Variance)

SV(일정 편차)는 EV(Earned Value)에서 PV(Planned Value)를 뺀 값이다. 만약 SV가 양수이면서 프로젝트가 예정보다 빨리 진행되고 있다면, 추가 작업이나 리소스 할당에 대한 검토를 고려할 수 있다. 그러나 SV가 음수이면서 프로젝트가 예정보다 늦게 진행되고 있다면, 지연의 원인을 조사하고 리소스를 추가 투입하는 등의 보완 조치를 취할 필요가 있다.

SWOT (Strengths Weaknesses Opportunities Threats)

SWOT(강점 약점 기회 위협)는 조직이나 프로젝트의 강점(Strengths), 약점(Weaknesses), 기회(Opportunities), 그리고 위협(Threats)을 평가하기 위한 전략적 분석 도구이다. 내부와 외부 요소들을 고려하여 조직이나 프로젝트의 현재 상태를 이해하고, 미래에 대비하여 전략을 수립할 수 있게 도움을 주는 분석이다. 네 가지 요소의 의미와 내용은 다음과 같이 정리할 수 있다.

1) 강점(Strengths): 조직이나 프로젝트의 긍정적인 특성이나 자원을 나타낸다. 뛰어난 제품 또는 서비스, 강력한 브랜드 이미지, 우수한 인력 등이 강점으로 포함될 수 있다. 강점을 식별하고 최대한 활용하여 경쟁 우위를 확보하고, 미래의 성공을 위한 기반을 마련할 수 있다.
2) 약점(Weaknesses): 조직이나 프로젝트의 부족한 점이나 제한된 자원을 나타낸다. 부족한 자금, 기술적 제한, 인력 부족 등이 약점으로 포함될 수 있다. 약점을 인식하고 강점을 활용하여 보완하면 위험을 줄일 수 있다.
3) 기회(Opportunities): 조직이나 프로젝트가 활용할 수 있는 외부 환경의 긍정적인 변화나 가능성을 나타낸다. 시장 변화, 기술 혁신, 법규의 변화 등이 기회로 포함될 수 있다. 기회를 식별하여 조직이나 프로젝트가 이를 활용하면, 미래에 성장하고 발전할 수 있는 방향을 찾을 수 있다.
4) 위협(Threats): 조직이나 프로젝트가 직면하고 있는 외부 요인으로 인해, 발생 가능한 잠재적인 위험을 나타낸다. 강력한 경쟁자, 경제적 불황, 기술적 변화에 대한 부정적인 영향 등이 위협으로 포함될 수 있다.

TAB (Total Allocated Budget)

TAB(총 할당 예산)는 해당 프로젝트의 계약 금액을 기준으로 할당된 총 예산을 의미한다. 일반관리비와 이윤은 포함되지 않은 금액이며, 프로젝트팀이 관리해야 할 실행 예산의 개념이다. 프로젝트 시작 단계에서의 TAB는 계약 예산 기준인 CBB(Contract Budget Base)와 동일한 금액으로 책정할 수 있다.

TCPI (To Complete Performance Index)

TCPI(소요 작업 지수)는 남아 있는 작업량을 남아 있는 예산으로 나눈 지수이다. BAC(Budget at Completion)에서 EV(Earned Value)를 뺀 값을, BAC에서

AC(Actual Cost)를 뺀 값으로 나누어서 지수를 산출한다.

TF (Total Float)

TF(총 여유 시간)는 프로젝트 일정에서 특정 작업이 지연되어도 전체 프로젝트 완료일에 영향을 미치지 않는 시간이다. TF는 늦은 종료일(LF; Late Finish)에서 빠른 종료일(EF; Early Finish)을 뺀 시간이다. 해당 작업을 끝내야 하는 최대 허용된 날짜와, 해당 작업을 종료할 수 있는 가장 빠른 날짜와의 차이를 계산함으로써 총 여유 시간인 TF를 산정할 수 있다.

TPD (Total and Permanent Disability)

TPD(영구 완전 장애)는 사고로 인해 개인이 더 이상 일을 할 수 없는 상태이다. 산업 안전 관리는 물론 보험이나 법률 업무에서도 사용되는 용어이다.

TPM (Technical Performance Measurement)

TPM(기술 성과 측정)은 건설 프로젝트에 있어 기술적인 측면에 대한 성과를 측정하고 평가하는 프로세스이다. 프로젝트가 일정과 예산 내에서 진행되고 있는지를 판단할 수 있게 도움을 준다. 완료된 작업이나 제품의 기술적 평가는 물론, 제조 프로세스의 적정성까지 포함하여 측정하고 개선에 참고할 수 있다.

TQM (Total Quality Management)

TQM(전사적 품질 관리)은 품질을 향상시키기 위해 모든 부서와 직원들이 책임을 지고 업무를 수행하는 시스템이다. 제품이나 서비스의 품질을 유지하고 향상시키는 것에 중점을 둔다. 고객의 만족과 요구를 충족시키기 위해 품질을 개선하는 것이 핵심 목표이다. 모든 조직 구성원이 품질 관리에 참여하고 관리 업무를 수행한 후에 책임을 지도록 하는 것을 강조한다. 품질 목표를 달성하기 위해 일상적인 프로세스와 활동에 집중하여, 전사적인 프로세스 개선을 통해 품질을 향상시키는 것이 핵심 목표이다.

UCL (Upper Control Limit)

UCL(관리 상한선)은 제품이나 서비스의 품질 관리 과정 중, 요구 조건을 초과하여 충족함을 허용할 수 있는 상한선이다. UCL은 제어 차트에 사용되며, 해당 차트에서 관찰한 값이 허용 가능한 범위를 초과하면 경고를 생성한다.

V&V (Verification & Validation)

V&V(확인과 검증)는 소프트웨어 품질 관리 용어로서, 사용자의 요구 사항대로 생산되고 요구 사항을 충족하는지 확인하는 과정이다. Verification은 사용자의 요구 사항에 따라 소프트웨어 제품이 설계에 맞게 만들어지고 있는지의 과정을 확인하는 절차이다. Validation은 생산 완료된 소프트웨어 제품이 사용자의 요구 사항을 충족하는지 검증하는 절차이다. Verification은 생산의 중간 단계에서 이루어지고, Validation은 생산이 완료된 이후에 이루어진다.

VAC (Variance at Completion)

VAC(예산 대비 실적)는 총 사업 예산 BAC(Budget at Completion)와 총 예상 비용 EAC(Estimate at Completion)의 차이이다. 음수일 경우 예산 초과이다. 이는 예산의 초과를 나타낼 뿐만 아니라 시간의 지연을 나타내기도 한다.

WBS (Work Breakdown Structure)

WBS(작업 분류 체계)는 프로젝트 범위 관리에서 생성되는 자료로, 프로젝트 범위 카테고리를 보다 세분화한 체계이다. 공정 관리 원가 관리 등을 포함한 프로젝트 관리의 가장 하부 체계이며 중요하게 다루어지는 요소이다.

WPI (Work Performance Information)

WPI(작업 성과 정보)는 PMBOK(Project Management Body of Knowledge)에서 제시하는, 프로젝트의 실적과 성과를 평가하기 위해 사용되는 정보이다. 이 정보는 프로젝트의 진행 상황과 성과를 이해하고 평가하기 위해 활용된다.

WPI를 통해 프로젝트 팀은 문제를 조기에 식별하고 조치를 취할 수 있으며, 이해 관계자들은 프로젝트의 상황을 이해하고 의사 결정을 내릴 수 있다. WPI는 다양한 정보를 포함할 수 있으며, 주로 다음과 같은 내용을 포함한다.

1) 일정(Schedule): 프로젝트의 일정 성과, 작업 진행률 정보를 포함한다.
2) 비용(Cost): 프로젝트 예산의 상태 및 집행 현황 정보를 포함한다.
3) 범위(Scope): 작업의 완료 상태, 남은 작업 항목 정보를 포함한다.
4) 품질(Quality): 품질 검사 결과와 품질 문제에 대한 정보를 포함한다.
5) 자원(Resource): 사용 가능한 자원의 상태, 자원 할당 및 활용 상황, 자원의 부족이나 과잉 사용 여부 등과 같은 정보를 포함한다.
6) 리스크(Risk): 식별된 리스크의 상태, 리스크에 대한 대응 및 관리 상황 등과 같은 정보를 포함한다.

CHAPTER 4 건설 표준

AACE (American Association of Cost Engineers)

AACE(미국 비용 엔지니어 협회, web.aacei.org)는 1956년에 설립된 건설 프로젝트의 비용 관리, 일정 관리, 견적 관리 등의 컨설팅을 수행하는 협회이다. QS(Quantity Surveyor)사의 자료와 유사한 자료를 생성한다.

AASHTO (American Association of Highway and Transportation Officials)

AASHTO(미국 고속도로 및 교통 공무원 협회, transportation.org)는 미국 전역의 고속도로 설계 및 건설에 사용되는 시방서, 시험 규칙과 설계 지침을 발표하는 기관이다. 자국의 환경에 특화된 포장 설계법을 마련하지 못한 많은 국가에서는 AASHTO 포장 설계법을 빌려서 적용하고 있다. AASHTO Interim Guide Method(1972년판)와 AASHTO 개정판(1986년판)이 있는데, 국내에서는 '도로포장 설계 시공 지침 (건교부, 1991)'에 따라 AASHTO Interim Guide Method를 준용하고 있다.

ACI (American Concrete Institute)

ACI(미국 콘크리트 협회, www.concrete.org)는 1904년에 설립된 콘크리트와 콘크리트 구조에 관한 연구와 기술 정보를 제공하는 협회이다.

ACS (American Chemical Society)

ACS(미국 화학 협회, www.acs.org)는 1876년에 설립된 화학 산업의 증진을 목적으로 하는 학술 협회이다. 화학 분야의 연구, 교육 및 전문가들 간의 네트워킹을 촉진하여, 화학 분야의 발전과 혁신을 지원한다. 화학 분야 전문지인 'The Journal of the American Chemical Society'를 정기 출판하고 있다. 화학은 물론이고 생리학, 물리학 및 신소재 공학 전반으로 연구와 협력을 추진하고 있기에 해당 분야 컨설팅 업무 또한 확대하는 추세이다.

AFNOR (Association Francaise de Normalization)

AFNOR(프랑스 표준화 기구, www.afnor.org)는 1926년에 설립된 프랑스의 표준화 기구이다. 프랑스의 산업 표준을 개발하고 관리하는 역할을 한다.

AIA (American Institute of Architects)

AIA(미국 건축가 협회, www.aia.org)는 1857년에 설립된 미국의 건축가 협회이다. 건축가들 간의 네트워킹, 정책 개발, 교육, 규범 개발, 건축 설계 실무 지원 등을 목적으로 활동하고 있다. 공공 건축이나 도시 계획과 관련하여 주나 연방 정부의 정책 개발에도 의견을 제시하며 활동하고 있다.

AISC (American Institute of Steel Construction)

AISC(미국 강구조물 협회, www.aisc.org)는 1921년 설립된 미국의 비영리 단체로서, 철강 구조물 및 강재 산업의 표준, 설계 지침, 교육 및 연구를 수행한다. 철강재 생산 업체의 품질 관리 및 제조 공정 등을 평가하여 AISC 인증을 부여한다. 강구조물로 설계된 빌딩과 교량의 품질 시스템 인증, 제조 업체 인증, 시공 업체 인증 및 교량 제작과 시공자 인증 프로그램을 운영하고 있다. 미국은 물론 많은 국가에서 강구조의 표준으로 준용되고 있다.

ANSI (American National Standards Institute)

ANSI(미국 국립 표준 협회, ansi.org)는 미국 산업의 표준을 제정하는 민간 단체이며, 이 협회에서 제정한 표준을 ANSI Standards라 부른다. 1918년에 AESC(American Engineering Standards Committee)라는 이름으로 설립되었으며, 1928년에 ASA(American Standards Association)로 이름이 변경되었다가, 1969년에 ANSI로 변경되었다. 외국산 자재 및 장비를 사용하는 설계에 있어서, 각 국가의 표준에 더하여 국제적으로 통용되는 표준이 필요하므로, ANSI 표준을 이에 적용할 경우 글로벌 업체들과의 협력에 유리하다.

건설 프로젝트에 있어 설계와 공사 과정에서 ANSI 표준은 일관되고 표준화된 절차와 규정 등을 제공한다. 프로젝트 수행 중 의사 소통 과정에서의 혼돈을 방지하고 효율성을 높일 수 있게 도움을 준다. 아울러 객관적인 평가 기준을 제공하므로 프로젝트의 성과를 정량적으로 측정하고 관리할 수 있다. 외국산 자재는 ASTM(American Society for Testing and Materials)과 더불어 ANSI 표준을 준용하여 설계에 적용될 수 있다.

API (American Petroleum Institute)

API(미국 석유 학회, www.api.org)는 1919년에 설립된 미국 석유 학회이다. 석유 및 천연 가스 산업 분야의 표준을 제정하고, 산업의 이해관계자들을 대표하여 정책을 제안한다. 석유 화학 산업 분야의 최신 기술 및 동향을 공유하고, 산업의 발전과 안전성을 증진하는 역할도 한다.

ASHRAE (American Society of Heating Refrigerating and Air-conditioning Engineers)

ASHRAE(미국 공조 냉동 공학회, www.ashrae.org)는 1894년에 설립된 미국의 비영리 기술 단체로서, 건물 공조 시스템은 물론 에너지 효율성과 관련된 기술 및 표준을 개발하는 단체이다. 데이터센터 공조 설계에 있어서 ASHRAE에 속한 위원회인 TAC(Technical Advisory Committee)에서 규정한 ASHRAE TC 9.9에서 규정한 가이드라인을 일반적으로 적용하여 검토한다. ASHRAE Environmental Classes for Data Centers TC 9.9에 의하면, IT 장비에 유입되는 공기의 기준 조건에 대해 '권고(Recommended)' 기준과 '허용(Allowable)' 기준으로 구분한다. 권고 기준은 에너지를 절약하면서도 장비의 안정적 운전이 우선적으로 보장되는 기준이다. 허용 기준은 제조사에 의해 장비의 정상 작동이 검증되었지만, 이 기준에서의 지속적인 운영은 장비의 성능 저하와 시스템의 장애를 유발할 수도 있는 기준이다.

ASME (American Society of Mechanical Engineers)

ASME(미국 기계 공학회, www.asme.org)는 미국에서 설립된 비영리 기술 단체로서, 기계 공학 및 관련 분야에서의 전문 지식과 협력을 촉진하는 목적의 단체이다. ASME는 미국은 물론 전 세계적으로 기계 공학 분야의 전문가들을 모으고, 각종 표준 개발, 교육, 연구, 기술 혁신 및 산업 협력 등의 활동을 수행하고 있다. ASME의 주요 활동과 목표는 다음과 같다.

1) 표준 개발 및 인증: 다양한 산업 분야에서 사용되는 표준을 개발하고 유지하고 개정한다. 설계, 제조, 검사 및 시험 등에 관한 기준을 제공하며, ASME 표준 마크는 제품의 안전성과 품질을 보증하는 역할을 한다. 이는 대부분의 건설 기계 관련 업무의 표준으로 인식되고 있다.
2) 기술 출판물: 기계 공학 및 관련 분야의 최신 기술 및 연구 동향을 공유하기 위해 다양한 기술 출판물을 발행한다. 이를 통해 회원들에게 최신 기술 자료를 제공하고 산업 현장에서의 문제 해결을 지원한다.
3) 교육 및 교육 자원 제공: 기계 공학 분야의 전문가들을 양성하기 위한 교육 프로그램을 운영하고, 교육 자원을 업데이트하여 제공한다.
4) 기술 혁신과 연구 지원: 새로운 기술 혁신 및 발전을 촉진함은 물론, 기존 연구 결과를 업데이트하며 기계 공학 분야의 연구를 지원한다. 회원들 간의 협력을 통해 산업계와 학계 간의 연계를 촉진한다.

ASQ (American Society for Quality)

ASQ(미국 품질 협회, asq.org)는 1946년에 미국에서 설립된 품질 관리 및 품질 보증 분야에서 활동하는 전문가들을 위한 조직이다. 품질 관리 분야에서 지식 공유, 네트워킹, 인증 등을 통해 품질 관리 실무자들의 전문성을 향상시키고, 품질 문화를 촉진하는 것을 목표로 하고 있다. 엄격한 심사를 통해 품질 인증을 실시한다. 대표적인 ASQ 품질 인증은 다음과 같다.

1) CMQ/OE (Certified Manager of Quality / Organizational Excellence)

2) CQA (Certified Quality Auditor)
3) CQE (Certified Quality Engineer)
4) CQT (Certified Quality Technician)
5) CRE (Certified Reliability Engineer)
6) CSSBB (Certified Six Sigma Black Belt)
7) CQIA (Certified Quality Improvement Associate)

ASTM (American Society for Testing and Materials)

ASTM(미국 품질 시험 협회, www.astm.org)은 1898년에 설립된 미국의 비영리 표준 개발 기구로서, 국제적인 표준을 개발하고 제공하여 품질과 안전성을 촉진하고 지원하는 것을 목적으로 한다. 특히 건설 산업에 있어서 설계와 시공 단계의 표준 적용 및 품질 관리의 기준을 제공하는 단체이다. ASTM 적용을 통해 확보할 수 있는 표준들은 다음과 같다.

1) 건축 재료 표준: 다양한 건축 재료에 대한 표준을 제공한다. 각종 건축 재료의 물성, 품질, 시험 방법 등을 규정하여 적정 품질 확보에 도움을 준다. 재료에 대한 표준을 제공함으로써 품질 관리에 도움을 준다.
2) 건축 설계 및 시공 표준: 건축 설계 및 시공에 관한 표준을 제공한다. 건축물의 설계, 시공 및 유지 보수에 필요한 규정을 제공하여, 안전하고 효율적인 건축물을 설계하고 건설할 수 있게 기여한다.
3) 시험 및 검사 표준: 건설 자재 및 시공 단계에서의 시험과 검사에 관한 표준을 제공한다. 건축물의 안전성과 품질을 확인하기 위한 시험 및 검사 절차를 명시하여, 신뢰성 있는 결과를 얻을 수 있도록 도와 준다.
4) 건설 절차 관리 표준: 건설 절차 및 관리에 관한 표준도 ASTM에서 제공된다. 프로젝트의 계획, 관리, 통제와 품질 보증 등에 필요한 가이드라인을 제공하여, 원활한 건설 진행과 관리 활동 및 완료를 지원한다.
5) 환경 관리 표준: 건설 프로젝트로 인해 발생이 예상되는 환경에 대한

영향을 최소화하기 위한 표준도 제공한다. 환경 기준을 준수하며 지속 가능한 건축물 건설에 필요한 절차와 가이드라인을 제시한다.

6) 품질 관리 시스템 표준: 건설 프로젝트 진행 중 효과적인 품질 관리가 가능하도록, QA 및 QC 절차와 이를 위한 가이드라인을 제시한다.
7) 건축물 안전 표준: 건축물의 안전 관련 표준과 안전 환경 조성을 위한 규정을 제공한다. 건설 과정의 안전 관리 절차를 제공한다.

BCA (Building and Construction Authority)

BCA(싱가폴 건설 관리 기관, www.bca.gov.sg)는 싱가폴의 건축 및 건설 산업의 향상과 발전을 촉진하기 위해 설립된 기관이다. 건축 및 건설과 관련된 규제 및 규칙을 개발하고 시행한다. 이를 통해 건축물의 안전성, 품질, 지속 가능성 등을 보장하고 산업의 규범을 정립한다. 새로운 기술의 도입과 혁신을 촉진하여 건설 산업의 경쟁력을 향상시키는 목적으로 운영된다.

BIPM (Bureau International des Poids et Mesures)

BIPM(국제도량형국, www.bipm.org)은 1875년에 프랑스에서 설립된 국제 도량 표준화 추진 단체이다. 국제적으로 통용되는 측정 단위 체계인 국제 단위계(ISU; International System of Units)를 관리하고 유지한다. 시간, 길이, 질량, 온도, 전류, 광도 및 물질의 양의 기본적인 측정 단위를 관리한다.

BS (British Standard)

BS(영국 표준)는 영국의 상품 및 서비스에 대한 품질 표준이다. BSI (British Standards Institution, www.bsigroup.com)에 의해 계속 개발되고 유지된다.

CONQUAS (Construction Quality Assessment System)

CONQUAS(건설 품질 평가 시스템)는 싱가폴 주택 개발 공사의 품질을 측정하기 위한 평가 시스템이다. 싱가폴 주택 개발 기구인 HDB(Housing and Development Board)에 의해 개발되었다. CONQUAS는 건설 산업에서 품질 관리의 중요한 도구로 사용되며, 싱가포르의 주택 개발 프로젝트 참여를 희망하는 건설 회사들이 높은 CONQUAS 점수를 얻기 위해 노력하고 있다. CONQUAS의 주요 특징은 다음과 같다.

1) 품질 기준: CONQUAS는 공사의 다양한 측면을 평가하기 위한 기준을 제공한다. 건축물의 외관, 구조, 마감, 시공 품질 등을 포함한다.
2) 평가 프로세스: 각각의 건축 단계별로 평가를 수행한다. 특히 공사가 완료된 후에는 CONQUAS 평가자가 현장을 직접 방문하여 각 항목을 평가하고 점수를 부여한다. 완료 단계 평가가 가장 큰 영향을 미친다.
3) 평가 항목: 품질 기준에 따라 건축물의 구조, 마감, 시공 품질, 기계 설비 및 전기 설비, 소방 시설을 포함한 전체 시스템을 평가한다.
4) 점수 제공: 각 평가 항목에 대해 점수를 부여하고, 이를 종합하여 전체 품질 점수를 계산한다. 이 점수는 평가 신청자들에게 공개된다.

CP (Code of Practice)

CP(실천 규정)는 특정한 건설 활동이나 공정에 대한 지침 및 규정을 제공하는 문서를 의미한다. 이러한 지침과 규정은 안전, 품질, 환경 보호 등 다양한 측면에서 건설 작업의 효율성과 안전성을 확보하기 위해 사용된다. 아울러, 건설 업체, 공무원, 설계자, 감리자 등이 건설 작업을 수행하고 관리할 때 준수해야 할 기준을 제공하여, 산업의 효율성과 안전성을 향상시킬 수 있게 도움을 준다. CP는 일반적으로 해당 국가의 건설 관련 법규와 함께 적용되며, 다음과 같은 주요 내용들이 포함될 수 있다.

1) 안전 규정: 건설 현장에서의 안전 장비의 사용, 안전 절차 및 교육, 위험 평가 등에 대한 규정을 포함할 수 있다.
2) 품질 요구 사항: 건설 프로젝트의 고품질 작업을 보장하기 위해, 재료

및 장비의 품질, 작업 방법, 검사 및 시험 절차 등이 포함될 수 있다.

3) 환경 보호 규정: 건설 작업이 환경에 미치는 영향을 최소화하기 위하여, 폐기물 처리나 환경 보호 등에 대한 가이드라인이 포함될 수 있다.
4) 기술적 지침: 특정 건설 기술이나 작업에 관한 지침을 제공할 수 있어서, 건축, 도로 건설, 구조물 설계 등 다양한 분야에 적용될 수 있다.

DIN (Deutsche Industrie Normen)

DIN(독일 산업 규격)은 독일 규격 협회가 만든 독일의 국가 산업 규격이다. 산업 및 기술 분야의 표준으로 이용되며, 독일 뿐만 아니라 국제적으로도 건설과 제조업은 물론 다양한 산업 분야에서 표준으로 참조되고 있다.

ECSC (European Coal and Steel Community)

ECSC(유럽 석탄 철강 공동체)는 1951년에 파리 조약(Paris Treaty)에 의해 설립된, 유럽 석탄과 철강 공동체이다. 제2차 세계 대전 이후의 유럽 통합을 촉진하기 위해 설립된 최초의 유럽 공동체 중 하나이다. ECSC는 유럽 연합(European Union)의 전신 조직 중 하나이며, 유럽 통합의 시작으로 간주된다. 유럽 내 석탄과 철강 산업의 생산 및 자원을 공유함으로써, 경제적 통합을 촉진하고 국제적인 경쟁력을 향상시키는 것을 목표로 한다. 또한, 유럽 간의 자원 경쟁이 전쟁의 원인이 될 수 있다는 것을 인식하고, 이를 방지하기 위해 국가간의 경제적 상호 의존성을 촉진하는 것을 목표로 한다.

EEMUA (Engineering Equipment and Materials Users Association)

EEMUA(엔지니어링 기구 및 자재 사용자 협회, www.eemua.org)는 1955년에 영국에서 설립된 기술 및 산업 표준화 기구이다. 주로 영국의 산업 분야를 대상으로 활동하지만, EU와 영연방 국가들의 표준에도 영향을 미치며 국제적인 영향력도 갖고 있다. 회원 기업들은 주로 화학, 석유, 가스, 발전, 해양, 철도, 제약 및 항공 등 다양한 산업 분야에서 활동하고 있다.

EERI (Earthquake Engineering Research Institute)

EERI(지진 공학 연구 학회, www.eeri.org)는 1949년에 미국에서 설립된 지진 공학 연구 기관이다. 지진 공학 분야에서의 연구, 교육 및 정보 교환을 촉진하는 비영리 단체이다. EERI는 지진의 영향을 최소화하고 지진 안전성을 향상시키기 위해 노력하며, 전 세계적으로 지진 관련 문제에 대한 이해를 증진하는 목적으로 운영되고 있다.

EFQM (European Foundation for Quality Management)

EFQM(유럽 품질 관리 재단, www.efqm.org)은 1989년에 브뤼셀에서 설립된 품질 관리 지원 단체이다. 조직 모든 측면의 개선을 통해 성과를 높이는 목적의 모델을 제시하고 있다. 이런 모델을 통하여 전사적 품질 관리(TQM; Total Quality Management)를 수행하기 위한 방향도 제시하고 있다. 조직 성과를 평가하고 개선하기 위한 방법을 제공하는 모델 개발과 홍보를 수행하고 있다. 성과 향상을 위한 조직 개선에 도움이 되는 교육, 컨설팅 및 평가 서비스를 제공한다. 최근에는 글로벌 표준 품질 모델을 개발하고 있다.

EIA (Electronic Industries Association)

EIA(미국 전자 산업 협회, www.eia.org)는 1924년에 미국에서 설립된 전자 산업 협회이다. 미국의 전자 및 통신 산업을 대표하는 비영리 단체이다.

ENS (European Nuclear Society)

ENS(유럽 원자력 학회, www.euronuclear.org)는 1975년에 벨기에에서 설립된 원자력 학회이다. 원자력 산업 및 기술 발전을 촉진하고 지원하는 비영리 단체이다. 유럽의 다양한 국가에서 원자력 관련 전문가들을 대표하고 지원하여, 원자력에 대한 이해를 증진하고 관련 연구 및 개발을 촉진한다.

EPA (Environmental Protection Agency)

EPA(미국 환경 보호 기구, www.epa.gov)는 1970년에 미국에서 설립된 환경 보호 기구이다. 환경 보호 및 공중 보건을 강화하기 위해 설립되었다. 환경에 대한 감시, 규제, 연구, 교육 및 협력을 통해, 미국의 자연 환경을 보호하는 활동을 하고 있다. 환경에 대한 연방 법규 및 규제를 개발하고 시행한다. 대기, 물, 토양 등의 환경 부문에서 오염 물질 배출을 제어하고 관리한다. 환경 오염과 그 영향을 평가하고 모니터링하며, 이를 통해 환경 문제의 규모와 경향을 파악하고 효과적인 대응책을 제안한다.

EPRI (Electric Power Research Institute)

EPRI(미국 전력 연구 학회, www.epri.com)는 1973년에 미국에서 설립된 전력 관련 연구 학회이다. 전력 분야에서의 기술 개발 및 연구를 촉진하는 비영리 단체이다. 전기 공급, 전력 생산, 전력 배급 및 에너지 효율성과 관련된 다양한 과제에 대한 연구를 수행하고, 전기 산업의 혁신과 발전을 지원한다.

ERDA (Energy Research and Development Administration)

ERDA(미국 에너지 연구 개발국, www.energy.gov)는 1974년에 설립된 미국 정부 산하 에너지 연구 및 개발 기구이다. 에너지 독립 및 보안을 강화하기 위해 설립되었다. 1977년에 미국 에너지부(US Department of Energy)로 통합되었으며, 현재는 에너지부의 전체적인 기능을 담당하고 있다.

ESSA (Environmental Science Services Administration)

ESSA(미국 환경 과학 서비스청, www.noaa.gov)는 1965년에 미국에서 설립된 환경 과학 및 서비스 관련 정부 부처이다. 1970년에 미국 해양 대기청(NOAA; National Oceanic and Atmospheric Administration)으로 통합되었다. NOAA는 현재 미국의 기후, 날씨, 해양 및 우주 관련 연구 및 서비스를 담당하는 기관이다. 대기, 해양 및 우주 환경에 대한 연구 및 모니터링을 수행하며, 환경과 관련된 데이터 및 서비스를 제공하는 활동을 하고 있다.

ETL (Electrical Testing Laboratories)

ETL(미국 전기 시험 연구소, www.intertek.com)은 1896년에 미국에서 설립된 전기 제품의 안전 및 성능 테스트를 수행하는 기관이다. 현재는 미국의 규제 인증 기관인 'Intertek'의 하위 부서로 운영되고 있다. 전기 제품이 규제 및 표준을 준수하며 안전하게 사용될 수 있는지를 시험하는 기관이다. 전기 제품의 안전성, 성능 및 준수 여부를 테스트하고 평가한다. 이를 통해 전기 안전 표준인 UL(Underwriters Laboratories) 및 기타 규제 기관의 요구사항을 충족하는지 확인할 수 있다. 테스트 및 평가를 통과한 제품은 ETL의 인증을 받고 ETL 마크를 부착할 수 있다.

EURATOM (EURopean ATOMic Energy Community)

EURATOM(유럽 원자력 에너지 공동체, ec.europa.eu/euratom)은 1957년에 로마 조약(Rome Treaties)으로 벨기에에서 설립된 원자력 에너지 공동기구이다. 원자력의 평화적인 활용을 촉진하고 지속 가능한 에너지 공급을 보장하기 위해 설립되었다. EURATOM은 EU(European Union)의 일부이며, 원자력 에너지와 관련된 다양한 산업 분야에서 협력을 촉진하고 규제를 통합하는 역할을 하고 있다.

FAA (Federal Aviation Administration)

FAA(미국 연방 항공청, www.fas.gov)는 미국의 항공 안전과 규제를 담당하는 연방 기관이다. 미국의 공중 안전을 보호하고, 항공 운송 시스템의 안전성과 효율성을 유지하기 위해 공중 및 항공 운송 시스템을 감독하고 규제한다. FAA의 주요 임무 및 감독 활동에는 다음과 같은 내용들이 포함된다.

1) 항공 안전 감독: FAA는 미국 상공에서의 안전한 비행을 보장하기 위해 항공 운송 시스템의 안전성을 감독한다. 항공기의 운항 규칙 및 규정을 개발하고, 항공기의 유지 보수와 운영에 대한 안전 규정을 시행한다. 근래에는 국제적인 항공 안전 표준으로도 확대 준용되고 있다.
2) 항공 규제: 항공 운송 시스템을 규제하여 항공 운송 사업자 및 항공기 제조 업체가 효율적으로 운영될 수 있도록 지원한다. 국내 및 국제 항공 운송에 대한 표준 및 규제를 개발하고 시행한다.
3) 항공 시설 관리: 미국의 공항 및 항공 시설을 관리하고 개선하는 업무에 참여한다. 공항 시설의 안전성과 효율성을 유지하고, 미국의 항공 운송 시스템의 무결성을 보장하기 위한 업무를 수행한다.
4) 항공 지원 및 훈련: FAA는 항공기 운전자 및 항공 근로자들에 대한 교육 및 훈련 프로그램을 제공하여 항공 안전 및 운영을 지원한다.

FEA (Federal Energy Administration)

FEA(미국 연방 에너지청, www.energy.gov)는 1974년에 미국에서 설립된 미국 정부의 에너지 관리청이다. 미국의 에너지 공급과 수요를 조정하고, 에너지 가격을 모니터링하며, 에너지 정책에 대한 조언을 제공하는 임무를 수행했다. 1977년에 에너지부(US Department of Energy)로 통합되었다.

FORATOM (Forum Atomique Europeen)

FORATOM(유럽 원자력 포럼, www.foratom.org)은 1960년에 벨기에에서 설립된 유럽 원자력 산업을 대표하는 비영리 단체이다. 원자력 에너지의 안전성, 지속 가능성 및 경쟁력을 촉진하는 활동을 하고 있다. 유럽 원자력 산업 이해관계자들 간의 협력을 촉진하고, 정부 및 국제 기구와의 대화를 주도한다. 원자력에 대한 이해를 증진시키고 우호적인 환경을 조성하고 있다.

FRC (Federal Radiation Council)

FRC(미국 연방 방사선 위원회)는 1959년에 미국에서 설립된 방사선 연구 위원회이다. 미국 연방 정부의 방사선 관련 문제에 대한 정책을 개발하고 조정하는 기구이다. 주요 임무는 방사선에 노출된 인구와 환경의 안전을 보장하고, 방사선에 의한 위험을 최소화하기 위한 가이드라인 및 규제를 수립하는 것이다. 방사선에 관련된 연구를 지원하고 기술 개발을 촉진한다.

FSC (Fire Safety Certificate)

FSC(화재 안전 인증)는 건물이나 시설의 화재 안전성을 확인하기 위해 사용되는 인증서나 자격증이다. 건물이 화재 안전 규정을 준수하고 있으며, 적절한 소화 장치와 화재 경보 시스템이 설치되어 있음을 보장하기 위한 것이다. 일반적으로 화재 안전을 책임질 시설 관리자의 배치와, 해당 건물이나 시설이 화재에 대해 적절한 대비를 갖추고 있는지를 입증하기 위해 요구된다. FSC를 획득하려면, 건물이나 시설이 화재 안전에 필요한 모든 조건을 충족하고 정부 또는 소방서를 비롯한 해당 규제 기관의 검토를 거쳐야 한다. 이 인증서를 통해 건물이 화재 발생 시 적절하게 대응할 수 있도록 필요한 시설 및 절차가 갖추어져 있다는 것을 보장할 수 있다.

FSSD (Fire Safety and Shelter Department)

FSSD(싱가폴 화재 안전 대피소 부처, firesaafetysingapore.com)는 싱가폴에서 화재 안전과 대피소에 관한 업무를 담당하는 정부 기관이다. 싱가폴 내에서 건물과 시설의 화재 안전을 감독하고, 시민들이 화재로부터 안전하게 대피할 수 있는 시설을 관리하는 역할을 한다. 화재 안전 규정의 준수를 감독하고, 화재 안전 시설의 설치 및 유지보수에 대한 규제도 담당한다. 또한, 화재 예방 교육 및 화재 대응 훈련을 제공하여 시민들의 화재에 대한 대응 인식을 증진시키고, 화재 발생 시 신속하고 효과적인 대응을 돕는다.

GCC (Gulf Cooperation Council)

GCC(걸프 협력 협의회, gcc-sg.org)는 1981년 설립된 걸프 지역 6개국의 정치적 경제적 군사적 협력체이다. GCC 참여국은 총 6개국으로서, 사우디아라비아, 아랍 에미리트, 카타르, 쿠웨이트, 오만과 바레인이다. 근래에 이스라엘과 같은 비 아랍계 국가들과의 교류를 촉진하기 위해 정치적으로 협의가 이루어지고 있지만, 종교적인 합의가 이루어지기 힘든 부분이 있다.

GSA (General Services Administration)

GSA(미국 연방 조달청, www.gsa.gov)는 1949년에 미국에서 설립된 연방 정부의 구매 조달을 담당하는 정부 기관이다. 연방 정부의 다양한 건물, 장비, 자원 등을 관리하고 지원하는 역할을 한다. 연방 정부가 운영하는 건물과 시설을 구매, 임대, 유지 보수하는 업무도 수행하고 있다.

IAEA (International Atomic Energy Agency)

IAEA(국제 원자력 에너지 기구, www.iaea.org)는 1957년에 유엔의 특별 기구로 설립된 국제 원자력 에너지 기구이다. 국제적으로 핵 에너지의 안전한 이용을 촉진하고, 핵무기의 확산을 방지하기 위해 설립된 국제 기구이다. 핵 안전과 보안, 방사능 오염 관리, 원자력 기술 및 원자력 에너지의, 평화적인 이용에 관한 국제적인 표준을 개발하고 촉진하는 역할을 담당하고 있다.

IAEE (International Association for Earthquake Engineers)

IAEE(국제 지진 공학자 협회, www.iaee.or.jp)는 1958년에 설립된, 지진 공학 분야에서 활동하는 전문가들의 국제적인 조직이다. 지진 및 지진 공학에 대한 연구, 교육, 정보 교류를 촉진하고, 지진 안전성을 향상시키기 위해 활동한다. 지진에 대비한 건축물 및 인프라의 설계와 건설을 지원한다.

IATA (International Air Transport Association)

IATA(국제 항공 운송 협회, www.iata.org)는 1945년에 설립된 국제 항공사 운송 협회이다. IATA는 항공사 운송 관련하여 다양한 규정을 정의하는데, 이 중에서 중요한 규정은 위험 물질(HAZMAT; Hazardous Materials) 항공 운송에 대한 IATA DGR(Dangerous Goods Regulations) 규정이다. 이는 위험물의 분류, 포장, 표시, 운송 및 관련 문서 작성 등에 대한 규정이다.

IBC (International Building Code)

IBC(국제 건물 코드)는 국제 코드 협의회(ICC; International Code Council, www.iccsafe.org)에서 개발한 코드 표준이다. 미국은 물론 세계적으로 건물의 성능과 안전에 대한 표준으로 사용되고 있다. ICC 코드 표준에는 IBC를 포함하여 국제 화재 코드(IFC; International Fire Code) 및 국제 기계 코드(International Mechanical Code) 등과 같은 여러 부속 표준 코드들이 있다.

ICAO (International Civil Aviation Organization)

ICAO(국제 민간 항공 기구, www.icao.int)는 1944년에 설립된 유엔 산하의 기구이다. 국제 항공과 관련된 기술을 조정하고, 항공사나 공항의 코드 생성과 같은 표준을 관리한다. IATA가 항공 산업을 지원하는 반면에, ICAO는 항공 운송의 표준, 항공 안전, 보안 등을 제정한다. 새롭게 공항을 건설하거나 운영을 시작할 때도 ICAO의 설계와 운영 지침을 따른다. 관련된 정부 기관으로는 미국 연방 항공청(FAA; Federal Aviation Agency, www.faa.gov)이 있다. 공항 설계에 있어서 기준이 되는 요구 조건을 제시하기도 한다.

ICC (International Chamber of Commerce)

ICC(국제 상업 회의소)는 1920년에 발족한 기업 관련 국제 기관이다. 신용장 통일 규칙(UCP; Uniform Customs and Practice for Documentary Credits)과 인코텀스(Incoterms; International Commercial Terms)와 같은 국제 무역과 관련된 표준을 제정하고 있다. 한편으로, ICC 산하의 국제 중재 법원(International Court of Arbitration)은 국제적 상사 분쟁의 합리적인 해결을 지원하고 있다. ICC는 법원의 공식적인 판결이 아닌 조정(Mediation)과 중재(Arbitration)를 목적으로 운영되고 있다.

IEC (International Electro-technical Commission)

IEC(국제 전기 기술 기구, www.iec.ch)는 국제적으로 표준화된 전기 및 전자 기술을 촉진하고, 이에 따른 규격이나 안전성을 확립하는 비영리 국제기구이다. IEC의 목표는 세계적인 전기 및 전자 산업에서 효율적이고 안전한 기술의 사용을 촉진하며, 일관성 있는 표준을 제공하여 전기와 관련된 국제 기술 협력을 강화하는 것이다. 초기의 국제 전기 표준화 노력의 결과, 다양한 국가에서 사용되는 전기 시스템의 표준화를 위해 1906년에 설립되었다. 1921년에 IEC의 현재 형태로 확립되었으며 본부는 스위스의 제네바에 위치한다. 이후 여러 차례 표준의 개정과 발전을 거쳐 현재에 이르렀으며, 전 세계적으로 많은 국가가 IEC의 회원국으로 참여하고 있다. IEC는 표준을 통해 다양한 분야에서의 규격을 제공한다. 인증은 특정 제품이나 시스템이 IEC의 표준에 부합한다는 것을 확인하는 과정이다. IEC가 인증하는 항목들 중 다음과 같은 표준들이 다양한 분야에서 적용되고 있다.

1) 전기 및 전자 기술 표준: 다양한 전기 및 전자 기술 분야에서 국제적인 표준을 제공한다. 제품 디자인, 안전성 및 성능 등에 대한 인증을 포함한다. 아크 플래시 방지 제품은 특히 IEC 인증이 필요하다.
2) 제품 안전 인증: 특정 제품과 장비가 안전 표준을 충족하는지 확인하

는 인증이 이루어진다. 국가별 특성에 맞는 안전 표준도 개발한다.

3) 에너지 효율 표준: 에너지 효율과 관련된 표준을 개발하여 에너지 사용 효율을 높이고, 국가별 에너지 관리 기준을 제시하기도 한다.
4) 환경 관리 및 지속 가능성: 환경에 관한 표준을 개발하여 환경에 미치는 전기 전자 기술의 영향을 최소화하고 지속 가능성을 지원한다.

IEEE (Institute of Electrical and Electronics Engineering)

IEEE(미국 전기 전자 기술자 협회, www.ieee.org)는 1963년에 미국에서 설립된 전기 전자 공학 전문가 협회이다. 주요 활동은 전기, 전자 공학, 전기 통신, 컴퓨터 공학 등의 전문 분야에서의 교육, 기술 개발 및 표준화이다.

INPO (Institute of Nuclear Power Operations)

INPO(원자력 발전소 운영 연구소, www.inpo.org)는 1979년에 미국에서 설립된 비영리 기관이다. 원자력 발전소의 안전성과 운영 효율성을 향상시키기 위해 설립되었다. 미국 원자력 발전소의 운영과 안전에 대한 표준을 개발하고 촉진하며, 회원 발전소에 대한 기술적인 지원과 교육을 제공한다. 원자력 발전소에서 발생한 사고나 이슈에 대한 조사를 수행하고, 해당 사고를 통해 배운 교훈을 회원 발전소에 전파하여 유사한 사고를 예방한다.

ISA (International Society of Automation)

ISA(국제 자동화 협회, www.isa.org)는 1945년에 미국에서 설립된 기구이다. 자동화 기술 및 제어 시스템에 대한 연구, 개발, 적용을 촉진하며, 회원들의 전문성을 향상시키고 산업의 혁신을 촉진하는 활동을 하고 있다.

ISO (International Organization for Standardization)

ISO(국제 표준화 기구, iso.org)는 1947년에 운영을 시작한 국제 기구이다.

국제적으로 통용되는 표준을 개발, 보급과 사용을 촉진하는 목표를 지니고 있다. 각종 인증을 통해 국제 표준을 준용하거나 유연한 적용이 가능하다.

ISU (International System of Units)

ISU(국제 단위계)는 국제적으로 사용되는 측정 단위의 국제 표준 체계이다. 미터 (길이), 킬로그램 (질량), 초 (시간), 암페어 (전류), 켈빈 (온도), 몰 (물질의 양) 및 칸델라 (광도)와 같은 7가지 기본 단위를 사용한다.

ITU (International Telecommunication Union)

ITU(국제 전기 통신 연합, www.itu.int)는 국제 전기 통신 분야에서의 표준화와 규제를 촉진하기 위해 설립된 유엔 전문 기구이다. 전 세계적으로 전기 통신 및 정보 통신 기술의 발전과 사용을 촉진하며, 국가 간의 협력과 표준화를 촉진하는 역할을 한다. 무선 통신, 유선 통신, 위성 통신, 인터넷 및 기타 통신 기술에 관련된 다양한 분야를 다루며, 회원국 간의 협력을 통해 글로벌 전기 통신 네트워크의 발전과 안정성을 증진시키는 것을 목적으로 하고 있다. 국내에서도 점차 ITU의 표준을 준용하는 분야가 많아지고 있다.

JIS (Japanese Industrial Standards)

JIS(일본 산업 표준)는 일본에서 제조업과 산업 분야에서 사용되는 표준을 정의하고 제정하는 기구나 시스템을 의미한다. 제품 규격, 품질 제어, 테스트 방법 등을 포함하여 다양한 산업 분야에서 표준을 제공한다. 제조 업체와 소비자 간에 제품 및 서비스의 품질과 일관성을 유지하기 위해 사용된다. 과거에는 자국의 건설 표준이 자리잡기 이전이라, 동남아를 포함한 많은 국가에서 일본 산업 표준을 적용하였는데, 현재는 국제적 표준 적용에 따라 JIS가 위상을 잃은 면은 있다. 하지만, 아직도 많은 국가의 제조업과 건설업에서는 JIS를 준용하여 품질 관리와 생산 관리를 시행하고 있다.

KASI (Korean Agency for Standards Information)

KASI(한국 표준 정보원, www.standard-i.org)는 2014년에 '신속 정확한 표준 정보의 제공으로 대한민국 기업의 수출 지원 및 국제 경쟁력 제고'를 목적으로 설립된 기관이다.

KBC (Korea Building Code)

KBC(한국 빌딩 코드)는 한국 건축 기준 센터(Korean Building Codes Center, aikkbc.or.kr)에서, 국내의 건축물 설계 및 시공에 관한 기준을 종합적으로 정리한 코드 체계이다. KBC는 안전성, 편의성, 에너지 효율성, 환경 친화성 등을 고려하여 건축물의 설계, 시공, 사용에 대한 기준을 제시하고 있다. 구조, 화재 안전, 편의 시설, 에너지 효율성, 공공 시설, 산업 시설 등 다양한 분야에서의 건축물 설계 기준이 포함되어 있다.

KCPI (Korean Consumer Protection Index)

KCPI(한국 소비자 보호 지수)는 각 기업의 소비자 보호 품질에 대한 소비자들의 체감 정도를 나타내는 지수이다. 상품이나 서비스를 직접 경험한 소비자가 소비 단계별로, 기업의 소비자 권익 및 소비자 권리 보호에 대해 인식하는 정도를 평가하여 수치화한 것이다. 한국 능률 협회 컨설팅(KMAC)이 주기적으로 조사하고 검증하여 KCPI를 산정한다.

KCSC (Korea Construction Standard Center)

KCSC(한국 건설 표준 센터, www.kcsc.re.kr)는 건설 분야의 기술 혁신을 지원하면서 다양한 건설 표준을 개발하고 관리하는 기관이다.

KFI (Korea Fire Institute)

KFI(한국 소방 산업 기술원, kfi.or.kr)는 1977년에 설립된 기관으로, 소방 산업의 발전을 효율적으로 지원하고 소방 제품 및 위험물 시설에 대한 각종 인증 제도를 운영하고 있다. ‘KFI 인정’이란 화재의 예방, 구조/구급 등에 사용되는 제품 중 소방법령에서 정한 형식 승인 및 성능 인증 대상 소방용품 이외의 제품 등에 대하여, KFI 자체 기술 기준에 의해 성능 안정성 등을 시험하는 것이다. 소방 분야에서는 절대적인 인증 기준이라 할 수 있다.

KJACR (Korean Journal of Air-Conditioning and Refrigeration Engineering)

KJACR(한국 공기 조화 냉동 엔지니어링 저널)은 한국의 공기 조화 및 냉동 공학 분야에 특화된 학술 저널이다. 이 저널은 공기 조화, 냉동, 냉장, 열펌프 및 관련 기술에 대한 원본 연구 및 리뷰 논문을 게재한다. 공기 조화 및 냉동 공학 분야의 최신 연구 동향과 기술 발전을 다룬다.

KNS (Korea Nuclear Society)

KNS(한국 원자력 학회, www.kns.org)는 1969년에 설립된, 원자력에 관한 학술 및 기술 발전을 목적으로 한 학술 단체이다. 원자력 발전 및 응용에 대한 연구, 교육, 정보 교류를 촉진하며, 원자력 기술의 발전과 안전성을 증진시키기 위해 활동한다. 원자력 분야의 최신 연구 결과 및 기술 개발을 발표하기 위한 학술지를 발행하고 관리하여, 회원들의 연구 활동을 지원한다.

KOLAS (Korea Laboratory Accreditation Scheme)

KOLAS(한국 인정 기구, www.knab.go.kr)는 국가 표준 제도의 확립 및 산업 표준화 제도 운영 등을 목적으로 설립된 기구이다. 국제 표준 관련 기구에서 정한 국제 기준에 의해 교정, 시험, 검사, 표준 물질, 메디컬 시험, 숙련도 시험 운영 기관, 제품 인증 기관, 생물 자원 은행, 타당성 평가 및 검증 기관을 평가하여 공인하는 업무를 수행하고 있다. 국내 표준인 KS와 더불어 품질 관리 분야에서 표준으로 자리잡고 있다. 특히, 품질 시험 기구의 검교정과 시험 절차에 관해서는 국내 유일의 표준 관리 기관이라고 할 수 있다.

KSIC (Korean Standard Industrial Classification)

KSIC(한국 표준 산업 분류)는 한국의 표준 산업 분류 체계를 나타낸다. 한국의 경제 및 산업 활동을 분류하고, 통계를 수집하여 분석하기 위해 사용된다. 다양한 산업 부문을 범주화하고 각 부문의 세부 분류를 제공하여, 산업 활동을 체계적으로 분류한다. 이를 통해 특정 산업 분야의 경제적 활동을 추적하고, 산업 간의 상호 작용 및 경제적 파악을 용이하게 한다.

KSNP (Korean Standard Nuclear Power Plant)

KSNP(한국형 표준 원자력 발전소)는 한국이 자체적으로 개발한 표준화된 원자력 발전소 설계 및 기술의 상징적인 표현이다. 한빛 3,4호기의 원전을 개량하여 만든 우리나라 최초의 표준형 원전이다. 이후 원전의 해외 수출을 위한 브랜드 개발 작업을 통해 '최적의 경수로'라는 의미인 OPR(Optimized Power Reactor)로 이름이 변경되었다.

KSQI (Korean Service Quality Index)

KSQI(한국 산업의 서비스 품질 지수)는 서비스 이행 과정에서 발견되는 결함을 측정하는 지표이다. 한국 능률 협회 컨설팅(KMAC)이 인증한다.

LEED (Leadership in Energy and Environmental Design)

LEED(에너지 환경 디자인 리더십)는 건축 및 인테리어 디자인 분야의 지속 가능성과 친환경성을 촉진하기 위해 국제적으로 인정받는 인증 시스템이다. 미국그린빌딩협회(U.S. Green Building Council)가 개발하였으며, 세계적으로 건축물의 지속 가능성을 평가하고 향상시키기 위해 적용된다. 건축물이 환경에 미치는 영향과 자원 소비를 최소화하며, 건물의 사용 효율성과 생산성을 높이기 위해 지속 가능한 디자인과 건설을 촉진한다. LEED 적용 설계의 주요 용도는 일반적으로 다음과 같이 분류할 수 있다.

1) 성능 평가 및 인증: 건축 및 인테리어 디자인에 대한 일련의 성능 기준을 제공하며, 프로젝트가 이러한 기준을 충족하면 LEED 인증을 받을 수 있다. 'Platinum', 'Gold', 'Silver', 'Certified'로 인증 등급이 매겨진다. 이의 점수에 따라 인허가 관청의 허가 조건을 완화할 수 있다.
2) 환경, 에너지 효율, 자원 관리: 에너지 효율적인 시스템 및 장치의 사용, 재생 가능 에너지의 도입, 자원 효율적인 건축 소재의 사용 등을 통해 친환경적인 건물 설계와 운영을 촉진한다.
3) 내부 환경 품질 향상: 건물 내부 환경 품질을 향상시키기 위한 요구 사항을 제시한다. 적절한 환기 시스템, 자연 채광의 도입, 화학 물질의 사용 제한, 친환경 자재 사용 등이 이에 포함된다.
4) 사회적 책임 강화: 건축 및 건설 프로젝트가 지역 사회와 협력하고, 인종, 성별, 경제적 차별을 피하며, 일자리 창출 및 교육을 촉진하는 것과 같은 사회적 책임을 강조한다.
5) 시장 경쟁력 제고: LEED 인증을 받은 건물은 환경적, 사회적, 경제적 이점을 갖추고 있어 시장에서 경쟁력을 가질 수 있다.

MSS (Manufacturers Standardization Society)

MSS(미국 제조업 표준화 협회, msshq.org)는 1924년에 미국에서 설립된 제조업 표준화를 추진하는 비영리 단체이다. 주로 밸브, 파이프 피팅, 유압 및 가스 관련 장비, 그리고 관련 부품에 대한 표준을 개발한다.

NEC (National Electrical Code)

NEC(미국 전기 규정)는 미국에서의 전기 설비 설치 및 사용에 대한 안전 표준을 제공하는 규정집이다. 미국의 화재 예방 협회인 NFPA(National Fire Protection Association)에서 발행하고 있으며, 현재는 NFPA 70으로 알려져 있다. NEC는 전기 안전 규정을 개발하고 유지하기 위해 적용된다.

NFPA (National Fire Protection Association)

NFPA(미국 화재 예방 협회, www.nfpa.org)는 국제적으로 화재 안전 및 방지와 관련된 표준과 가이드라인을 개발하고 발표하는 비영리 단체로 1896년에 설립되었다. 화재, 폭발, 전기 안전, 건물 및 시설 안전, 위험물 관리 및 기타 관련 주제에 대한 국제 표준을 개발한다. 이를 산업, 정부, 교육 및 공공 단체에 제공하여 화재 안전을 향상시키고 인명, 재산, 환경을 보호하기 위한 노력을 지원한다. NFPA의 건설 산업에서의 주요 활동은 다음과 같다.

1) 표준 개발: 다양한 분야에서의 화재 안전 및 소방과 관련된 표준을 개발하고 유지한다. 이러한 표준은 건물 및 시설 설계, 화학 물질 관리, 소방 시스템 설치 및 유지 보수, 전기 안전 등의 분야에 적용된다.
2) 교육 및 정보 제공: 화재 안전과 관련된 교육 자료, 세미나, 웹사이트 등을 통해 전문가와 일반 대중에게 정보를 제공한다. 화재 안전 교육 및 인증 프로그램을 개발하고 주기적으로 업데이트하며 운영한다.
3) 조사 및 연구: 화재 사고의 원인에 대한 조사와 연구를 수행하고 관련 통계를 수집한다. 수집된 자료는 표준 개발 및 화재 예방 노력을 위한 자료로 축적되고 사용된다. 각 국의 상황에 맞게 변경되고 기록된다.
4) 현장 지원 및 자문: 지방 소방 단체, 정부 기관, 산업 그룹 및 기타 단체에 대한 전문적이고 기술적인 자문과 컨설팅을 제공한다.

NFSC (National Fire Safety Code)

NFSC(미국 화재 안전 기준)는 NFPA에서 발표한 기준 중 하나이다. 국제적으로 화재 안전 및 예방에 관한 기준을 제공하는 문서로, 화재 안전 분야에서 중요한 역할을 한다. NFSC의 주요 목적은 다음과 같다.

1) 화재 안전 촉진: 화재 안전을 촉진하고 화재로부터의 보호를 강화하기 위해 설계되었다. 화재로 인한 인명 피해와 재산 손실을 최소화할 수 있다. 이를 통한 사회적 비용 손실을 최소화할 수 있다.
2) 건물 안전: 건물과 시설의 화재 안전을 개선하고 안전 기준을 제공한다. 건물 설계, 시설 운영, 소화 시스템, 비상 대피 계획 및 화재 관련 장비의 안전성을 높이고 주기적으로 유지 보수할 수 있게 기여한다.
3) 비상 대피 계획: 화재 시의 비상 대피 계획 수립을 지원한다.
4) 소화 시스템과 방재 장비: 소화 시스템이나 화재 경보 장치와 같은 방재 장비에 관한 설치 지침과 주기적인 점검 기준을 제공한다.
5) 법률 규제 준수: 많은 국가와 지역에서 NFSC를 법적으로나 행정적으로 준수해야 하는 규정으로 준용하고 변경하여 채택하고 있다.

NSSC (Nuclear Safety and Security Commission)

NSSC(원자력 안전 위원회, www.nssc.go.kr)는 대한민국의 원자력 안전 및 보안 위원회를 의미한다. 원자력 발전소 및 관련 시설의 안전성 및 보안성을 감독하고 관리하는 기관으로서, 원자력 산업의 안전과 보안을 책임지고 있다. 발전소 및 관련 시설의 설계, 건설, 운영 및 폐쇄 단계에서 원자력 안전을 감독하고 규제한다. 원자력 시설에 대한 보안 조치 및 시스템을 평가하고 감독하여, 잠재적인 테러리즘 및 범죄 행위로부터 시설을 보호한다.

OHSAS (Occupational Health & Safety Assessment Series)

OHSAS(직업 건강 안전 평가 시리즈)는 산업체에서의 직장 안전 보건 경영 시스템을 체계적으로 도입하기 위하여 제정된 국제 표준 시리즈이다. 기업이 안전 및 보건 위험을 식별하고 관리하며, 직원과 이해 관계자들의 안전을 보장하고 관리 시스템의 성과를 개선할 수 있게 도움을 주는 시리즈이다.

OHSAS 18001: 1999 규격은 ISO 9000:2000 품질 경영 시스템은 물론 ISO 14001 환경 경영 시스템과 동일한 PDCA(Plan-Do-Check-Act) 사이클 원칙을 따른다. 국내에서는 OHSAS를 안전 관리의 표준으로 준용하고 있다.

RIBA (Royal Institute of British Architects)

RIBA(영국 왕립 건축가 협회, www.architecture.com)는 1834년에 설립된 영국의 건축가를 위한 전문 기관이다. 영국의 건축 교육 진흥을 추진하고, 건축 학교를 검증하여 인증하는 업무도 수행하고 있다. 당해 최고의 신축 건물에 수여하는 '스털링 상(Stirling Prize)'과 같은 여러 수상도 진행하고 있다. 국제적으로 표준화된 인증 기관은 아니지만, 영국 왕립이라는 명성으로 인해 많은 국가들과 건축가들이 RIBA 인증을 받고자 노력하고 있다.

TAC (Technical Advisory Committee)

TAC(기술 자문 위원회)는 ASHRAE에 소속되어 공조 분야의 냉난방 설계 외기 온도 산정의 기준을 제시하는 위원회이다. 냉난방 설계 온도 산정 시 설계 온도를 초과하는 시간을 %로 정한 값이다. 국내의 경우 국토교통부에 고시된 자료를 바탕으로 각 지역의 온도를 확인한 이후, 이 외기 조건을 벗어날 수 있는 한도를 %로 표현한 것이다. 6월부터 9월까지 총 2,928시간 기준으로 하고, TAC 1%면 29.28시간은 해당 지역의 외기 온도 조건을 벗어날 수 있다는 의미이다. 기준 별로 %값을 변경하여 설계할 수도 있다.

TIA (Telecommunication Industry Association)

TIA(미국 통신 산업 협회, www.tiaonline.org)는 미국의 통신 기술 및 산업을 대표하는 비영리 산업 협회이다. 통신 및 정보 기술 분야의 표준 개발을 주도하고 다양한 인증 프로그램을 운영한다. 데이터센터 설계 및 운영에 대한 표준 및 인증 프로그램으로서 TIA-942 가이드북을 발간하였다. 데이터센터의 건물 구조나 전기 공조 소방 보안시설 및 각종 부대시설까지 규격을 규정하여 등급을 매긴다. 이를 기준으로 Tier I부터 Tier IV까지의 등급으로 구분한다. 등급에 대한 인증을 취득하거나 등급 기준으로 설계하기도 한다.

TTA (Telecommunication Technology Association)

TTA(한국 정보 통신 기술 협회, www.tta.or.kr)는 국내 정보 통신 기술과 관련된 표준화, 기술 개발과 시험 인증을 담당하는 협회이다.

UBC (Uniform Building Code)

UBC(미국 빌딩 코드)는 미국에서 사용되던 건축 및 건축 안전 규정의 일종으로, 건축물의 설계, 건설, 유지 보수, 안전 등에 관한 표준을 제시하는 규정집이다. 2000년에 IBC(International Building Code)로 대체되었다. 새롭게 대체된 IBC는 미국을 비롯한 국제적인 건축 규제 표준을 제공하여, 국제적인 건축 및 건설 환경에서 표준으로 준용되고 있다.

UL (Underwriters Laboratories)

UL(미국 안전 인증, www.ul.com)은 미국의 시험 기관 중 하나이며, 제품의 안전성에 대한 인증을 제공하고, 소비자 제품을 인증하는 사업을 하고 있다. 1894년에 미국에서 설립되었으며, 전 세계에 UL 시험 및 인증 기관을 운영하고 있다. UL 인증은 다음과 같이 세 가지 서비스로 구분된다.

1) UL Listing Service(리스팅 서비스): 제조 업체가 UL의 요구 조건을 충족하는 제품을 만들 수 있음을 인증한다. 제품의 샘플을 시험한 결과 모든 요구 조건을 만족하면 리스팅 마크를 붙일 수 있다. 또한 UL은 정기적으로 제품 생산 절차를 준수하는지 확인하는 제조 업체 평가를 진행한다. 정기적인 평가와 더불어 수시 평가를 병행하기도 한다.
2) UL Component Recognition Service(부품 승인 서비스): 최종 제품에

는 적용되지 않고 완성 제품에 사용되는 부품이 UL 요구 조건에 적합함을 인증한다. UL은 제조 업체가 이 마크를 사용하여 부품을 테스트하고 라벨을 부착할 수 있도록 허가하기 때문에, 다른 외부 시스템에서 사용하는 것은 제한된다.

3) UL Classification Service(클래스 분류 서비스): 제조 업자와 소매 업자를 위한 서비스이다. 제조 업자와 소매 업자가 UL 요구 조건에 적합한 제품을 생산할 수 있는 능력을 가지고 있는 클래스임을 인증한다.

CHAPTER 5 건축 토목

AADT (Annual Average Daily Traffic)

AADT(연평균 일교통량)는 도로 설계 및 교통 공학에서 사용되는 지표로서, 365일 동안 조사한 교통량 평균을 기준으로 산정된 24시간 동안의 교통량이다. 도로의 한 지점에서 발생되는 연간 총 교통량을 365일로 나누면 된다. 365일 동안이 아닌 일부 기간에 조사한 24시간 평균 교통량은 평균 일교통량(ADT; Average Daily Traffic)이다. 계획 목표 년도의 설계 시간 교통량(DHV; Design Hourly Volume)과의 비율인 DHF(Design Hour Factor)의 산정에 쓰인다.

AAR (Alkali Aggregate Reaction)

AAR(알칼리 골재 반응)은 포틀랜드 시멘트 중의 알칼리 물질과 골재 중의 반응성 물질이 반응하여, 콘크리트 내에 팽창을 일으키며 균열을 유발하는 현상이다. 시멘트 내의 알칼리 성분인 산화나트륨(Na_2O)과 산화칼륨(K_2O)이, 골재 내 반응성 실리카 물질과 반응하여 알칼리 골재 반응이 일어난다. 반응성 재료의 양, 종류, 입자 크기, 콘크리트 내 수용성 알칼리 농도, 함수율에도 영향을 받는다. 고로 슬래그, 플라이 애쉬, 실리카 퓸과 같은 혼화재를 첨가하거나, AE(Air Entraining) 혼화제를 사용해서 AAR을 줄일 수 있다.

ACS (Auto Climbing System)

ACS(자동 상승 시스템) 거푸집은 일정 높이로 제작된 대형 거푸집으로서, 유압 잭과 브라켓을 이용해 자동 상승하는 기능을 지니고 있다. 레일을 이용한 RCS(Rail Climbing System) 거푸집과 유사하다. 유압을 이용해 자동으로 상승하므로 타워 크레인과 같은 양중 장비가 필요하지 않다. 'GCS(Guide rail Climbing)' 거푸집은 양중 장비의 지원이 필요하다. ACS는 양중 장비의 지원이 없다는 의미에서 'Self-Climbing System' 거푸집으로 부르기도 한다.

ADT (Average Daily Traffic)

ADT(평균 일교통량)는 도로 설계와 관리에 이용되는 지표로서, 한 지점에서의 24시간 동안 평균 교통량이다 365일 동안 조사하여 평균을 산정한 AADT와 다르게, 일부 기간에 조사한 후 해당 기간을 나누어서 24시간 평균을 낸다.

AE (Air Entraining)

AE(공기 연행) 혼화제(Admixture)는 콘크리트 내부에 미세 기포를 발생시켜, 콘크리트의 시공성(Workability)을 개선하고, 동결 융해에 대한 저항성을 높여주는 혼화제이다. 연행된 공기로 인해 시멘트와 골재 입자 간의 마찰을 줄여주고, 물의 이동으로 블리딩(Bleeding)이 감소한다. 콘크리트 내부 물의 동결에 의한 팽창 응력을 기포가 흡수하여 동결 융해에 대한 내구성을 높일 수 있다.

ALC (Autoclaved Lightweight Concrete)

ALC(고압 증기 양생 경량 콘크리트)는 석회에 시멘트와 알루미늄 파우더 기포제를 혼합한 후, 고온 고압에서 증기 양생시킨 경량 콘크리트이다. 기포제를 혼합하여 경량화가 가능해졌고, 제조 공장에서 고온 고압으로 양생한 결과 균일한 품질을 확보할 수 있는 장점을 지니고 있다. 스웨덴에서 최초 개발된 후 유럽 및 일본에서 적용이 확대되었다. 내화 성능과 단열 성능이 우수하고 경량이므로 건축물 내외장재에 다양하게 쓰이고 있다. ALC는 일본에서 만들어진 용어로, 국제적으로는 AAC(Autoclaved Aerated Concrete)라는 용어를 쓴다. 단점으로는 공기층이 많은 부분을 차지하므로, 습기에 취약하며 수분을 흡수하면 곰팡이가 발생된다. 인장 강도가 낮아서 취급 시 파손에 주의하여야 한다. 외벽에 시공 시 충분한 건조가 필요하며, 외벽 마감재와의 사이에 통기층을 설치하여 습기가 실내로 침투하는 것을 방지해야 한다.

AMC (Antimicrobial Copper)

AMC(항균동)는 구리 소재의 항균동 합금으로 접촉면의 세균을 제거하는 효과가 있어, 코로나-19 팬데믹 이후 일부 건축물의 도어 손잡이 등에 적용되고 있다. 스테인레스 스틸보다 뛰어난 항균 효능을 가지고 있고 반복되는 습도 변화, 재오염 및 변색 시에도 항균 효과가 유지되고 있는 것으로 알려졌다. 동합금 표면에서 방출되는 구리 이온이 바이러스나 박테리아의 세포에 침투하여 손상을 유발하고 세포막을 파괴시킨다. 이 구리 이온은 활성 산소종(Reactive Oxygen Species)의 생성을 유도해 박테리아에 2차 손상을 일으키게 된다. 이러한 메커니즘으로 동합금 표면에 있는 바이러스가 자연적으로 사멸되는 것이다. 각종 시험 결과를 통해 항균 효과가 입증되었다고는 하나, 장기적인 사용에 따른 객관적인 효과 검증이 부족한 초기 단계이다. 스테인레스 스틸 제품보다 고가이므로 상업용 건물이 아닐 경우 적용에 고민할 필요가 있다.

APC (Acoustic Panel Ceiling)

APC(흡음 패널 천장)는 흡음 효율이 높은 패널을 사용한 천장 재료의 총칭이다. 폴리에스터, 미네랄 울, 금속재 등 다양한 재료가 사용되고 있으며, 재료 자체의 흡음 성능을 이용하는 방식이 있고, 흡음 타공을 이용하는 방식도 있다.

BHS (Baggage Handling System)

BHS(수하물 이동 시스템)는 공항이나 대형 운송 터미널에서 여행자의 수하물을 처리하고 운송하는 시스템이다. 여행자가 수하물을 체크인 시스템에 제출한 후, 수하물이 비행기나 목적 운송 수단으로 정확하게 전송되도록 하는 시스템이다. 여행자가 공항에 도착해서 항공사 카운터 또는 셀프 체크인 기기를 통해 수하물을 체크인한다. 이 과정에서 각 수하물에는 바코드나 RFID 태그 같은 식별자가 부여된다. 이후 수하물은 스캐너를 통해 검사된 후 크기, 형태, 목적지 등을 기준으로 분류된다. 분류된 수하물은 컨베이어 벨트나 자동 운송 장치를 통해 비행기로 운송된다. 목적지 공항에서는 BHS에 의해 회수되고 분류되며, 여행자가 수하물을 찾을 수 있도록 수하물 수령 장소로 운반된다.

BM (Bench Mark)

BM(기준점)은 공사 중 건물 높이와 위치의 기준을 삼고자, 인접 건물이나 부지 외곽에 설치하는 기준점이다. 공사에 지장이 없고 공사 중 다시 이전해야 할 우려가 없는 인근 건물의 벽이나 담장에 표시한다. 소멸되거나 훼손될 수 있으므로 2개소 이상 여러 곳에 표시해 두고 보호 시설을 설치해 둔다.

BMU (Building Maintenance Unit)

BMU(외벽 곤돌라)는 고층 건물의 외벽 유지 보수 및 청소 작업을 위해 설치한 곤돌라를 일컫는다. 지붕층 파라펫 내부에 설치된 레일과 연결된 작업대(Cradle)에 작업원이 탑승하여 외벽 청소나 자재 교체를 할 수 있다.

BP (Batching Plant)

BP(배칭 플랜트)는 레미콘이나 아스콘을 제조하는 시설이다. 건축 공사의 경우 공사 현장 외부의 상업용 레미콘 공장 BP를 주로 이용하지만, 토목 공사나 장기간 수행되는 대형 공사의 경우 부지 내에 BP를 설치하는 경우도 있다.

CBR (California Bearing Ratio)

CBR(캘리포니아 베어링 비율) 시험은 미국의 캘리포니아 주 고속도로국에서 개발된 시험 방법이다. 처음에는 노상토의 공학적 특성을 파악하기 위해 개발된 것으로, CBR과 포장 두께와의 관계를 파악하여 포장 두께 설계에 이용하는 시험이다. 직경 50 mm의 관입봉을 1.25 mm/min의 속도로 현장 지반 또는 공시체 몰드에 관입시킨다. 보통 2.5 mm 관입에 필요한 하중 강도와 동일 관입량에 대한 표준 하중과의 백분율을 계산한다. 이를 통해 계산된 백분율이 시험되는 재료의 일정 밀도와 함수비에 대한 CBR 값이다.

CFRP (Carbon Fiber Reinforced Plastic)

CFRP(탄소 섬유 강화 플라스틱)는 플라스틱에 탄소 섬유를 혼합하여 강도를 강화시킨 자재이다. 강성이 높고 경량이므로 항공 우주, 선박 구조, 자동차, 가전 제품, 건축 및 토목 재료 등 다양한 분야에서 쓰이고 있다.

CFT (Concrete Filled Tube)

CFT(콘크리트 충전 강관)는 사각형 혹은 원형 강관 내부에 콘크리트를 충전한 합성 구조체이다. 강관 내부에 충전된 콘크리트가 강성과 압축 강도를 증가시키고, 외부 강관은 콘크리트를 보강하여 인장력에 저항하고 좌굴을 감소시킨다. 강관은 콘크리트의 거푸집 역할도 하며, 콘크리트의 과도한 박리를 방지한다. 기둥과 보의 접합 구조가 복잡하고 시공성이 저하되는 단점이 있다. 건축물의 대구경 기둥이나 교량의 교각 등에 적용되고 있다.

CGS (Compaction Grouting System)

CGS(압밀 그라우팅 시스템)는 비유동성의 몰탈 주입재를 지중에 압입하여 기둥 형상의 고결체를 형성하는 지반 개량 공법이다. 고결체의 형성으로 주변 지반이 압축 강화되는 원리를 적용하였다. 연약토층에 그라우팅을 실시하여 압밀 개량이 가능하다. 기초의 부동 침하 발생 시 하부 그라우팅으로 원 상태로 복원할 수 있는 기능을 한다. 기존 건물 하부의 언더피닝(Underpinning)이나, 기존 구조물에 인접한 터파기 작업 시 주변 지반 보강용으로 적용이 가능하다.

CHS (Circular Hollow Section)

CHS(원형 중공 단면)는 내부가 비어 있는 원형 단면의 철강재이다. RHS(직사각형 중공 단면)는 내부가 비어 있는 직사각형 단면의 철강재이며, 정사각형 단면의 철강재는 SHS(Square Hollow Section)이다.

CI (Cast Iron)

CI(주철)는 철과 탄소를 기본으로 하는 주조 제작 합금이다. 높은 강도와 내구성을 지니고 있지만, 상대적으로 부식에 취약하고 중량인 단점이 있다.

CIP (Cast-in-Place)

CIP(현장 타설) 흙막이 공법은 천공된 홀에 철골 형강이나 철근망을 삽입한 후, 콘크리트를 타설하여 완성하는 공법이다. 토류판 공법에 비해 흙막이 강성이 높고, 밀실한 시공이 되었을 경우 일부 차수 효과도 기대할 수 있다.

CJ (Construction Joint)

CJ(시공 이음)는 콘크리트 타설 순서에 따라 경화된 콘크리트에 새로운 콘크리트를 타설함으로써 생기는 이음이다. 강도 저하와 누수 발생 위험이 있으므로 가능하면 CJ 발생을 줄여야 한다. 경화된 콘크리트와 새로운 콘크리트가 일체화되지 않아서 발생하는 이음은 콜드 조인트(Cold Joint)라고 한다.

CJ (Control Joint)

CJ(콘트롤 조인트)는 균열이 우려되는 곳에 의도적으로 설치하는 줄눈이다. 건조 수축이나 온도 변화에 따라 발생되는 균열을 줄눈으로 유도하는 효과가 있다. 부재가 길 경우 일정 간격으로 설치하여 인장 응력을 완화시킨다.

CMU (Concrete Masonry Unit)

CMU(콘크리트 블록)는 콘크리트를 재료로 사용하여 제작된 벽돌(Brick)이나 블록(Block)을 일컫는 용어이다. 점토 벽돌은 Clay Brick이라고 한다.

CPB (Concrete Placing Boom)

CPB(콘크리트 타설 붐)는 마스트(Mast)에 붐(Boom)을 연결하여 콘크리트를 타설하는 장비이다. 높은 층고로 설계된 골조 공사에서는 수평재와 수직재의 분리 타설이 필요하고, 다량의 콘크리트를 타설해야 하므로 기초부터 CPB를 설치하기도 한다. 고압 몰리를 이용해 높은 곳까지 압송이 가능하다. 마스트 지지 방식에 따라 슬래브 지지, 코어월 지지 및 외벽 지지로 구분할 수 있다.

CPT (Cone Penetration Test)

CPT(원추 관입 시험)는 원추 모양의 콘을 지반에 일정한 속도로 관입시킬 때 발생하는 콘 저항력을 측정하여, 지반의 공학적 성질을 파악하는 시험이다. 연약한 점토질이나 사질토 지반에 주로 사용한다. 콘에 간극 수압계(Piezometer)를 부착하여 간극 수압을 측정하여 시험할 수도 있다. 측정된 자료를 이용하여 지반의 유효 마찰각, 압밀 계수, 지지력 및 지반의 침하 거동을 파악할 수 있다.

CR (Clean Room)

CR(클린 룸)은 디스플레이나 반도체를 생산하는 팹(Fab)에서, 청정한 공기질을 유지하기 위해 조성된 공간이다. 공기 중의 입자들을 제거하고 온도, 습도, 기류 및 기압을 일정하게 유지하는 조치가 수반되어야 한다. 클린 룸은 클래스(Class)라는 규격으로 등급을 표시한다. 가로 세로 높이가 각 1 피트(ft)인 정육면체 공간에 포함된 0.3 마이크로 미터 크기 이상의 먼지(Particle) 개수를 Class 등급으로 구분한다. 근무자가 클린 룸 내부로 들어가기 위해서는 특별한 복장인 방진 의류를 착용하고 에어 샤워를 거쳐야 한다.

CR (Cold Rolled)

CR(냉연) 강판은 1차 압연 가공된 열연 강판(HRS; Hot Rolled Steel)을, 얇고 매끄러운 표면을 지닐 수 있게 상온에서 2차 압연한 강판이다. 열연 강판 대비 낮은 온도에서 가공되므로 냉연 강판이라고 부른다. 자동차 내외부 강판이나 전자 제품 등에 사용된다. 두차례의 가공에 따라 강판의 물성이 열화되고 외부 노출로 인해 부식이 진행될 수 있는 단점을 지니고 있다. 부식을 방지하기 위해 스테인레스와 같은 합금을 제작하거나, 아연 도금 방식을 채택한다.

CRC (Ceiling Attenuation Class)

CRC(천장 차음 지수)는 건물 내부의 천장 구조물이 소리를 감쇠시키는 능력을 측정하기 위해 사용되는 지표이다. 특정 주파수 대역에서 천장의 소리 감쇠 능력을 나타내는 값으로 표시된다. 천장 감쇠 등급은 보통 35에서 60까지의 범위에 있으며, 숫자가 높을수록 더 많은 소리를 감쇠시킬 수 있음을 나타낸다.

건축 및 설계 과정에서 건축물의 소음 제어 기준 설정을 위해 사용된다.

CRCP (Continuously Reinforced Concrete Pavement)

CRCP(연속 철근 콘크리트 포장)는 종방향 철근량을 늘리고 횡방향 줄눈을 제거한 콘크리트 도로 포장 방식이다. 줄눈이 없으므로 승차감이 좋고, 중차량 통행 환경에서도 포장 수명이 상대적으로 길다는 장점을 지닌 공법이다.

CTC (Center to Center)

CTC(중심 간 거리)는 부재의 중심 간의 거리이다. 예컨대 CIP CTC 1500mm이면, 엄지 말뚝 중심과 인접 말뚝 중심 간의 거리가 1500mm임을 의미한다.

DA (Dry Area)

DA(환기구)는 지하실 공간의 자연 환기를 위해 조성한 공간이다.

DDHV (Directional Design Hourly Volume)

DDHV(중방향 설계 시간 교통량)는 왕복 방향에서 교통량이 많은 방향인 중방향의 시간 교통량이다. 양방 교통량의 차이가 있을 경우 중방향 교통량을 고려해서 도로를 설계해야 한다. 연평균 일 교통량(AADT; Annual Average Daily Traffic)에 설계 시간 계수(K)와 중방향 보정 계수(D)를 곱해서 산정한다.

DFT (Dry Film Thickness)

DFT(건조 도막 두께)는 건조와 경화가 완료된 후에 측정한 도장의 두께이다.

DHF (Design Hour Factor)

DHF(설계 시간 계수)는 도로 설계 및 교통 공학에서 사용되는 지표로서, 연평균 일교통량(AADT; Annual Average Daily Traffic)에 대한 설계 시간 교통량(DHV; Design Hourly Volume)의 비율이다. 어느 정도의 교통량을 계획 목표

년도의 설계 시간 교통량으로 선택할지를 결정하는 지표라고 할 수 있다. DHF를 너무 높게 적용하면 비경제적으로 도로가 건설될 염려가 있고, 낮게 설정하면 교통량이 설계 시간 교통량보다 많은 시간대가 자주 발생하여 교통 혼잡을 일으킬 수 있다. DHF는 일반적으로 다음과 같은 방식으로 산출된다.

1) 대상 지점의 1년 시간인 8,760 시간의 시간대별 교통량 전체를 조사한 다음, 이를 높은 교통량에서 낮은 교통량 순으로 배열한다.
2) 각 시간 교통량을 나타내는 점들을 매끄러운 곡선으로 연결한다.
3) 곡선의 기울기가 급격히 변하는 지점을 결정한 후, 그 지점에 해당하는 교통량의 연평균 일교통량에 대한 백분율(K계수)을 산출한다.

DHT (Down Hole Test)

DHT(하향식 탄성파 탐사 테스트)는 지하 특정 지점의 지반 조건을 평가하기 위한 테스트 중 하나이다. 지중에 천공을 하고 센서를 삽입하여 지반의 특성을 측정하는 테스트이며, 지반 구성, 강도, 응력, 인장강도 등을 파악할 수 있다. 일반적인 지반 조사에서는 파악할 수 없는 지반의 특성을 파악할 수 있기에, 지질의 변화가 크거나 보다 정밀한 조사가 필요할 때 채택할 수 있다.

DHV (Design Hourly Volume)

DHV(설계 시간 교통량)는 도로 설계 및 교통 공학에서 사용되는 지표로서, 설계 대상 구간을 지날 것으로 예상되는 1시간 교통량이며 예상 교통량이다. 연평균 일교통량(AADT)에 설계 시간 계수(DHF)를 곱하여 산정한다.

DJ (Delay Joint)

DJ(지연 조인트)는 슬래브나 벽체의 일부분을 남겨 놓고 추후에 콘크리트를 타설할 수 있게 분리하는 조인트이다. 콘크리트 타설 후 발생하는 수축 응력에 의한 균열을 감소시키고, 부등 변위 영향을 감소시킬 목적으로 시공한다. DJ 구간 후타설은 일반적으로 4주 후로 계획한다. 방수 하자 우려가 있는 지붕층 슬래브나 외부 벽체는 가능하면 DJ나 CJ 설치를 피해야 한다.

DLT (Dynamic Load Test)

DLT(동재하 시험)는 파일 항타 시 계측기로 측정된 자료를 기초로 지지력을 시험하는 방법이다. 파일 두부에 가속도계(Accelerometer)와 변형률계(Strain Transducer)를 설치한 후, 항타 분석기(PDA; Pile Driving Analyzer)에 연결한다. 파일 두부 타격 시 파일에 가해지는 가속도와 변형률 데이터를 수집한다. 수집된 데이터를 해석하고 파일에 가해지는 응력을 환산하여 지지력을 측정한다. 파일에 실제 하중을 재하하여 시험하는 정재하 시험(SLT; Static Load Test)에 비해 비용을 절감하고 시험 기간을 줄일 수 있는 장점이 있다. 반면에 동재하 시험은 부정확한 항타, 파일 두부 손상이나 지반 조건이 변경될 때는, 시험 데이터가 왜곡되고 정확한 지지력을 파악하기 어려운 단점을 지니고 있다. 대구경 파일의 경우 보다 신뢰도가 높은 정재하 시험을 적용하기도 한다.

DPC (Damp Proof Course)

DPC(방습층)는 습기 이동을 통한 누수나 결로를 방지하기 위하여 벽체나 바닥에 설치하는 자재이다. Vapor Barrier라는 용어도 유사한 개념으로 쓰인다.

DPG (Dot Point Glazing)

DPG 공법은 유리 사변에 구멍을 뚫고 스테인레스 스틸 스파이더에 연결 후, 구조체에 고정하여 시공하는 커튼월 공법이다. 로드바(Rod Bar), 와이어와 철재 혹은 스테인레스 파이프 등을 통해 유리 하중을 전달한다. 유사한 방식이면서 '한글라스'사의 특허 공법인 SPG(Special Point Glazing)도 있다.

DRM (Dynamic Replacement Method)

DRM(동 치환 공법)은 무거운 추를 고공에서 낙하시켜 지반에 포설한 쇄석이나 자갈 등을 타격하고 지반으로 관입시켜 지반을 개량하는 공법이다. 지중에 쇄석이나 자갈 기둥을 형성하고 주변을 압밀함으로써 지반이 개량된다. 바레인에 소재한 'Keller(keller.com)'사에서 개발한 Vibro Stone Column공법이나 Vibro Replacement 공법은, 자유 낙하 압밀과 다르게 Vibrator를 사용함으로써 충격으로 인한 소음과 안전 사고 위험을 줄인 변형된 DRM 공법이다.

DS (Differential Settlement)

DS(부동 침하)는 지반의 침하의 결과로 기초 구조물에 발생한 불균일한 침하가 생기는 현상이다. 부등 침하도 같은 의미의 용어이다. 기초의 형식이 다르거나 개량되지 않은 연약 지반 위에 건물을 시공할 때 일반적으로 발생한다.

DSS (Duplex Stainless Steel)

DSS(듀플렉스 스테인레스 강재)는 오스테나이트계와 페라이트계 화학 성분을 조합한 스테인레스강이다. 오스테나이트(Austenite)계 조직은 상온과 고온에서 안전성이 확보되어 변형이나 부식에 강하다. 페라이트(Ferrite)계 조직은 내식성은 다소 떨어지지만 응력 부식 균열이 적고, 열처리에 의해 강화되지 않아 냉간 가공성이 우수한 장점이 있다. 이러한 두 계열의 장점을 고려하여 혼합 제작한 것이 듀플렉스강이다. 고내식성, 고강도와 우수한 가공성을 지니면서 응력 부식 균열도 적게 발생된다. 일반 강재보다 생산 원가는 높지만 우수한 성능을 보임으로써, 가혹한 환경에 대비해야 하는 담수화 시설, 석유 화학 시설이나 대형 선박 제조에 적용되고 있다. 생산 원가를 낮춘 린(Lean) 듀플렉스와, 내식성이 강화된 슈퍼 듀플렉스(Super Duplex)가 추가로 개발되었다.

EGI (Electrolytic Galvanized Iron)

EGI(전기 아연 도금 강판) 냉연 강판에 전기 아연 도금을 한 강재이다. 부식과 산화를 방지하기 위해 아연 도금이 되어 있으며, 전기 도금 공정을 통해 생산된다. 용융 아연 도금 강판(Galvanized Iron) 대비 아연 도금 부착량은 적지만 도금 두께가 균일하고 낮은 온도에서 도금이 가능하다. 주로 외부 구조물, 차량 부품, 전기 배전반 케이스나 가전 제품 마감재 등에 사용된다.

EJ (Expansion Joint)

EJ(신축 이음)는 건축 구조물의 팽창, 수축, 부동 침하 및 진동 등에 의한 균열 발생이 예상되는 지점에 의도적으로 설치하는 이음이다.

EMC (Equilibrium Moisture Content)

EMC(평형 함수율)는 목재의 수분이 주위 온습도 조건에 따라 흡습되고 방습되는 과정의 균형을 이룬 상태의 함수율이다. 생재는 주위 온도가 높거나 상대 습도가 낮을 때 방습하고, 주위 온도가 낮거나 상대 습도가 높으면 흡습한다.

FA (Fly Ash)

FA(플라이 애쉬)는 화력 발전소의 연소 배기 가스 중에 포함된 미세한 석탄재 입자를 집진기로 회수한 것이다. 콘크리트의 시멘트를 대체하는 혼화재로 사용되어, 포졸란 반응을 통해 수화 발열량을 감소시키고 장기 강도를 높이는 효과를 가져온다. 입자가 구형이기 때문에 Ball Bearing 효과를 통해 콘크리트의 유동성을 증가시켜, 단위 수량을 줄이고 워커빌리티(Workability)를 향상시킨다. 수밀성이 높고 화학적 침식에 강하며 알칼리 골재 반응을 억제할 수 있다.

FCO (Floor Clean Out)

FCO(바닥 청소구)는 건물 내부의 하수관이나 배수 시스템에서 발생한 먼지나 다른 부유 물질을 제거하고 청소하기 위해 설치된 곳이다. 일반적으로 건물의 바닥에 설치되어 하수 및 배수 시스템에 접근할 수 있는 용도로 설계된다. 층고가 높을 경우 별도의 캣워크나 점검 장소를 설계할 필요가 있다.

FD (Floor Drain)

FD(바닥 배수구)는 건축물의 실내 바닥에 설치되어 바닥에 쌓인 물이나 액체를 제거하기 위해 사용되는 배수 자재이다. 지붕에 설치된 FD는 우수 드레인(Rain Water Drain) 혹은 지붕 드레인(Roof Drain)이라고 한다.

FFL (Finished Floor Level)

FFL(바닥 마감 레벨)은 마감이 완료된 바닥 레벨이다.

FRP (Fiberglass Reinforced Plastic)

FRP(유리 섬유 강화 플라스틱)는 유리 섬유로 강화된 플라스틱 합성 수지 재료이다. 경량이며 내식성과 성형성이 뛰어나다. 강성이 높아 항공 우주, 자동차, 해양 구조나 건설 분야에 널리 사용된다. 콘크리트 구조체의 손상 부위 보수나 구조 보강을 위해 FRP를 사용하기도 한다. GFRP(Glass Fiber Reinforced Plastics)나 섬유 강화 폴리머(Fiber Reinforced Polymer)로 불리기도 한다.

FSM (Full Staging Method)

FSM(동바리 전체 지지 공법)은 콘크리트 타설 구간 전체에 동바리를 가설하는 공법이다. 높이가 높지 않고 하부 지반 조건이 양호한 교량 구조물에 적합하다. 거푸집 및 콘크리트 타설 하중을 동바리 전 구간에 등분포로 배분함으로써 안정적으로 지지할 수 있는 장점이 있다. 가설재가 많이 소요되고 조립 해체 작업으로 인해 작업 기간이 길어지는 단점이 있다. 동바리 설치 부위의 지반이 단단해야 하며, 필요할 경우 지반 다짐 후 콘크리트를 타설하기도 한다.

FSP (Fiber Saturation Point)

FSP(섬유 포화점)는 목재가 건조되면서 세포 내강 및 공극 내의 수분(자유수)은 모두 증발되고 세포벽 내의 수분(결합수)은 포화되어 있는 함수율(Moisture Content) 지점이다. 함수율 약 30% 정도의 지점이며 함수율이 FSP 이하로 낮아지면, 세포벽이 경화함에 따라 목재의 신축이 시작되고 강도가 급격하게 높아진다. 생재는 섬유 포화점 이상의 함수율을 가진 목재를 의미한다.

GCS (Guide rail Climbing System)

GCS(가이드 레일 상승 시스템) 거푸집은 타워 크레인의 도움 없이 발판 위에서 가이드 레일과 기어 장치만으로 상승할 수 있게 제작된 대형 거푸집이다.

GFRC (Glass Fiber Reinforced Concrete)

GFRC(유리 섬유 보강 콘크리트)는 콘크리트에 고온의 용융 유리에서 만든 유리 섬유를 혼합하여 강도를 높인 콘크리트이다. 유리 섬유가 콘크리트의 휨 강도, 전단 강도, 인장 강도를 강화하는 역할을 한다. 고강도 바닥이 요구되는 공장이나 물류 창고의 바닥, 건물 외장재로도 사용된다. GRC도 같은 의미이다.

GI (Galvanized Iron)

GI(아연 도금 강판)는 표면에 아연을 도금한 강판이다. 내식성이 뛰어나며 외관도 우수하다. 주로 용융 아연 도금 강판(Hot Dipped Galvanized Iron)을 의미하며, 전기 아연 도금 강판은 EGI(Electrolytic Galvanized Iron)라고 부른다.

GIS (Geographic Information System)

GIS(지리 정보 시스템)는 종이 제작물 형태의 지리 정보를 컴퓨터를 이용해 수집, 작성하고 관리하는 시스템이다. 수집된 데이터를 분석하고 가공하여 지리와 관련된 분야의 자료로 이용하고자 설계된 종합 정보 시스템이다. 각 지역 공간에서 발생하는 현상들의 위치 정보와 속성 정보를 결합하여 입력하고 저장한다. 이 정보들을 사용자가 검색하고 출력하여 활용하는 기능을 포함한다.

GL (Ground Level)

GL(지표 레벨)은 터파기 시작 전 상태에서의 지표면 레벨이다.

GPC (Granite veneer Precast Concrete)

GPC(석재 마감 프리캐스트 콘크리트)는 화강석 판재 뒷면에 철근을 배근하고 콘크리트를 타설하여 제작한다. 콘크리트 구조체가 강성을 지니고 있으므로 화강석 두께를 얇게 적용할 수 있다. 필요할 경우 단열재를 같이 부착하여 제작하는 경우도 있다. 외벽에 적용할 경우 유닛 타입으로 제작하여 설치함으로써, 비계나 곤돌라와 같은 가설 작업이 불필요하고 시공 속도가 빠르다. 공장에서 제작하므로 균일한 품질을 유지할 수 있고 날씨의 영향을 받지 않는다. 오픈 조인트로 제작될 경우 오염이나 콘크리트 백화 현상이 발생할 수 있다.

GPR (Ground Penetrating Radar)

GPR(지표 투과 레이다) 기법은 지중에 광대역 전자기파를 투과해, 반사되어 나오는 전자기파를 분석하여 지중 상태를 확인할 수 있는 탐사 기법이다. 대상물의 경계면에서 반사된 파를 수신하여 특성을 확인함으로써, 지중에 존재하는 대상물의 위치, 물성, 크기나 경계 등을 파악할 수 있다. 매질에 따라 전자기파의 전파 속도, 파장 및 반사 특성이 달라지는 원리를 이용한다. 지중 매설물 조사, 구조물 내부 상태 조사, 지층 구조 조사나 유적 발굴 등에도 이용된다.

GRP (Glass fiber Reinforced Plastics)

GRP(유리 섬유 강화 플라스틱)는 FRP(Fiberglass Reinforced Plastics)와 같다.

HCS (Hollow Core Slab)

HCS(중공 슬래브)는 부재 코어에 보이드가 포함된 프리스트레스 슬래브이다. 강선을 삽입하고 코어에 보이드를 형성한 후 콘크리트를 타설하여 제작한다. 코어의 보이드로 인해 동일한 단면의 RC 슬래브 대비 더 경량이다. 제작 규격은 120cm 폭이 표준이고 높이는 15cm부터 50cm까지 다양한 단면으로 제작 가능하다. 프리스트레스를 도입하였기 때문에 일반 RC 슬래브 적용이 어려운 장스팬 구간에 적용할 수 있다. HCS를 벽체로 사용하는 경우도 있다. 압출 성형 제작된 특성으로 인해 HCS 설치 후에 설비 전기 기구 매립을 위해 천공이나 절단을 할 경우, 강선의 손상으로 인해 부재의 강성이 저하될 수 있다. 공장 제작 단계에서 매립 기구의 위치와 강선의 배치를 조정해야 한다. 슬래브 상부에 와이어 메쉬를 설치하고 무근 콘크리트를 타설하여 마감한다.

HDO (High Density Overlay)

HDO(고밀도 오버레이) 합판은 표면에 고밀도 열경화성 수지를 함침한 합판이다. 마모, 습기 침투, 화학 물질에 의한 변형, 품질 저하 등에 대한 저항성과 내구성이 뛰어나다. 거푸집용으로 쓰이는 테고 합판은 표면에 열경화성 수지가 함유된 테고 필름을 열압으로 함침한 제품으로서, HDO 합판의 일종이며 일반 합판 대비 내구성과 전용성이 높다. HDO보다 낮은 중간 밀도로 함침한 합판은 MDO(Medium Density Overlay)라고 부른다.

HDPE (High Density Polyethylene)

HDPE(고밀도 폴리에틸렌)는 에틸렌을 고밀도로 중합하여 제조한 열가소성 합성 수지이다. 반투명 고체의 성상이며 강도는 우수하나 유연성 및 가공성이 낮다. 주로 식품 용기, 플라스틱 상자나 건축용 파이프 등에 사용된다.

HGI (Hot dipped Galvanized Iron)

HGI(고온 용융 아연 도금 강판)는 아연을 고온으로 가열하여 녹인 용탕에 강판을 담갔다가 빼낸 후 냉각한 강판이다. 아연의 산화 작용을 이용하기 때문에 강재의 강성은 유지하면서 내부식성이 좋다. 전기 도금(EGI) 대비 도금 두께가 두껍고 외관이 투박해, 정밀도가 요구되지 않는 외부 구조물 등에 쓰인다.

HRS (Hot Rolled Steel)

HRS(열연 강판)는 약 800 ℃ 이상의 온도로 가열한 강재 슬래브를 압력을 가해 일정한 두께와 폭으로 제작한 강판이다. 고온에서 압력을 가해 제작하는 원리에 따라 열간 압연 강판이라고 부르기도 한다. 압연은 주조 공정을 통해 생산된 슬래브(Slab)나 빌렛(Billet)을, 회전하는 여러 개의 롤(Roll) 사이로 통과시키면서 연속적으로 힘을 가해 성형하는 과정이다. 이 과정을 영어로 Rolling Mills라고 한다. 고온에서 가공하므로 성형율은 높으나, 상온으로 냉각되는 과정에서 재질의 차이가 발생되거나 표면이 거칠어질 수 있다. 건설 구조물에 쓰이는 철골 부재나 대형 파이프는 대부분 HRS를 사용하고 있다.

IPS (Innovative Pre-stressed Support)

IPS(프리스트레스 지지)는 흙막이 면에 프리스트레스 강선이 내장된 IPS 띠장을 설치하고, 코너 스트러트 구간에서 이 강선을 긴장함으로써 스트러트가 필요없이 흙막이를 지지하는 공법이다. 굴착면이 넓고 마주보는 흙막이 간격이 넓어서 스트러트 시공이 불가한 현장이나 협소한 현장 등에서 적용할 수 있다.

IRI (International Roughness Index)

IRI(국제 평탄성 지수)는 포장 도로면의 평탄성을 나타내는 지수이다. 포장의 평탄성은 도로를 주행하는 운전자가 느끼는 승차감과 쾌적함의 정도에 직접적인 영향을 미친다. 트레일러나 소형 측정기 바퀴에 센서를 부착하여, 포장면을 지나가면서 요철 정도를 측정하고 컴퓨터를 통해 결과값을 산출한다. m/km 단위의 지수를 사용하며, 값이 낮을수록 도로면이 평탄하다고 할 수 있다.

JC (Janitor Closet)

JC(청소 도구실)는 건물 내부에 위치한 청소용품이나 장비를 보관하고 사용하는 공간이다. 주로 청소원이나 유지보수 직원이 사용하며, 건물 내부의 청결을 유지하고 유지보수 작업을 수행하기 위해 필요한 도구와 재료를 보관한다.

JPCP (Jointed Plain Concrete Pavement)

JPCP(줄눈 무근 콘크리트 포장)는 철근 보강을 하지 않고, 줄눈만 시공하는 콘크리트 도로 포장 공법이다. 줄눈에 설치되는 타이바(Dowel)를 제외하고는 철근으로 보강하지 않는다. 일반적으로는 6m 간격으로 횡단 줄눈(Transverse

Joint)과 종단 줄눈(Longitudinal Joint)을 시공한다.

JRCP (Jointed Reinforced Concrete Pavement)

JRCP(줄눈 철근 콘크리트 포장)는 JPCP 공법의 줄눈 부위 구조적 취약성을 개선하기 위해, 콘크리트 슬래브에 철근을 설치하여 보강한 포장 공법이다. JPCP 공법 적용 시 슬래브 하부의 인장력으로 인해 줄눈에 형성된 균열이 시간이 지나면서 커질 수 있다. 이에 대한 대책으로 슬래브에 철근을 설치하면, 줄눈을 구속시키고 균열이 확대되는 것을 억제할 수 있다. 철근으로 보강함에 따라 줄눈 간격을 JPCP 공법 대비 늘릴 수 있어 승차감을 향상시킬 수 있다.

LDPE (Low Density Polyethylene)

LDPE(저밀도 폴리에틸렌)는 에틸렌을 저밀도로 중합하여 제조한 열가소성 합성 수지이다. 유백색으로 반투명하며 내구성이 뛰어나고 고무와 유사한 유연성을 지니고 있다. LDPE는 대표적으로 비닐 랩과 같은 포장재에 쓰인다.

LHR (Left Hand Reverse)

LHR(왼손 당김)은 출입문 열림 방식(Handing) 중, 힌지가 왼쪽에 있으며 왼손으로 당겨서 문을 여는 방식이다. 힌지가 왼쪽에 있으며 왼손으로 밀어서 문을 열면 LH(Left Hand) 방식이다. 힌지가 오른쪽에 있으며 오른손으로 당겨서 문을 열면 RHR(Right Hand Reverse) 방식이고, 오른손으로 밀어서 문을 열면 RH(Right Hand) 방식이다. 문을 밀고 당기는 손과 힌지의 방향 기준이 되는 위치를, 사람이 서 있는 위치로 하면 양방향 모두 해당되므로 구분의 의미가 없다. 힌지의 위치와 밀고 당기는 손을 판단하는 위치는 Security Side 혹은 Key Point라고 하는데, 열쇠로 잠그고 열 수 있는 위치이며 외부라고 칭한다. 예컨대 학교 강의실은 복도에서 열쇠로 잠그고 열 수 있으므로, 복도가 외부이며 복도에 서 있는 기준으로 힌지와 밀고 당기는 손의 방향을 판단한다. 양개 출입문의 경우 평상 시에 사용하는 한쪽 출입문을 Active Door라고 하며, 열림 형태는 Active Door만 LHR-A 또는 LHRA와 같은 형식으로 표현한다.

MDF (Medium Density Fiberboard)

MDF(중밀도 섬유판)는 목재 원료를 해섬(Refining)한 후 접착제를 사용하여 건식 방법으로 성형한 가공 목재이다. 일반 합판보다 밀도가 높다. 밀도가 0.35 g/cm^3 이상 0.85 g/cm^3 미만인 섬유판이 MDF이다. 밀도가 0.35 g/cm^3 미만은 저밀도 연질 섬유판(LDF; Low Density Fiberboard), 0.85 g/cm^3 이상이면 고밀도 섬유판(HDF; High Density Fiberboard)으로 구분한다. MDF는 HDF 대비 강도는 낮지만 상대적으로 가볍고 가공이 쉬운 장점을 가지고 있다. 재활용된 나무 섬유를 사용하여 만들어지므로 환경에 친화적인 자재이다. 평활도가 높고 균일한 품질을 지니고 있어서 건축 마감재로도 사용이 가능하다.

MIP (Mixed in Place Pile)

MIP(혼합 페이스트 파일) 공법은 중공관으로 되어 있는 오거의 회전 장치 선단에 시멘트 페이스트를 분출하면서 천공을 하고, 토사와 시멘트 페이스트를 교반하여 파일을 형성하는 공법이다. 필요에 따라 철근망을 삽입하거나 자갈을 채우기도 한다. 비교적 연약한 지반에 사용하며, 공법의 특성 상 지중에 형성되는 파일의 품질을 확인하기 어려운 단점을 지니고 있다.

MPa (Mega Pascal)

MPa(메가 파스칼)는 강도를 나타내는 단위이며, 1 Mpa는 10 kgf/cm^2이다. 구조 계산서에 사용되는 뉴턴 단위를 적용하면 1 kN/m^2은 102.04 kgf/m^2이며 10.2 MPa이다. 과거에는 레미콘 규격 25-240-18과 같이 강도를 240kgf/cm2로 표기했지만 현재는 25-24-18 형식으로 바꿔서 24 Mpa를 강도로 이해한다.

MPT (Magnetic Particle Testing)

MPT(자분 탐상 검사)는 자석을 이용하여 시험체를 자화(Magnetization)시킨

후, 자성 입자를 적용하여 응집 상태를 관찰하면서 시험체 표면부의 결함을 검출하는 비파괴 검사이다. 금속 부품이나 구조물에서 발생하는 균열, 표면 결함, 용접 결함 등을 식별하는 데 사용되는 검사이다. 검사 장비와 방법이 단순하여 많은 분야에 적용된다. 주요 비파괴 검사의 종류는 다음과 같다.

1) 초음파 탐상 검사(UT; Ultrasonic Testing): 초음파를 부품에 투과한 후 반사되는 음파를 분석하여 결함을 감지하는 방법이다. 금속 부품의 두께 측정과 결함 탐지에 널리 사용된다. 검사원의 숙련도에 따라 분석 결과가 달라지므로 신뢰도가 낮다. 결함 종류의 상세한 식별이 어렵다.
2) 침투 탐상 검사(PT; Liquid Penetrant Testing): 부품 표면에 침투액을 적용하면 모세관 현상에 의하여 침투액이 결함 부위로 침투한다. 이후 현상액을 적용하여 육안으로 결함 부위를 식별한다.
3) 방사선 투과 검사(RT; Radiographic Testing): 투과성 방사선을 부품에 조사하였을 때 투과 방사선 강도의 변화를 확인한다. 건전부와 결함부의 투과 선량의 차이를 분석하여 결함 부위를 식별한다.
4) 와전류 탐상 검사 (ECT; Eddy Current Testing): 와전류가 형성된 공간에 자성체 물질을 통과시키면, 결함 부위에서 자력의 변화가 발생하는 원리를 적용한 검사법이다. 주로 금속 부품의 표면 결함 검사에 사용된다.

NDT (Non Destructive Testing)

NDT(비파괴 검사)는 검사 대상 부품에 손상이나 변형을 주지 않고 결함을 탐지하는 검사이다. 주요 검사법으로는 MPT, UT, PT, RT 및 ECT가 있다.

NHO (Non Hold Open)

NHO(비 정지 열림) 방식은 도어 클로저(Door Closer)가 항상 닫히는 방식이다. 일정 구간을 지나서 열린 이후 인위적으로 닫기 전까지 열려 있는 HO(Hold Open) 방식과는 반대의 기능을 지닌다. NHO 도어 클로저 방식은 주로 방화문이나 피난 계단 출입문과 같이 항상 닫혀 있어야 하는 출입문에 적용한다.

NRC (Noise Reduction Coefficient)

NRC(흡음률)는 흡음재의 성능을 평가하는 기준이다. 흡음 성능 평가 지수인 SAC(Sound Absorption Coefficient)도 같은 개념이다. NRC 값이 0이면 모든 음을 반사한다는 의미이고, 1이면 모든 음을 흡수한다는 의미이다. 흡음, 차음과 방음은 별개의 개념으로 설계된 자료의 정확한 의미를 파악할 필요가 있다.

OMC (Optimum Moisture Content)

OMC(최적 함수비)는 흙 속의 함수비 변화에 따라 다짐 효과가 가장 높은 최대 건조 밀도를 얻을 수 있는 함수비이다. 함수비가 작을 경우 흙 입자간의 마찰 저항으로 다짐의 효과가 적고 건조 밀도도 작다. 흙에 점차 물을 가함에 따라 물이 윤활제 작용을 하고 건조 밀도가 높아진다. 최대 단위 용적 중량을 얻을 수 있는 상태를 최대 건조 밀도 상태라 하고, 이 때의 함수비가 OMC이다.

PBT (Plate Bearing Test)

PBT(평판 재하 시험)는 굴착을 완료한 기초 저면에서, 평판을 설치하고 설계 하중을 직접 재하하여 허용 지내력을 측정하는 시험이다.

PC (Precast Concrete)

PC(프리캐스트 콘크리트)는 현장에서 콘크리트를 타설하는 공법에 대비되는 개념으로, 공장이나 제작장에서 부재를 제작한 이후 현장에 반입하여 설치하는 콘크리트 공법이다. 공장 제작에 따라 균일한 품질을 기대할 수 있고, 중후장대 부재에 적용하여 공간을 효율적으로 사용할 수 있는 장점이 있다. 현장 제작에 따른 거푸집 공사의 복잡성이나 가설 자재 사용 등에 대한 부담이 적으며, 안전 관리 측면에서도 유리하다. 날씨에 따른 양생 기간 제약도 적다.

PDA (Pile Driving Analysis)

PDA(파일 동재하 시험)는 파일 항타 시 파일 몸체에 발생하는 응력과 속도를 측정하여 파일의 지지력을 확인하는 시험이다. 파일의 두부에 변형률계(Strain Transducer)와 가속도계(Accelerometer)를 부착하여 가속도와 변형률을 측정한 다음, 파일에 가해지는 응력을 환산하고 지지력을 확인한다. 변형률계와 가속도계는 파일 항타 분석기(PDA; Pile Driving Analyzer)에 연결된다. 정재하 시험 대비 시험 방법이 간단하다. 반대되는 개념으로 정재하 시험(SLT; Static Load Test)가 있으며, 대구경 파일이나 토목 교량의 교각 기초 등에 적용한다. 직접 재하를 통한 시험인 SLT가 PDA 대비 시험의 신뢰도를 높일 수 있다.

PEB (Pre-Engineered Building)

PEB(PEB 철골 구조) 시스템은 경간이 길고 넓은 공장 건물 등에 사용되는 철골 구조 시스템이다. 고강재 철재를 사용하며 최적화된 구조 설계를 통해, 소요 자재량을 줄이고 시공성을 높인다. 경간이 긴 건물의 경우의 지붕 구조를 Built-up Beam을 제작하거나 중간 기둥을 설계해서 구조적 문제를 해결했는데, PEB 시스템은 Tapered Beam 구조를 적용하여 이를 극복할 수 있었다.

PHC (Pre-stressed Spun High Strength Concrete)

PHC(프리스트레스 고력 콘크리트) 파일은 압축 강도가 78.5 Mpa 이상인 콘크리트 파일에 프리텐션을 가해, 콘크리트의 휨과 인장력을 보완한 원심력을 응용해서 만든 고강도 콘크리트 파일이다. 콘크리트를 원형으로 회전시켜 원심력을 이용해 성형함으로써 균일한 형태와 강도를 구현할 수 있다. 일반적인 PHC 파일에 추가하여 콘크리트의 압축 강도를 110 Mpa까지 높인 UHC(Ultra High Strength Concrete) 파일도 일부 적용되고 있다.

PMT (Pressuremeter Test)

PMT(공내 재하 시험)는 암반층의 변형 특성을 파악하기 위해 실시하는 지중 조사법이다. 지중을 천공한 후 시험 심도까지 시험체를 삽입한 후, 가압 장치를 이용하여 시험체 외부의 고무 튜브를 팽창시킨다. 이때 발생하는 공벽의 변위와 응력을 측정하여, 변형 계수 및 토질 특성을 해석하는 시험이다.

PRD (Percussion Rotary Drill)

PRD(회전 타격 천공)는 파일 천공 공법의 일종으로 파일 드라이브에 장착된 해머 비트(Hammer Bit)를 압축 공기로 타격하면서 회전하여 지중을 천공하는 공법이다. 오거가 시공하지 못하는 암반층까지 시공이 가능하며 천공 효율이 높지만, 타격으로 인한 진동과 소음으로 민원의 소지가 많은 공법이다. 일반적으로 역타(Top down) 공법 적용 시 본공사 기둥과 조합하여 시공한다.

PSC (Pre-stressed Concrete)

PSC(프리스트레스 콘크리트)는 콘크리트 내부에 PS 강선이 삽입되어 프리스트레스를 가한 후 제작된 콘크리트이다. 콘크리트 타설 전 PS 강선에 인장력을 가하여 프리스트레스틀 도입하는 방식을 적용한다. 거푸집 제작과 긴장 방식에 따라 다음과 같이 분류할 수 있다.

1) 롱 라인 공법(Long Line Method): 한번의 긴장으로 여러 개의 부재를 동시에 제작하는 공법이다. 대량 생산이 가능하지만 넓은 면적이 필요하다.
2) 개별 거푸집 공법(Individual Mold Method): 부재별로 거푸집을 제작하고 긴장하여, 비교적 큰 부재를 별도로 생산한다.

PT (Post Tension)

PT(포스트 텐션) 공법은 콘크리트 타설 전에 매립한 강선(Strand)을 콘크리트 강도 발현 후에 긴장하여 프리스트레스를 도입하는 공법이다. 콘크리트 타설 전에 강선에 긴장을 주어 타설하는 Pre-Tension 공법과 대비된다. 장 스팬 구조가 가능하며 일반 RC 설계에 비해 보나 슬래브 부재의 규격을 줄일 수 있는 장점이 있다. 피복 처리된 강선을 사용하는 '비부착(Un-bonded)' 공법과 덕트 내부에 강선을 배치하는 '부착(Bonded)' 공법으로 나눌 수 있다. 건축물의 슬래브나 보에는 '비부착' 공법이 주로 적용되고, 토목 교량이나 장대 부재에는

'부착'공법이 주로 적용된다.

RC (Reinforced Concrete)

RC(철근 콘크리트) 공법은 주로 철골 구조에 대비되는 개념으로 사용하는 공법이다. 거푸집, 철근, 콘크리트를 이용하여 부재를 제작한다. 일반 RC 공법에 추가하여 철골 구조와의 합성 구조인 SRC(Steel Reinforced Concrete) 공법과 PC(Precast Concrete) 공법도 있다.

RCD (Reverse Circulation Drill)

RCD(역회전 드릴)는 역회전 케이싱 장비를 이용하여 지중에 대구경 천공을 하고 말뚝을 형성하는 공법이다. 리버스 드릴로 대구경의 천공을 하고, 정수압으로 공벽을 보호하면서 철근망을 삽입 후 콘크리트를 타설하여 말뚝을 완성한다. 지하 수위보다 높게 물을 채워서 공벽 내의 정수압을 유지해야 한다.

RCP (Reflected Ceiling Plan)

RCP(천장 평면도)는 천장 재료와 천장 위에 부착된 조명, 환기구, 소화기, 스프링클러, 스피커, 카메라 등 다양한 천장 부착물이 표현된 건축 도면이다.

RHS (Rectangular Hollow Section)

RHS(직사각형 중공 단면)는 내부가 비어 있는 직사각형 단면의 철강재이다. 정사각형 단면의 철강재는 SHS(Square Hollow Section)이며, 원형 단면의 철강재는 CHS(Circular Hollow Section)이다.

RQD (Rock Quality Designation)

RQD(암질 지수)는 천공을 통한 지반 조사 결과, 채취된 암석 코어 중 10 cm 이상 코어들 길이의 합을 천공 길이로 나눈 값이다. 예컨대 30 m 깊이를 천공 후 분리되지 않고 추출된 암석 코어 중, 10 cm 이상 코어들 길이의 합이 24 m라면 RQD는 80%이다. 파쇄나 풍화도가 높은 암석이 포함된 지질일수록 RQD 값은 상대적으로 낮아진다. 유사한 지질 지표로 코어 회수율(TCR; Total Core Recovery)이 있는데, 이는 회수된 암석 코어 길이의 합을 총 천공 길이로 나눈 값이다. 절리가 존재하는 암석일수록 RQD 값이 TCR 값보다 낮다.

RSR (Rock Structure Rating)

RSR(암 구조 분류)은 지질학 및 지반 엔지니어링 분야에서 사용되는 평가 지표 중 하나이다. Wickham, Tiedmann과 Skinner에 의해 도입된 정량적 분석 방법이다. 암석의 안정성을 평가하고 등급을 지정하는 목적으로 사용된다. 암반에 분포된 암석의 생성 기원, 강도, 절리 간격, 절리 방향, 지하수 상태 등을 고려한다. RSR은 일반적으로 0부터 100까지의 범위에서 표시되며, 이를 이용하여 공항, 도로, 터널과 같은 인프라 설계 및 시공의 안정성을 평가하고 있다. 높은 RSR을 가진 지역은 안정성이 높고 지반 조건이 우수하다는 것을 나타내며, 반대로 낮은 RSR을 가진 지역은 지반 조건이 취약하다는 것을 나타낸다.

SAC (Sound Absorption Coefficient)

SAC(흡음률)는 흡음재의 성능을 평가하는 기준이다. 흡음 성능 평가 기준인 NRC(Noise Reduction Coefficient)도 같은 개념이다. SAC 값이 0이면 모든 음을 반사한다는 의미이고, 1이면 모든 음을 흡수한다는 의미이다.

SCN (Self Climbing Net)

SCN(자동 상승 네트)은 고층 건물 외벽 철거나 외장재 시공 시, 자동 상승되는 가설 작업대와 일체로 설치되어 낙하물 방지망 역할을 수행하는 방호물이다. 공사 진행 구간의 분진이나 소음 차단은 물론, 낙하물 방지와 내부 작업자의 안전을 보장할 수 있는 가시설물이다. 네트 외부에 광고 문구나 그림을 포함하여 광고 효과를 얻을 수도 있다. ACS(Auto Climbing System) 거푸집 외부에 설치되어 별도의 상승 장치를 설치하지 않는 방법도 있다.

SCW (Soil Cement Wall)

SCW(소일 시멘트 벽체) 공법은 흙과 시멘트를 혼합하여 흙막이를 형성하는 공법이다. 오거를 이용하여 천공하고 굴착 선단에 시멘트를 주입하여 지반과 혼합한다. 형강이나 강관을 삽입하여 보강을 하고 흙막이를 완료한다.

SHS (Square Hollow Section)

SHS(정사각형 중공 단면)는 내부가 비어 있는 정사각형 단면의 철강재이다. 직사각형 단면의 철강재는 RHS(Rectangular Hollow Section)이며, 원형 단면의 철강재는 CHS(Circular Hollow Section)이다

SIP (Soil Cement Injected Precast)

SIP(소일 시멘트 프리캐스트) 파일 공법은 오거로 천공 후 시멘트 페이스트를 주입하고, 이후 프리캐스트 콘크리트 파일을 압입하는 공법이다. 토사 지반에 적용이 가능하지만 전석층이나 암반층이 있는 지질에는 적용이 불가능하다.

SLT (Static Load Test)

SLT(정재하 시험)는 시공된 파일에 실제 하중을 가하여 측정된 데이터를 기초로 파일의 지지력을 파악하는 시험이다. 파일의 시공 품질과 실제 선단 지지력을 확인할 수 있어서, 동재하 시험(DLT) 대비 신뢰도가 높은 시험이다. 일반적으로 설계 하중의 200 ~ 300% 정도를 재하한다. 국토교통부 제정 '구조물 기초 설계 기준'에 따르면 극한 하중에 대해서는 안전율 3.0을 적용하고, 항복 하중에 대해서는 안전율 2.0으로 나눈 값을 파일의 허용 지지력으로 판단한다. 측정된 허용 지지력이 파일의 설계 하중보다 큰 경우 파일이 적정하게 시공된 것으로 판정한다. 동재하 시험 대비 시험 기간이 길고 재하 하중이 클 경우 하중량의 제약이 있어서, 대구경 파일의 경우 재하 하중을 실제로 재하하기 어려운 경우도 발생한다. 실제로 중량물을 이용하여 재하하는 방법과, 시험 파일 주변에 반력 파일을 시공하여 시험하는 방법, 시험 파일 주변에 어스 앙카를

시공하여 어스 앙카의 반력으로 시험하는 방법이 있다.

SOG (Slab on Grade)

SOG(바닥 지지 슬래브)는 지반 위에 시공되는 슬래브이다. 지하층이 없는 공장이나 물류 창고의 1층 바닥에 주로 적용된다. 지반의 지지력을 확보하는 것이 중요하다. 철근으로도 보강할 수는 있으나 시공성을 높이기 위해 일반적으로 강섬유 보강 콘크리트(SFRC; Steel Fiber Reinforced Concrete)를 적용한다.

SPG (Special Point Glazing)

SPG 공법은 DPG(Dot Point Glazing) 공법의 일종이며 '한글라스'사의 특허공법이다. 특수 가공한 볼트를 접시머리 모양으로 가공된 홀에 결합시킨다. 내부에서 유리(Rib Glass), 로드 트러스(Rod Truss), 와이어(Wire) 및 스테인레스 스틸 파이프(Stainless Steel Pipe)로 구조물을 지탱하는 공법이다. 볼트로 판유리를 서로 연결하고 고정함으로써 프레임을 없애고 탁트인 시야를 제공한다.

SPT (Standard Penetration Test)

SPT(표준 관입 시험)는 Sampler를 쇠막대에 끼우고 75 cm 높이에서 63.5 kg 무게의 공이를 자유 낙하시켜, 30 cm 관입시키기 위해 필요한 타격 횟수 'N' 값을 기록하여 지내력을 측정하는 지반 조사 시험이다.

SRC (Steel Reinforced Concrete)

SRC(철골 철근 콘크리트) 구조는 RC 구조와 철골 구조의 합성 구조이다. RC 부재 내에 철골 부재를 삽입하여 콘크리트를 타설함으로써, 강성을 높이고 부재의 규격을 줄일 수 있는 장점이 있다. 장스팬 구조에 적용 가능하다. 철골조로 선 시공되는 기둥의 경우처럼 후속 RC공법이 필요할 경우, 공정 순서를 명확히 파악할 필요가 있다. RC구조와의 접합부 매입 철물이나 철근 배근 상세를 면밀히 검토해야 정확한 시공이 이루어질 수 있다.

STS (Steel Type Stainless)

STS(스테인레스 스틸)는 KS 규격에 따른 스테인레스 스틸의 표기법이다. 일본 JIS 규격으로는 SUS(Steel Use Stainless)를 사용한다. SS(Stainless Steel)가 국제적으로 통용되는 규격 명칭이다.

SUS (Steel Use Stainless)

SUS(스테인레스 스틸)는 JIS 규격에 따른 스테인레스 스틸의 표기법이다. KS 규격으로는 STS(Steel Type Stainless)를 사용한다. SS(Stainless Steel)가 국제적으로 통용되는 규격 명칭이다.

SWC (Safety Working Cage)

SWC(안전 작업 케이지)는 고층 건물의 외장재 철거나 시공에 쓰이는 가설 장비이다. 외벽에 설치된 레일과 마스트를 통해 상하 작업이 가능하며, 로프에 의존하는 곤돌라 대비 안정성이 뛰어나고 작업 효율이 높다. 한정된 작업대 길이와 적재 하중의 제한이 있는 곤돌라와 달리, 외벽 시스템 거푸집과 곤돌라의 장점을 채택하고 허용 하중이 큰 발판을 설치할 수 있어 작업 생산성이 높다.

TBM (Tunnel Boring Machine)

TBM(터널 굴착기)은 지하 터널을 굴착하는 대형 장비이다. 지표면 아래로 굴착해 대형 터널을 만드는 과정에서, 다양한 지반 조건에 안전하고 효율적으로 대응할 수 있도록 설계되었다. TBM의 주요 구성 요소는 다음과 같다.

1) 커터 헤드(Cutter Head): 지하를 굴착하는 용도로 회전하는 헤드이며, 유압을 이용해서 지반을 파쇄하고 제거하는 역할을 한다.
2) 실린더(Cylinders): 유압을 이용해 커터 헤드를 전진시키는 역할을 한다.
3) 후방 및 전방 지지체(Back-up and Forward Support): 터널의 안정성을 유지하기 위해 전방과 후방에 특수 설계된 지지체가 포함되어 있다.
4) 컨베이어 시스템(Conveyor System): 굴착된 토사나 암석을 지표면으로

이송하는 역할을 한다.

TBM의 공사 순서와 방법은 다음과 같다.

1) 굴착: 커터 헤드를 회전시키며 지하를 파고 터널을 형성한다. 굴착 과정에서 발생하는 토사나 암석은 컨베이어를 통해 지상으로 이동된다.
2) 지지체 설치: TBM이 전진하면서 지지체가 터널 뒤를 따라 이동하여, 벽면과 상부면을 지탱하고 터널이 붕괴되는 것을 방지한다.
3) 터널 완성: TBM이 터널을 파는 동안 후속 공정으로 콘크리트를 타설하거나 라이닝 공법 등을 적용해서 터널을 완성하며 전진한다.

TCR (Total Core Recovery)

TCR(코어 회수율)은 천공을 통한 지반 조사 결과, 회수된 코어의 길이를 전체 천공 길이로 나눈 값의 백분율이다. 예컨대 30 m 깊이를 천공 후 분리되지 않고 추출된 암석 코어의 길이가 24 m라면 TCR은 80%이다. 파쇄나 풍화도가 높은 암석이 포함된 지질일수록 TCR 값은 상대적으로 낮아진다. 유사한 지질 지표로서 암질 지수(RQD; Rock Quality Designation)가 있는데, 이는 채취된 암석 코어 중 10 cm 이상 코어들의 길이를 천공 길이로 나눈 값이다. RQD 값을 통해 TCR 값보다 더 정확하게 암반의 절리와 상태를 파악할 수 있다.

TMCP (Thermo-Mechanical Control Process)

TMCP(열처리 제어 공정) 강재는 열간 압연 이후 수냉 또는 공냉 열처리를 통해 기계적 성질을 개선한 저탄소 강재이다. 기존 압연 강재 대비 항복 강도가 높아 설계 강도를 높일 수 있고 강재량을 줄일 수 있다. 탄소량이 적고 용접성이 우수해서 예열하지 않고 상온에서 용접이 가능하다. 탄소 당량(Ceq; Carbon Equivalent)이 높을수록 강도와 경도가 높아지나 용접성은 낮아지기 때문이다. 구조물의 고층화 대형화에 따라 용접성과 내진성이 뛰어난 극후판 강재의 필요에 따라 개발되었다. 해양 환경에서의 고강도 및 고인성 요구 사항을 충족하기 위해 TMCP 강재가 선박의 구조물에 널리 사용된다.

VCM (Vacuum Consolidation Method)

VCM(진공 압밀 공법)은 지표면을 진공 상태를 만들고 기압 차이를 이용하여, 연약 점토층을 탈수하고 압밀하는 지반 개량 공법이다. 지중에 드레인 파이프를 설치하고 지표면을 비닐로 덮은 다음, 진공 펌프를 이용해 지표면을 진공 상태로 만들면 상하부 기압 차이에 의해 탈수와 압밀이 진행된다.

VT (Vane Test)

VT(베인 테스트)는 지중에 천공을 한 후 십자형 날개의 베인을 삽입하고 회전시켜, 회전력에 저항하는 모멘트를 측정하는 시험이다. 토질의 전단 강도와 점착력을 파악하는 지반 조사 방법이다. 일반적으로 연약 점토 지반에 적용한다.

WC (Water Cement)

WC(물 시멘트) 비(Ratio)는 레미콘 배합비에 있어 시멘트 중량에 대한 유효수량의 비율이다. 정확한 계량 장비를 사용하고, 배합 시 철저하게 관리하여야 한다. 공장에서 정상적으로 출하된 레미콘이라 하더라도, 현장에서 타설 중 시공성을 높이기 위해 물을 추가하는 경우가 있는데 이는 절대로 금지해야 한다.

WTT (Wind Tunnel Test)

WTT(풍동 시험)는 건축물의 외벽 커튼월이 설계된 풍하중을 견딜 수 있는지 축적 모형을 통해 실시하는 시험이다. 건축물의 축소 모형과 주변 지형을 모델로 제작한 뒤, 일반적으로 과거 100년 간의 최대 풍속을 일정 시간 동안 가하여 축소 모형이 풍압에 견딜 수 있는지 테스트한다.

WWF (Welded Wire Fabric)

WWF(용접 철망)는 철선을 직교하여 배열하고 교차점을 전기 용접하여 제작한 철망이다. 원형 철근을 사용한 철망을 와이어 메쉬라고 부르기도 한다. 현장 조립 철근에 비해 재료비는 다소 높으나 조립 노무비를 절감할 수 있다.

CHAPTER 6 기계 설비

ACMV (Air Conditioning and Mechanical Ventilation)

ACMV(기계 공조)는 기계 설비 중 냉난방 환기 시스템을 말한다. 유사한 약어로 HVAC(Heating Ventilation and Air-Conditioning)가 있다. 건물 내부의 공기 온도와 품질을 제어하고 쾌적한 환경을 제공하기 위하여 설계된다. 유닛의 구성과 연결 시스템에 따라 다음과 같이 분류할 수 있다.

1) 스플릿 시스템(Split System): 실내와 실외에 각각 별도로 독립된 유닛을 설치하여 실내 공간을 냉난방 하는 방식이다.
2) VRV/VRF 시스템(Variable Refrigerant Volume/Flow): 다중 실내 유닛을 단일 실외 유닛에 연결하여, 다양한 공간에서 동시에 다른 온도 조절이 가능한 시스템이다. 상업용 건물이나 다중 공간에서 효과적으로 냉방 또는 난방을 할 수 있다.
3) 중앙 공기 조화 시스템(Central Air Conditioning System): 건물 전체에 단일 시스템을 구성하거나 여러 시스템을 연결하여, 중앙 집중 방식으로 공기를 처리하고 각 공간으로 배출한다.
4) 팬 코일 유닛(Fan Coil Unit): 각 공간에 설치된 팬 코일 유닛을 통해 냉난방을 한다. 호텔, 사무실이나 주택 등에서 사용된다.

AFC (Adiabatic Free-Cooling)

AFC(아디아바틱 프리 쿨링)는 프리 쿨링(Free-Cooling) 냉동기의 부가적인 옵션으로서, 냉동기 주변에 스프레이처럼 물을 뿌려서 건구(Dry Bulb) 온도와 습구(Wet Bulb) 온도의 증발열 차이로 추가 냉각하는 기능이다. 냉동기 용량의 변경없이 추가로 냉각 효율을 높일 수 있다. 노즐, 보호 필터와 이에 대한 컨트롤 시스템으로 구성된다. 외부로부터 냉동기로 들어오는 공기의 먼지를 일부 차단하고 억제하는 효과도 있다. AFC 시스템에는 부동액 혼합이 불가능한 관계로 결빙 발생 시 얼음이 패드를 차단하여 공기 흐름에 영향을 미칠 수 있다. 물의 결빙을 방지하기 위해서 지정 온도 이하로 내려

갈 때는 시스템에 있는 물을 배출하고 밸브를 닫아야 한다. 옵션 사항이지만 대부분의 프리쿨링 냉동기에서 채택하고 있는 추세이다.

AHU (Air Handling Unit)

AHU(공조기)는 냉방, 난방, 가습, 불순물 제거 및 공기량 제어 등의 기능을 갖춘 공조 장비이다. Air Handler라고 부르기도 한다. AHU는 외부 공기를 건물 내로 공급하고 내부 공기를 처리하여 냉난방 및 환기를 수행하며, 이를 통해 건물 내의 온도, 습도 및 공기 품질을 제어한다. 핵심 구성 요소로는 공기를 효과적으로 이동시키는 팬(Fan), 냉각 매체와 열 매체를 발생시키는 냉난방 코일(Cooling Heating Coil), 공기 중의 미세 입자를 제거하여 공기 품질을 향상시키는 필터(Filter)와 필요한 경우 습도를 유지할 수 있는 가습기(Humidifier) 등이 있다. 환기와 공기질 제어 기능을 동시에 지니고 있다.

ASFC (Air-side Free Cooling)

ASFC(외부 공기 이용 프리 쿨링)는 외부의 공기를 이용하여 냉각하는 원리이다. 외부의 차가운 공기를 직접 사용하여 냉각을 하며, 주로 추운 기간 동안 외부 기온이 충분히 낮은 경우에 적용된다. 외부 공기를 필터를 통해 정화한 후 압축기나 기계식 냉각 장치를 사용하지 않고 직접 내부로 송출하여 냉각한다. 외부 공기를 필터 장치를 거쳐서 직접 서버룸 내부로 공급하는 DASFC(Direct Air-side Free Cooling) 시스템과, 서버룸에 간접 방식으로 공급하는 IASFC(Indirect Air-side Free Cooling) 시스템으로 구분할 수 있다. 냉수를 사용하면서 냉각하는 WSFC(Water-side Free Cooling)와 비교되는 시스템이다. ASFC는 WSFC 대비 초기 투자비용이 낮고 냉각수나 냉수 시스템 구축보다 간단하게 설계가 가능하다. 반면에 DASFC 시스템의 경우에는 지구 온난화 및 미세먼지 증가 등의 이유로, 가동 가능한 일수도 짧아지고 공기를 정화하는 필터 교체 비용 등 유지 비용이 높아지는 단점이 있다. DASFC는 서버 냉각을 위해 외기를 직접 서버룸에 공급하는 방식이며, 배기열은 배기 통로를 통해 외부로 배출된다. 황사, 미세먼지, 염해에 따른 필터 유지 비용이 높다. 프리쿨링 냉동기 가동이 없는 외기 냉방 기간 확보가 가능하고 이론적 PUE는 우수하다. IASFC 방식에 비해 정압이 적어져서 팬 동력이 감소된다. 비상 대응인 퍼지(Purge) 방식과 조합이 가능하다. IASFC는 서버 냉각을 위해 외기를 직접 서버룸에 공급하지 않고 간접적으로 이용하는 방식이며, 배기열은 배기 통로를 통해 외부로 배출된다. 열교환기를 설치하여야 하므로 초기 투자비가 증가하고 항온항습기 용량 증대가 필요하다. 황사, 미세먼지나 염해에 따른 필터 유지 비용을 낮출 수 있다. DASFC 방식에 비해 정압이 늘어나서 팬 동력이 증가되고 에너지 소비 효율성이 감소된다. 반면에 공기 질의 영향은 IASFC가 DASFC 보다 적다.

ATC (Automatic Temperature Control)

ATC(자동 온도 제어)는 시스템에서 목표 온도를 유지하거나 제어하기 위한 자동화 시스템이다. 센서를 통해 자동으로 온도를 측정하고, 목표 온도와 현재 온도와의 차이를 분석하여 조절 동작을 수행한다. 온도가 높을 때 냉방을 가동하고, 온도가 낮을 때 난방이 되도록 제어한다. 피드백 루프를 통해 주기적으로 현재 온도를 측정하고 제어를 하여 목표 온도에 근접하게 유지한다. 자동차를 예로 들면, 오토 모드로 목표 온도를 설정하면 ATC가 차량 내부의 온도를 모니터링하고, 그 결과에 기반하여 자동으로 에어컨이나 히터를 작동시켜서 목표 온도를 유지하는 것과 같은 원리이다.

BDD (Back Draft Damper)

BDD(역류 방지 댐퍼)는 공조 시스템에서 공기의 단방향 흐름을 제어하여 건물 내부로의 역류를 방지하는 댐퍼다. 특히 외부에서 내부로의 공기 이동을 방지한다. 환기 시스템이나 배기 팬 등에 설치되어 공기의 흐름 방향을 감지하고 제어하면서, 특정 압력이나 공기 흐름이 주어질 때 열리거나 닫히도록 설계된다. 스프링이나 중력에 의해 작동되며 외부의 오염 물질이나 냄새가 건물 내부로 유입되는 것을 방지한다. 화재 탈출구나 소화구 등에 설치될 경우 외부 공기가 내부로 역류하지 않도록 하여 화재 발생 시 안전을 확보할 수 있게 도움을 준다. 냉난방 시스템과 연동될 경우 외부의 찬 공기나 뜨거운 공기가 건물 내부로 들어 오는 것을 제어한다.

BDV (Blow Down Valve)

BDV(블로우 다운 밸브)는 보일러, 압력 용기, 열교환기와 같은 고압 시스템에서 사용되는 밸브이다. 과압(Over Pressure)과 같은 비상 상황이 발생하거나 유지 보수가 필요할 시, BDV를 열어서 압력을 낮출 수 있다. 일반적으로는 최고 허용 압력(MAWP; Maximum Allowable Working Pressure)에 도달했을 때 BDV가 자동으로 열리도록 설계되어 있다.

BTU (British Thermal Unit)

BTU(영국 열량 단위)는 영국에서 개발된 열량 계산 단위이며, 1 BTU는 1 파운드(lb)의 물을 1 화씨 온도(°F) 올릴 때 필요한 열량을 나타낸다. 파운드와 화씨 온도를 중량 단위 kg과 섭씨 온도(°C)로 환산하여 계산하면, 물 1 kg을 1 섭씨 온도(°C)로 올릴 때 필요한 열량이 1 kcal이다. 두 단위를 환산하면, 1 kcal는 3.968 BTU이고 1 BTU는 0.252 kcal이다.

CAC (Cold Aisle Containment)

CAC(냉복도 컨테인먼트)는 냉복도(Cold Aisle)를 밀폐하여 냉기를 공급하고 열복도(Hot Aisle)를 통해 배기하는 설계에 따라, 냉복도에 컨테인먼트를 설치하는 방식이다. 컨테인먼트가 설치되지 않는 냉방 방식에서 열기와 냉기가 랙 주변에서 혼합되어 냉방 효율이 저하됨에 따라, 최근의 추세는 컨테인먼트를 설치하도록 설계한다. 이중 마루(Raised Floor)를 통해 하부에서 냉복도로 냉기를 공급하고, 이를 컨테인먼트로 밀폐함에 따라 서버의 열은 서버 후면의 열복도로 배출된다. 이에 따라 컨테인먼트로 밀폐된 냉복도 이외의 구역은 온도가 전반적으로 높아져서, 재실자의 근무 환경이 나빠지고 항온항습기의 효율이 낮아지는 단점이 있다. 이중 마루를 삭제하고 FWU를 도입한 최근의 데이터센터에서는 HAC(Hot Aisle Containment) 방식이 보편화되고 있다. 이를 통해 이중 마루를 고려한 골조 단차의 확보나 하중 관련한 사전 고려가 불필요하게 되는 장점을 지니고 있다.

CDS (Chemical Dosing System)

CDS(약품 주입 시스템)는 공정이나 시설에서 화학물질을 정확하게 계량하여 투입하고 혼합하는 시스템이다. 주로 수처리 공장, 산업 공정, 냉각탑, 보일러 등에서 사용된다. 특정한 용도에 맞게 화학 물질을 정확하게 투입하여, 공정이나 시스템의 안정성과 효율성을 유지하는 중요한 역할을 한다.

CFD (Computational Fluid Dynamics)

CFD(공조 시뮬레이션)는 컴퓨터를 사용하여 유체 역학의 흐름과 열 전달을 모의 시뮬레이션하는 공학 기술이다. 데이터센터에서는 CFD가 공조 시스템의 성능을 평가하고 최적화하며, 냉각 효율성을 검증하기 위해 널리 사용된다. 다음과 같은 과정을 통해 유체 흐름을 시뮬레이션한다.

1) 도메인 설정: 서버 룸을 포함한 데이터센터 공간의 물리적 형태와 조건을 정의하며 냉각 장치, 서버, 각종 장애물 및 환경 조건을 포함한다.
2) 경계 조건 설정: 외부 공기의 온도, 습도 및 각 구성 요소의 열 특성 등을 정의하는 시뮬레이션의 경계 조건을 설정한다.
3) 유동 방정식 해석: 'Navier-Stokes Equations'와 같은 유체 유동 방정식을 수치적으로 해석하여 유체의 흐름을 시뮬레이션한다. 구역별 열

전달 및 에너지 교환도 함께 모델링한다.

4) 결과 분석: 시뮬레이션 결과를 분석하여 공간의 온도, 유속과 압력 등을 이해하고 최적화할 수 있는 정보를 도출한다.

공조 시뮬레이션에는 아래와 같은 모델링과 평가 방법이 이용된다.

1) 냉각 시스템 모델링: 데이터센터의 냉각 시스템을 모델링하며, 항온항습기, 냉동기, 냉매 순환 등의 검토를 포함한다.
2) 열 분포 분석: 서버 랙과 다양한 열원 간의 열 교환을 이해하고 열 밀도 지역인 열 구간(HS; Hot Spot)을 식별하여 열 분포도를 작성한다.
3) 서버 랙 배치 최적화: 서버 랙의 배치를 최적화하여 공간 내에서 일관된 온도 분포를 유지할 수 있도록, 서버 랙 배치별 평가를 작성한다.
4) 공조 시스템 성능 평가: 공조 시스템의 성능을 평가하고 이 평가 자료를 효율적인 공조 시스템 구성에 활용한다. 공조 시스템의 에너지 소비를 최소화하면서도 안정적인 온도를 유지할 수 있도록 최적화된 자료가 생성된다. 공조기 배치에 따른 열 분포를 종합적으로 평가한다.
5) 안정성 및 신뢰성 평가: 데이터센터의 안정성 및 신뢰성을 평가한다.

CFM (Cubic Feet per Minute)

CFM(분당 이동 입방 피트 부피량)은 시간당 공기 또는 유체의 체적 흐름을 나타내는 단위로서, 1분 동안 1 입방 피트의 체적이 이동함을 의미한다. 공조 시스템에서 주로 사용하는 용어이다. GPM(Gallons per Minute)은 1분 동안 1 갤런의 이동, CFH(Cubic Feet per Hour)는 1시간 동안 1 입방 피트의 공기나 유체의 체적이 이동했음을 알 수 있다.

COP (Coefficient of Performance)

COP(성능 계수)는 시스템이 열을 제어하거나 제공하는 냉난방 작업의 효율성을 나타내는 지표이다. 높은 COP 값은 소비된 전력 대비 더 효율적으로 냉난방이 운영됨을 의미한다. 전체 전력 소비량에 대한 냉난방 용량의 비율로 산출되며, PUE(Power Usage Effectiveness) 산정의 핵심 자료이다.

CP (Ceiling Plenum)

CP(천정 공간)는 서버룸 열복도(Hot Aisle)에서 컨테인먼트를 통해 배출된 뜨거운 공기가 배출되는 통로로 쓰이는, 천정과 골조 슬래브 사이의 빈 공간을 의미한다. 천정 레벨에서 보 하부까지의 유효 공간 확보 정도가 공조 성능과 연계되어 있어서, 각 층의 골조 층고 및 천정고를 결정할 때 중요하게 고려해야 할 지표이다. CFD를 통해 CP의 레벨을 검증할 필요가 있다.

CP (Centrifugal Pump)

CP(원심 펌프)는 임펠러(Impeller)의 회전에 따른 원심력을 이용해 유체를 이동시키는 펌프이다. 모터나 엔진으로부터 전달되는 회전 운동을 이용해 작동한다. 흡입관을 통해 임펠러에 들어온 유체는 날개(Vane) 사이를 통과하면서 회전력을 받고, 이에 증가한 압력에 따라 유체가 이동하는 원리다.

CRAC (Computer Room Air Conditioner)

CRAC(항온항습기)는 공기를 처리하고 필터링하여 서버룸으로 공급하는 장비이다. 일반적으로 냉기를 생성하고 필요한 경우 가습 및 제습 기능도 수행한다. CRAC 장비는 일반적으로 사용되는 에어컨과도 유사하다. 데이터센터 서버룸의 온도, 공기 분배 및 습도 제어를 유지하도록 설계되었고 직접 팽창 냉동 사이클을 사용한다. 공기를 냉각 코일 위로 불어 넣어 냉각하고 냉매로 채워진 냉각 코일에 의해 냉방을 한다. CRAC 냉각 장치를 사용하여 서버룸에 냉각된 공기를 공급하고, 서버룸을 통과한 공기는 냉각을 위해 다시 CRAC 장치 공간으로 되돌아간다. 소규모나 저밀도 데이터센터에 적합하다. 근래에는 CRAH(Computer Room Air Handler)와 같은 의미로 혼용하기도 한다. 한글로는 항온항습기로 통칭하기도 한다.

CRAH (Computer Room Air Handler)

CRAH(항온항습기)는 CRAC와 혼용하는 용어로서 서버룸의 냉방 및 습도 제어 기능을 담당하는 장비이다. 항온항습기로 통칭되지만 근래에는 프리쿨링(Free-Cooling) 냉동기와 연계되어, 전면 저속 취출 방식의 FWU(Fan Wall Unit)를 CRAH라고 부르기도 한다. 건물의 냉각수나 공기 처리 장치와 유사한 기능을 가지고 있고, CRAC 시스템과 마찬가지로 팬을 사용하여 냉각 코일에 공기를 불어 넣어 냉각한다. 냉각 코일은 냉매가 아닌 냉각수로 채워져 있고 냉동기를 통해 공급된다. 냉각 코일에서 배출된 공기는 서버룸의 냉방을 하고, 다시 CRAH로 돌아가 냉동기의 냉수와 열교환을 통해 다시 냉각된다. FWU가 적용된 CRAH의 경우 옥상의 프리 쿨링 냉동기로부터 생성된 냉수(Chilled Water)를 사용하여 냉방을 한다. CRAH 장치는 팬 속도를 조절하여 습도와 온도 수준을 안정적으로 유지하는 기능도 한다.

CW (Cooling Water, Chilled Water)

CW(냉각수 혹은 냉수)는 냉방을 위해 냉동기나 냉각탑을 통해 공급되는 차가운 물을 뜻한다. 냉수(Chilled Water)는 냉동기에서 생산되어 냉방에 직접 이용되는 물이고, 냉각수(Cooling Water)는 냉각탑을 통해 생성되며 열 교환을 통해 냉동기를 냉각하고, 다시 냉각탑으로 회수되는 물이다. 과거의 데이터센터들이 냉동기와 냉각탑 조합으로 이루어져서 냉수와 냉각수를 위한 펌프나 배관이 복잡하였다면, 프리쿨링(Free-Cooling) 냉동기가 도입된 이후 제어가 단순해지고 냉각탑과 냉각수 펌프 배관이 삭제되었다.

CWR (Chilled Water Return)

CWR(냉수 환수관)은 냉각 시스템 설계 도서에 사용되는 용어로서, 냉수가 열원을 통과한 후 냉동기로 환수되는 관을 의미한다.

CWS (Chilled Water Supply)

CWS(냉수 공급관)는 냉동기를 통해 냉각된 냉수가 열 발생 소스들을 냉각하기 위해 공급되는 관을 의미한다. CWS는 냉수가 공급되는 관이며, CWR은 냉각을 마치고 냉동기로 돌아 가는 관이다.

DAFC (Direct Air-side Free Cooling)

DAFC(직접 외기 프리 쿨링)는 외부의 공기를 직접 사용하여 냉각하는 원리를 기반으로 한다. 이 시스템에서는 외부의 공기가 직접 서버룸에 공급되어 열을 흡수함으로써, 서버룸 내부의 온도를 유지하거나 낮출 수 있다. IDAFC(Indirect Air-side Free Cooling)는 간접 외기 프리 쿨링을 의미한다. DAFC 시스템에서는 외부 공기가 직접 서버룸으로 유입되지만, IDAFC 시스템에서는 외부 공기가 서버룸으로 직접 유입되지 않고 열교환기 만으로 공급된다. DAFC는 외부 공기를 직접 사용하므로 외부 공기질에 의해 서버룸이 영향을 받을 수 있어서, 필터나 댐퍼 등의 유지 보수 비용이 증가할 수 있다. IDAFC는 외부 공기와 데이터센터 내부의 공기가 물리적으로 분리되어, 외부 공기의 질과 습도 변화가 서버룸에 직접적인 영향을 적게 끼칠 수 있다. DAFC는 외부 공기를 직접 사용하여서 냉각하기 때문에 IDAFC보다 전력의 소비가 적어지며 효율적이다. PUE(전력 사용 효율성) 관점에서는 DAFC가 분명 장점은 지니고 있지만, 계산상으로 산출된 PUE와는 별개로 계절적 환경적 요인의 영향을 받는 공기의 질을 고려할 필요가 있다.

DB (Dry Bulb)

DB(건구) 온도는 기본적인 온도로서 공기 중의 수증기를 고려하지 않은 온도를 나타내며, 일반적으로 표현하는 외부 기온이라고 할 수 있다. DB 온도는 온습도계에서 측정되는 온도로, 공기 중의 습기를 고려하지 않고 단순히 공기의 온도만 측정한다. 반면에 WB(Wet Bulb; 습구) 온도는 공기의 수증기를 포함한 온도를 나타낸다. DB 온도는 일반적인 온습도계를 사용하여 측정하고, WB 온도는 습도 센서와 물을 사용하여 공기를 냉각해서 측정한다. DB 온도는 일상적인 생활은 물론 냉각 시스템의 기본적인 설계 및 운영에 고려하고, WB 온도는 특히 냉각 시스템에 있어서의 열 효율성과 냉각 매체의 선택을 결정하기 위해 중요하게 고려되어야 한다.

DCP (District Cooling Plant)

DCP(지역 냉방 플랜트)는 여러 건물이나 넓은 지역에 냉수를 제공하기 위해 설계된 중앙 냉각 시스템을 운영하는 시설이다. 중동 지역의 경우 대규모 주거 단지나 복합 시설이 들어서는 구역에 DCP를 설치하기도 한다.

DHW (Domestic Hot Water)

DHW(주거용 온수)는 주거용 건물에서 사용되는 온수를 나타낸다. 주로 욕실, 주방, 세탁기 등에서 사용되는 뜨거운 물을 의미한다. DHW 시스템은 건물 내의 온수 공급을 제공하기 위해 설계되었으며, 일상적인 생활 활동에 필요한 온수를 제공하기 위해 사용된다.

DP (Dew Point)

DP(이슬점) 온도는 공기가 포화되어 수증기가 응축되기 시작하는 온도를 나타낸다. 대기 중의 습도에 따라 달라지며, 공기 중의 수증기 양이 일정 한도에 도달했을 때 이슬이 형성되는 온도이다. 이슬점 온도는 대기 중의 습도를 평가하기 위해 사용되며, 공기 중의 습도가 높을수록 이슬점 온도는 높아진다. 건구(Dry Bulb) 온도는 공기 중의 수증기를 고려하지 않은 일반적인 온도이다. 습구(Wet Bulb) 온도는 공기 중의 수분까지 반영된 상태의 온도이며, 대기 중의 습도에 의해 영향을 받는 온도이다.

DPCV (Differential Pressure Control Valve)

DPCV(차압 조절 밸브)는 시스템 내에서 발생하는 압력 차이에 따라 유체의 유량을 제어하는 장치이다. 주로 냉난방 시스템에 사용되며 냉각 매체나 난방 매체의 유동을 일정하게 유지하고, 특정 부분에서 발생하는 과다한 차압을 제어하기 위해 설치된다. 시스템의 특정 부분에서 발생하는 차압을 감지하고, 밸브를 조절하여 일정한 압력 차이를 유지하는 원리이다. 이를 통해 시스템 전체에서 원활하고 안정적인 유체 유동이 가능하게 된다. 차압 조절 밸브에는 다음과 같은 유사한 조절 밸브들이 있다.

1) PICV(Pressure Independent Control Valve): 시스템 내에서 발생하는 압력 변화에 관계없이, 독립적으로 작동하여 일정한 유량을 유지하게 조절하는 밸브이다.
2) CFR(Constant Flow Regulator): 일정한 유량을 제어하는 것에 중점을 둔 밸브로, 차압이 변해도 유량을 일정하게 유지한다.
3) PICBV(Pressure Independent Control and Balancing Valve): 차압 조절뿐만 아니라 균형(Balancing)도 맞출 수 있는 밸브로, 시스템 내에서 발생하는 차압에 독립적으로 작동하면서 유체의 유량을 일정하게 유지할 수 있도록 조절하는 기능을 지니고 있다.

DX (Direct Expansion)

DX(직팽식)는 공조 분야 설계 도서에 쓰이며, 냉방 시스템에서 냉매가 직접 냉방 유체를 냉각하는 방식이다. 공조 장치나 냉매 냉각 장치에 사용되며, 간단하면서도 효율적인 방식 중 하나이다. 압축기를 이용해서 냉매를 압축한 이후 증발 코일로 전달된 냉매가 열을 흡수한다. 냉매는 이 과정을 통해 액체 상태에서 가스 상태로 변환되면서 열을 흡수한다. 압축기와 증발기 중간에는 열 전달을 위한 튜브와 열교환기가 설치된다.

EBOP (Emergency Bearing Oil Pump)

EBOP(비상용 윤활유 펌프)는 발전소나 대형 산업 시설에서, 발전기나 회전 장비의 베어링 윤활 목적으로 사용되는 오일 펌프이다. 주로, 주오일 펌프(Main Oil Pump)가 작동하지 않거나 정지된 경우에만 활성화되어, 베어링용 윤활유를 안전하게 공급하고 시스템 안정성을 유지하는 역할을 한다.

EC (Economizer)

EC(이코노마이저)는 데이터센터의 공조 시스템 중 하나로 외부 공기를 활용하여 냉각하는 방식이다. 기계식 냉각에 의존하는 방식에 비해 에너지를 절약하고, 환경을 고려한 냉각 솔루션을 제공할 수 있다. 기본적으로 외부 공기가 냉각에 적절한 조건일 경우, 기계식 냉각 시스템을 우회하여 외부 공기로 필요 공간을 냉각하는 개념이다. 추운 겨울이나 봄 가을과 같이 외기 온도가 낮을 때 활용된다. 감응 센서가 수집한 외부 공기의 온도를 기반으로 외부 공기가 냉각에 충분히 적합한 조건일 때, 제어 장치가 이코노마이저를 활성화한다. 더운 여름과 같이 외부 공기 온도가 높은 상황에서는 프리 쿨링 냉동기와 같은 기계식 냉각 시스템을 이용한다.

EC (Electronically Commutated)

EC(전자식 커뮤테이터) 팬은 전자식 변속 장치를 사용하여 속도를 조절하는 팬으로, 효율이 높아 냉방 시스템에서 널리 사용된다. 전통적인 AC 팬과 비교하여 더 효율적이며 에너지 소비를 줄일 수 있는 기술이 적용되었다. 전자식 변속장치(전자식 커뮤테이터, 또는 Brushless DC Motor)를 사용하여 팬의 속도를 제어한다. 브러시리스 모터는 전자식으로 회전자를 제어하므로 회전 마찰이 적어지며 보다 효율적이다. 전자식 커뮤테이터(Electronic

Commutator)를 사용하여 모터의 회전 방향을 전자적으로 제어하므로, 정확한 속도 제어와 효율적인 에너지 사용이 가능해진다. 팬은 특별한 센서 및 제어 시스템과 함께 작동한다. 센서는 환경 조건을 감지하고 제어 시스템은 이 정보를 바탕으로 팬의 속도를 조절한다. 제어 시스템은 팬의 속도를 변경하여 필요한 공조나 냉방 요구에 맞게 제어한다. 모터의 작동 환경 조건이 변하면 센서가 이를 감지하고, 전자식 커뮤테이터가 모터의 회전을 조절하여 팬의 속도를 최적화한다. EC 팬은 효율적인 모터 및 전자식 제어를 사용하여 에너지를 효율적으로 소비하므로 전력 소비를 줄일 수 있다. 정밀한 속도 제어가 가능하며 다양한 환경 조건에 신속하게 대응할 수 있다. 전자식 커뮤테이터와 Brushless Motor는 소음 수준도 낮출 수 있다.

ECWS (Essential Chilled Water System)

ECWS(필수 냉수 시스템)는 건물 또는 시설의 중요한 부분에 필수적인 냉수를 공급하는 시스템이다. 건물 내의 중요한 공간이나 장비에 대한 냉각을 제어하기 위해 설계된다. 데이터센터의 서버룸이나 의료 시설의 주요 장비는, 어떠한 상황에도 안정된 온도를 유지해야 하므로 ECWS가 필요하다. 비상 상황 시에도 건물 내의 중요한 영역이나 장비의 온도를 유지하고, 시설의 기능을 유지하기 위해 사용될 수 있다. 화재 발생 시 화재 대피에 필요한 장비나, 대피로의 온도를 유지하는 목적으로도 ECWS가 사용될 수 있다.

EF (Exhaust Fan)

EF(배기 팬)는 공기를 건물 내부나 장비에서 외부로 배출하기 위해 사용되는 환기 장치이다. 화장실, 부엌, 창고, 주차장, 공장 등에 설치된다.

EFU (Equipment Fan Filter Unit)

EFU(장비 팬 필터 유닛)는 공조 시스템에서 사용되는 장비로, 공기 중의 먼지와 부유 물질을 걸러내기 위해 설계된 장치이다. EFU는 공조 시스템 내부에 설치되어 공기를 정화하고 시스템의 성능을 유지하는 역할을 하므로, 데이터센터나 정밀한 제어가 필요한 클린 룸이나 IT 장비 공간에 사용된다. 흡입된 공기를 필터를 통해 정화한 후 배출하기 위한 전용 팬과 모터가 포함되어 있다. 이들은 효율적으로 공기를 순환시키고 필터를 통해 정화된 공기 질을 유지할 수 있게 한다. FFU에는 다음과 같은 종류가 있다.

1) 팬 필터 유닛(Fan Filter Unit): 공기를 흡입하여 필터를 통해 정화한 후 시스템으로 배출하는 팬이 포함된 장치이다. 공기 중의 먼지나 부유 물질을 걸러내어 깨끗한 공기를 유지한다.
2) HEPA 필터(High Efficiency Particulate Air Filter): 미립자와 먼지 등의 부유 물질을 걸러내는 기능에 특화된 고성능 필터이다. 미세한 입자도 효과적으로 걸러내어 공기를 깨끗하게 정화한다.
3) ULPA 필터(Ultra-Low Penetration Air Filter): HEPA 필터보다 더 미세한 입자까지 효과적으로 걸러내는 고성능 필터이며, 클린 룸, 연구실이나 서버룸과 같은 정밀한 환경 유지가 필요한 공간에서 사용된다.

EHP (Electric Heat Pump)

EHP(전기 열 펌프)는 냉난방 및 온수를 공급하기 위해 사용되는 장치로, 전기를 사용하여 환경으로부터 열을 흡수하고 전달하는 펌프이다. 공기, 물 또는 지중에서 열을 추출하여 내부 공간 난방을 한다. EHP의 작동 원리는 열 펌프의 사이클에 기반하고 있다. 이를 단계별로 살펴 보면, 먼저 흡입(Evaporation) 단계에서 히트 펌프가 액체 냉매를 증발시키면서 외부 환경에서 열을 흡수한다. 압축(Compression) 단계에서 압축기가 증발된 냉매를 압축하여 온도와 압력을 높인다. 응축(Condensation) 단계에서는 높은 압력과 온도의 냉매가 열교환기를 통해 내부 공간이나 온수 공급 시스템과 열을 교환하면서 열을 응축한다. 이후 팽창(Expansion) 단계에서는 팽창 장치를 통해 압력이 낮아지면서 냉매가 다시 액체로 변환된다. 이 과정이 반복되면서 열 펌프는 외부 환경에서 열을 흡수하여 내부 공간이나 물을 가열한다. 열원의 소스에 따라 분류하면 다음과 같은 펌프들이 있다.

1) 에어 소스 히트 펌프(Air Source Heat Pump): 주로 외부 공기에서 열을 추출하여 내부 공간을 가열한다. 설치와 유지 보수가 비교적 간편하며 일반적으로 사용된다. 계절과 날씨의 영향을 받는 단점이 있다.
2) 물 소스 히트 펌프(Water Source Heat Pump): 지하수, 강이나 호수의 물에서 열을 추출하여 내부 공간을 가열한다.
3) 지열 히트 펌프(Geothermal Heat Pump): 지하에서 열을 추출하여 내부 공간을 가열한다. 안정적이고 일정한 온도를 제공하는 장점이 있으나, 설치 비용이 상대적으로 증가하는 단점을 지니고 있다.

ERV (Energy Recovery Ventilator)

ERV(에너지 회수 환기 장치)는 공조 시스템에서 사용되는 장치로, 실내 공기와 외부 공기 간의 열과 습도를 교환하여 에너지를 효율적으로 회수하는 역할을 하는 장치이다. 주로 건물 내부의 신선한 공기 공급과 환기에 사용된 공기의 배출을 위한 환기 시스템에 통합되어 사용된다. 두 개의 공기 흐름 간에 열과 습도를 교환하는 코어를 포함하고 있고, 교환 코어는 특수한 재질로 만들어져서 열 전달과 함께 습도를 전달하는 기능을 한다. 실내의 냉방이나 난방으로 사용된 실내 공기는 ERV로 유입되고, 외부의 신선한 공기도 ERV를 통해 건물로 유입된다. ERV의 교환 코어를 통해 두 공기 흐름 간에 열과 습도가 교환되고 에너지가 회수되는 원리를 이용한다.

ETP (Effluent Treatment Plant)

ETP(폐수 처리 시설)는 폐수를 처리하기 위한 시설을 의미한다. 산업 공정에서 발생한 폐수를 처리하여, 환경에 안전한 상태로 방출하기 위한 시설이다. 주로 제조업, 화학 공장, 제지 공장, 석유 정제 공장 등에서 설계된다. ETP는 폐수 처리 과정을 거쳐 폐수를 처리하고 정화하는 다양한 단계로 구성된다. 이 단계에는 물리적 처리, 화학적 처리, 생물학적 처리 등이 포함될 수 있으며, 처리 방법과 규모는 처리할 폐수의 종류와 양에 따라 다를 수 있다. 일부 경우는 폐수를 재활용 가능한 물로 처리하는 기능도 지니고 있다.

EWH (Electrical Water Heater)

EWH(전기 온수기)는 전기를 사용하여 물을 가열하는 장비이다. 주로 가정이나 상업 시설에서 보일러 장비를 사용하지 않고 간편하게 온수를 제공하기 위해 사용되는 장치이다. 가열 장비와 탱크로 구성되고 복잡한 난방 장치가 필요 없는 소형 장비이므로, 상업 시설 등의 주방이나 화장실에 많이 적용되고 있다. 설치가 간단하며 유지 보수 또한 용이한 편이다.

FCU (Fan Coil Unit)

FCU(팬 코일 유닛)는 공조 시스템에서 사용되는 장치로, 실내 냉방이나 난방 역할을 하는 장치이다. 냉매 또는 뜨거운 물을 흐르게 하여 공기를 조절하고, 팬을 통해 실내의 공기를 순환시켜 온도를 제어한다. 주로 상업용 또는 주거용 건물에서 사용되며 각 영역에 별도로 설치되어, 해당 영역의 온도를 개별적으로 제어할 수 있다. 부분 보수가 가능하여 효율적이고 경제적인 공조 시스템이다. FCU는 냉매 또는 뜨거운 물을 흐르게 하는 코일을 포함하여, 냉각이 필요한 경우 냉매를 사용하고 난방이 필요한 경우 뜨거운 물을 사용한다. FCU에는 팬이 장착되어 있어 냉매나 뜨거운 물을 통해 흐르는 열을 공기에 전달하고, 이렇게 함으로써 실내의 공기가 냉각되거나 가열된다. FCU에는 흡입된 공기를 정화하기 위한 공기 필터가 포함되어 있어서, 먼지나 오염물질을 걸러내어 공기의 청정도를 유지할 수 있다. 온도 제어기와 팬 속도 제어기가 포함되어 있어, 사용자가 원하는 온도로 실내를 유지하기 위해 FCU의 온도를 조절하고 팬 작동 속도를 제어할 수 있다.

FD (Fire Damper)

FD(방화 댐퍼)는 건물의 소방 시스템에서 사용되는 장치로, 화재 발생 시 화재의 전파를 방지하고 확산을 최소화하기 위해 설치되는 댐퍼이다. 건물의 환기 및 공조 시스템에 통합되어 있으며, 특정 조건에서 작동하여 화재나 연기가 퍼지는 것을 방지한다. 정상 상황에서 FD는 공기 순환에 따라 열과 공기의 흐름을 허용하는 열린 상태에 있다가, 화재 발생 시 온도 상승이나 화재가 감지되면 자동으로 닫혀서 화염이나 연기의 확산을 차단한다. 일부 FD는 수동 또는 전기 제어에 의해 작동될 수 있지만, 주로 FDMS에 따라 자동 작동되도록 설계된다. 최근에는 DCIM과 연계된 FDMS를 적용한 설계도 있다. FD에는 작동 방식과 목적에 따라 다음과 같은 종류들이 있다.

1) 스모크 댐퍼(Smoke Damper): 화재로 인해 발생된 연기(Smoke)가 확산되는 것을 방지하여 대피로의 안전성을 높인다.
2) 방화 댐퍼(Fire Damper): 화재 발생 시에만 차단 기능을 수행하며, 평상시에는 열려 있는 일반적인 유형이다.
3) 소화 가스 방출 댐퍼(Fire Damper with Fire Gas Suppression): 화재 발생 시 소화 가스를 방출하여 화재 진압에 사용되는 댐퍼이다.
4) 패시브 방화 댐퍼(Passive Fire Damper): 화재 감지 장치나 전원이 필요하지 않고 물리적 스위치나 레버와 같은 장치로 작동하는 댐퍼이다.
5) 액츄에이터 방화 댐퍼(Fire Damper with Actuator): 자동화된 소방 및 공조 시스템과 연동되어 작동하는 댐퍼이다. 건물 관리 시스템에 의해 원격으로 액츄에이터를 제어할 수 있다.

FDMS (Fire Damper Management System)

FDMS(방화 댐퍼 관리 시스템)는 FD를 효과적으로 관리하고 유지하는 시스템을 말한다. 방화 댐퍼의 작동 상태, 유지 보수 이력, 정기적인 점검 및 테스트에 대한 정보를 모니터링하며, 안전 규정을 준수하여 화재와 같은 상황에서 건물의 안전성을 유지할 수 있게 도움을 준다. 자동 제어나 DCIM과 같은 소프트웨어와 연동될 수 있다. FDMS의 주요 기능은 다음과 같다.

1) 방화 댐퍼 모니터링: 시스템은 건물 내의 방화 댐퍼를 실시간으로 모니터링하고 작동 상태를 확인하여 기록한다.
2) 자동 테스트 및 검사: 정기적으로 방화 댐퍼를 자동으로 테스트하고 검사하여, 문제가 있는지 여부를 확인한다. 수동 검사로 인한 오류를 방지하고 시스템의 안전성을 향상시킨다.
3) 유지 보수 일정 계획: 유지 보수 일정을 관리하고 예정된 유지 보수 작업을 계획한다. 정기적인 정비 및 수리가 이루어질 수 있도록 교체와 점검 주기를 지속적으로 확인해야 한다.
4) 알람 및 경고 시스템: 방화 댐퍼에 문제가 발생하거나 유지 보수가 필요할 때 즉시 알람이나 경고를 생성한다
5) 기록 및 문서화: 방화 댐퍼의 작업 이력, 수리 내용과 테스트 결과들의 정보를 기록하여 문서화할 수 있도록 도움을 준다.
6) 원격 모니터링: 일부 시스템은 원격으로 방화 댐퍼 작동 상태를 모니터링하고 제어할 수 있는 기능을 제공한다. 건물 관리자나 소방 담당자가 소프트웨어를 통해 원격으로 방화 댐퍼 상태를 확인할 수 있다.

FFU (Fan Filter Unit)

FFU(팬 필터 유닛)는 데이터센터 서버룸이나 클린룸과 같이 깨끗한 환경을 필요로 하는 공간에서 사용되는 필터 장치이다. 공조 시스템에서 공기를 정화하고 요구되는 온도와 습도를 유지하기 위해 사용된다. 팬을 통해 FFU 내부로 공기를 흡입한다. 흡입된 공기는 내장된 고성능 필터를 통과하는데, 이 필터는 미세한 입자나 세균 등을 제거하여 실내의 공기를 깨끗하게 유지

할 수 있도록 해준다. 필터링을 거친 후의 공기는 요구되는 온도와 습도를 갖추고 있는 상태로 공급되고, 사용된 공기는 FFU의 하부 또는 측면에 위치한 배기 시스템을 통해 방출된다. 이를 통해 내부의 공기가 꾸준하게 순환될 수 있다. FFU에는 다음과 같은 종류들이 있다.

1) 평행 플로우 FFU(Parallel Flow FFU): 공기가 팬을 통해 필터를 통과한 후, 평행하게 실내로 배출되는 형태의 FFU이다.
2) 타워 플로우 FFU(Tower Flow FFU): 팬이 상단에 위치하고 정화된 공기가 FFU 중앙에서 아래로 향하는 유형이다.
3) 선형 플로우 FFU(Linear Flow FFU): 평행 플로우와 유사하나 공기가 FFU 폭을 따라 균일하게 선형으로 분배되는 구조이다.
4) 파운드 FFU(Pound FFU): 소형 클린룸이나 반도체 제조 공장과 같은 특정 작업 공간에서 사용되는데, 작고 경량이기 때문에 이동성이 뛰어나고 공간 활용도가 높다. FFU라고 정의하고 구분하기에는 어려운 중소형 규모이며, 개별적으로 구성하는 시스템의 일부라 할 수 있다.

FHC (Fire Hose Cabinet)

FHC(소화전함)는 화재 발생 시 사용되는 소방 호스를 보관하는 함이다.

FV (Face Velocity)

FV(면 속도)는 유체가 단면을 수직으로 전체를 채운 상태에서 통과할 때의 선 속도(m/sec)이다. 이 FV값에 단면적(m^2)을 곱하면 VFR(Volume Flow Rate)이 산정된다. 이를 체적 유량이라고 부르며 단위는 m^3/sec이다.

FWU (Fan Wall Unit)

FWU(팬 월 유닛)는 하나의 유닛 내에 여러 개의 소형 팬이나 팬 배열이 통합된 공조 장비를 말한다. 특히 데이터센터 서버룸과 같은 대형 공간의 공기 순환과 온도 조절을 위해 사용된다. FWU는 여러 개의 작은 팬을 특정 배열로 구성하여 사용한다. 이를 통해 높은 유체 역학적 효율성을 제공하면서, 공기를 효과적으로 이동시키고 혼합할 수 있다. 또한 팬을 높은 밀도로 배치하여 공간을 효과적으로 활용할 수 있고, 높은 공기 처리량 및 효율성을 제공한다. 각각의 팬은 독립적으로 제어되어 다양한 운영 모드 및 속도로 조절이 가능하며, 이에 따라 미세한 온도와 환기 제어를 가능하게 한다. 장비에서 발생되는 진동과 소음을 최소화할 수 있게 제작되어 안정성 및 사용자 편의성을 향상시킨다. 기존의 항온항습기와 비교하면 고밀도 팬 배열, 독립적인 제어, 절전 기능의 장점을 가지고 있어 높은 효율성을 제공한다.

HACS (Hot Aisle Containment System)

HACS(열복도 컨테인먼트 시스템)는 열복도(Hot Aisle) 구간에 컨테인먼트를 설치하는 시스템이다. 최근 대부분의 데이터센터가 도입하는 방식이다.

HEPA (High Efficiency Particulate Air)

HEPA 필터는 고효율 입자 공기 필터를 나타내는 용어로, 공기 중의 미세한 입자를 효과적으로 걸러내기 위해 사용되는 고성능 공기 청정 필터이다. 필터 지표 중 하나는 입자 제거 효율이다. 특히 0.3 마이크로미터 크기의 입자에 대한 효율은 99.97% 이상이어야 한다. 이는 HEPA 필터가 미세한 입자를 효과적으로 걸러내어 높은 효율로 공기를 정화할 때 사용될 수 있음을 의미한다. HEPA 필터에는 여러 등급이 있으며, 등급은 필터가 입자를 얼마나 효과적으로 제거할 수 있는지를 나타낸다. 흔히 사용되는 필터 등급에는 H10부터 H14까지가 있다. 필터의 성능은 규격화된 테스트 기준에 따라 측정되며, 이러한 테스트로 제거할 수 있는 입자의 크기와 제거 효율을 확인할 수 있다. 필터의 효율은 필터의 설계와 밀폐성에 크게 의존하여 밀폐성이 보장되어야 한다. HEPA 필터는 높은 입자 제거 효율에 따라 병원, 연구실, 반도체 제조, 제약산업, 항공 및 우주 공업, 클린룸, 전산실 등의 환경에서 사용된다. 유지 보수를 위한 필터의 수명도 중요한 고려 사항인데, 필터의 수명은 사용 환경에 따라 달라지므로 정기적으로 검사하여 효율 저하 시 교체해야 한다. 초기 구축 비용과 함께 필터 교체 비용도 고려되어야 한다.

HS (Hot Spot)

HS(열 지점)는 데이터센터 서버룸과 같이 냉방이 필요한 특정 영역에서, 비정상적으로 높은 열을 나타내는 장소이다. 이러한 HS는 해당 영역에서 열 분포의 불균형을 초래하며, 서버나 기타 장비가 더 많은 열을 발생하거나 냉각이 제대로 이루어지지 않을 때 발생할 수 있다. 일반적으로 냉각 시스템이 특정 장비의 열을 제대로 처리하지 못할 때나, 공기 순환에 문제가 있는 경우에도 HS가 발생할 수 있다. 장비 배치의 구성이 부적절하거나 장비 사이 공간에 충분한 공기 순환이 이루어지지 않으면 열이 쌓여서 형성될 수 있다. 냉각 시스템의 결함이나 부족한 냉각 용량 또한 HS를 초래할 수 있으며, 냉각 매체의 유동성 문제, 냉각 효율성 저하 등이 원인이 될 수 있다. 서버나 장비의 높은 밀도, 특정 서버 간의 충돌, 효과적인 열 통로 부재 등이 원인이 될 수 있다. 최초 계획 대비 변경된 랙 배치도 원인이 될 수 있다. 열을 효과적으로 관리하기 위해 열 매니지먼트와 같은 시스템이 도입되었는데, 열을 분산시키고 시스템의 효율성을 향상시킬 때 도움이 된다. 고밀도 랙에 대한 적절한 냉각 솔루션을 도입하여 열을 효과적으로 제거하여야 한다. 발생 구역에서 열을 생성하는 서버나 장비를 다른 위치로 재배치하거나, 공조기를 추가하는 등의 조치를 통해 열 분포를 조절하기도 한다.

HVAC (Heating Ventilation Air-Conditioning)

HVAC(공기 조화)는 설비 공기 조화 시스템을 말한다. 유사한 의미를 지닌 용어로 ACMV(Air-Conditioning Mechanical Ventilation)가 있다.

IAQ (Indoor Air Quality)

IAQ(실내 공기 품질)는 실내 공기의 품질을 나타내는 지표이며, 건물 내부의 공기에 포함된 오염 물질의 수준이나 농도에 따라 결정된다. 이에는 입자 농도, 화학 물질 농도, 온도, 습도와 이산화탄소(CO_2) 농도 등이 포함된다. 서버 및 기타 장비의 안전한 운영을 보장하기 위해 공기 품질 관리가 특히 중요하다. 공기 중의 미세 입자나 고농도의 입자는 공기 흐름을 저해하고, 냉각 시스템 및 기타 장비에 침착할 수 있다. 유해 화학 물질의 공기 중 농도에 대한 지속적인 모니터링이 필요하다. 특히 오존과 이산화탄소 등에 대한 농도를 관리해야 한다. CO_2는 인체의 호흡과 관련이 있으며, 건물 내부의 CO_2 농도가 높다는 의미는 공기가 충분히 교환되지 않고 있음을 나타낸다. IAQ의 개선이 내부 장비들의 내구성 개선과 연관되어 있는 것이다.

LPM (Liter Per Minute)

LPM(분당 리터 유동량)은 유체의 흐름을 리터 단위의 부피로 표현한 것이다. 1분 동안 몇 리터의 유체가 흘렀는지 측정하는 단위이다. 주로 액체나 가스의 유량을 측정하거나 설명할 때 LPM 단위 개념을 사용한다.

MAWP (Maximum Allowable Working Pressure)

MAWP(최고 허용 압력)는 압력 용기의 제작 두께를 기준으로 계산된 허용 가능한 최고의 압력이다. 부식으로 인한 두께의 여유를 빼고 계산한다. 설계 압력(Design Pressure)을 먼저 계산하여 요구되는 최소 두께를 산정한 다음, 이보다 더 두꺼운 자재를 이용해 제작한다. 압력 용기를 제작 후 전체 면의 압력을 계산한 다음, 그 중 가장 작은 압력을 MAWP로 정한다.

MERV (Minimum Efficiency Reporting Value)

MERV(필터 최소 효율값)는 공기 필터의 성능을 측정하는 표준화된 방법

중 하나이며, 필터가 공기 중의 미세 입자를 얼마나 잘 제거하는지를 표현하는 숫자이다. 높은 MERV 값은 필터가 미세 입자를 더 효과적으로 제거할 수 있다는 것을 의미한다. 다음은 일반적으로 구분하는 MERV 값과 해당 필터의 입자 제거 효율이다.

1) MERV 1~4: 효율이 낮다고 판정하며, 입자 크기 10.0 마이크로미터 이상인 대부분의 대기 중 큰 입자를 제거할 수 있다.
2) MERV 5~8: 효율이 중간이라고 판정하며, 입자 크기 3.0 ~ 10.0 마이크로미터 구간의 대기 중 미세한 먼지, 습기, 흡입된 스프레이 등을 제거할 수 있다.
3) MERV 9~12: 효율이 높다고 판정하며, 입자 크기 1.0 ~ 3.0 마이크로미터 정도의 미세한 먼지, 바퀴벌레 분비물, 폴렌, 습기, 곰팡이 등을 제거할 수 있다.
4) MERV 13~16: 효율이 매우 높다고 판정하며, 입자 크기 0.3 ~ 1.0 마이크로미터 구간의 세균, 초미세 먼지 등의 입자를 제거할 수 있다.
5) MERV 17~20: 효율이 최고라고 판정하며, 입자 크기 0.3 마이크로미터 이하의 초미세 먼지, 바이러스, 흡입된 초미세 입자 등을 매우 효과적으로 제거할 수 있다.

참고로, ASHRAE는 데이터센터 서버룸의 공기 청정도를 'ISO 8'로 유지하도록 권장하고 있다. 직접 외기 방식에서 'ISO 8'의 청정도를 유지하기 위해서는 MERV 8등급 이상의 필터를 사용하는 것이 효율적이다.

MOV (Motor Operated Valve)

MOV(전동 모터 작동 밸브)는 전동 모터를 이용하여 작동하는 밸브이다. 자동 또는 원격 조작을 통해, 전동 모터를 이용하여 밸브의 개폐 동작을 제어하는 장치이다. 전동 모터가 회전하면서 밸브의 판 또는 회전체를 작동시켜 유체의 흐름을 제어하거나 차단하는 역할을 수행한다. 전동 작동 밸브는 자동 제어 시스템에 통합되어, 자동으로 운전되거나 원격으로 제어될 수 있다. MOV는 회전식이나 직선식 밸브와 같이 다양한 형태로 제공된다. 회전식 밸브는 회전하는 동작을 사용하고, 직선식 밸브는 직선 운동을 사용하여 유체의 흐름을 제어하고 차단할 수 있다.

ODU (Out Door Unit)

ODU(실외기)는 공조 시스템 요소 중 외부에 설치되는 실외기를 칭한다.

P&ID (Piping & Instrumentation Diagram)

P&ID(공정 배관 계장도)는 플랜트나 발전 사업에서 주로 쓰이는 용어로서, 배관 및 공정 설비를 계측 장치와 함께 보여주는 도면이다. 주요 장치들의 공정 연관성, 운전 조건, 제어 설비 및 연동 장치 등의 정보와 흐름을 파악할 수 있게 해준다. 시스템 구성 전체를 파악할 수 있는 중요한 도면이다.

PRD (Piston Release Damper)

PRD(피스톤 댐퍼)는 평상 시에는 열려 있다가 소화 가스가 유입되면 자동으로 닫히는 기계식 댐퍼이다. 날개 샤프트에 연결된 기어를 가스의 힘으로 밀어서 피스톤을 돌리면 기어가 맞물리면서 닫히는 원리를 이용한다. 소화 약제 방출 구역 구분 위치에 설치되어, 화재 발생 시 댐퍼가 닫혀 소화 약제가 인접 구역으로 확산되는 것을 방지한다. 감지기가 동작되어 제어반에 전기적 신호를 주고, 제어반에서 전기 신호를 모터에 전달하여 닫히는 방식인 전기식 댐퍼(MRD; Motor Release Damper)와 구분된다.

PRV (Pressure Reducing Valve)

PRV(감압 밸브)는 유체의 공급 압력을 감소시켜 특정 지점에서 원하는 압력을 유지하는 밸브이다. 출력측 압력이 설정 값보다 높아지면 PRV는 밸브를 닫아 유체의 유입을 제한하고, 출력측 압력이 설정 값보다 낮아지면 밸브를 열어서 유체의 유입을 허용하면서 원하는 압력을 유지하게 조치한다. PRR(Pressure Reducing Regulator)이나 BPR(Back Pressure Regulator) 및 DPR(Differential Pressure Regulator)과 같은 유사한 밸브들이 있다.

PS (Pipe Shaft)

PS는 주로 기계 배관류가 설치되는 샤프트이며, 연면적에 포함되지 않는다.

RO (Reverse Osmosis)

RO(역삼투압) 여과 장치는 삼투압보다 높은 압력을 가하면, 고농도 용액에서 저농도 용액 쪽으로 순수한 용매가 반투막을 통해 빠져나오는 현상을 이용하여 수처리하는 장치이다. 농도 차이가 있는 용액을 반투막으로 분리해 놓으면, 시간이 흐르면서 저농도 용액의 물이 고농도 용액쪽으로 이동하는 것을 삼투현상이라고 한다. RO는 이와 반대의 이동 원리를 이용한다.

ST (Smoke Tower)

ST는 비상용 엘리베이터홀이나 피난 계단 전실 등에 설치되는 제연 급배기용 샤프트이다. 화재 초기 단계에 발생하는 연기 등을 감지하여 연기를 배출시키는 배연 기능과, 송풍기를 통해 해당 구간에 공기를 투입하고 가압하여 연기가 들어오지 못하게 하는 제연 기능을 수행할 수 있게 설계된다.

TAB (Testing Adjusting Balancing)

시공이 완료된 공기 조화 설비에서 공기와 물의 양과 질이 설계 요구 조건을 충족하는지 시험하고 조정하는 단계이다. 냉난방 및 환기, 냉수와 온수, 소음 진동을 장비별 구역별로 테스트하고 종합적으로 조정한다. 국부적으로 구간별 장비별로 테스트를 하므로 T&C(시운전) 보다 협의의 개념이다.

USRT (US Refrigeration Ton)

국내에서 쓰는 RT와 미국 영국에서 적용하는 USRT는 열량의 차이가 있다. 1 RT는 0°C의 물 1톤을 24시간 동안 0°C의 얼음으로 만드는 열량을 의미한다. 얼음의 응고 열량이 79.68 kcal/kg 24hr이므로 아래와 같은 계산에 따라 1 RT는 3320 kcal/hr이다.

1 RT = 1000 kg x 79.68 kcal/kg / 24 hr = 3320 kcal/hr

USRT는 이와 다르게 파운드 무게와 화씨 온도 개념을 적용하여 계산하므로 RT와 약간의 차이가 있다. 32°F의 물 1톤(2000 lbs)을 24시간 동안에 32°F의 얼음으로 변환하는 데 필요한 열량이다. 1톤은 2000 lbs(파운드)이며 얼음의 융해열은 144 BTU(British Thermal Unit)이다. 1 BTU는 1 lb(파운드)의 물을 화씨 1도 올리는 데 필요한 열량이다. 1 BTU는 3968 kcal이므로 아래와 같은 계산에 따라 1 USRT는 3024 kcal/hr이 된다.

1 USRT = 2000 lbs x 144 BTU/lb = 12000 BTU/hr

12000 BTU/hr / 3968 kcal = 3024 kcal/hr

결과적으로 1 RT는 1.1 USRT가 된다. 아울러 열량 단위 kW를 사용하면, 1 kW는 860 kcal/hr이므로 1 USRT는 약 3.5 kW이다.

VFR (Volume Flow Rate)

WFR(체적 유량)는 면 속도 FV(Face Velocity)에 단면적을 곱하여 산정한 유량의 부피이며 단위는 m^3/sec이다. 면 속도는 유체가 단면을 수직으로 전체를 채운 상태에서 통과할 때의 선 속도(m/sec)이다.

WB (Wet Bulb)

WB(습구) 온도는 냉난방 시스템 설계 시 주로 고려하며, 공기 중에 포함된 수분까지 반영된 상태에서의 온도를 나타내는 개념이다. DB(건구) 온도는 일반적으로 사용되는 대기 온도의 개념이면서, 대기 중의 습도에 영향을 받지 않는 공기 온도이다. 반면 온도계의 밑부분에 있는 알코올이나 수은이 젖은 헝겊에 싸여 있는 온도계로 측정한 값이 습구 온도이다. 상대 습도가 낮을 때는 젖은 헝겊의 수분이 증발하고 그 헝겊의 온도 또한 낮아져서 습구 온도가 낮아지지만, 주위 공기의 수분이 포화 상태라면 증발이 젖은 헝겊의 수분 증발이 멈추고 주위 공기 온도와 같아지게 된다. 건구 온도와 습구 온도가 같다면 공기 내 수분이 포화 상태에 있는 것이고, 건구 온도와 습구 온도의 차이가 클수록 주위 공기의 상대 습도는 낮아진다. 공기 중에 포함된 수분의 양을 같은 온도에서 포화 상태일 때의 수분의 양과 비교하여 %로 나타낸 것이 상대 습도(Relative Humidity)가 된다. 절대 습도(Absolute Humidity)가 공기 중에 있는 수분의 양을 나타내는 지표라면, 상대 습도는 공기 중에 있는 수분의 비율을 나타내는 지표이다. 날씨와 관련해 언급되는 습도는 상대 습도이다. 공조 설계에 있어서 WB가 중요한 이유는 사람이든 장비이든, 영향을 미치는 것은 DB보다는 WB가 크기 때문이다.

WLD (Water Leakage Detection)

WLD(누수 감지) 시스템은 기계 설비의 배관과 장비에서 누출될 수 있는 물이나 유체 등을, 신속히 감지하여 누출 지점을 알려주는 시스템이다. 물이 누출될 가능성이 높은 지역에 센서를 설치해 놓고, 센서가 물 누출을 감지하면 해당 정보를 중앙 제어 패널 또는 연결된 컴퓨터 시스템으로 전송한다. 중앙 제어 패널은 누출을 식별하고 경고를 생성한다. 경보음, 경고 라이트나 문자 등으로 알람이 송신되고, 모바일 앱 등을 통해서도 관리 담당자가 경보를 인식할 수 있다. 보다 발전된 시스템에는 누출 감지 후 물 공급을 자동으로 차단하는 기능도 포함되어 있다.

WSFC (Water-Side Free Cooling)

냉동기를 가동하지 않는 상태에서 냉각탑에서 생성한 냉각수와 냉수를 이용한 프리쿨링 방식이다. 냉각수 배관과 냉수 배관의 연결 방식에 따라 직접 방식(Direct Water-Side Free Cooling)과 간접 방식(Indirect Water-Side Free Cooling)으로 구분되며, 간접 방식일 경우 열교환기가 추가되어야 한다. 직접 방식은 냉동기를 가동하지 않고 냉각수 배관과 냉수 배관을 직접 연결하고 냉각탑을 이용하여 냉수를 만든다. 프리쿨링 기간이 간접 방식에 비해 다소 길다. 냉수에 부동액이 첨가되므로 냉각 효율이 감소하고 밀폐형 냉각탑을 사용해야 한다. 기계실 물탱크 설치 면적이 커지고 필요 상수 인입 관경이 커져야 한다. 간접 방식을 적용할 경우 냉동기를 가동하지 않고 냉각수 배관과 냉수 배관을 간접 연결하고 냉각탑을 이용하여 냉수를 만든다. 프리쿨링 기간이 직접 방식에 비해 다소 짧다. 냉수에 부동액이 첨가되지 않으며 개방형 냉각탑 사용이 가능하다.

CHAPTER 7 전기 설비

ACB (Air Circuit Breaker)

ACB(기중 차단기)는 차단기 내부에 절연 물질로 공기를 채워 놓은 저압 차단기이다. 보통 200 A 이상의 정격 전류를 수용해야 하는 저압반 측에는 ACB나 VCB(Vacuum Circuit Breaker)를 사용하며, 정격 전류 175 A 이하에서는 주로 MCCB(Molded Case Circuit Breaker)를 사용한다. 아크(Arc) 발생에 따라 차단기의 내구성이 영향을 받을 수 있으므로 공기로 아크를 차단할 필요가 있다. OCR(Over Current Relay)과 연동되어 과전류, 과전압이나 전압 부족과 같은 이상이 발생할 때 자동으로 전원을 차단하는 기능을 포함하기도 한다.

AF (Arc Flash)

AF(아크 플래시)는 수배전반에서 과부하, 단락, 작업자의 실수, 충격 등으로 인해 고온 폭발을 일으키는 전기 사고이다. 고열, 급속한 공기의 팽창, 강한 자외선과 폭음이 발생된다. 인화성 물질에 점화가 될 경우 2차로 대형 화재나 폭발 재해를 초래할 수 있다. 시운전이나 유지 보수 단계에서 특히 발생할 위험이 높으며, 사상자 발생이나 장비 사용 중단 등에 따른 심각한 위험이 수반된다. 아크 플래시 현상에는 대표적으로 다음과 같은 것들이 있다.

1) 높은 온도와 열 방출: 높은 온도를 발생시키며 주변 공기를 가열한다. 이로 인하여 불꽃이 나타나고 고열로 인해 주위의 인체와 물체에 손상을 줄 수 있다. 특히 갑작스러운 온도의 변화에 따라 피해가 커질 수 있다.
2) 음압 및 충격파 발생: 아크 플래시 발생 시 주위 공기가 빠르게 데워지면서 압력이 낮아지고 충격파가 발생할 수 있다.
3) 섬광과 소리 발생: 아크 플래시는 섬광과 폭발적인 소리를 발생시켜서 인체의 시각과 청각에 심각한 손상을 입힐 수 있다.

AF (Audio Frequency)

AF(오디오 주파수)는 인간의 청각 체계를 통해 인식할 수 있는 소리의 주파수 범위이다. 일반적으로 약 20 Hz부터 20 kHz 사이의 범위를 의미한다.

AF (Availability Factor)

AF(가동률)는 시스템 또는 장치의 가용성을 나타내는 지표이다. 시스템이나 장치가 얼마나 신뢰성 있게 운영되는지를 알 수 있다. 주로 발전소에서 적용되는데, 실제 전력 생산이 가능한 시간을 전체 가동 시간으로 나눈 값이다. 이용률(CF; Capacity Factor)은 발전 장치가 일정 기간 최대 출력으로 연속 운전하여 생산한 전력량에 대한, 실제 전력 생산량의 비율을 백분율로 나타낸 지표이다. 발전 사업에 있어서 사업성 분석을 위한 중요한 지표로 활용되고 있다.

AFC (Automatic Frequency Control)

AFC(자동 주파수 제어)는 무선 통신 시스템에서 사용하는 용어로서, 수신된 무선 신호 주파수를 자동으로 조정(Automatic Frequency Tuning)하여 신호를 안정적으로 공급하는 장치이다. 수신된 주파수를 분석하여서 주파수 편이(Frequency Deviation)가 발생하면 이에 대한 보정 요청 신호를 생성하고, 주파수 제어 루프(Frequency Control Loop)를 통하여 주파수를 보정한다. 주파수 편이는 주파수 변조(Frequency Modulation)로 변조된 신호의 최대 주파수(Maximum Instantaneous Frequency)와 변조되지 않은 주파수의 차이이다.

AFDD (Arc Faults Detection Devices)

AFDD(아크 오류 감지 장치)는 아크 사고로 인한 화재와 폭발 위험으로부터 회로와 인명을 보호하기 위해, 아크 오류(Arc Fault) 감지 기능을 적용한 장치이다. 과전류와 잔류 전류에 대한 보호 방식에 따라, MCB(Miniature Circuit Breaker)와 RCBO(Residual Circuit Breaker with Overcurrent Protection)를 내장하는 장치로 구분된다. 일반적으로 다음과 같은 아크 오류들이 있다.

1) 접지 아크 오류(Earth Arc Faults): 도체 전류가 접지와 접촉할 때 발생하며 전류가 접지를 통해 흐를 수 있다.
2) 직렬 아크 오류(Series Arc Faults): 회로에 존재하는 전류 부하와 직렬 방향으로 발생한다. 접촉 저항이 증가할 수 있으며 높은 열과 온도의 아크

를 생성할 수 있어서, 인체와 물체에 치명적인 손상을 가할 수 있다.

3) 병렬 아크 오류(Parallel Arc Faults): 서로 가까운 두 개의 전원에 위상이 있을 경우에 발생한다. 전원의 절연 재료가 열화 또는 오염되거나, 회로가 느슨하게 연결되었을 때 발생할 수 있다.

AHF (Active Harmonic Filter)

AHF(능동형 고조파 필터)는 부하 측에서 발생한 고조파에 대해 반대 위상에서 고조파를 선로로 공급하여 고조파를 상쇄하는 필터이다. 고조파는 기본 주파수의 배수로 발생하는 비정상적인 전압 또는 전류 변동이다. 고조파가 발생되면 전압 파형을 변화시키고, 설비의 과열, 소음 발생, 소손, 유도 장애 및 오동작 등을 일으킬 수 있다. AHF는 특정 주파수에서 낮은 임피던스(Impedance) 대역을 만들어 고조파를 저감시키는 수동형 필터에 비해, 발생된 고조파의 크기에 능동적으로 대응하는 장점을 가지고 있다. 작동 원리는 다음과 같다.

1) 고조파 측정: 발생하는 고조파를 정확하게 측정한다.
2) 측정된 고조파 정보 분석: 측정된 고조파 정보를 분석하여 어떤 주파수 성분이 존재하는지 확인한다. 고조파 필터가 제거해야 할 고조파 정보를 분석한다. 다른 파형과 혼합될 수 있기에 정확한 분석이 필요하다.
3) 반전된 고조파 생성: 분석된 고조파 정보를 기반으로 해당 주파수 성분과 반전되는 고조파를 생성하여 원래의 고조파를 상쇄한다. 생성된 반전 고조파는 전력 시스템에 주입되어 기존의 고조파와 상쇄된다. 고조파를 감지하고 반전된 고조파를 생성하는 과정을 통해 고조파를 감소시킨다.

ALR (Automatic Load Regulator)

ALR(자동 부하 조절기)은 전력 시스템에서 부하와 전력 공급 사이의 균형을 조절하여 분배함으로써, 전력 손실을 최소화하고 효율성을 높이는 장비이다. 전력 부하 조절은 물론 전압의 변동, 주파수 편이(Frequency Deviation)와 왜곡(Harmonics) 발생을 제어하는 기능을 추가할 수도 있다.

ALTS (Automatic Load Transfer Switch)

ALTS(자동 부하 전환 개폐기)는 데이터센터의 경우처럼 전원을 이중화하여 인입한 경우, 주 전원의 정전 혹은 전압이 기준치 이하로 강하할 때 예비 전원으로 부하를 자동 전환해주는 스위치이다. 22.9 kV 특고압 인입구에 주로 설치되어 주 전원과 예비 전원의 자동 부하 전환에 사용된다. 부하 전환 스위치 중 하나인 ATS(Automatic Transfer Switch)는 저압측(변압기 2차측)에 설치되어, 정전이 발생하였을 경우 발전기 등의 예비 전원 공급으로 자동 전환되는 스위치이다. ALTS의 주요 작동 원리는 다음과 같다.

1) 전원 이상 감지: 주 전원에서 공급되는 전압 또는 주파수를 감지한다. 주로 정전기 또는 전압 모니터링을 통한다.
2) 전원 전환: 만약 주 전원에서 정전이나 전압 강하와 같은 문제가 발생하면 자동으로 예비 전원으로 전환한다.
3) 복귀 감지 및 전환: 주 전원이 다시 정상 상태로 돌아올 때 예비 전원에서 주 전원으로 자동 전환한다.

AMP (Amplifier)

AMP(증폭 장치)는 전기 신호, 오디오 신호 또는 무선 통신 신호 등을 증폭하는 장치이다. 물리적 전자적 신호를 증폭시킨다.

AP (Apparent Power)

AP(피상 전력)는 장비들을 가동하기 위해 필요한 수요 전력량이다. 전력 사용의 효율성을 나타내는 지표인 역률(Power Factor)은 AP(kVA 단위)에 대한 실제로 소비되는 유효 전력(Effective Power, kW 단위)의 비율로 산정한다. 피상 전력으로 공급된 전력은 실제로 소비되는 유효 전력과, 소비되지 않고 공급원으로 다시 돌아 가는 무효 전력(Reactive Power, kVAR 단위)의 합이라고 할 수 있다. 높은 역률은 전력을 효율적으로 사용하고 있다는 것을 의미한다. 역률을 고려하여 전기 시스템을 설계하므로 적정 역률 결정을 고민할 필요가 있다.

APC (Automatic Power Controller)

APC(자동 전력 조절기)는 전압, 전류, 주파수 및 전력 요구량을 모니터링하고 제어하여, 전력의 품질이 일정하게 유지될 수 있도록 조절하는 장치다.

APF (Active Pass Filter)

APF(액티브 패스 필터)는 입력 신호로부터 특정 주파수 대역의 신호만을 걸러서 통과시키거나 선택적으로 증폭하는 장치이다. 음악 신호의 처리에 있어서는 이퀄라이저(Equalizer)나 앰프(Amplifier) 등에 사용되며, 특정 주파수 대역을 조절하거나 잡음을 제거하는 목적으로 사용된다. 작은 신호를 통해 출력 신호를 증대시키는 진공관이나 다이오드와 같은 능동 소자들로 구성된다. 외부 전원이 필요하지 않는 수동 필터(Passive Filter)와 대조된다.

APS (Arc Protection System)

APS(아크 보호 시스템)는 전력 시스템 운영 중 발생할 수 있는 아크 플래시에 의한 사고를, 단시간에 감지하고 보호함으로써 인명과 설비의 안전을 지킬 수 있는 시스템이다. 아크 플래시가 발생하였을 때 전류, 전압, 빛과 소리 등의 신호를 분석하여 먼저 아크 플래시 존재를 식별한다. 이어서 아크 발생의 정확한 위치와 크기를 판단하여 아크를 제어하고, 작업자를 보호하기 위해 적절한 대응을 한다. 이 대응을 통해 전기 아크를 빠르게 소멸시키거나, 에너지를 감소시키는 조치를 취한다. 일부 APS는 아크 감지 후 전기적 차단이나 격리 동작을 수행하여, 아크가 계속 잔류하는 것을 차단하고 추가 손상을 막아, 아크로 인한 손상을 추가로 방지하고 시스템의 안전성을 유지하는 기능도 있다.

ATS (Automatic Transfer Switch)

ATS(자동 절체 스위치)는 전원 공급이 중단될 때 자동으로 여러 전원 소스 간에 전환을 수행하는 장치이다. 일반적으로 주 전원과 보조 전원 간의 전환이 이루어진다. 주 전원과 보조 전원의 전환을 수동으로 할 필요가 없으므로 신속하고 안전하게 전환이 가능하며, 수동 전환 시 발생할 수 있는 안전 사고를 예방할 수 있다. 절체 방식에 따라 다음과 같이 분류할 수 있다.

1) OTTS(Open Transition ATS, 동기 절체 방식): 주 전원과 보조 전원 간의 동기화가 필요하지 않다. 동기화를 하지 않고 주 전원에서 보조 전원으로 혹은 그 반대로 즉시 전환한다.
2) CTTS(Closed Transition ATS, 폐쇄형 절체 방식): 폐쇄 전환을 이용해 주 전원과 보조 전원 간을 동기화하여 짧은 시간에 전력을 공유한다.
3) DTTS(Delayed Transition ATS, 지연 절체 방식): 특정 조건이 충족될 때까지 전환을 지연시키는 기능을 지니는 방식이다.

AVR (Automatic Voltage Regulator)

AVR(자동 전압 조정기)은 전압의 변동을 감지하여 일정하고 안정된 전압을 유지하게 조절하는 장치이다. 전압이 변동될 때 AVR은 자동으로 전압을 조절하여 일정한 수준을 유지하고, 전력 시스템이 안정적으로 동작하도록 한다. 단상과 삼상으로 구분되고, 코일의 형태에 따라 단권과 복권 방식으로 구분된다.

BAS (Building Automation System)

BAS(건물 자동 제어 시스템)는 건물 내의 다양한 시설과 장비를 자동으로 제어하고 모니터링하기 위한 통합 시스템이다. 건물의 효율성을 향상시키고 에너지 소비를 최적화하여, 사용자의 편의성과 안전성을 향상시키기 위하여 사용된다. 조명, 난방, 냉방, 환기 등 건물 내의 시설과 장비를 자동으로 모니터링하고 제어한다. 건물의 보안 시스템을 통합하여 출입 통제, 카메라 모니터링 및 화재 감지 기능도 자동으로 관리한다. 건물의 상태를 원격으로 모니터링하고 제어함으로써, 실시간 감시 제어가 가능하고 효율적인 건물 관리를 기대할 수 있다. 데이터센터와 같이 대형 장비들이 복잡하게 연결되어 작동하는 건물일수록, 설계 단계부터 자동 제어 시스템 설계를 적극 관리할 필요가 있다. 건물 자동 제어(BAC; Building Automation Control)도 유사한 개념이다.

BBU (Battery Backup Unit)

BBU(배터리 백업 유닛)는 충전 가능한 배터리들로 구성되어 있으며, 비상 시 UPS(Uninterruptable Power Supply)와 더불어 즉시 전원을 공급하여 연결된 장치의 작동 중단을 방지한다. UPS와 부속 배터리가 BBU보다 더 큰 스케일로 주요 장비에 대해 비상 전원을 공급하는 반면, BBU는 특정 서버나 스토리지와 같은 장치 등에 부분적으로 사용된다. 전원 공급 장애 발생 시 특정 장비에 대해 상대적으로 짧은 시간 동안 로컬 백업을 실시할 목적으로 도입된다.

BEMS (Building Energy Monitoring System)

BEMS(건물 에너지 관리 시스템)는 건물 내의 에너지 사용을 최적화하고, 에너지를 효율적으로 운용하기 위해 설계된 시스템이다. 에너지 소비를 모니터링하고 조절하여, 운영 비용을 절감하고 친환경 운영을 할 수 있게 이용된다. 모니터링을 통해 에너지 소비 패턴을 분석하고 조절하여, 낭비를 최소화하고 운영 비용을 절감할 수 있다. 건물 내부의 다양한 시설과 장치의 에너지 사용을 실시간으로 모니터링하고, 문제가 발생하거나 비효율적인 운영이 감지될 경우에 신속하게 대응할 수 있다. BEMS를 통해 에너지 사용을 최적화하면 불필요한 에너지 소비를 방지하여, 온실가스 배출을 감소시키고 데이터센터의 환경 지속 가능성을 높일 수 있다. 비정상적인 상황이나 장애가 발생할 경우 즉시 경고를 생성하고, 필요 시 관리자에게 통지하여 신속하게 대응할 수 있도록 도움을 준다. 이해 관계자와의 소통 시 객관적인 자료로 활용될 수 있다.

BIPV (Building Integrated Photovoltaic)

BIPV(건물 일체형 태양광 패널)는 건물의 구조물이나 외벽에 태양 전지를 일체형으로 설치하여 발전하는 시스템이다. PV(Photovoltaic) 시스템이 주로 태양광 패널을 지상이나 옥상에 설치하여 발전하는 것에 비해, BIPV는 건물의 외관과 일체로 설계되어 외관과 조화를 이루며 발전하는 것이 다르다. PV가 보다 광의의 개념이라면 BIPV는 협의의 개념으로서 건물 구조나 외관과 일체로 설치되는 PV라고 할 수 있다. BIPV가 건물의 외관에 영향을 미칠 수 있으므로, 특별한 디자인 개념이 요구되는 건물의 경우 그 디자인 개념을 훼손할 정도로 설계하는 것은 지양해야 한다. 또한 BIPV 모듈은 다양한 색상과 투명도를 가지고 있으므로, 건물 외관의 색상 테마나 환경에 따라 색상과 투명도를 조절하여 경관과 조화를 이루어야 한다. 건축물 에너지사용계획서의 재생 에너지 요구 조건을 충족시켜야 하는 중요한 목적이 있기 때문에, 해당 요구 조건을 면밀히 파악하여 설치 수량과 성능 자료를 검토하여야 한다. 건축물이 위치한 지역의 사회적 관점을 고려하고 인허가 주무 부처와 협의하여, 건물에 설치될 BIPV의 사회적 수용 가능성 또한 고려해야 한다. 에너지 사용 계획의 주요한 방안으로 채택되며, 지열이나 연료 전지에 비해 활용도가 높다.

BMS (Battery Management System)

BMS(배터리 관리 시스템)는 배터리의 상태와 성능을 모니터링하고 관리하는 시스템이다. 배터리의 전압, 전류, 온도와 충전 상태 등을 모니터링하고 셀 밸런싱(Cell Balancing)과 충전 제어 기능을 수행한다. 배터리는 기본 단위인 셀(Cell), 셀들을 일정한 수량으로 모아둔 모듈(Module)과 배터리의 최종 포장 단위인 팩(Pack)으로 구성된다. BMS의 주요 기능과 역할은 다음과 같다.

1) 전압 모니터링: 배터리의 전압이 정상 범위 내에서 작동하는지를 확인하여, 과전압 또는 저전압 상태를 식별한다.
2) 전류 모니터링: 배터리의 전류를 모니터링하여 충전 및 방전 과정을 추적한다. 과다한 전류는 배터리에 손상을 줄 수 있으므로, BMS는 안전한 전류 범위를 유지하게 모니터링한다.
3) 온도 모니터링: 배터리 온도를 모니터링하여 과열 또는 저온 상태를 식별한다. 적절한 온도 범위를 유지하여 배터리의 안전성을 보장할 수 있다. 필요 온도와 구현 가능 온도를 상호 확인하여 조율할 필요가 있다.
4) 셀 밸런싱: 다수의 셀로 구성된 배터리 팩에서 발생하는 셀 간의 전압 차이를 보상하여 편차를 줄인다.

5) 충전 제어: 배터리 이상 상태에 대한 경고를 생성하고, 과충전, 과방전, 과전류 및 온도 변화 등을 제어한다.

BMS (Building Management System)

BMS(건물 관리 시스템)는 건물 내의 다양한 시설 및 장치를 모니터링하고 제어하는 시스템이다. 건물 운영 및 유지 보수를 지원하며, 효율적인 에너지 사용과 안전한 운영 등의 목적을 달성하기 위해 도입된다. 자동 제어가 BMS의 하위 개념으로서 특정 장치나 시스템의 동작을 제어하는 개념인 반면에, BMS는 자동 제어를 포함하여 건물 전체의 장비나 시스템의 동작을 모니터링하고 제어하는 것을 의미한다. 건물 전체 시설에 대한 데이터를 수집하고 사용자가 설정한 기준 정도나 운영 정책에 따라, 다양한 시스템을 제어하며 시설의 종합적인 운영을 지원한다. 적기에 정보를 취합하여 향후 관리를 지원한다.

CATV (Community Antenna Television)

CATV(공동 안테나 텔레비전)는 산악 지대나 난시청 지역에 대형 '공동체 안테나'가 구성되고, 케이블이 연결되어 주파수를 수신하는 텔레비전을 말한다. 근래에는 광섬유와 동축 케이블로 전달된 주파수 신호를 통해 텔레비전에 신호를 보내는 방식이 보편화되어, 셋톱 박스를 이용한 유선 방송이나 케이블 텔레비전(Cable Television)으로도 불린다.

CB (Circuit Breaker)

CB(회로 차단기)는 전기 회로에서 과부하, 단락 및 과전압이나 누전과 같은 장애가 발생 시, 자동으로 전기를 차단하는 장치이다. 누전 차단 방식과 퓨즈 유무에 따라 다음과 같이 분류할 수 있다.

1) ELB(Earth Leakage Breaker): 누전 차단기
2) ELCB(Earth Leakage Circuit Breaker): 누전 차단기
3) MCCB(Molded Case Circuit Breaker): 배선용 차단기

4) NFB(No Fuse Breaker): 퓨즈가 없는 차단기

CCMS (Central Control and Monitoring System)

CCMS(중앙 관제 시스템)는 데이터센터의 전반적인 시설 및 인프라를, 중앙 집중적이며 효과적으로 관리하고 모니터링하기 위한 중앙 관제 시스템이다. 온도, 습도 및 냉각 시스템의 성능을 모니터링하여 안정성과 효율성을 유지하게 한다. 전력 소비를 모니터링하고 에너지 효율성을 향상시키기 위한 조치를 취한다. 냉각 장치를 제어하고 서버나 랙의 열 발생을 관리하여 온도를 적절히 유지한다. 카메라와 출입 통제 시스템 등과 같은 보안 시스템을 통합하여 보안을 강화한다. 네트워크 장비의 상태를 모니터링하고 빠른 대응을 가능하게 한다. CCMS에는 다음과 같은 관제 시스템이 있다.

1) DCIM(Data Center Infrastructure Management): 데이터센터 인프라 관리를 위한 포괄적인 시스템으로, 전력과 냉각 온도 등과 같은 건물 내에서 작동하는 모든 장비와 시스템의 데이터를 통합하여 관리할 수 있다.
2) BMS(Building Management System): 건물 내 모든 시설 및 장비를 통합적으로 제어하고 모니터링하는 시스템으로, 건물의 환경 요소를 관리한다. 일반적인 빌딩 관리 시스템이라고 할 수 있다.
3) SCADA(Supervisory Control and Data Acquisition): 원거리에 있는 설비들을 집중 감시하거나 제어하기 위한 시스템이다. DCIM 보다는 협의의 개념인 감시이며, 인터넷이나 앱을 통해 감시하는 기능으로 발전되었다.

CCTV (Closed Circuit Television)

CCTV(폐쇄 회로 텔레비전)는 카메라, 모니터와 녹화 장치로 구성되어 일정한 공간과 범위를 촬영하여 기록하는 시스템이다.

CFP (Cable Fire Protection)

CFP(케이블 방화) 재킷은 전기 케이블을 화재로부터 보호하기 위해 사용하는

재질이나 코팅을 말한다. 전기 케이블을 화재로부터 보호하기 위해 난연 재질을 지니기도 하며, 화재 발생 시 생성되는 연기와 유독가스를 줄이는 물질을 사용하기도 한다. 또한 열 절연 특성을 지니며 케이블을 열 손실이나 훼손으로 인한 단락으로부터 보호한다. CFP 재킷에는 다음과 같은 종류들이 있다.

1) 화재 저항 코팅(Fire-Resistant Coating): 케이블의 외부에 화재에 저항할 수 있는 코팅을 하여, 열과 화염에 대한 저항성을 제공한다.
2) 열 팽창 랩(Intumescent Wraps): 화재 발생 시 열에 반응하여 팽창하는 물질로 케이블을 감싸, 저항성을 높이고 화재로부터 보호한다.
3) 미네랄 울 단열(Mineral Wool Insulation): 미네랄 울은 높은 온도에 대한 내구성이 있어 케이블을 보호하는 역할을 한다.
4) 화재 저항 테이프(Fire-Resistant Taping): 특수한 화재 저항성을 가진 테이프를 사용하여 케이블을 감싸거나 고정한다.
5) 세라믹 섬유 랩(Ceramic Fiber Wraps): 고온에 강한 세라믹 섬유로 만들어진 랩으로 케이블 주위를 감싸서, 화재로부터 케이블을 보호하고 열을 차단하는 역할을 한다.

CGIS (Cubicle Gas Insulated Switchgear)

CGIS(GIS 큐비클)는 고압 가스를 절연체로 사용하여 공기나 유압 유체보다 더 효율적으로 고전압을 절연할 수 있도록 개발된 스위치기어이다. 일반적으로 SF6 가스가 사용되며 고전압 환경에서 안정적인 절연 특성을 제공한다. 큐비클 공간을 보다 효율적으로 사용할 수 있게 컴팩트한 외관을 갖추고 있으며, 전기적 기계적 충격 및 진동에 대한 내구성이 뛰어나며 소음과 진동을 최소화할 수 있다. 고전압 환경에서 안정성이 뛰어나 변전소 등에 적용된다.

CTTS (Closed Transition Transfer Switch)

CTTS(폐쇄형 절체 스위치)는 이중화된 전원 또는 전원의 절체 시스템에서 사용되는 ATS(Automatic Transfer Switch) 중의 하나인 스위치이다. 전원 공급이 중단되지 않는 상태에서 전원 소스를 전환하는 기능을 갖춘 스위치이다. CTTS는 두 개의 전력 소스 간의 전환을 매끄럽게 진행하여, 연결된 장비나 시스템의 전원 중단을 최소화한다. 첫 번째 전원 소스에서 두 번째 전원 소스로 전환할 때, CTTS는 두 전원 소스 간의 전압, 주파수 및 위상 차이를 최소화하여 전환한다. 이러한 속성으로 연결된 장비들이 전원 전환 동안에도 안정적으로 작동할 수 있게 된다. CTTS와 유사한 절체 방식의 스위치들은 절체 방식에 따라 다음과 같이 구분할 수 있다.

1) OTTS(Open Transition ATS, 동기 절체 방식): 주 전원과 보조 전원 간의 동기화가 필요하지 않다. 동기화를 하지 않고 주 전원에서 보조 전원으로 혹은 그 반대로 전환한다. 시차를 두고 순차적으로 전환한다.
2) DTTS(Delayed Transition ATS, 지연 절체 방식): 주 전원에서 보조 전원으로 전환할 때 지연이 발생하는 방식이다.
3) SLTS(Soft Load Transition ATS, 소프트 절체 방식): 주 전원의 로딩을 줄이면서 보조 전원의 로딩을 늘리는 방식이다.

DAS (Distribution Automation System)

DAS(배전 자동화 시스템)는 배전 라인과 장비들의 상황을 자동화하여 모니터링하고 제어하는 시스템이다. 배전 선로의 센서가 장애를 확인하였을 경우 원인을 파악하고 원격 제어가 가능하도록, 알람을 생성하거나 자동 제어를 통해 장애를 자동으로 해결하는 시스템이다. 최근에는 성능이 발전된 배전 지능화 시스템(ADMS; Advanced Distribution Management System)의 도입으로 보다 신속하고 정확하게 제어가 가능하게 되었다.

DBR (Dynamic Brake Resistor)

DBR(동적 제동 저항)은 모터의 인버터에 인입된 정격 부하 이상의 전류를 처리할 때 감당해야 할 저항값이다. 인버터로 모터를 급격하게 감속할 때 정상 운전 시와는 반대로 모터 측에서 인버터로 전류가 인입된다. 이를 회생 전력

(Regenerative Power)이라 하는데, 인버터가 이 회생 전력을 자체적으로 재사용하면 문제가 없으나, 부하 한계치를 넘어설 경우 인버터에 문제가 발생한다. 이렇게 회생되는 전류를 소비하기 위해서 설치되는 유닛을 DBU(Dynamic Brake Unit)라 부르고, 이 유닛이 처리해야 하는 저항을 DBR 값이라 한다.

DC (Direct Current)

DC(직류 전원)는 전기적으로 양의 방향으로만 흐르는 전류이다. 시간에 따라 변하지는 않고 일정한 전압 레벨을 유지하며 배터리 형태로 저장된다. 이와 대비되는 교류(Alternative Current)는 전류의 방향이 주기적으로 반전되는 특성을 지닌다. 저장 전류에는 DC가 사용되고 상용 전류에는 AC가 사용된다.

DCIM (Data Center Infrastructure Management)

DCIM(데이터센터 인프라 관리 시스템)은 데이터센터 인프라 스트럭처 관리가 목적인 소프트웨어 및 하드웨어 솔루션이다. 데이터센터의 물리적인 자산과 인프라 전체를 모니터링하고 최적화하여 운영 효율성을 향상시키는 종합적이고 포괄적인 관리 시스템이다. DCIM의 주요 관리 항목은 다음과 같다.

1) 자산 관리(Asset Management): 물리적인 자산(서버, 스토리지, 네트워크 장비 등)의 위치, 상태 및 성능 등을 추적하고 관리한다. 자산의 Life Cycle을 관리하며 유지 보수와 주기적인 업그레이드 일정을 계획하고 실행한다. 관리 자산의 리스트를 작성하는 것도 포함된다.
2) 전력 및 냉각 관리(Power and Cooling Management): 에너지 사용량을 모니터링하고 전력 효율성을 향상시키기 위한 조치를 취한다. 냉각 시스템의 성능을 최적화하여 온도를 유지하고, 냉각 비용을 줄일 수 있도록 계획하고 관리한다. 계절의 변화를 이용한 냉각 시스템 운영도 제어한다.
3) 환경 모니터링(Environmental Monitoring): 온도, 습도 및 먼지 농도 등의 환경 요소를 실시간으로 모니터링하여 데이터센터의 안정성을 유지한다. 이와 같은 환경 변수가 기준을 벗어나면 경보를 생성하고 대응 조

치를 취할 수 있다. 대체 열원을 작동할 수 있도록 알람도 생성한다.

4) 용량 계획(Capacity Planning): 자원의 사용량과 가용성을 평가하고 미래 요구 사항에 대비하여 용량을 계획할 수 있다. 예측 모델을 활용하여 효율적인 자원 할당을 수행하고, 최적화된 자원 활용이 가능하게 한다.
5) 네트워크 연결 관리(Network Connectivity Management): 서버, 스위치 및 라우터와 같은 네트워크 구성 요소의 연결 상태를 관리하고 최적화한다. 이를 통해 네트워크 관리의 효율성을 제고할 수 있다.
6) 알람 및 이벤트 관리(Alarm and Event Management): 시스템에서 발생하는 알람과 이벤트를 모니터링하고 공유하며 이에 대응한다.
7) 보안 관리(Security Management): 물리적 보안을 강화하고 출입 통제 및 감시 시스템을 관리한다. 데이터센터의 보안 정책을 준수하고 위험을 최소화한다. 보안의 문제점을 도출하여 이후 유지 관리에 반영한다.
8) 비즈니스 지능 및 보고서(Business Intelligence and Reporting): 비즈니스 지능 데이터를 수집하여 리포트 및 대시 보드를 생성하며 종합적인 의사 결정을 지원한다. 비즈니스 목표를 기반으로 성과를 측정하여, KPI 평가 자료를 제공하고 이를 지속적으로 업데이트한다.

DCR (Differential Current Relay)

DCR(차동 전류 계전기)은 변압기 내부 이상으로 인하여 동작 코일(Operation Coil)에 동작 전류가 흐르는 것을 감지하여 작동하는 장치이다. 정상 상황에서는 1차 전류와 2차 전류가 반대 방향으로 흐르므로 전류가 상쇄되지만, 이상 상황에서는 차동 전류가 생기므로 계전기를 이용하여 차동 전류를 제거할 필요가 있다. DCR은 보통 RDCR(비율 차동 전류 계전기; Ratio Differential Current Relay)을 의미한다. RDCR 장치가 설치되지 않는 소용량 변압기에는 과전류 계전기만 설치되기도 한다. 과전류 계전기를 설치함으로써 변압기 내부의 과전류를 모니터링하고 이에 대한 대처를 할 수 있다. 과전류는 시스템에 치명적인 영향을 미치며 건물 전체의 전기 시스템에 영향을 미칠 수 있다.

DPF (Diesel Particulate Filter)

DPF(매연 저감 장치)는 엔진의 배기 가스 중에 포함된 입자 상태의 미세한 유해 물질을 제거하는 장치다. 주로 디젤 엔진에 설치되며 이러한 미세 입자를 차단하고 제거한다. DPF는 세라믹이나 금속 소재의 다공 필터로 구성되어 있어, 배기 가스가 이 필터를 통과할 때 미세한 입자들이 필터로 걸러진다. 필터가 입자로 막히면 엔진 컨트롤 유닛(ECU; Engine Control Unit)이 작동되어 리제너레이션(Regeneration)을 시작하고, 필터에 축적된 입자를 소각하여 이를 미세한 입자로 변환시킨다. 이를 통해 입자를 걸러낸다. DPF는 디젤 발전기의 배기 가스로부터 배출되는 미세 입자를 효과적으로 제거하여 대기 오염을 감소시킨다. 근래에는 많은 국가나 지역에서 디젤 엔진을 사용하는 차량이나 발전기에 대한 배기 가스 규제가 강화되고 있다. DPF를 사용함으로써 이러한 규제를 준수할 수 있다. DPF가 엔진 내에서 발생하는 입자를 걸러냄으로써, 엔진 내부에 미세한 입자가 적게 축적되고 엔진의 수명을 연장하는 효과도 있다. 정기적인 리제너레이션을 통해 필터가 효율적으로 유지될 수 있어서, 디젤 엔진의 성능을 보다 오랜 기간 동안 일정 수준으로 유지할 수 있다.

DSP (Digital Signal Processor)

DSP(디지털 신호 처리 장치)는 DAS(Data Acquisition System)로 획득한 오디오나 영상 신호를 ADC(Analog-to-Digital Converter)를 사용하여 디지털로 변환한 후 처리하는 연산 장치이다. 이렇게 처리된 디지털 신호는 DAC(Digital-to-Analog Converter)를 통해 다시 아날로그 신호로 변환된다.

EDG (Emergency Diesel Generator)

EDG(비상 디젤 발전기)는 주로 비상 상황이나 전력 공급이 중단된 경우에, 건물에 긴급 전력을 제공하기 위해 설치되는 비상용 디젤 발전기다. EDG는 주로 UPS와 함께 적용되어 전원 손실이 발생했을 때 연결된 시스템들을 안정적으로 운영할 수 있도록 지원한다. 데이터센터의 비상 발전기에는 디젤 발전기와 가스 터빈 발전기가 주로 적용된다. 다음은 두 가지 발전기의 대비이다.

1) 디젤 발전기: 디젤 연료를 사용한다. 디젤은 가스보다 밀도가 높아 에너지 저장이 효율적이며 운송이 용이한 장점을 지니고 있다. 디젤 연료는 연소 과정에서 일산화탄소(CO)와 질소 산화물(NOx)을 배출하므로 환경에 부정적인 영향을 미칠 수 있다. 보통 부분 부하에서 효율적이며 가동 시간이 길 때에도 안정적이다. 간단한 구조이므로 유지 보수 및 수리가 상대적으로 쉽지만, 가스 터빈 발전기에 비해 소음과 진동이 큰 편이다. 흡음재나 차음재를 통해 소음을 저감시킬 필요가 있다.
2) 가스 터빈 발전기: 천연 가스나 액화천연가스(LNG)를 연료로 사용한다. 가스는 깨끗하고 친환경적이지만 저장 및 운송에는 디젤보다 복잡한 시스템이 필요하다. 고부하에서 높은 효율을 보이며, 가스의 가격이 낮은 경우에 경제적이다. 디젤보다 내부 부품이 복잡하여 유지 보수가 어려울 수 있다. 소음 및 진동이 상대적으로 작고, 가스 연소 시 일산화탄소와 질소 산화물이 디젤 발전기 대비 적게 배출되는 장점을 지니고 있다.

ELB (Earth Leakage Breaker)

ELB(누전 차단기)는 전기 시스템에서 발생할 수 있는 누설 전류를 탐지하고, 이를 차단하여 전기 사고를 방지하는 안전 장치이다. 전기 기기나 설비에서 전압이 정상적으로 흐르지 않고 땅으로 누설될 때 발생하는 안전 문제를 예방하기 위해 사용된다. ELB의 작동 원리는 누설 전류 감지와 차단으로 나뉜다. ELB는 전기 회로에 설치되어 전류의 흐름을 감시한다. 정상적인 조건에서는 전류가 회로를 따라 흐르지만, 누설이 발생하면 전류가 땅으로 누설된다. ELB는 이 누설 전류를 탐지하고 측정한다. 누설 전류가 정해진 안전 기준치를 초과하면 회로를 차단하여 전류의 흐름을 중단시킨다. 이로써 누설 전류로 인한 전기 사고를 사전에 방지할 수 있다. 다음과 같은 종류의 차단기들이 있다.

1) RCD(Residual Current Device): 누설 전류 차단기의 일종으로 일부 국가에서는 GFCI(Ground Fault Circuit Interrupter)라는 용어를 사용한다. 지

중으로 누설되는 전류를 탐지하여 일정한 안전 기준치를 초과하면, 회로를 차단하여 전류의 흐름을 중단시키는 기능을 지니고 있다.

2) ELCB(Earth Leakage Circuit Breaker): 영상 변류기(ZCT)가 누설 전류를 탐지하여 회로를 차단한다. 전류 변압기와 같은 형태의 ELCB와 자기형 ELCB로 나눌 수 있다. 전류 탐지 장치인 영상 변류기 ZCT는 Zero-phase Current Transformer의 약자이다.

3) RCBO(Residual Current Circuit Breaker with Overcurrent Protection): RCD의 누설 전류 차단 기능에 추가로 과전류와 잔류 보호 기능이 포함된 장치이다. 회로의 과전류나 잔류를 동시에 탐지하여 보호하고 차단한다. 차단 기능과 방법을 변경한 다양한 차단기들이 개발되고 있다.

ELD (Earth Leakage Detector)

ELD(누설 전류 감지기)는 누설 전류를 감지하는 장치로, 전기 기기 또는 회로에서 전류가 지나가는 동안 발생할 수 있는 누설을 모니터링하고 탐지하는 장치이다. 누설 전류가 정상적인 범위를 벗어날 때 경고를 생성하거나, 회로를 차단하여 사고나 장애를 예방하는 역할을 한다. ELD의 작동 원리는 누설 전류를 감지하고 이에 대응하여 작동하는 단계로 구성된다. 전류의 흐름을 감시하고 측정하다가 누설 전류가 정해진 안전 기준치를 초과하면, ELD는 경고 신호를 생성하고 회로를 차단하여 전류의 흐름을 중단시킨다. 일부 ELD는 경고나 차단 후에는 수동으로 시스템을 재시작하거나 초기화할 수 있도록 기능이 설계되어 있다. 모니터링과 조치를 동시에 진행하는 기능을 지닌 장치도 있다.

EMC (Electro Magnetic Compatibility)

EMC(전자기적 호환성)는 전자기장과 그에 의해 생성되는 전자기 파동이, 다양한 전자 기기와 시스템 간에 상호 방해 없이 공존할 수 있는 능력을 의미한다. 전자기적으로 호환되지 않은 기기 사이에서 발생할 수 있는 간섭이나 노이즈 또는 다른 부정적인 영향을 최소화하고, 안전한 운용을 보장하기 위한 기술 및 규정의 집합을 포함한다. 전자기장 간 간섭으로 인해 기기 또는 시스템이 예상하지 못한 방식으로 작동하는 것을 방지하고 안정적인 운용을 보장한다. 기기 간에 전파 간섭이 발생하지 않도록 하고, 무선 통신 시스템이 서로 영향을 끼치지 않도록 제어한다. 국제적으로는 EMC에 대한 규정과 표준이 있어서, 기기 제조 업체와 시스템 설계자들은 이를 준수하여 제품을 생산하고 시스템을 설계해야 한다. EMC 규정을 준수하고 인증을 받는 것은 제품의 시장 진입과 판매에 있어 필수적이기에, 많은 국가와 지역에서 EMC 규정을 준수해야만 제품을 판매할 수 있도록 권장하거나 제한하고 있다.

EPMS (Energy Power Management System)

EPMS(에너지 전력 관리 시스템)는 건물에서 소비하는 전력을 포함한 에너지 관리를 효과적으로 수행하기 위한 시스템이다. 전력 소비를 모니터링하고 최적화하여 에너지 사용의 효율성을 향상시키기 위해 적용된다. EPMS는 전력 분석, 모니터링, 보고, 통제 및 예측 등의 기능을 수행하여 건물 운영을 최적화한다. EPMS의 주요 모니터링과 관리 항목은 다음과 같다.

1) 전력 소비 모니터링: 각 장비나 시스템의 전력 소비를 실시간으로 모니터링하고 기록하여, 에너지 소비 효율성을 평가하고 향상시킬 수 있게 도움을 준다. 이를 통해 효율적인 에너지 사용을 가능하게 한다.
2) 온도 습도 관리: 데이터센터 내의 각 영역에서 온도와 습도를 모니터링하여, 안정된 운영 환경을 유지할 수 있게 최적화한다.
3) UPS와 비상 발전기 모니터링: UPS와 비상 발전기의 상태와 성능을 지속적으로 모니터링하여, 전력 공급의 안정성을 보장한다. 전력 공급 이상이나 장애 발생 시 신속하게 대응하여, 중단 없는 데이터센터 운영을 가능하게 한다. 배터리 화재 안정성에 대한 모니터링도 포함된다.
4) 전력 품질 관리: 전력 품질을 모니터링하고 전압과 주파수를 추적하여 안정된 전력을 사용하도록 관리한다. 전력 품질과 관련된 문제 발생을 조기에 감지하여 시스템의 안정성을 유지할 수 있게 한다.

5) 에너지 소비 예측 및 최적화: 모니터링되고 축적된 과거 데이터를 기반으로 향후 전력과 에너지 소비를 예측하고, 최적의 에너지 소비 전략을 계획할 수 있게 한다. DCIM과 연계된 에너지 사용 모니터링을 실시한다.
6) 알림 및 경보 관리: 전력 및 에너지와 관련된 이상 상태를 탐지하여 관리자에게 알림 및 경보를 제공하고, 신속한 조치를 취하여 잠재적인 이상을 해결할 수 있도록 지원한다. 대응 조치의 제안도 포함된다.
7) 자동화 및 원격 관리: EPMS는 자동화된 시스템으로 데이터센터를 인터넷이나 앱을 통해 원격에서 효과적으로 관리하고 모니터링할 수 있다.

EPO (Emergency Power Off)

EPO(비상 전원 중단)는 데이터센터와 같은 중요 시설에서 긴급한 상황이나 안전 문제가 발생했을 때, 전체 전원을 빠르게 차단하는 기능 또는 스위치를 의미한다. 화재나 전기 쇼크와 같은 긴급 상황에서 전원을 끄는 목적으로 설계되어 있는 경우가 많다. EPO는 주로 스위치나 버튼 형태로 제공되며, 이를 돌리거나 누르면 전원이 즉시 차단된다. 주요 전원 차단 장치와 연결되어 있어서 이 연결을 통해 EPO 작동 시 전체 전원이 차단된다. 대부분 화재 경보 시스템이나 감시 시스템과 연동되어 있어, 화재나 긴급 상황 발생 시 자동으로 작동하거나 운영자에게 경고를 보낼 수 있게 설계된다. 데이터센터 운영자나 관리자는 EPO 작동에 대한 훈련을 받고, 비상 상황 시 어떻게 대응해야 하는지에 대한 절차를 알고 있어야 한다. EPO 작동은 신중하게 이루어져야 하며, 오작동에 따른 운영 손실과 인명 피해를 방지하기 위한 훈련이 필요하다.

EPS (Electric Pipe Shaft)

EPS(전기용 샤프트)는 전기나 통신 케이블을 설치하고 보호하기 위해 구분된 공간을 칭한다. 건물 내부의 전기와 통신 회로를 다른 공간과 구분하여 구성하고, 이를 안전하게 보호하는 중요한 역할을 한다. 유지 보수 및 점검 작업을 용이하게 하기 위해 설계되며, 필요할 때 전기나 통신 케이블의 교체도 쉽게 할 수 있도록 한다. 점검구 하드웨어 설계 시 점검 용도와 빈도를 확인해야 한다.

FDF (Fiber Distribution Frame)

FDF(광섬유 분배 프레임)는 옥내나 옥외의 광섬유 케이블을 연결하고 분배하는 역할을 하는 분배함이다. 광섬유 케이블의 접속을 지원하고 패치 패널을 이용하여 케이블 연결과 관리를 가능하게 하는 장치이다.

FMS (Facility Management System)

FMS(자산 관리 시스템)는 건물의 물리적인 시설과 인프라를 효과적으로 관리하기 위한 전문 시스템이다. 건물, 전력 공급, 냉각 시스템, 보안, 소방, 안전, 백업 발전 시스템 등과 같은 다양한 부분에 대한 모니터링과 제어를 수행하여, 건물 자산의 운영을 최적화하고 효율성을 향상시킬 수 있게 도움을 준다. FMS의 주요 관리 항목들은 다음과 같다.

1) 전력 관리: 전력 공급과 사용을 모니터링하고 효율적인 전력 관리를 위해 전력 소비 패턴을 분석한다. 에너지 비용 절감 및 전력 공급에 있어서의 장애에 대한 효과적인 대응을 가능하게 한다.
2) 냉각 및 환기 시스템 관리: 냉각 및 환기 시스템을 제어하고 최적의 작동 조건을 유지한다. 계절의 변화를 포함한 온도와 습도를 모니터링하여, 장비의 안정성을 보장하고 냉각을 포함한 공조 효율을 향상시킨다.
3) 보안 및 출입 통제: 건물 내외부의 보안 시스템을 관리하고, 출입 통제 및 모니터링을 수행하여 시설의 보안을 유지할 수 있게 도움을 준다.
4) 소방 안전 시스템 관리: 화재 감지 및 소방 시스템을 모니터링하고, 화재로 인한 비상 상황에 대비한 대응 방법을 제공하는 것을 포함한다.
5) 백업 발전 시스템 관리: 정전이나 긴급한 전력 손실 상황에 대비하여 백업 발전 시스템을 모니터링하고 관리할 수 있는 방법을 제안한다.
6) 환경 모니터링: 온도, 습도, 기압, 미세먼지 등과 같은 환경 조건을 모니터링하여 최적의 작동 환경을 유지할 수 있게 한다.

7) 장비 모니터링: 서버나 스토리지와 같은 네트워크 장비의 상태를 모니터링하여 장비의 성능과 이상 징후를 감지한다.
8) 에너지 효율성 평가: 에너지 효율성을 평가하고 최적의 에너지 사용을 위한 조치를 수립하고 관리한다.
9) 데이터 수집 및 보고서 생성: 데이터를 수집하고 분석하여 운영에 필요한 보고서를 생성하며, 이를 활용한 향후의 의사 결정에 참고가 된다.

FOC (Fiber Optical Cable)

FOC(광섬유 케이블) 또는 광케이블은 광통신 시스템에서, 광신호로 데이터 전송이 가능한 광섬유가 포함된 케이블이다. 광섬유는 유리나 플라스틱 소재로 제작된 가는 섬유로서, 빛은 광섬유 내에서 반사와 굴절을 통해 전송된다. 광섬유를 감싸고 있는 클래딩(Cladding)이 광섬유의 내부에서 빛이 반사되는 것을 도와준다. 코어(Core)는 이 케이블의 중심 부분을 말하며, 코어를 절연하기 위해 절연체(Insulation)로 케이블 주위를 감싼다. 외부 피복(Outer Sheath)은 광섬유 케이블을 보호하고 외부 환경으로부터 견딜 수 있게 하는 피복이다.

FTP (Foiled Twisted Pair)

FTP 케이블은 알루미늄 호일(Foiled)로 차폐하여 제작한 네트워크 케이블이다. UTP(Unshielded Twisted Pair) 케이블과 달리 외부 전자기 간섭을 방지하기 위해 각 쌍의 동축선 주위에, 알루미늄 호일로 이루어진 전기적 차폐를 가지고 있다. 주위 환경으로 인해 간섭이 발생할 수 있는 곳이나, 민감한 데이터 전송이 필요한 상황에서 사용된다. 외부 실드는 외부 간섭으로부터 오는 전자기적인 잡음을 줄일 수 있고 전송 신호의 안정성을 향상시킨다. STP(Shielded Twisted Pair) 케이블은 외부 차폐를 가지고 있으면서, FTP에 추가적인 차폐로 전원을 공급할 수 있는 금속 실드도 가지고 있다. 반면에 FTP는 STP와 달리 전기적인 차폐만을 가지고 있다. FTP는 UTP보다는 비용이 높고 설치가 다소 복잡할 수 있지만, 높은 전자기 신호 간섭 환경에서 성능을 향상시킬 수 있다.

GIS (Gas Insulated Switchgear)

GIS(가스 절연 스위치기어)는 고압 가스를 절연체로 사용하여, 공기나 유압 유체보다 더 효율적으로 고전압을 절연할 수 있도록 개발된 스위치기어이다. 일반적으로 높은 절연 특성을 지닌 SF6 가스가 사용되며, 고전압 환경에서 안정적인 절연 특성을 제공하므로 적용 분야가 확대되고 있는 추세이다.

IBS (Intelligent Building System)

IBS(지능형 빌딩 시스템)는 건물 운영 및 관리에 대한 효율성, 안전성, 편의성과 에너지 효율성을 향상시키기 위한 자동화된 시스템을 의미한다. 건물 내의 다양한 시스템과 장치들을 통합하고 제어하여, 건물의 전반적인 성능을 최적화하기 위해 사용된다. 건물 내의 여러 시스템을 실시간으로 감시하고 필요에 따라 제어한다. 에너지 소비를 최적화하여 효율적이고 지속 가능한 운영을 실현한다. 화재 경보, 침입 감지 등을 통한 안전 및 보안 시스템 통합을 제공한다. 사용자 편의성을 향상시키기 위한 기능을 제공하며, 조명, 냉난방 등을 운영자의 선호에 맞추어 제어한다. 근래에는 인공 지능(AI; Artificial Intelligence)이나 사물 인터넷(IOT; Internet of Things) 기술을 통해 사용자와 실시간 소통이 가능한 시스템들이 개발되어, 더욱 발전된 IBS 구현이 가능하게 되었다.

IDF (Intermediate Distribution Frame)

IDF(중간 분배 프레임)는 통신 시설에서 사용되는 구성 요소 중 하나로, 네트워크의 중간 지점에서 케이블을 관리하고 제어하는 장치이다. 네트워크 구성 요소들을 유연하게 연결하고 관리할 수 있는 역할을 한다. IDF는 MDF(Main Distribution Frame)와 연결되며, 서버나 사용자가 위치한 각 층이나 각 구획에서 네트워크 및 통신 기기들을 연결하는 중간 단위의 장치로 적용된다. IDF에는 주로 패치 패널, 스위치, 라우터, 허브 등의 네트워크 장비가 설치되어 있다. 케이블이나 광섬유 등의 미디어를 이용하여 MDF에서 나오는 케이블을 IDF로 인입하고, IDF에서 각 장치로 연결한다. 이를 통해 네트워크의 중간 지점에서 유연한 구성이 가능하며, 개별 장치들 간의 이동이나 추가가 용이하다.

KWH (Kilo Watt Hour)

KWH(시간당 소요 전력량) Meter는 전기 에너지 소비를 측정하는 장치로, 주로 가정용이나 산업용 전력 시스템에서 사용된다. 전기 에너지 사용량을 측정하여 청구하는 목적으로 사용된다. 실시간 사용량을 일정한 간격으로 측정하고, 이를 누적하여 시간에 따른 총 소비 전력량을 계산한다. 일반적으로는 한 시간 단위로 계산되므로 누적된 전력량은 킬로와트시(kWh) 단위로 표시된다.

LBS (Load Breaker Switch)

LBS(부하 개폐기)는 전력 시스템에서 부하를 개폐하는 목적으로 사용되는 스위치이다. 전력 선로나 부하에 연결되어 있어 부하를 전원에서 분리하거나 다시 연결할 수 있다. 전력 선로의 절연체에서 발생하는 부하를 안전하게 처리하고, 유지 보수 시점이나 고장 시에 부하를 차단하거나 다시 연결하기 위해 사용된다. 열, 공기, 또는 가스 등의 변화를 감지하여 전기적인 회로를 개폐하며, 감지 방식에 따라 다음과 같이 분류된다.

1) 열 감지 방식(Thermal Method): 과부하 또는 과전류로 인해 부하가 높아지면 열이 발생하고, 이를 감지하여 부하 개폐기가 동작하여 전원 회로를 차단하는 방식이다. 부하가 정상화되면 다시 연결한다.
2) 공기 또는 가스 방식(Air or Gas Method): 공기나 가스 흐름의 이상으로 과부하가 발생할 때 개폐기가 부하를 차단하는 방식이다.

LED (Light Emitting Diode)

LED(발광 다이오드)는 전류를 가하면 빛을 발하는 화합물 반도체 소자이다. 방출하는 빛의 종류에 따라 가시광선 LED(VIS LED), 적외선 LED(IR LED)와 자외선 LED(UV LED)로 구분된다. 가시광선 LED는 우리가 일반적으로 볼 수 있는 LED 전등이며, 적외선 LED는 리모컨이나 CCTV 등에 사용되고 있고, 자외선 LED는 의료 보건 분야 등에서 사용된다.

LIB (Lithium Ion Battery)

LIB(리튬 이온 배터리)는 리튬 이온을 이용하여 전기 에너지를 저장하고 방출하는 축전지로, UPS(Uninterruptable Power Supply)의 부속 장치이다. 양극과 음극 사이 리튬 이온의 이동을 이용하여 전기 에너지를 저장한다. 충전 시 외부 전원에서 전류가 배터리로 흐르면, 리튬 이온은 양극에서 음극으로 이동한다. 방전 시에는 배터리에서 외부 회로로 전류가 흐를 때, 리튬 이온은 음극에서 양극으로 이동한다. 일반적으로 높은 에너지 밀도와 긴 수명을 제공하며, 가볍고 작은 크기로 제작되어 공간 활용도가 높다. LIB는 납 배터리보다 더 높은 에너지 밀도를 제공하며, 적은 용량으로도 많은 에너지를 저장할 수 있다. 또한 납 배터리에 비해 경량이며, 작은 공간에 배치할 수 있어 설치 및 유지 보수 측면에서 장점이 있다. 충전 및 방전 속도 또한 납 배터리보다 빠르지만 초기 투자 비용이 상대적으로 높고, 과열에 의한 화재 위험 고려도 필요하다.

LPR (License Plate Recognition)

LPR(자동차 번호판 인식)은 자동차 번호판을 자동으로 인식하는 기술 또는 시스템이다. 보안, 교통 관리, 주차 관리, 범죄 수사 등 다양한 분야에서 활용되며, OCR(Optical Character Recognition)을 이용한 이미지 처리 기술을 기반으로 한다. 카메라 또는 이미지 센서 등을 사용하여 차량의 번호판 이미지를 취득한다. 취득된 이미지는 전처리 과정을 거치는데, 이 단계에서는 이미지의 품질을 향상시키고 노이즈를 제거하여 번호판의 인식을 용이하게 한다. 처리된 이미지를 OCR 기술을 통해 기하학적 변형, 글자 크기 및 간격 조정, 이미지의 광도 및 색상 변화를 분석하여 번호판의 텍스트를 추출한다.

LPS (Lightning Protection System)

LPS(낙뢰 보호 시스템)는 건물이나 구조물을 낙뢰로부터 보호하기 위한 전기 시스템이다. 구조물에 발생된 낙뢰를 흡수하거나 지중으로 유도하여, 인명을 보호하고 건물에 발생될 수 있는 손상을 방지한다. 구조물의 높은 지점에 설치된 피뢰침이 주변에서 생성된 낙뢰를 끌어당겨, 낙뢰가 구조물을 직접 타격하지 않도록 조치한다. 피뢰침에서 지중으로 향하는 도선(Conductor)을 이용하여 전류를 지중으로 유도함으로써 최종적으로 낙뢰의 에너지를 흡수한다.

MCC (Motor Control Center)

MCC(전동기 제어반)는 전동기와 연결된 기기들을 효과적으로 제어하고 보호하기 위한 전기 패널 또는 제어 장치의 모음이다. 데이터센터나 대규모 산업시설에서 많이 사용되며, 여러 전동기를 한 장소에서 효율적으로 모니터링하고 제어할 수 있도록 설계되어 있다. MCC는 전동기를 작동하고 정지시키는 기능을 수행하며, 운전자가 제어 패널을 통해 전동기를 개별로 혹은 그룹으로 제어할 수 있다. MCC에는 전동기를 과전류, 과전압, 단락, 역전류 등으로부터 보호하는 기능이 내장되어 있어서, 예기치 못했던 상황에서의 전동기 손상을 방지할 수 있다. 전동기와 관련된 데이터를 수집하고, 이를 모니터링하고 정보를 송신하는 기능도 제공한다. 이러한 정보는 데이터센터의 자동화 시스템과 통합되어, 운영자가 실시간으로 모니터링하고 관리할 수 있게 해준다.

MCCB (Molded Case Circuit Breaker)

MCCB(성형 케이스 차단기)는 전기 회로에서 과부하 및 단락이 발생하였을 때 전기를 차단하는 장치로, 성형된 플라스틱 또는 금속 케이스로 싸여진 회로 차단기를 의미한다. 전기 회로에서 과부하가 발생하여 설정된 전류 한계를 초과하는 경우, 전기를 차단하여 연결된 장비를 과부하로부터 보호한다. 유지 보수와 주기적인 검사가 상대적으로 간단하며, 재설정이 가능한 모델도 있다. 유사한 기능의 차단기로는 MCB, ACB와 VCB가 있다. MCB는 일반적으로 낮은 전류 레벨에서 작동하기 때문에 가정용 전기 패널에서 사용되고, MCCB와 비슷하지만 보호 범위와 용도가 다르다. ACB는 고전압 및 고전류

환경에서 사용되며, MCCB보다 더 큰 규모의 전력 시스템에 적합하다.

MCSG (Metal Clad Switchgear)

MCSG(금속 폐쇄 스위치기어)는 성형된 금속 케이스로 둘러싸여 안전하게 보호된 스위치기어를 의미한다. 고전력 시스템에서 전기 에너지를 효과적으로 관리하고 분배하기 위한 장치로 사용된다. 금속 케이스에 둘러싸여 있어 내부의 전기 부품을 외부로부터 안전하게 차단하고 보호한다. 내부의 전기 부품을 외부의 불꽃과 열로부터 보호하는 성능이 우수하여, 데이터센터나 대형 플랜트 시설의 수배전반과 같은 고전력 시스템에 적용된다.

MDF (Main Distribution Frame)

MDF(메인 분배 프레임)는 전화 통신 및 네트워크 시스템에서 종합적인 분배 지점으로 사용되는 장치이다. 통신 및 데이터 네트워크에서 수신된 신호를 받아 하위 분배 시스템으로 전달하고 관리하는 역할을 한다. MDF는 주로 패치 패널과 연결되어 있어, 서버 룸이나 다양한 네트워크 장비와의 통신을 지원한다. 이를 통해 네트워크의 유연성이 확보되며, 장비 간의 효과적인 연결과 관리가 가능하다. 이렇게 수신된 신호를 적절히 강화해서 중간 분배 프레임(IDF; Intermediate Distribution Frame)과 같은 구역으로 분배하는 역할을 한다.

MOF (Metering Out Fit)

MOF(전력량 측정기)는 전기 사용량을 측정하고 기록하기 위해 설치되는 장치이다. 전력 시스템의 특정 회로나 전선에 연결되어 전류와 전압을 모니터링하고 전기 사용량을 측정한다. 측정된 전류와 전압 값을 사용하여 해당 회로나 전선에서 소비되는 전력을 계산한다. 전력은 주로 전류와 전압의 곱으로 나타내어지며 이를 통해 사용된 전기의 양을 추정할 수 있다. 측정된 전력 데이터를 기록하고 필요한 경우 전송할 수 있다. MOF에서 얻은 계량 데이터는 전력 사용 패턴을 이해하고 전력 품질을 평가하며, 사용자들과 보다 객관적인 비용 계산 및 요금 청구가 가능할 수 있게 활용되고 있다.

MTR (Main Transformer)

MTR(주 변압기)은 전기 에너지를 고전압에서 저전압으로 변환하거나, 그 반대로 변환하는 기능을 가진 변압기이다. MTR을 통해 전력을 분배하고 제어할 수도 있다. 주요 역할은 전압 변환이다. 고전압 측에서 저전압 측으로 또는 그 반대로 전압을 변환하여, 전력을 안전하게 분배하고 전기 기기 및 장비에 공급한다. MTR은 전압 안정화 기능을 수행하여 전력 네트워크에서 안정적인 전압을 제공하고, 전기 기기 및 장비가 안정적으로 작동할 수 있도록 한다.

OCR (Optical Character Recognition)

OCR(광학 문자 인식)은 사람이 쓰거나 기계로 인쇄한 문자의 영상을 이미지 스캐너로 획득하여, 기계가 읽을 수 있는 디지털 문자로 변환하는 기술이다. 이미지 스캔으로 얻을 수 있는 문서의 이미지를, 컴퓨터가 편집할 수 있는 문자 코드 등의 형식으로 변환한다. 인공 지능이나 기계 시각(Machine Vision)의 연구 분야로 시작되었다. 거울이나 렌즈 등의 광학 기술을 이용한 광학 문자 인식과, 스캐너나 알고리즘에 의한 디지털 문자 인식을 포함한다. 근래에 개발된 생성형 AI인 챗지피티의 경우, OCR에서 보다 발전된 스캔 기능을 활용하여, 데이터를 아날로그에서 디지털로 변환하는 기능도 지니고 있다.

PDC (Power Distribution Cabinet)

PDC(전력 분배 캐비닛)는 전력을 공급받아 다양한 전력 서브 패널로 전달하는 역할을 하는 전기 캐비닛 또는 캐비닛 그룹이다. 주 전력 공급과 서브 패널 또는 서버 랙으로의 전력 분배를 관리한다. 일반적으로 데이터센터의 중앙 구역에 설치되며, 대량의 전력을 처리할 수 있는 구조로 제작된다. PDU(Power Distribution Unit)를 PDC로 대체하는 결정은 데이터센터의 요구 사항 및 운영 환경에 따라 각각 다를 수 있다. 전력 분배를 위한 시스템으로 PDU를 대체하여 PDC를 채택함으로써 얻을 수 있는 이익은 다음과 같다.

1) 전력 관리 통합성: 보다 넓은 범위의 전력 관리 기능을 제공할 수 있다. 주 전력 공급 및 서브 패널 간의 연결과 전력 분배를 통합적으로 관리하므로, 전력 시스템의 효율성을 높일 수 있다. 데이터센터 내의 중앙 위치에 설치되므로, 전체 전력 시스템을 효율적으로 관리할 수 있다. 이를 통해 운영자는 전체 전력 시스템을 쉽게 모니터링하고 제어할 수 있다.
2) 공간 효율성: 주로 캐비닛 또는 캐비닛 그룹으로 설치되므로, PDU 대비 더 적은 공간을 차지하고 공간 사용 효율성을 향상시킬 수 있다.
3) 용량 확장성: 대량의 전력을 처리할 수 있는 구조를 가지고 있으며, 미래의 확장에 대비할 수 있는 유연성을 지니고 있다. 더 많은 전력을 필요로 할 때 상대적으로 쉽게 PDC를 업그레이드하거나 확장할 수 있다.
4) 유지 보수 및 관리 단순화: 단일 포인트에서 유지 보수와 관리가 가능하므로, 관리를 단순화하고 이를 통해 제어 포인트 또한 줄일 수 있다.

PDU (Power Distribution Unit)

PDU(전력 분배 유닛)는 전원을 받아서 소요 장비나 구역으로 분배하는 장치이다. 데이터센터의 전력 분배 시스템의 구성 요소 중 하나로, 전력을 조절하고 분배하여 서버를 포함한 전력 소비 장비에 안정적으로 공급한다. PDU에는 분배와 관리 방식에 따라 다음과 같은 종류가 있다.

1) Basic PDU: 전통적인 PDU이며 단순한 분배 기능만 있다. 전력 사용량을 모니터링하거나 소비 정보를 제공하지는 않는다.
2) Metered PDU: 전력 사용량을 실시간으로 모니터링하고 보고한다. 시스템이 사용하는 전력량을 정확히 계량하여 사고를 예방하고, 기준 사용량보다 높을 경우 자동으로 전원을 차단하는 기능도 있다.
3) Switched PDU: Metered PDU를 웹이나 앱 상에서 관리 가능하게 기능을 추가한 PDU이다. 장비의 전원을 원격으로 작동시킬 수 있는 기능을 제공한다. 사용자는 전원 스케줄링, 타이머 및 기타 제어 기능을 사용하여

실시간으로 PDU의 상태를 확인하고 제어할 수 있다.

PF (Power Factor)

PF(전력 역률)는 피상 전력에 대한 유효 전력의 비율을 백분율로 표현한 것으로써 역률이 높을수록 효율적이다. 피상 전력(Apparent Power, kVA 단위)에 대한 실제로 소비되는 유효 전력(Effective Power, kW 단위)의 비율로 산정한다. 피상 전력으로 공급된 전력은 실제로 소비되는 유효 전력과, 실제로 사용되지는 않고 공급원으로 다시 되돌아 가는 무효 전력(Reactive Power, kVAR 단위)의 합이다. 발전 프로젝트의 경우 PF는 중요한 고려 요소이다.

PLC (Programmable Logic Controller)

PLC(프로그램 논리 제어 장치)는 컴퓨터 기반의 프로그램 논리 제어 장치나 기술이다. 디지털 신호를 사용하여 다양한 기계 및 공정을 제어하고 모니터링하기 위해 사용된다. 주요 역할은 논리적인 결정을 내리고 출력을 제어하여 자동화된 시스템을 운영하는 것이다. PLC의 작동 원리와 절차는 다음과 같다.

1) 입력 신호 수집: 센서, 스위치, 스캐너 등을 통해 디지털 입력 신호를 수집한다. 이를 회로 구성에 적합한 신호로 변환한다.
2) 프로그래밍: 사용자가 사전에 프로그래밍하여 원하는 작업 및 제어 및 Logic을 정의한다. 대부분의 PLC는 특별한 프로그래밍 언어를 사용하며, 이러한 언어는 논리적인 조건문과 명령문을 사용하여 제어 동작을 정의하기 위해 사용된다.
3) 논리 처리: 입력 신호를 프로그래밍된 논리와 비교하고, 정의된 논리 규칙에 따라 출력을 계산한다. 논리 연산은 AND, OR, NOT, XOR 등의 논리 연산자를 사용하여 이루어진다.
4) 출력 제어: 논리 처리를 통해 계산된 결과를 디지털 출력 신호로 변환하여 다양한 기계와 공정들을 송신하고 제어한다.
5) 리얼 타임 동작: 대부분 실시간 처리 능력을 가지고 있으며, 빠르게 입력

과 논리를 처리하고 출력을 제어하는 기능을 수행한다.

PQM (Power Quality Meter)

PQM(전력 품질 측정기)은 데이터센터와 같은 시설에서, 전력 품질을 측정하고 모니터링하기 위한 장비이다. 전력 품질 문제를 식별하고 전력 시스템의 안정성 및 신뢰성을 향상시키기 위해 사용된다. 전압, 전류, 주파수 및 전기 파형 등과 같은 전력 품질 관련 데이터를 수집하고 분석한다. 이를 통해 전력 품질 문제를 조기에 감지하고 예방 조치를 취하여, 전력 공급 장애를 방지하고 시스템의 가용성을 향상시켜서 효율적인 전력 사용을 유도할 수 있다.

PV (Photovoltaic)

PV(태양광 발전)는 태양 전지판 또는 태양 패널을 사용하여 태양광 에너지를 수집하고, 이를 직류(DC) 전기로 변환하는 발전 방식이다. 태양광 발전소, 태양광 패널, 태양 전지 혹은 태양 전지 패널이라고 불린다. 태양 전지 패널(Solar Photovoltaic Panels)을 통해 태양광 에너지를 받아들여 인버터를 통해 직류 전기로 변환한다. PV가 태양광 패널을 지상이나 옥상에 설치하여 발전하는 것에 비해, BIPV는 건물의 외관과 일체로 설계되어 외관과 조화를 이루며 발전하는 것이 다르다. BIPV는 건물의 외관을 고려하여 설계되어야 하기 때문에, 건축 허가나 건물이 위치하는 지역 사회의 동의를 구하여야 하는 경우가 있다. 에너지 절약 계획서에 포함되므로 지열이나 연료 전지와 비교해서 채택한다.

RCD (Residual Current Device)

RCD(누전 차단기)는 전류의 균형이 깨지거나 누설 전류가 발생될 때, 인체에 대한 전기 충격과 같은 전기 사고를 방지하기 위해 회로를 차단하는 장치이다. RCCB(Residual Current Circuit Breaker)라고 부르기도 하고, GFCI(Ground Fault Circuit Interrupter)라고 부르기도 한다. 이외에도 누설 전류를 감지하고 차단하는 방식의 발전에 따라 다양한 차단기들이 개발되고 있다.

RCU (Remote Control Unit)

RCU(원격 제어 유닛)는 흔히 리모컨이라 불리는 원격 제어 유닛이다.

RFID (Radio Frequency Identification)

RFID(무선 인식)는 무선 통신을 이용하여 물체나 개체를 식별하고 추적하기 위한 기술이나 시스템을 칭한다. 무선 통신을 통해 데이터를 송수신하고 이를 식별하여, 대상의 고유한 정보를 인식하고 기록한다.

SCADA (Supervisory Control and Data Acquisition)

SCADA(감독 제어 및 데이터 수집)는 시설에 투입된 장비들을 제어하고, 운영 관련 데이터를 수집한 후에 기록하는 시스템이다. 일반적으로 프로그램 논리 제어 장치(PLC; Programmable Logic Controllers)와 원격 단말 장치(RTU; Remote Terminal Units)와 같은 소프트웨어 및 하드웨어의 조합으로 이루어진다. PLC와 RTU에서 수집된 데이터는 제어실로 전송되고, 인간-기계 인터페이스(Human-Machine Interfaces, HMI)를 사용하여 PLC와 RTU 제어를 감독할 수 있다. HMI는 운영자와 SCADA 시스템 간의 통신을 지원하는 스크린으로 SCADA 시스템의 주요 요소이다. SCADA 시스템을 통해 실시간 데이터를 기반으로 프로세스를 모니터링하여 보고하고, 평가를 위한 데이터 보관도 가능하다. 근래에는 여러 가지 자동 제어와 감시 시스템이 개발된 관계로, 추가 비용을 들여 가면서까지 SCADA 시스템을 구축해야 하는지 고민이 필요하다. 자동화된 제어 시스템은 기본적으로 SCADA를 포함하기 때문이다.

SLD (Single Line Diagram)

SLD(단선 결선도)는 전기 시스템의 구성 요소와 요소 간의 연결 관계를 단순하게 표시한 도면이다. 다양한 전기 구성 요소를 직선, 화살표 및 기호를 사용하여 나타낸다. 전원 공급 장치, 변압기, 배전반, 스위치, 개폐기, 접속 박스 등의 장비가 표현되어 있다. 각 구성 요소 간의 연결 관계와 전기 회로의 경로를 포함한다. 전기 설계의 가장 기본이 되고 선제적으로 작성되어야 할 도서이다.

STP (Shielded Twisted Pair)

STP 케이블은 차폐된 네트워크 케이블이다. UTP(Unshielded Twisted Pair) 케이블과 달리 외부 전자기 간섭을 방지하기 위해, 각 쌍의 동축선 주위에 전기적 차폐층(Shield)을 가지고 있다. STP 케이블은 주위 환경에 의해 간섭이 발생할 수 있는 곳이나 민감한 데이터 전송이 요구되는 곳에서 주로 사용된다. 주로 전자기장 간섭이 많은 공장, 병원, 연구소 등에서 사용된다. STP의 외부 실드는 외부 간섭으로부터 오는 전자기적인 잡음을 줄이고, 전송 신호의 안정성을 유지할 수 있는 효과가 있다. UTP 케이블보다는 비용이 높고 설치가 다소 복잡할 수 있으나, 높은 전자기적 신호 간섭 환경에서 뛰어난 성능을 제공하기 때문에, 민감도가 높은 특정 네트워크 분야에서 주로 채택된다.

STS (Static Transfer Switch)

STS(동기 절체 스위치)는 ATS(Automatic Transfer Switch)의 일종인 비상 절체 스위치이다. 보통 UPS 출력단에 설치되며 상용과 대기 전원에 연결되어 있다가, 상용 전원이 차단되거나 저전압일 경우 즉시 대기 전원으로 끊김없이 절체되어, 부하에 전원 공급이 가능하게 하는 장치이다.

SWGR (Switchgear)

SWGR(스위치기어)은 스위치기어(Switchgear)를 의미하며, 설계 도서나 견적 내역서에 SWGR라고 약자를 사용한다.

THD (Total Harmonic Distortion)

THD(전체 고조파 왜곡률)는 고조파의 왜곡 정도를 나타내는 지표이다. 고조파는 기본 주파수의 정수 배수로서, 기본 주파수가 50Hz이면 2차 주파수는 100Hz 3차 주파수는 150Hz이다. 이상적인 교류 전원 공급 장치 파형은 기본 주파수인 50Hz 또는 60Hz가 일정한 사인(sine) 파형을 나타내는데, 주변 장비나 변환 장치에 왜곡이 발생하여 이 사인 파형이 왜곡될 때 이를 고조파 왜곡이라고 한다. 기본 성분에 대한 전체 고조파 성분의 비율을 THD라고 한다. 데이터센터에는 복잡하고 대형인 장비들이 다수 설치되는 관계로, 장비별로 발생 예상되는 고조파를 사전에 확인하고 고조파 필터 설치를 검토하여야 한다.

TPS (Telecommunication Pipe Shaft)

TPS(통신 파이프 샤프트)는 통신이나 네트워크 케이블이 설치되는 샤프트다.

UPS (Uninterruptable Power Supply)

UPS(무정전 전원 공급 장치)는 전력 공급 장애가 발생되었을 때 비상 전원을 공급하는 장치이다. 배터리에 충전된 직류를 정전이나 부하 중단 시 교류로 변환하여 전원을 공급하고, 장애가 해결되면 대기 상태로 복귀해서 배터리에 전원을 충전한다. 배터리의 한계 때문에 비상 전원을 무한대로 공급하는 것은 불가능하고, 적정한 공급 시간을 의미하는 백업 타임을 결정하여 시스템을 최적화할 필요가 있다. 백업 타임이 너무 짧으면 전력 복구가 늦어질 경우 UPS의 기능을 상실할 수 있고, 백업 타임을 너무 길게 설계하면 투자비가 높아진다. 작동 방식에 따라 다음과 같이 세 가지로 분류한다.

1) On-Line 방식: 정상 상태에서는 충전기와 인버터에 직류 전원을 공급하여 상시 인버터로 동작한다. 부하 전류를 계속 인버터에 공급하기 때문에 높은 신뢰도를 지닌다.
2) Off-Line 방식: 정상 상태에서는 직접 상용 전원을 부하에 공급하고 있다가, 정전 시에만 인버터를 동작하여 부하에 공급한다. 소규모 시설이나 용량에 적합한 타입이다.
3) Line Interactive 방식: 정상 상태에서 정류 방식으로 충전을 하고 있다가, 정전 시 인버터를 동작하여 출력 전원을 공급한다. Off-Line 방식이면서 일정 전압이 자동으로 조정된다.

UTP (Unshielded Twisted Pair)

UTP 케이블은 한 쌍의 차폐되지 않은(Unshielded) 네트워크 케이블을 나타내는 용어이다. 일반적으로 네트워크 및 통신 시스템에서 데이터 전송을 위해 사용되는 케이블 중 하나이다. UTP 케이블은 여러 개의 선쌍이 함께 묶여 있으며, 각 선쌍은 서로 꼬여 있다. 이 꼬인 구조는 전자기 간섭을 감소시키고 신호의 안정성을 향상시킨다. 반면에 UTP 케이블은 외부 간섭에 취약하며, 보호층이나 차폐가 없기 때문에 다른 전송 매체들보다 보호 성능이 상대적으로 낮다. 주로 이더넷(Ethernet)과 같은 LAN 방식에서 사용된다. 자재 가격이 저렴하고 설치가 쉽기 때문에 소규모 네트워크에 널리 사용되고 있다.

VCB (Vacuum Circuit Breaker)

VCB(진공 차단기)는 차단기 내부를 진공으로 절연하여 아크를 제거시키는 차단기이다. 고압 상황에서도 충분히 아크를 제거할 수 있도록 진공관 속에 접점을 넣은 구조다. 3.3 kV 이상 고압반에 주로 사용한다. 동작 시 높은 서지 전압이 발생하므로 과전압에 대한 대비로 서지 흡수기(Surge Absorber)를 설치하기도 한다. ACB와의 장단점을 비교하여 효율적인 시스템을 선정해야 한다.

VESDA (Very Early Smoke Detection Apparatus)

VESDA(화재 연기 조기 감지) 시스템은 화재와 연기를 신속하게 탐지하기 위해 구성된 고급 화재 감지 시스템이다. VESDA 감지기는 화재 발생 초기에 생성되는 연기를 능동적으로 흡입해 화재를 조기에 감지할 수 있으며, 일반 감지기로는 완벽한 감지가 어려운 특수 방호 구역 등에 적용된다.

VFD (Variable Frequency Drive)

VFD(가변 주파수 드라이브)는 AC 드라이브 혹은 인버터로도 불리며, 주파수를 변경하여 AC 모터를 가변 속도로 작동하게 하는 장치이다. 모터의 속도를 조절하기 위해서는 전압을 변경하거나 주파수를 변경할 수 있는데, VFD나

VSD(Variable Speed Drive)가 주파수를 변경하여 모터의 속도를 조절하는 기능을 한다. 모터에 연결된 부하에 맞게 모터의 속도를 유동적으로 제어할 수 있으므로 에너지 사용 효율성을 높일 수 있다. VFD의 동작 원리로 일련의 펄스(Purse)를 만들어서 전력의 품질에 영향을 줄 수 있으므로, 필터를 설치하거나 VFD 전용 케이블 사용을 고려해야 한다.

VMS (Video Management System)

VMS(영상 관리 시스템)는 카메라를 통하여 영상을 촬영하여 저장소에 보관하고, 저장된 영상을 확인할 수 있는 관리 시스템이다. IP 기반 감시 카메라를 통하여 비디오 영상을 쉽게 네트워크에 통합하고, 이를 캡처하거나 저장하여 실시간 모니터링과 비디오 분석이 가능하다. 증가하고 있는 보안 관련 수요는 VMS의 기술 개발과 사용처를 넓힐 수 있게 한 주요 원인이다. 초고속 인터넷과 클라우드 컴퓨팅의 도입 확대로, 대량의 비디오 데이터를 원격으로 저장하고 액세스할 수 있어서 VMS 기술들 또한 진보하고 있다. 최근에는 인공지능과의 알고리즘 통합으로 영상 분석 기법들이 발전하고, 이를 이용한 감시 기술들도 진화하고 있다.

CHAPTER 8 정보 통신

AI (Artificial Intelligence)

AI(인공 지능)는 컴퓨터 또는 기계 장치가 인간의 지능을 모방하여 인간처럼 작업을 수행하는 능력을 의미한다. 인간의 학습, 이해, 의사 결정, 음성 및 이미지 인식 능력들을 갖추고, 데이터에 기반하여 요구되는 결과물을 생성하거나 작업을 수행할 수 있다. 고성능 GPU의 발전에 힘입어 급속도로 빨라진 연산 능력을 지니고, 빅 데이터를 단시간에 학습하여 결과물을 생성한다.

ALU (Arithmetic Logic Unit)

ALU(산술 논리 유닛)는 중앙 처리 장치(CPU; Central Processing Unit)의 구성 요소 중 하나인 논리 유닛이다. 산술 및 논리 연산을 수행하는 부분으로 데이터 처리를 담당한다. ALU는 CPU 내의 레지스터에 저장된 데이터를 읽어와서 산술 및 논리 연산을 수행하고, 그 결과를 다시 레지스터에 저장한다. 이렇게 ALU가 처리하는 연산은 프로그램이나 컴퓨터의 명령어에 의해 결정되며, 컴퓨터의 기본적인 계산과 논리적인 작업을 수행하는 핵심 부분 중 하나이다.
ALU는 일반적으로 다음과 같은 연산 기능을 수행한다.

1) 산술 연산(Arithmetic Operations): 덧셈, 뺄셈, 곱셈, 나눗셈 등의 산술 연산을 이진수 형태의 데이터를 이용하여 수행한다.
2) 논리 연산(Logic Operations): AND, OR, NOT, XOR와 같은 논리 연산을 수행하며, 비트 단위로 이진수 데이터를 다루며 연산한다.
3) 시프트 연산(Shift Operations): 데이터를 좌측 또는 우측으로 비트 단위로 이동시키는 시프트 연산을 수행한다.
4) 비교 연산(Comparison Operations): 두 개의 데이터를 비교하여 결과를 확인하는 연산을 수행한다. 등호, 부등호, 크기 비교 등이 여기에 속한다.

AM (Amplitude Modulation)

AM(진폭 변조)은 라디오와 같은 전자 통신에서 진폭을 변조하여 송신 신호를 변화하는 원리이다. 구조가 간단하여 과거 라디오 방송에서 많이 적용되었으나, 진폭이 주변 영향에 따라 변하고 음질이 떨어지는 등의 단점이 있어서 일부 방송에만 적용되었다. 음악 송출 등에서와 같이 높은 품질이 요구되는 라디오 방송에는 주파수 변조인 FM(Frequency Modulation) 방식이 적용된다.

AP (Access Point)

AP(액세스 포인트)는 네트워크에서 무선 디바이스들이 유선 네트워크나 다른 무선 네트워크와 연결되는 지점이다. 무선 랜(Wi-Fi)에서 특히 일반적으로 사용되며, 무선 디바이스들이 네트워크에 연결될 수 있게 해주는 중개자 역할을 한다. 집이나 사무실에서 무선 랜을 사용할 때 무선 라우터가 AP의 역할을 한다. 무선 라우터는 유선 네트워크에 연결되어 있으며, 무선 디바이스들은 라우터를 통해 유선 네트워크와 통신할 수 있다.

API (Application Programming Interface)

API(응용 프로그래밍 인터페이스)는 소프트웨어 애플리케이션들이 서로 상호 작용하기 위한 규약이나, 인터페이스를 제공하는 도구 또는 메커니즘을 말한다. API는 프로그램 간의 통신을 용이하게 하고, 서로 다른 소프트웨어 구성요소들이 데이터나 서비스를 공유할 수 있도록 도와준다. API는 다양한 형태로 제공될 수 있는데, 예를 들면 웹 API, 라이브러리 API, 운영 체제 API 등이 있다. 웹 API는 주로 웹 서비스에서 사용되며, REST 또는 SOAP와 같은 프로토콜을 사용하여 HTTP를 통해 데이터를 주고 받는다. 라이브러리 API는 프로그래밍 언어에서 사용되는 함수와 클래스의 집합을 나타내며, 운영 체제 API는 운영 체제와 상호 작용하기 위한 인터페이스를 제공한다. API의 주요 특징과 사용 방식은 다음과 같다.

1) 정의된 규약과 인터페이스: 특정한 프로그램 또는 서비스와 상호 작용하기 위한 규약과 인터페이스를 정의한다. 어떤 종류의 데이터나 기능을 요청하고 응답하여야 하는지에 대한 규칙을 정의한다.
2) 모듈화 및 추상화: 프로그램을 모듈화하고 추상화하여 서로 간의 상호 작

용을 단순화시켜서, 이를 통해 개발자는 다른 시스템의 내부 동작을 자세히 알지 않아도 해당 시스템과 통신할 수 있다.

3) 기능 제공: 데이터 요청, 데이터 전송, 서비스 호출, 특정 작업 실행 등의 다양한 기능을 포함하여 제공될 수 있다.
4) 표준화된 프로토콜 사용: 대부분의 API는 HTTP, REST, SOAP 등과 같은 표준화된 프로토콜을 사용하여 통신한다. 이를 통해 상호 운용성을 증대시키고 다양한 플랫폼 간의 호환성을 제공한다.
5) 개발자 커뮤니케이션: 서비스 또는 라이브러리를 사용하는 개발자 간의 커뮤니케이션을 용이하게 하여, 서로 다른 팀이나 조직 간에도 표준화된 API를 통하여 소통과 협업이 가능해질 수 있다.

AR (Augmented Reality)

AR(증강 현실)은 실제 환경에 가상의 정보나 객체를 더해, 사용자에게 현실과 가상 세계를 결합한 경험을 제공하는 기술이다. 주로 스마트폰, 태블릿, 헤드셋 등의 디바이스를 통해 구현된다. 증강 현실은 가상 현실(VR; Virtual Reality)과 대조되며, 가상 현실은 사용자를 완전히 가상의 세계로 끌어들이는 반면, 증강 현실은 현실 세계에 가상적인 정보를 추가하여 현실 세계와 상호 작용하도록 한다. 스마트폰과 태블릿을 이용하여 실제 환경에 가상 정보를 표시하는 애플리케이션들도 있다. 예를 들어, 카메라를 통해 실제 세계를 보면서 그곳에 가상의 물체나 정보를 표시하는 것이 가능하다. 게임 분야에서는 현실 세계에 가상의 캐릭터나 오브젝트를 배치하여, 게이머들에게 현실적인 게임 경험을 제공한다. 의료 분야에서는 의사들이 환자의 실제 해부학적 구조를 볼 수 있도록 하는 등의 용도로 사용되기도 한다. 교육 분야에서는 증강 현실을 이용하여 학습자들에게 간접 체험이지만 보다 현실적인 학습 경험을 제공할 수 있다.

CCL (Creative Commons License)

CCL(저작물 이용 약관)은 미국의 'Creative Commons'라는 단체에서 제정한 저작물 이용 라이선스이다. 저작권자에게 이용 허가 요청을 할 필요 없이 조건만 만족시키면 이용이 가능하게, 라이선스 사용 규정을 정리하는 목적으로 제정되었다. 이 라이선스는 기존의 엄격하고 포괄적인 저작권과 달리, 저작자가 원하는 특정한 사용 조건을 지정할 수 있도록 한다. CCL은 무료이며 간단한 라이선스 선택 프로세스를 제공하여, 저작자가 자신의 작품에 대한 사용 권한을 명확하게 할 수 있게 한다. 주로 문서, 이미지, 음악, 비디오 등의 디지털 매체에 적용된다. CCL을 활용함에 있어서는 다음과 같은 원칙을 준수해야 한다.

1) 저작자 표시(Attribution): 사용자들은 원 저작자를 명시해야 한다.
2) 동일 조건 변경 허용(Share-Alike): 원작과 동일한 조건으로 작성된 저작물을 만들 경우에만 동일한 라이선스를 적용할 수 있다.
3) 비영리(Non-Commercial): 이 라이선스를 사용하는 경우, 해당 저작물은 상업적 목적으로 사용할 수 없다.
4) 변경 금지(No Derivative Works): 저작물을 수정하거나 변경할 수 없다.
5) 자유 혹은 공정한 이용(Fair Use): 이 라이선스는 법적 효력이 있는 것은 아니지만, 원작자가 특정 사용을 허용하거나 금지할 수 있다.

CDN (Content Delivery Network)

CDN(콘텐츠 전송 네트워크)은 대규모 콘텐츠를 빠르게 전송하기 위해 설계된 분산 네트워크이다. 이 시스템은 콘텐츠를 사용자에게 제공하기 위해 최적화되어 있으며, 전 세계의 서버 네트워크로 구성되어 있다. CDN은 웹 호스팅, 비디오 스트리밍, 게임 서비스 등 다양한 온라인 서비스에 널리 사용된다. 일반적으로 사용자가 콘텐츠를 빠르게 획득할 수 있도록 도와준다. 이를 통해 웹사이트의 로딩 속도를 향상시키고 사용자 경험을 향상시킨다. 서버 간 부하를 분산하여 네트워크의 성능과 안정성을 향상시킨다. 특정 지역 또는 시간대에서 트래픽이 집중되었을 때도, 서비스의 안정성을 유지할 수 있다. 일부 CDN은 DdoS 공격을 방어하고 콘텐츠를 보호할 수 있게 도움을 준다. 콘텐츠 전송 중에 암호화 및 보안 프로토콜을 사용하여 보안을 강화한다. 전 세계의 다양한 지역에 있는 사용자에게 실시간으로 같은 콘텐츠를 제공할 수 있다.

CLI (Command Line Interface)

CLI(텍스트 기반 사용자 인터페이스)는 사용자가 명령어나 텍스트 명령을 입력함으로써, 컴퓨터 시스템 또는 프로그램과 상호 작용하는 인터페이스이다. GUI(Graphical User Interface)와 대조되며, 주로 키보드를 통해 명령어를 입력하고 텍스트 결과를 출력하는 방식을 사용한다. 숙련된 사용자들은 명령어를 효율적으로 사용하여 보다 빠르게 작업을 수행할 수 있다. 사용자가 입력하는 도중에 명령어나 파일 이름을 자동으로 완성해주는 기능이나, 이전에 사용한 명령어의 히스토리를 제공하는 기능도 있다. GUI보다 적은 시스템 자원을 사용하므로 리소스나 시스템 인프라가 제한된 환경에 적합한 방식이다.

CPU (Central Processing Unit)

CPU(중앙 처리 장치)는 컴퓨터 시스템 중에서 중앙 처리 장치를 의미한다. 컴퓨터의 핵심 부품 중 하나로, 주로 연산과 데이터 처리를 담당한다. 프로그램의 명령어를 해석하고 실행하며, 컴퓨터의 주요 작업을 수행한다. 흔히 컴퓨터의 두뇌로 비유되기도 하며, 컴퓨터의 성능과 속도는 크게 CPU의 성능에 의존한다. CPU는 코어(Core)라 불리는 여러 개의 실행 단위로 구성되어 있고, 다양한 기능과 성능 수준을 가진 여러 모델과 시리즈가 시장에 출시되어 있다. 일반적으로 CPU는 주로 산술 연산, 논리 연산, 메모리 관리, 입력 및 출력 제어 등 다양한 작업을 담당한다.

CRM (Customer Relationship Management)

CRM(고객 관계 관리)은 기업의 현재 고객이나 잠재 고객의 정보를 상호적으로 관리, 추적, 저장하도록 지원하는 일련의 데이터 기반 소프트웨어가 통합된 솔루션이다. 고객과의 상호 작용을 추적하고 분석하여 개별 고객의 요구 사항을 파악하고, 타겟팅, 마케팅, 판매, 서비스 등을 효율적으로 수행할 수 있도록 지원한다. CRM 소프트웨어, 데이터 분석 도구, 자동화 시스템 등이 사용되며, 이를 통해 기업은 개별 고객과의 관계를 강화하고 맞춤형 서비스를 제공할 수 있게 된다. 아울러 실시간 피드백을 통한 고객 관리 개선도 추구할 수 있다.

CSP (Cloud Service Provider)

CSP(클라우드 서비스 제공자)는 클라우드 서비스를 제공하는 기업이나 기관을 나타낸다. 사용자나 기업에게 다양한 클라우드 기반 서비스를 제공한다. CSP가 제공하는 주요 서비스는 다음과 같이 분류할 수 있다.

1) IaaS(Infrastructure-as-a-Service): 가상 서버, 스토리지와 네트워크 등의 인프라를 클라우드 기반으로 제공하여, 사용자가 필요에 따라 자원을 확장하거나 축소할 수 있게 서비스를 제공한다.
2) PaaS(Platform-as-a-Service): 애플리케이션 개발을 위한 플랫폼을 클라우드 기반으로 제공하며, 개발자는 이를 통해 애플리케이션 코드 작성에만 집중할 수 있다. 데이터베이스나 웹 호스팅 등이 포함된다.
3) SaaS(Software-as-a-Service): 클라우드 기반의 소프트웨어를 제공한다. 사용자는 소프트웨어를 설치하거나 유지 보수하지 않고도, 웹 브라우저를 통해 소프트웨어를 이용할 수 있다.
4) FaaS(Function-as-a-Service): 개발자가 애플리케이션의 특정 함수나 이벤트에 대한 코드를 작성하고 실행하기 위해 필요한 인프라를, 클라우드 기반에서 자동으로 관리하는 서비스를 제공한다.
5) STaaS(Storage-as-a-Service): 클라우드 기반으로 데이터를 저장하고 관리하기 위한 스토리지 서비스를 제공한다.
6) DBaaS(Database-as-a-Service): 클라우드 기반으로 데이터베이스를 구축하고 유지 보수하는 서비스를 제공한다.
7) NaaS(Network-as-a-Service): 가상 네트워크 및 네트워크 리소스를 클라우드 기반으로 제공하여, 사용자가 유연하게 네트워크를 구성할 수 있도록 한다. 네트워크 유연성 확보의 장점을 제공하는 서비스이다.

8) SECaaS(Security-as-a-Service): 클라우드 환경에서의 보안을 강화하기 위한 서비스를 제공한다. 방화벽, 인증 및 액세스 제어, 위험 감지와 이에 대한 대응을 포함한다. 이에 따라 별도의 보안 장치가 필요하지 않다.

CUJ (Critical User Journey)

CUJ(핵심 사용자 여행)는 사용자가 목표를 이루기 위해 거치는 핵심 단계들이다. 사용자가 필요로 하는 서비스를 개발하기 위해서는 누가 우리의 사용자이며, 사용자의 목표는 무엇인가에 대한 정의와 파악이 먼저 이루어져야 한다. 사용자인 고객의 서비스에 대한 관심 표명을 시작으로 구매와 사용 후의 반응까지 모니터링하여, 잠재적인 문제 식별 및 이에 대한 개선을 지속할 수 있다. 물품이나 서비스 구매를 예로 들면, 사용자들이 겪는 여정을 CJM(Customer Journey Map)을 통해 아래와 같은 단계로 구분할 수 있다.

1) 검색 단계: 물품이나 서비스를 구매하기 위해 웹 사이트나 앱을 통해서 검색하거나, 지인들에게 문의하여 정보를 입수하는 단계이다.
2) 비교 단계: 검색된 물품과 서비스를 유사한 브랜드나 회사의 것들과 비교한다. 사용자 구매 빈도와 사용자 후기 등을 참고하는 단계이다.
3) 구매 단계: 웹 사이트 회원 가입 등을 통해 물품과 서비스를 구매한다. 결제 방식과 인도 방식들을 결정하며 구매를 확정한다. 이 과정에서 결제의 불편함이나 신용 카드 등으로만 결제할 수 있게 되어 있는 불편함 등을 겪을 경우 구매를 포기하기도 한다.
4) 적응 단계: 물품 인수 후 사용을 하며 제품에 대해 적응을 하는 단계이다.
5) 평가 단계: 일정 기간 사용 후 지인들에게 긍정적인 반응을 보이며 사용을 권유하거나, 반대로 고객 센터에 문제를 제기하기도 한다. 부정적인 사용 후기 게재 등을 통해 사용을 권장하지 않는 결정을 내릴 수도 있다.

DAC (Digital-to-Analog Converter)

DAC(디지털 아날로그 변환기)는 디지털 신호를 아날로그 신호로 변환하는 전자 회로이다. 디지털 비트량을 아날로그의 물리량으로 변환한다. 반대 개념의 변환기는 아날로그 신호를 디지털 신호로 변환하는 아날로그 디지털 변환기(ADC; Analog-to-Digital Converter)이다.

DAS (Data Acquisition System)

DAS(데이터 획득 시스템)는 외부의 물리적인 데이터를 획득하여 저장하고 측정하여 기록하는 시스템이다. 일반적으로는 아날로그 형태의 데이터를 획득하여, ADC(Analog-to-Digital Converter)를 이용하여 디지털 형태로 변환한다.

DBaaS (Database as a Service)

DBaaS(서비스로서의 데이터베이스)는 데이터베이스를 클라우드 기반으로 제공하는 서비스이다. 전통적인 데이터베이스 관리 시스템을 클라우드 환경에서 가상화하고, 사용자가 필요에 따라 데이터베이스에 접근하고 관리할 수 있도록 하는 서비스이다. 서비스를 필요로 하는 사용자가 데이터베이스 인프라를 직접 구축하거나 운영할 필요가 없고, CSP가 서비스를 제공하는 것이다.

DBMS (DataBase Management System)

DBMS(데이터베이스 관리 시스템)는 다수의 사용자들이 데이터베이스 내의 데이터를 접근할 수 있도록 해주는 소프트웨어 도구나 솔루션의 집합이다. 사용자 또는 다른 프로그램의 요구를 처리하고 적절히 응답하여 데이터를 사용할 수 있게 해준다. DBMS는 '관계형 데이터베이스 관리 시스템(Relational DBMS)'과 같은 유형의 데이터베이스 시스템도 포함하며, 'MySQL', 'Oracle', 'Microsoft SQL' 등이 이용되고 있다.

DdoS (Distributed Denial of Service)

DdoS(디도스)는 서비스 중단을 목적으로 표적 서버, 서비스 또는 네트워크에 인터넷 트래픽을 대량으로 보내려고 시도하는 사이버 공격의 형태이다.

DevOps (Development and Operations)

DevOps(개발과 운영)는 소프트웨어 개발과 운영 간의 협업 및 소프트웨어 생명 주기 관리를 강화하기 위한 문화, 철학, 방법론 및 관련 도구의 조합이다. 'Development'와 'Operations'의 합성어로, 전통적인 소프트웨어 개발과 운영 부서 간의 갈등과 협력 부족을 해소하고, 소프트웨어를 더 빠르게 개발하고 효율적으로 운영할 수 있도록 하는 목적을 갖고 있다. 개발자와 운영팀 간의 협업을 강조하며, 두 팀 간의 경계를 허물어 개발과 운영이 더 융합되도록 한다. 반복적이고 오류가 발생하기 쉬운 작업들을 자동으로 처리함으로써, 개발 및 배포 프로세스를 향상시킬 수 있다. 지속적인 통합(CI; Continuous Integration)과 지속적인 배포(CD; Continuous Deployment), 자동 테스트, 인프라 자동화 등을 통해 개선 작업을 계속한다. DevOps는 문화적인 측면에 중점을 두며, 팀 간 협력, 의사 소통, 공유 문화를 강조하여 조직 전체에서 소프트웨어 개발과 운영의 효율성을 향상시킬 수 있다.

DLP (Data Leakage/Loss Prevention)

DLP(데이터 유출/손실 방지)는 사용자가 조직 네트워크 외부로, 보안 유지가 필요한 중요한 정보를 보내지 않도록 통제하는 기술과 정책이다. DLP는 민감한 정보를 식별하고 분류하여, 조직이 어떤 종류의 데이터를 보호해야 하는지 결정한다. 민감한 데이터를 암호화하여 외부에서의 무단 액세스를 방지한다. 이를 통해 데이터에 대한 접근 권한을 효과적으로 관리하여 불법적인 데이터 액세스를 방지한다. 정상적인 작업 패턴에서 벗어난 활동을 탐지하여, 이상 행위를 식별하고 경고하는 기능도 있다. 조직 네트워크를 통한 웹사이트 접근, 이메일 전송 등을 모니터링하여 보안이 필요한 데이터 유출을 방지한다.

DNS (Domain Name Service)

DNS(도메인 이름 서비스)는 호스트의 도메인 이름을 호스트의 네트워크 주소로 바꾸거나, 혹은 그 반대로 변환을 수행하는 서비스이다. IP 주소 체계에서 쉽게 기억하기 위해 도메인을 설정하고 기억함으로써, 해당 시스템을 찾아 갈 수 있는 서비스이다. DNS의 구성은 다음과 같이 단계별로 구분할 수 있다.

1) 일반 최상위 도메인: '.com', '.net'와 같은 일반 최상위 구분이다.
2) 국가 최상위 도메인: '.kr', '.uk'과 같은 국가 최상위 구분이다.
3) 2단계 도메인: '.co', '.go', '.or'과 같은 단체 성격별 구분이다.
4) 3단계 도메인: 'daou.co.kr'과 같이 완성된다.

DQDB (Distributed Queue Dual Bus)

DQDB(분산 큐 이중 버스)는 네트워크 토폴로지 기법 중 하나로 IEEE에서 제안한 IEEE 802.6 기술이다. 이중 버스(Dual Bus)로 일컬어지는 두 개의 별도의 데이터 전송 경로를 사용하여, 두 번째 버스가 첫 번째 버스의 이중화와 오류 복구를 위해 설계되었다. 분산 큐(Distributed Queue)는 여러 노드 간에 데이터를 분산하여 전송하는 방식이다. 데이터는 여러 큐에 분산되어 있고, 이러한 큐들은 여러 노드 간에 공유된다. 토큰 매체 액세스 프로토콜을 사용하여 노드 간 데이터 전송을 조율한다. 토큰을 사용하여 어떤 노드가 데이터를 전송할 차례인지를 결정한다. 두 개의 별도 버스를 사용함으로써 전송 오류에 대해 대처를 할 수 있으며, 하나의 버스에서 오류가 발생하면 다른 버스를 통해 통신을 계속할 수 있다. 주로 네트워크 환경에서 효율적인 데이터 전송 및 통신을 위해 사용되었으며, 특히 대도시와 같은 광역 통신망인 MAN(Metropolitan Area Network)에서 적용되는 경우가 많다. 분산 방식을 적용함에 따라 오류 발생 가능성은 적지만, 관리 포인트가 많아지고 범위가 넓어지는 단점은 있다.

DRM (Digital Rights Management)

DRM(디지털 저작권 관리)은 디지털 매체나 콘텐츠의 소유자가 해당 콘텐츠에 대한 액세스, 복제, 수정 등의 사용 권한을 제어하기 위해 사용된다. 디지털 콘텐츠는 쉽게 복제되고 전파될 수 있기 때문에, DRM은 원 저작자나 콘텐츠 제공자가 콘텐츠의 불법 복제 및 유포를 방지할 수 있게 도움을 준다. 특정 사용자나 디바이스에 대한 콘텐츠 액세스를 제어함으로써, 유료 콘텐츠를 구독자 또는 구매자에게만 제공하기 위해 사용되기도 한다. 콘텐츠 이용에 대한 라이선스를 관리하며, 특정 시간 동안만 액세스할 수 있는 라이선스, 특정 장치에서만 재생 가능한 라이선스 등을 조건에 맞게 관리할 수 있다. 유료 콘텐츠를 안전하게 관리하기 위한 목적으로 사용되기도 한다.

DSS (Decision Support System)

DSS(의사 결정 지원 시스템)는 기업이나 조직의 의사 결정을 지원하는 컴퓨터 기반의 대화형 정보 시스템이다. 다량의 데이터를 처리하고 분석하여 의사 결정에 필요한 지식을 추출하고, 사용자에게 제공하는 역할을 한다. 다양한 소스에서 데이터를 수집하고 이를 분석하여, 의사 결정에 필요한 정보로 가공한다. 모델링과 시뮬레이션 기능을 통해 의사 결정 시나리오를 시뮬레이션하고 테스트할 수 있게 한다. 데이터를 시각적으로 표현하여 의사 결정자가 복잡한 정보를 이해하고, 시각화된 결과를 통해 신속하고 정확하게 의사 결정을 할 수 있도록 돕는다. 사용자가 시스템에 질문을 하고 그 질문에 대한 답변을 제공하는 기능을 포함할 수도 있다. 사용자가 쉽게 시스템과 상호 작용할 수 있는 사용자 친화적인 인터페이스를 제공할 수도 있다.

EDI (Electronic Data Interchange)

EDI(전자 데이터 교환)는 통신 링크를 통해 한 컴퓨터 애플리케이션에서 다른 컴퓨터 애플리케이션으로, 사전 정의된 형식의 전자 데이터를 전송하는 방법이다. 주문서, 송장, 청구서 등과 같은 전자 상거래에 있어서의 중요한 수단이다. 수동으로 데이터를 입력하거나 문서를 스캔하여 전송하는 과정을 대체하고, 오류를 줄이고 효율성을 향상시킬 수 있게 도움을 준다. EDI는 다양한 업종에서 사용되며, 금융, 제조, 유통, 운송 분야에서 특히 많이 활용된다. EDI 표준은 다양한 형식과 프로토콜로 구현되어 있으며, 이러한 표준은 양 당사자 간에 데이터 통신을 원활하게 하고, 상호 운용성을 확보하기 위해 중요한 역할을 한다. 비즈니스 프로세스의 자동화와 효율성 제고에 기여하여, 업무를 간소화하고 오류를 줄일 수 있게 도움을 주기도 한다.

ERP (Enterprise Resource Planning)

ERP(전사적 자원 관리)는 기업 내의 다양한 부서와 기능 간에 정보를 통합하고 관리하는 소프트웨어 시스템이다. 이를 통해 기업은 자원을 최적화하고 비즈니스 프로세스를 효율적으로 관리할 수 있다. 다양한 부서 및 기능에서 생성된 데이터를 통합하여 한눈에 볼 수 있게 하며, 이를 통해 의사 결정에 필요한 정보를 빠르게 얻을 수 있는 장점이 있다. 주요 목표는 기업의 자원을 효율적으로 관리하고 경영자가 기업 전체를 통찰하고 통제할 수 있도록 지원하는 것이다. 회계, 재무 분석, 예산 편성 등의 기능을 포함하여 기업의 재무 데이터를 관리한다. 인사 정보, 급여, 교육, 인력 계획 등을 통합하여 관리한다. 생산 계획, 생산 관리, 자재 관리, 재고 관리 등을 통합하여 제품 생산을 최적화한다. 주문 처리, 판매 관리, 고객 서비스 등을 포함하여 매출 및 구매 프로세스를 관리한다. 프로젝트 계획, 추적, 리소스 할당 및 팀 협업을 관리하는 기능도 있다.

FaaS (Function as a Service)

FaaS(서비스로서의 기능)는 클라우드 컴퓨팅의 한 유형으로, 개발자가 자체적으로 인프라를 유지 보수하지 않고, CSP가 제공한 클라우드를 기반으로 하여 애플리케이션 패키지를 실행하고 관리할 수 있는 서비스이다. 고객은 FaaS 모델의 클라우드 기반에서 코드를 실행하고, CSP는 인프라에서 애플리케이션에 이르는 전체 작업을 호스팅하고 관리한다. 고객은 자신의 데이터와 자신이 수행하는 기능에 대해서만 책임을 진다. 일반적으로 고객은 FaaS의 기능을 실행하기 위해 필요한 실제 런타임에 대한 비용만 지불한다. FaaS의 일반적인 용도에는 데이터 처리, 검증 및 정렬을 비롯하여 모바일 및 사물 인터넷(IoT; Internet of Things) 애플리케이션에 대한 지원 등이 포함되어 있다. FaaS 모델은 고객의 관점에서 '서버리스(Serverless)'라고 이해할 수 있다. 고객이 직접 관리하기 어려운 클라우드 인프라, 플랫폼, 운영 체제 및 소프트웨어 애플리케이션을 CSP가 제공하고 관리해 주기 때문이다.

FIPS (Federal Information Processing Standards)

FIPS(연방 정보 처리 표준)는 IT 제품이 민감한 용도로 사용될 때 충족해야 할, 암호화 및 관련된 보안 요건을 규정한 미국 연방 정부 표준이다. 암호화 모듈에 대한 보안 요구 사항을 'FIPS 140-2'의 4가지 인증 등급으로 분류한다.

1) 보안 등급 1: 이 등급은 소프트웨어 기반의 암호화 모듈이며, 안전한 키 관리 및 알고리즘 구현이 강제된다. 물리적인 보안 요구는 낮고, 주로 소프트웨어 암호화에 적용되는 등급이다.
2) 보안 등급 2: 소프트웨어와 하드웨어의 조합이 사용된다. 물리적 보안이 강화되어 사용자 인증과 키 관리에 대한 요구 조건이 엄격해진다.
3) 보안 등급 3: 이 등급에서는 물리적 보안이 더욱 강화되어, 물리적 침입에 대한 감지와 이에 대한 반응 기능이 포함된다. 높은 수준의 보안을 제공하며, 특히 민감한 정보에 대한 보호에 사용되는 등급이다.
4) 보안 등급 4: 이 등급은 가장 높은 수준의 보안을 제공한다. 물리적 보안, 사용자 인증, 키 관리 등에 가장 엄격한 요구 사항이 포함되어 있다. 고도로 비밀스러운 정보를 처리하는 고객이나 기관에 적합한 등급이다.

FTP (File Transfer Protocol)

FTP(파일 전송 프로토콜)는 TCP/IP 프로토콜을 통해서 서버와 클라이언트 사이에 파일 전송을 하기 위한 프로토콜이다. FTP는 파일 전송뿐만 아니라 디렉토리 생성, 파일 및 디렉토리 삭제 등과 같은 다양한 파일 관리 작업을 지원할 수 있다. 반면에 FTP는 보안적인 측면에서는 암호화되지 않은 통신을 사용하기 때문에, 민감한 정보를 송신할 때는 'Secured'가 반영된 SFTP나 FTPS와 같은 보안 프로토콜을 사용하기도 한다. 서버와 클라이언트 간의 연결 모드에 따라 다음과 같이 구분할 수 있다.

1) Active Mode(PORT Mode): 클라이언트가 서버에게 데이터 연결을 열도록 하는 모드로, 클라이언트가 서버에게 명령을 보내면 서버가 클라이언트에게 데이터 포트를 열어 주게 된다.
2) Passive Mode(PASV Mode): 서버가 클라이언트에게 데이터 포트를 열도록 하는 모드로, 서버가 클라이언트에게 명령을 보내면 클라이언트가 서버에게 데이터 포트를 열어 주게 된다.

GPU (Graphics Processing Unit)

GPU(그래픽 연산 처리 장치)는 그래픽 처리를 위해 빠른 수학적 계산을 수행하는 연산 처리 장치이다. 컴퓨터에서 전통적으로 사용해 왔던 CPU 대비 월등한 연산 처리 능력을 발휘한 결과, LLM(Large Language Model) 등을 활용한 '챗지피티'와 같은 생성형 AI의 출현이 가능하게 되었다.

GUI (Graphical User Interface)

GUI(그래픽 기반 인터페이스)는 사용자가 컴퓨터 프로그램이나 장치와 상호작용할 수 있도록, 시각적인 그래픽 요소들을 사용하는 방식이다. 텍스트 명령으로 상호 작용하는 CLI(Command Line Interface)와 대조적으로, 더 직관적이고 시각적인 사용자 경험을 제공한다. 일반적으로 GUI에는 다양한 시각적 요소가 포함되며, 이를 통해 사용자는 마우스, 키보드 또는 터치 기반 입력 장치를 사용하여 소프트웨어와 상호 작용할 수 있다. 일반 사용자들이 복잡한 명령어나 코드를 기억하지 않아도 프로그램을 사용할 수 있도록 도와준다. 대부분의 소프트웨어 응용 프로그램은 GUI를 사용하여 사용자와 상호 작용한다.

HSM (Hardware Security Module)

HSM(하드웨어 보안 모듈)은 데이터의 암호화를 위한 디지털 키를 생성하고 보안을 유지하도록 설계된 하드웨어이다. 디지털 암호 키를 안전하게 저장하고 물리적으로 보호하는 역할을 수행한다. '보안 토큰'이라고 불리기도 한다.

은행 거래에 사용하는 'OTP 생성기'도 일회용 비밀 번호 생성 기능을 지닌 HSM의 일종이다. 근래에는 휴대폰을 이용한 모바일 OTP 생성기로 발전했다.

IaaS (Infrastructure as a Service)

IaaS(서비스로서의 인프라 스트럭쳐)는 클라우드 서비스 제공자가 가상 서버, 스토리지와 네트워크 등의 인프라를 제공하여, 사용자가 필요에 따라 자원을 확장하거나 축소할 수 있게 하는 서비스이다. CSP는 고객에게 서버, 네트워크, OS, 스토리지를 가상화하여 제공하고 관리하며, 가상화된 물리적인 자산을 UI 형태의 대시 보드나 API 형태로 제공한다. IaaS의 고객들은 서버와 스토리지를 접근할 수는 있지만, 실질적으로는 클라우드에 있는 가상 데이터센터를 통해 리소스를 전달받는다. 기존의 인프라에서 제공받던 물리적인 자산을 가상화하여 제공하기 때문에, 서버 사양의 변경 등 물리적 자산의 수정이 필요한 경우 기존 방식에 비해 빠른 대응이 가능하다.

ICT (Information Communication Technology)

ICT(정보 통신 기술)는 정보 기술과 통신 기술이 통합된 기술이다. 정보를 처리하고 전달하기 위해 사용되는 기술과 시스템을 포괄적으로 포함하고 있다. 정보 기기인 하드웨어와 이를 운영하고 관리하는 소프트웨어 기술을 통합하는 개념이다. 네트워크 기술, 네트워크 인프라, 무선 통신 기술, 클라우드 컴퓨팅, 디지털 데이터 처리 기술 등을 포함한다.

IP (Internet Protocol)

IP(인터넷 프로토콜)는 컴퓨터 네트워크에서 정보를 주고 받기 위한 규칙의 집합이다. 네트워크 상에서 어떻게 통신할지를 규정하는 중요한 프로토콜 중 하나이다. 32비트로 구성된 주소 공간을 사용하는 IPv4와 128비트로 주소 공간을 확장한 IPv6가 있다. 각각의 컴퓨터나 네트워크 장비에 고유한 식별자인 IP 주소를 할당하여, 데이터가 목적지로 전송될 때 올바른 위치로 라우팅될 수 있게 한다. 데이터를 작은 단위로 나누어진 패킷으로 분할하고, 이를 네트워크를 통해 전송하기 위해 사용되며, 이를 통해 라우터는 패킷을 최적의 경로로 목적지까지 라우팅한다. IP는 인터넷 프로토콜 스택(Stack)의 핵심 부분 중 하나로, 또 다른 프로토콜인 TCP나 UDP와 함께 작동하여 효과적인 통신을 지원한다.

IPS (Intrusion Prevention System)

IPS(침입 방지 시스템)는 네트워크 상에서 트래픽을 감시하고, 악성 행위나 침입 시도를 감지하여 즉각적으로 대응하기 위해 사용되는 시스템이다. 네트워크 트래픽을 실시간으로 감시하고 분석하며, 네트워크 상에서 일어나는 모든 통신 활동을 추적한다. 알려진 공격 패턴, 시그니처, 비정상적인 행위 등을 감지하여 침입 시도를 식별하는데, 예측 모델, 패턴 매칭, 행동 분석 등의 기술을 사용하여 이루어진다. 감지된 침입에 대해 실시간으로 대응하고 차단하는 기능을 수행하며, 악성 트래픽을 차단하거나 네트워크의 보안 정책에 따라 대응할 수 있다. 이후 감지된 이벤트에 대한 로그를 생성하고, 관리자에게 알림을 제공한다. 이를 통해 보안 전문가가 침입 행위를 추적하고 조사할 수 있게 도움을 준다. 알려진 공격 패턴에 대한 업데이트 패치를 주기적으로 받아와서 최신 보안 정보를 유지할 수 있게 한다.

IPTV (Internet Protocol TV)

IPTV(인터넷 프로토콜 텔레비전)는 인터넷 프로토콜(IP)을 통해 텔레비전 콘텐츠를 제공하는 서비스를 의미한다. 전통적인 방송 방식이 아닌 인터넷을 통해 TV 프로그램, 영화, 스포츠 중계 등의 다양한 콘텐츠를 제공한다. SKT, KT, LGU+와 같은 네트워크 사업자들이 서비스를 제공한다. 사업자들의 네트워크망이 다르기에 동일한 IPTV 콘텐츠를 제공하지는 않는다. 예를 들면, KT 사용자는 SKT의 IPTV를 시청할 수 없다. IPTV는 전통적인 방송 방식에 비해 다양한 콘텐츠 선택과 유연성을 제공하며, 사용자들에게 차별화된 TV 시청 경험을 제공한다. 또한 전체 네트워크 대역폭을 효율적으로 사용하여 고품질의 영상을 제공하고, 고화질(HD) 및 초고화질(UHD) 콘텐츠를 제공하기에도 적합하다. 인터넷을 통해 TV 콘텐츠를 전송하므로, 사용자들은 고정된 방송 네트워크나 위성 신호에 의존하지 않고도 콘텐츠를 시청할 수 있다. IPTV는 온 디맨드(On Demand) 콘텐츠와 라이브 TV 채널을 모두 제공할 수 있다. 원하는 시간에 온 디맨드 콘텐츠를 시청하거나, 라이브 TV 채널을 실시간으로 시청할 수 있다. 스마트 TV, IPTV 수신기, 스마트폰, 태블릿, 노트북 등 다양한 디바이스에서 이용할 수 있다. 콘텐츠 검색, 콘텐츠 추천, 다양한 애플리케이션을 통한 서비스 접근 등 상호 반응(Interactive) 기능도 제공할 수 있다.

ISMS (Information Security Management System)

ISMS(정보 보호 관리 인증)는 '개인정보보호법 제32조2(개인정보 보호 인증)에 따라 시행된 통합 인증 제도이다. 2018년 11월 7일부터 기존에 운영되던 '개인정보보호 관리체계 인증(PIMS)'과 '정보보호 관리체계 인증(ISMS)을 통합하여 '정보보호 및 개인정보보호 관리체계 인증(ISMS-P)'으로 운영되고 있다. '한국인터넷진흥원'과 '금융보안원'이 인증위원회를 구성하여 인증 업무를 수행한다. '정보통신진흥협회', '정보통신기술협회'와 '개인정보보호협회'가 공동으로 인증 심사를 수행한다.

ISP (Internet Service Provider)

ISP(인터넷 서비스 제공자)는 개인, 기업, 혹은 기관에게 인터넷 접속 서비스를 제공하는 기업이다. 사용자들이 인터넷에 접속할 수 있도록 필요한 인프라를 제공하고, 사용자에게 고유한 IP 주소를 할당하여 해당 사용자가 인터넷에서 식별되도록 한다. ISP는 전자 우편 서비스를 제공할 수 있고, 웹 사이트를 호스팅하고 관리하는 서비스 제공도 가능하다.

IXP (Internet eXchange Point)

IXP(인터넷 익스체인지 포인트)는 ISP 간의 인터넷 트래픽을 원활하게 소통하기 위한 인터넷 연동 서비스이다. ISP 간의 상호 접속을 목적으로 주요한 IX NOC에 각 공급자가 회선을 끌어 와서 공동으로 연동함으로써, 회선 비용을 낮추고 효율적인 ISP 간 접속 경로를 제공한다.

LAN (Local Area Network)

LAN(근거리 통신망)은 라우터나 스위치를 통해 물리적으로 서로 가까운 장치를 연결하는 통신망이다. 이더넷(Ethernet) 케이블이나 무선 액세스 포인트(WAP; Wireless Access Point)와 같은 로컬 연결을 사용한다. LAN 보다 더 넓은 지역에서 통신할 수 있도록 장거리에 걸쳐서 여러 LAN을 연결할 수 있는 네트워크가 필요할 경우 WAN(Wide Area Network)을 이용할 수 있다.

LBS (Location Based Service)

LBS(위치 기반 서비스)는 무선 인터넷 사용자에게 사용자의 위치에 기반한 특정 정보를 제공하는 무선 콘텐츠 서비스이다. 휴대전화의 GPS 정보나 이동통신 기지국에서 수신된 정보를 결합하여, 사용자의 위치를 알아내고 위치와 관련된 복합적인 정보를 실시간으로 교환하며 정보를 제공할 수 있다.

LLM (Large Language Model)

LLM(대규모 언어 모델)은 딥 러닝(Deep Learning) 알고리즘과 통계 모델링을 통해, 자연어 처리(NLP; Natural Language Processing) 작업을 수행하기 위해 사용되는 대용량의 언어 모델이다. 이 모델은 사전에 입력된 대규모의 언어 데이터를 학습하여 문장 구조나 문법 의미 등을 이해하고 요구되는 결과물을 생성할 수 있다. 생성형 AI인 'ChatGPT'를 통해 근래에 주목받은 모델로서, 질문자가 제시한 단어들 사이의 유사성과 문맥을 파악하여, 사전에 학습된 LLM을 통해 답변을 생성한다. 'ChatGPT'의 'PT'가 LLM 기술을 적용하여 사전 학습하였다는 의미이다. 최근 LLM을 사용하는 유사한 AI 기술이 확대되고 있지만, 학습 대상의 불분명으로 인해 저작권 침해에 대한 우려가 나오고 있다.

LTE (Long Term Evolution)

LTE는 3세대(3G) 이동통신 기술을 장기적으로 진화(Evolution)시킨다는 의미의 3G 후속 이동통신 기술이다. 3.9세대 이동통신 기술이며 이후 5세대인 5G로 진화하였다. 5G 기술에 대한 불신으로 아직 LTE기술도 사용되고 있다.

MAN (Metropolitan Area Network)

MAN(도시권 통신망)은 근거리 통신망(LAN)과 광역 통신망(WAN)의 중간 정도 지역을 포함하는 정보 통신망이다.

MSA (Micro Service Architecture)

MSA(마이크로 서비스 아키텍쳐)는 소프트웨어 시스템을 작고 독립적인 기능 단위로 나누어, 각각을 독립적으로 개발, 배포, 운영하는 아키텍처 패턴을 칭한다. 전통적인 'Monolithic' 방식의 아키텍처와 대조되며, 컴포넌트 기반 개발(CBD; Component Based Development)과 서비스 지향 아키텍처(SOA; Service Oriented Architecture)의 발전된 형태이다. 시스템의 각 기능은 독립적인 서비스로 구현되고 특정 업무 기능을 수행하며, 다른 서비스와는 독립적으로 배포, 업데이트, 확장이 가능하다. 각 서비스는 자체적으로 데이터 저장소를 가지며, 필요한 경우 서비스 간의 통합이나 데이터 공유를 위해 API를 통해 통신한다. 각 서비스는 자체적으로 배포 가능하며, 개별적인 서비스의 배포가 전체 시스템에 미치는 영향은 적다. 각 서비스는 독립적으로 개발될 수 있기 때문에, 서로 다른 프로그래밍 언어를 사용할 수 있다. 서비스 간의 의존성이 낮고, 각 서비스는 필요에 따라 독립적으로 확장이 가능하여, 높은 유연성과 확장성을 제공한다. 이와 별도로 보안 기능의 증대도 기대할 수 있다.

MSP (Managed Service Provider)

MSP(매니지드 서비스 제공자)는 CSP와 고객을 연결하며 클라우드 도입 컨설팅부터 이전, 운영 관리, 보안 등의 서비스를 제공하는 기업이다. CSP가 제공하는 인프라를 바탕으로 클라우드 아키텍처를 설계하고 관리와 운영을 돕는 업체가 MSP이다. 클라우드 서비스를 필요로 하는 기업은 자체적으로 서비스를 관리하고 운영할 조직을 구성하지 않고 MSP에 아웃 소싱할 수 있다.

NaaS (Network as a Service)

NaaS(서비스로서의 네트워크)는 기능 및 서비스를 클라우드 기반으로 제공하는 비즈니스 모델이다. 기존의 전통적인 네트워크 인프라를 가상화하고, 필요한 네트워크 기능과 서비스를 필요에 따라 클라우드에서 제공함으로써, 기업이 유연하게 네트워크를 구성하고 사용할 수 있게 한다. NaaS는 기업이 자체적으로 네트워크 인프라를 구축하거나 유지하기보다는, 외부 서비스를 이용함으로써 효율성을 높이고 복잡성을 감소시키는 것에 중점을 두고 있다. NaaS의 주요 특징과 요소는 다음과 같다.

1) 가상화(Virtualization): 네트워크 기능들을 가상화하여 소프트웨어 기반의 가상 네트워크를 제공한다. 물리적인 하드웨어의 제약을 줄이고 자원의 효율성을 증가시킬 수 있다.
2) 자원 공유 및 다중 임차: 클라우드에서 제공되는 NaaS는 여러 기업 또는 조직이 하나의 물리적 네트워크 인프라를 공유하고, 동시에 서로 분리된 가상 네트워크를 사용할 수 있도록 한다.
3) 자동화: 네트워크 자원의 구성과 관리를 자동화하여 효율성을 극대화한다. 사용자는 웹 인터페이스나 API를 통해 네트워크를 쉽게 구성하고 관리할 수 있는 이점을 얻을 수 있다.
4) 자원 확장의 유연성: 필요에 따라 자원을 확장하거나 축소할 수 있는 유연성을 제공하여, 기업이 업무 확장이나 변화에 대응하여 네트워크 인프라를 유연하게 조정할 수 있도록 도움을 준다.
5) 서비스 제공 모델: 다양한 서비스 모델을 포함하며 네트워크 기능 가상화(NFV; Network Function Virtualization), 소프트웨어 정의 네트워크(SDN; Software Defined Networks) 등을 포함한다.

NFC (Near Field Communication)

NFC(근거리 무선 통신)는 가까운 거리에서 무선으로 데이터를 교환하기 위하여 사용되는 시스템이다. 주로 스마트폰, 태블릿, 스마트 카드 등의 디바이스 간에 정보를 간편하게 전송하거나 공유하는 목적으로 활용된다. 대부분의 경우 4 cm 이내의 근거리에서만 작동하며, 이러한 특성은 데이터 전송이 간편하고 보안이 유지되는 장점을 제공한다. 다음과 같은 용도로 사용된다.

1) 모바일 결제: NFC를 이용한 모바일 지갑이나 카드 결제 서비스가 흔히 사용된다. 스마트폰을 결제 단말기에 접촉하여 간편하게 결제할 수 있다.
2) 전자 티켓 및 태그: 영화관과 같은 곳에서의 전자 티켓 발권이나, 교통 수단에서 사용되는 교통카드 등에서도 활용된다.
3) 데이터 전송 및 공유: NFC를 통해 두 디바이스 간에 별도의 케이블을 연결하지 않고 간단하게 파일, 사진, 연락처 등을 전송하고 공유할 수 있다.
4) 스마트 홈 및 IoT 기기 연동: NFC는 이용자의 디바이스와 스마트 홈 기기나 다양한 IoT 디바이스 간에 편리하게 연결되도록 도와준다.
5) 비콘(Beacon) 기능: BLE(Bluetooth Low Energy) 기능을 활용하여 특정 위치에서 스마트폰이 특정 동작을 수행하도록 프로그래밍할 수 있다.

OOP (Object Oriented Programming)

OOP(객체 지향형 프로그래밍)는 절차 지향적이 아닌 객체 지향적인 프로그래밍이다. C언어와 같은 절차 지향적인 프로그래밍에 비해 객체 지향적이어서, 사람의 사고 방식과 유사하게 프로그래밍할 수 있다. 현실 세계의 사물이나 개념을 모델링하여 소프트웨어를 구축할 수 있다. OOP는 코드의 가독성, 재사용성, 유지 보수성을 향상시키고, 현실 세계의 모델을 프로그램으로 표현하기에 적합하다는 장점을 가지고 있다. 대표적인 객체 지향 언어로는 'Java', 'C++', 'Python' 등이 있다. 주요 개념은 다음과 같이 구분할 수 있다.

1) 객체(Object): 현실 세계에서의 사물이나 개념을 소프트웨어에 모델링한 것이다. 객체는 데이터와 해당 데이터를 처리하는 함수를 함께 포함한다.

2) 클래스(Class): 객체의 설계도 또는 템플릿으로서 유사한 특성과 행위를 가진 객체들을 생성하기 위한 틀을 정의한다.
3) 상속(Inheritance): 하나의 클래스가 다른 클래스의 특성과 함수를 상속 받는 것을 의미하며, 코드의 재사용성을 지원한다.
4) 다형성(Polymorphism): 동일한 인터페이스를 사용하여 여러 객체들이 다양한 형태로 동작할 수 있는 특성을 가진다. 다형성을 구현하는 방법에는 'Overriding'과 'Overloading'이 있다.
5) 캡슐화(Encapsulation): 데이터와 해당 데이터를 처리하는 함수를 하나의 캡슐 단위로 묶어서 객체 내부로 은닉하는 개념으로, 외부에서의 직접적인 접근을 제한하고 보안성을 높인다.

OTT (Over The Top)

OTT(셋톱 박스를 넘어서)는 전통적인 유선 또는 위성 통신 네트워크를 통하지 않고, 인터넷을 통해 독자적으로 제공되는 서비스를 의미한다. 인터넷을 통해 제공되기 때문에 사용자들은 별도의 케이블 TV 구독 또는 위성 TV 구독 없이도, 다양한 콘텐츠를 시청하거나 이용할 수 있다. 인터넷을 통해 제공되므로 사용자들은 인터넷 연결만 있으면, 언제 어디서나 서비스를 이용할 수 있다. 영화, TV 프로그램, 스포츠 중계, 동영상이나 음악 스트리밍 등 다양한 콘텐츠를 포함할 수 있다. 대표적인 서비스로는 다음과 같은 것들이 있다.

1) 스트리밍 서비스: Netflix, Amazon Prime Video, 디즈니+ 등의 온 디맨드(On Demand) 비디오 스트리밍 서비스가 OTT 서비스에 속한다.
2) 음악 스트리밍 서비스: Apple Music, YouTube Music 등은 음악 스트리밍 서비스로 OTT 서비스에 속한다.
3) 라이브 TV 스트리밍 서비스: YouTube TV와 같은 서비스가 해당된다.

OVF (Open Virtualization Format)

OVF(개방형 가상화 형식)는 가상 어플라이언스(VA; Virtual Appliance)나 일반적인 가상 머신(VM; Virtual Machine)에서 실행되는 소프트웨어를 패키징하고 배포하기 위한 개방형 표준이다. 확장자는 .ovf나 .ova이다. 이 표준은 가상 머신에서 실행되는 소프트웨어를 패키징하고 배포하기 위한, 개방적이고 안전하며 휴대 가능하고 효율적이며 확장 가능한 형식을 적용한다. 'VMware'나 'KVM' 등의 다양한 가상화 플랫폼에서 OVF 형식을 지원한다.

PaaS (Platform as a Service)

PaaS(서비스로서의 플랫폼)는 클라우드 컴퓨팅 서비스의 한 유형으로, 개발자들이 소프트웨어 애플리케이션을 빌드, 테스트, 배포, 관리하기 위해 필요한 플랫폼을 클라우드 기반에서 제공하는 서비스이다. 소프트웨어 개발 및 배포를 위한 환경을 제공하여, 개발자가 하드웨어나 기초 인프라 구성에 얽매이지 않고 애플리케이션 개발에만 집중할 수 있도록 한다. PaaS는 개발자들이 애플리케이션을 개발하기 위한 프레임워크, 라이브러리, 개발 도구 등을 제공한다. 애플리케이션 배포, 확장, 로깅, 모니터링 등의 관리 작업을 자동화하여 개발자가 쉽게 애플리케이션을 관리할 수 있도록 한다. 인프라나 플랫폼 관리에 필요한 작업을 최소화하고, 개발자가 애플리케이션 개발에 집중할 수 있도록 하기 때문에 비용 효율적이다. 애플리케이션 개발, 배포, 운영 단계에서 필요한 여러 활동들을 간소화하여 개발 수명 주기를 단축시키는 장점도 제공한다.

PAN (Personal Area Network)

PAN(개인 영역 통신망)은 개인의 작업 공간을 중심으로 장치들을 서로 연결하기 위한 컴퓨터 네트워크이다. 전선이나 케이블을 사용하지 않고 연결된 장치 그룹을 말하며, 작은 공간에서의 네트워크 구성을 비유해서 쓰기도 한다.

PRD (Product Requirements Document)

PRD(제품 요구 사항 정의서)는 제품을 만들거나 업데이트하기 위해 기능을 기획하는 단계에서, 요구 사항을 개괄적으로 설명하는 문서이다. 기획 단계에서는 제품의 비전과 전략을 정의하고, 디자인 단계에서는 제품이 사용자 요구 사항을 충족하는지 확인한다. 개발 단계에서는 기능의 목적과 구현을 확인하고, 테스트 단계에서는 제품이 기술 요구 사항을 충족하는지 확인한다. 출시 단계에서는 제품이 시장 혹은 사용자의 의 요구 사항을 충족하는지 확인하기 위해 사용된다. PRD를 작성하면 내용들이 개발팀과 이해관계자에게 공유되고, 제품 개발 프로세스에 참여하는 모든 사람이 제품의 요구 사항을 확인하고 개발에 착수할 수 있게 해준다. 개발 과정에서의 품질 기준으로도 활용된다.

RDBMS (Relational DataBase Management System)

RDBMS(관계형 데이터베이스 관리 시스템)는 데이터를 테이블 형식으로 구성하며, 이러한 테이블 간의 관계를 사용하여 데이터를 저장하고 관리하는 시스템이다. 데이터는 테이블 형태로 구조화되며, 각 테이블은 행과 열로 이루어진 그리드로 표현된다. 테이블 간의 연결은 기본 키(primary key)와 외래 키(foreign key)를 사용하여 이루어지며, 이를 통해 데이터 간의 일관성과 정확성을 유지한다. RDBMS는 데이터를 검색, 추가, 수정, 삭제하는 등의 작업을 수행하기 위해, SQL(Structured Query Language)을 사용한다. SQL은 표준화된 데이터베이스 쿼리 언어로, 데이터베이스와 상호 작용하는 용도로 사용된다. 많이 사용되는 RDBMS에는 'Oracle Database'와 'MySQL' 등이 있다.

SaaS (Software as a Service)

SaaS(서비스로서의 소프트웨어)는 클라우드 컴퓨팅 환경에서 소프트웨어를 서비스로 제공하는 비즈니스 모델이다. 이 모델에서 소프트웨어는 일반적으로 인터넷을 통해 사용자에게 제공되며, 사용자는 별도의 소프트웨어 설치나 유지 보수 없이 웹 브라우저 등을 통해 해당 서비스를 이용할 수 있다. 전통적인 소프트웨어 구매 및 라이선스 모델과는 달리, SaaS는 월별 또는 연간 구독료를 지불하여 소프트웨어에 접근하는 형태를 가지고 있다. 이러한 모델은 기업 및 개인 사용자에게 유연성과 편의성을 제공하며, 소프트웨어 업데이트, 보안 패치, 데이터 백업 등과 같은 부담을 서비스 제공 업체가 맡아 수행하므로 사용자는 소프트웨어에 대한 관리 부담을 줄일 수 있다. 예로는 이메일 서비스, 고객 관리 시스템, 업무 협업 도구, 온라인 회계 소프트웨어 등이 있다.

SECaaS (Security as a Service)

SECaaS(서비스로서의 보안)는 기업이나 개인이 보안 서비스를 구독하고 이용하는 비즈니스 모델이다. 이러한 SECaaS는 기업들의 보안에 대한 책임을 완화해 주고, 외부 전문가의 지원을 받아 효과적으로 보안을 강화할 수 있도록 도와준다. 주로 클라우드 환경에서 운영되며, 다양한 보안 기능을 제공하여 사용자를 온라인 보안 위협으로부터 보호한다. 방화벽(Firewall) 서비스를 제공하여 네트워크 트래픽을 모니터링하고, 비 인가된 액세스로부터 시스템을 보호한다. '침입 탐지 및 방지(Intrusion Detection and Prevention)' 서비스를 제공하여 악성 행위나 침입을 탐지하고 차단하는 기능을 제공한다. 악성 코드와 바이러스로부터 시스템을 보호하는 서비스를 포함하기도 한다. 가상 사설망(VPN) 서비스를 통해 안전한 원격 액세스를 제공하고 데이터를 암호화하여 보호한다. 웹 보안 서비스를 통해 악성 웹사이트로부터 사용자를 보호하고 웹 트래픽을 검사한다. 인증 및 액세스 제어 서비스를 이용하면 사용자 식별, 권한 부여, 다중 요소 인증 등을 통해 시스템에 대한 안전한 액세스를 제공한다.

SOA (Service Oriented Architecture)

SOA(서비스 지향 아키텍쳐)는 소프트웨어 기능들을 서비스 지향적으로 구분하여 시스템을 구축하는 방법론이다. 비즈니스 프로세스를 서비스 단위로 분리하고 표준화된 인터페이스를 통해 통합하여 사용한다. 기능이나 비즈니스 프로세스를 독립적인 서비스로 정의하고, 각 서비스는 특정 기능을 수행하여 표준화된 인터페이스를 통해 상호 작용한다. 일반적으로 웹 서비스에서는 XML 기반의 표준 프로토콜인 SOAP 또는 REST가 사용된다. 각 서비스가 독립적으로 개발되고 배포되므로, 서비스 간의 의존성을 최소화할 수 있다.

SPLA (Service Provider License Agreement)

SPLA(서비스 공급자 라이선스 계약)는 Microsoft사의 제품 및 서비스를, 클라우드 서비스 제공 업체나 호스팅 서비스 제공 업체가 사용할 수 있도록 허용하는 라이선스 계약이다. Microsoft사의 소프트웨어 제품을 이용하여 다른 기업이나 개인에게 서비스를 제공하는 업체에게 필요한 특별한 라이선스이다. 클라우드 서비스나 호스팅 서비스를 제공하는 업체가, 고객에게 Microsoft사의 소프트웨어를 라이선스하지 않고, 제품을 사용할 수 있는 편리한 방법을 제공한다. 이러한 라이선스에는 Windows Server, SQL Server, Exchange Server, SharePoint 등이 포함될 수 있다. 이를 통해 고객이 라이선스를 개별적으로 구매하거나 관리할 필요 없이, 소프트웨어를 사용할 수 있는 이점을 제공한다.

STaaS (Storage as a Service)

STaaS(서비스로서의 스토리지)는 데이터 저장 스토리지를 제공하는 서비스 모델이다. 이 모델에서는 사용자가 데이터를 저장하고 필요에 따라 해당 데이터에 액세스할 수 있도록, 클라우드 기반의 저장 공간을 제공한다. 기업이나 개인은 이 서비스를 이용하여 데이터를 안전하게 저장하고 필요한 만큼 확장할 수 있다. 주로 클라우드 컴퓨팅 환경에서 운영되므로 사용자는 자체적으로 데이터 저장 인프라를 구축할 필요가 없다. 또한 사용자는 필요에 따라 스토리지 용량을 변경할 수 있어서, 기업이나 프로젝트의 데이터 요구량이 변할 때 유리하다. 데이터는 언제 어디서나 원격으로 액세스 가능하며, 필요한 사용자와 공유가 쉽게 구성될 수 있다. STaaS는 주기적인 자동 백업을 제공하며, 데이터 손실 시 빠른 복구가 가능하다. 기업은 자체적으로 서버와 스토리지 인프라를 구축할 필요가 없어서, 투자 비용이 감소하고 운영 비용을 줄일 수 있다.

TCP (Transmission Control Protocol)

TCP(전송 제어 프로토콜)는 컴퓨터 네트워크에서 데이터를 신뢰성 있게 전송하기 위한 프로토콜 중 하나이다. 연결 지향적이며 데이터의 정확성과 순서를 보장하기 위해 설계되었다. 데이터를 세그먼트로 나누어 전송하고, 수신 측에서는 이를 재조립하여 원래의 데이터로 복구한다. 또한, 흐름 제어와 혼잡 제어 메커니즘을 통해 네트워크 상황에 따라 전송 속도를 조절하는 기능도 있다. TCP는 연결 지향적인 프로토콜로서, 연결 설정과 해제가 이루어지며 신뢰성 있는 전송을 보장할 수 있어서, 데이터를 그냥 보내고 받기만 하는 UDP(User Datagram Protocol)와 대비된다. 신뢰성 있는 전송을 위해 재전송 메커니즘을 제공하며 데이터의 손실을 줄인다. 오버 헤드가 크고 연결 설정 및 해제 등의 추가적인 작업이 필요해서 속도가 UDP 대비 상대적으로 느린 단점은 있다.

UCC (User Created Contents)

UCC(사용자 제작 콘텐츠)는 일반인이 직접 제작한 동영상, 글, 사진 등의 콘텐츠이다. 기업이나 단체에서 상업적으로 제작한 콘텐츠와는 구별된다. 유사한 용어로 UGC(User Generated Contents)가 있다.

UDP (User Datagram Protocol)

UDP(사용자 데이터그램 프로토콜)는 TCP와 달리 연결 지향적이지 않고 신뢰성이 낮은 프로토콜이다. 데이터를 패킷(Packet) 또는 데이터그램(Datagram) 형태로 전송하며, 수신 측에서는 순서와 오류 검출을 고려하지 않고 데이터를 처리한다. UDP는 전송 속도가 빠르고 오버헤드가 적다는 장점이 있으나, 데이터의 손실이나 순서의 불일치가 발생할 수 있다. 그렇기 때문에, 응용 프로그램에서 별도의 오류 처리가 필요한 경우에 사용될 수 있다. 음성 통화, 동영상 스트리밍, 온라인 게임과 같은 프로그램에서 주로 사용된다.

UI (User Interface)

UI(사용자 인터페이스)는 사용자와 컴퓨터 간의 상호 작용을 허용하는 시스템 또는 소프트웨어의 일부로, 사용자가 시스템을 조작하고 정보를 시각적으로 이해할 수 있도록 설계된 모델이다. UI는 다양한 형태를 가질 수 있으며, 주로 터치 기반이나 음성 기반 등 다양한 입력 및 출력 방식을 다룬다. 대표적인 UI인 GUI(Graphical User Interface)는 시각적인 그래픽 요소를 사용하여 사용자와 상호 작용하는 방식이며 창, 버튼, 아이콘 등을 포함한다. 터치 기반 장치를 통해 사용자가 직접 화면에 터치함으로써 상호 작용을 하는 방식도 있다. CLI(Command Line Interface)는 텍스트 명령을 입력하여 시스템과 상호 작용하는 방식이며, 주로 고급 사용자나 시스템 관리자들이 이용한다. 음성 인터페이스는 음성 명령이나 음성 입력을 통해 시스템과 상호 작용하는 방식이다. UI의 목표는 사용자가 시스템을 쉽게 이해하고 조작할 수 있도록 설계하는 것이며, UX를 향상시키기 위한 다양한 디자인 원칙과 기술이 적용된다. 사용자 편의 지향적인 장점을 지니고 있어, 일반인들도 이를 쉽게 익히고 운용할 수 있다. 터치나 음성 기반 자동차 네비게이션이 GUI 모델의 일종이라 할 수 있다.

URL (Uniform Resource Locator)

URL(통합 자원 지시자)은 인터넷 상에서 특정 자원(문서, 이미지, 동영상 등)의 위치를 지정하는 표준화된 형식의 주소이다. 웹 브라우저나 다른 웹 클라이언트가 웹 서버에게 특정 자원을 찾아가도록 도와주는 역할을 한다. 일반적으로 다음과 같은 구성 요소를 갖추고 있다.

1) Scheme: 자원에 접근하기 위해 사용되는 프로토콜이다. 일반적으로 'http' 또는 'https'를 사용하며, 다른 예로 'ftp', 'mailto', 'file' 등이 있다.
2) Host: 자원이 위치한 서버의 도메인 이름이나 IP 주소이다.
3) Port: 서버와 통신하기 위해 사용되는 포트 번호를 나타낸다. 일반적으로 생략될 수 있으며, 생략 시 기본 포트 번호가 사용된다. (예: 80 for HTTP, 443 for HTTPS)
4) Path: 서버 내의 특정 파일이나 디렉토리와 같은 자원의 경로이다.
5) Query: 자원에 대한 추가적인 매개 변수를 나타낸다. 일반적으로 key-value 쌍으로 표현되고, 이 매개 변수는 '&'로 구분된다.
6) Fragment: 자원 내에서 특정 부분을 나타내며, 주로 웹 페이지 내의 특정

섹션을 가리키는 목적으로 사용된다.

UX (User Experience)

UX(사용자 경험)는 사용자가 제품, 서비스 또는 시스템을 사용하면서 느끼는 전반적인 경험을 나타낸다. 디자인, 상호 작용, 사용자의 감정, 편의성 등 다양한 측면을 포함하며, 사용자가 제품이나 서비스를 어떻게 인식하고 사용하는지에 대한 종합적인 관점을 제공한다. 제품이나 서비스를 사용하는 사용자의 요구 사항과 행동을 중심에 두고 디자인하는 방법론이 적용된다. 사용자가 제품을 효과적으로 사용할 수 있는 정도로, 명확하고 일관된 인터페이스, 적절한 피드백, 적응력 등이 중요한 역할을 한다. 제품이나 서비스를 사용함에 따라 사용자가 느끼는 감정적인 요소. 디자인, 색상, 텍스처 등이 UX에 영향을 미친다. 정보나 기능의 중요도에 따라 사용자에게 시각적인 우선 순위를 제공함으로써 적절한 방향을 제시해야 한다. 또한 사용자와 제품 또는 서비스 간의 상호 작용이 얼마나 효과적으로 이루어지는지에 대한 고민이 필요하다. 좋은 UX는 사용자에게 효과적이고 만족스러운 경험을 제공하여 제품이나 서비스의 성공에 기여할 수 있다.

VOD (Video On Demand)

VOD(주문형 비디오)는 사용자가 원하는 시간에 원하는 비디오 콘텐츠를 선택하여 시청할 수 있는 서비스를 의미한다. 전통적인 방송과 달리 사용자가 콘텐츠를 선택하고 제어할 수 있는 유연성을 제공한다. 인터넷을 통해 서비스가 제공되기 때문에 IPTV, 온라인 비디오 스트리밍 서비스(예: Netflix, Amazon Prime Video, Disney+ 등), 비디오 공유 플랫폼(예: YouTube) 등 다양한 형태로 제공될 수 있다. VOD의 주요 특징은 다음과 같다.

1) 시간과 장소의 제약 없음: 사용자가 자신의 편안한 시간과 장소에서 콘텐츠를 시청할 수 있도록 서비스한다. 특정한 방송 시간이나 장소에 구애 받지 않고 콘텐츠를 선택하여 시청할 수 있다.

2) 다양한 콘텐츠 선택: 영화, 드라마, TV 프로그램, 다큐멘터리, 애니메이션, 스포츠 중계 등 다양한 장르의 비디오 콘텐츠를 제공한다.
3) 재생 제어 기능: 사용자가 콘텐츠의 재생을 제어할 수 있는 기능을 제공한다. 일시 정지, 되감기, 빨리 보기, 다시 재생 등의 기능을 포함한다.
4) 개인화된 경험: 사용자의 관심과 취향에 맞는 콘텐츠를 추천할 수 있다. 알고리즘을 이용하여 사용자의 시청 기록과 선호도를 분석함으로써, 최적화되고 개인화된 콘텐츠를 추천하는 방식도 구현되고 있다.

VPN (Virtual Private Network)

VPN(가상 사설 네트워크)은 인터넷을 통한 네트워크로의 암호화된 연결 방식이다. 공용 네트워크인 인터넷을 통해 데이터를 전송할 때 발생할 수 있는 보안 문제를 해결하고, 사용자의 데이터를 암호화하여 안전한 통신 환경을 제공한다. VPN은 사용자의 데이터를 암호화하여 무단 접근으로부터 보호한다. VPN을 사용하면 원격 위치에서 안전하게 기업 네트워크에 접속할 수 있어서, 재택 근무 또는 출장 중에 안전한 방법으로 회사의 리소스에 접근할 수 있게 해준다. VPN을 사용하면 사용자의 실제 IP 주소를 가려서 사용자의 위치를 숨길 수 있으므로, 온라인에서 개인 정보를 보호하는 역할도 한다. 일반적으로 VPN은 '클라이언트 서버 방식'이나 '사이트 간' 방식으로 구성될 수 있다. '클라이언트 서버' 방식은 개별 사용자가 원격에서 회사 네트워크에 접속하기 위해 사용되며, '사이트 간' 방식은 여러 지점을 연결하는 방식이다.

WAF (Web Application Firewall)

WAF(웹 애플리케이션 방화벽)는 악성 웹 트래픽으로부터 웹 애플리케이션을 보호하고 공격을 탐지하여 차단하는 역할을 한다. 이는 웹 애플리케이션의 보안 취약점에 대한 공격을 방지하고, 중요한 데이터를 보호하기 위해 도움을 줄 수 있다. WAF의 주요 기능과 목적은 다음과 같다.

1) 보안 취약점 보호: 웹 애플리케이션에서 발생할 수 있는 다양한 보안 취

약점인 SQL 삽입, 크로스 사이트 스크립팅(XSS), 크로스 사이트 요청 위조(CSRF) 등에 대한 공격을 탐지하고 사전에 차단한다.

2) 악성 트래픽 차단: WAF는 악성 트래픽이나 악성 봇으로부터 웹 애플리케이션을 보호하며, 이를 통해 DdoS와 같은 공격을 사전에 차단한다.
3) 규칙 기반 필터링: 미리 정의된 규칙과 패턴을 사용하여 악성 트래픽을 식별하고 사전에 차단하여, 새로운 보안 위협에 대응할 수 있게 해준다.
4) 로그 및 감시 기능: 공격 시도에 대한 로그를 기록하고 감시하는 기능을 제공하여, 보안 관련 문제를 추적하고 분석할 수 있게 해준다.
5) SSL/TLS 보호: 웹 애플리케이션에서 사용되는 SSL/TLS 통신을 모니터링하고 보호하여, 암호화된 데이터도 안전하게 유지한다.

WAN (Wide Area Network)

WAN(광역 통신망)은 광역 네트워크를 나타내는 용어이다. 지리적으로 넓은 지역에 걸친 여러 지역 네트워크를 연결하여, 데이터 통신을 가능하게 하는 네트워크 형태이다. 근거리 통신망인 LAN보다 더 넓은 지역을 수용하며, 인터넷이나 기업의 글로벌 네트워크와 같은 대규모 통신에도 사용된다. WAN은 새로운 지점이나 사용자를 추가함에 따라 쉽게 확장이 가능하다. 또한, 중앙 집중화된 관리와 제어를 통해 네트워크를 효율적으로 관리할 수 있다. 이를 통해 보안, 모니터링, 구성 및 유지 보수를 단순화하고 효율성을 향상시킬 수 있다. WAN은 여러 지역에 데이터센터를 구축하고 데이터를 복제하여, 재해 복구(DR) 및 비즈니스 연속성을 향상시킬 수 있다. 장애 발생 시에도 데이터에 대한 접근을 보장하고, 시스템의 가용성을 유지할 수 있게 도움을 준다.

WAS (Web Application Server)

WAS(웹 어플리케이션 서버)는 웹 애플리케이션을 실행하고 관리하는 서버를 의미한다. 다양한 웹 애플리케이션을 처리하고 사용자에게 제공하기 위한 환경을 제공하는 소프트웨어이다. 주로 동적인 콘텐츠를 생성하고 관리하기 위해서 사용되며, 웹 서버와 달리 애플리케이션 코드를 실행하고 데이터베이스와 상호 작용할 수 있는 기능을 포함하고 있다. 서버 측에서 웹 애플리케이션 코드를 실행하여 동적인 콘텐츠를 생성하고 사용자에게 제공한다. 다양한 프로토콜을 지원하고 네트워크 통신을 관리하여 클라이언트와의 효율적인 상호작용을 지원한다. 애플리케이션의 배포, 시작, 종료, 재시작 등의 생명 주기를 관리한다. 다중 사용자 요청을 처리하기 위해 스레드 풀(Thread Pool)을 관리하고 효율적으로 분배한다. 데이터베이스와의 연동을 위한 연결 관리 및 상호 공유와 같은 데이터베이스 관련 작업을 수한다. 사용자 인증, 권한 부여 및 보안 기능을 제공하여 웹 애플리케이션의 안전성을 유지한다.

WWW (World Wide Web)

WWW(월드 와이드 웹)는 웹 브라우저와 웹 서버를 사용하여, 문서 및 멀티미디어 리소스에 액세스할 수 있는 분산 정보 시스템이다. 인터넷의 일부로, 하이퍼텍스트 문서로 이루어진 웹 페이지들이 링크로 연결되어 있다. 각 웹 페이지는 URL(Uniform Resource Locator)을 통해 고유하게 식별된다. 사용자는 웹 브라우저를 통해 웹 페이지를 검색하고, 링크를 클릭하여 다른 웹 페이지로 이동하며, 텍스트, 이미지, 비디오, 음악 등 다양한 형식의 컨텐츠를 탐색하고 소비할 수 있다. 웹 브라우저 주소의 가장 기본이 되는 정보이다.

XML (eXtensible Markup Language)

XML(확장성 생성 언어)은 다목적 마크업 언어로서, 정보를 구조화하고 전송하기 위해 사용되는 텍스트 기반의 언어이다. 사용자 정의 태그를 정의하여 데이터를 구조화할 수 있다. 이를 통해 다양한 응용 분야에 맞춰 데이터 형식을 쉽게 조정할 수 있는 장점을 제공한다. XML 문서는 텍스트로 작성되어 있어 사람이 읽고 이해하기 쉬우며, 태그와 속성을 통해 데이터 구조를 명확하게 표현할 수 있다. 텍스트 기반이기 때문에 특정 플랫폼이나 언어에 종속되지 않고, 다양한 시스템 간에 데이터를 교환할 수 있게 이점을 제공한다.

CHAPTER 9 데이터센터

BMT (Bench Marking Test)

BMT(벤치 마킹 테스트)는 데이터센터에 새로운 IT 장비들이 반입되었을 때, 설치 장소로 이동하기 전에 장비의 성능을 비교하고, 장비가 데이터센터 내에서 어떻게 동작하는지를 확인하고자 수행하는 사전 테스트이다. 보통 하역장 인근에 BMT Room이나 에이징 룸을 조성하여 설치 장소로 이동하기 전에 테스트를 실시한다. 장비의 성능을 측정하고 비교하며 안정성과 신뢰성을 평가하고, 장비의 부하 처리 능력을 확인하여 예상되는 성능 문제를 사전에 검토할 수 있다. 장비가 사용하는 전력량을 측정하여 효율성을 평가하고, 생성하는 열의 양을 측정하여 구축된 냉각 시스템의 성능과 대비할 수 있다. 장비의 보안 취약성과 안정성 테스트를 통한 시스템의 장애 복구 능력도 평가할 수 있다.

BOD (Basis of Design)

BOD(설계 기본 사항; 요건 정의서)는 데이터센터를 설계하고 구축하기 위해 필요한 기본적인 설계 원칙과 요구 사항을 정의하는 문서이다. 유사한 의미로 PRD(Product Requirements Document)가 있다. 데이터센터 프로젝트 전체의 추진 방안을 제공하고, 설계, 건설, 유지 보수, 운영 및 보안에 관한 핵심 정보를 제공한다. BOD는 주로 데이터센터의 고유한 운영 요구 사항을 고려하여 작성되며, 전력, 냉각, 네트워크, 보안 운영 절차 등이 포함된다. COLO(임차 형식) 데이터센터에서는 임차 고객사와의 계약에 있어 BOD가 중요한 역할을 한다. 고객의 특정한 요구 사항을 충족하기 위해 데이터센터를 특화 구축할 경우가 있을 수 있으므로, 설계 착수 이전에 기본적인 설계 방향을 정하여 임차 고객사와 협의할 필요가 있다. 사업자와 임차 고객사 간의 서비스 수준 계약서인 SLA(Service Level Agreement)에 필수적으로 포함되는 문서이다.

CDC (Cloud Data Center)

CDC(클라우드 데이터센터)는 클라우드 기반의 데이터 사용 필요성의 증가로 과거보다 높은 랙 밀도가 요구됨에 따라, 이를 수용할 수 있도록 구축한 데이터센터이다. 통신 사업자나 금융 기업이 자체적으로 소유하고 운영하는 전통적인 데이터센터들의 랙 밀도는 상대적으로 낮았다. 근래에는 고사양의 그래픽과 병렬처리 능력이 요구되는 GPU가 점차 상용화되고, 인공 지능의 발전에 따라 요구되는 랙 밀도는 기하 급수적으로 높아지고 있다. 이에 따라 더욱 높은 랙 밀도를 감당할 수 있게 효율적인 냉각 및 전력 관리 시스템을 도입하고 운영할 필요성이 증대되어, 클라우드 데이터센터의 수요가 증가하고 있다.

CDCP (Certified Data Center Professional)

CDCP 자격증은 국내의 '한국휴렛패커드(www.hp.co.kr)'사가 개설한 데이터센터 전문가 양성을 위한 교육 과정을 거친 후 시험에 합격하면 취득하는 자격증이다. 데이터센터 분야의 기본 원칙과 전반적인 이해 여부를 검증하는 과정을 거치고 시험에 합격했다는 증명이다. 한국HP는 데이터센터 서비스를 제공하는 업체인 'EPI(epi-ap.com)'사와, EPI의 교육 과정과 관련된 자격증 시험을 주관하는 'ICOR(theicor.org)'사로부터 교육 과정과 인증 시험을 한국에서 시행할 수 있는 자격을 부여 받았다. CDCP 자격증을 취득한 후 일정 기간이 지난 후에, CDCS(Certified Data Center Specialist) 교육 과정을 이수하고 시험에 합격하면 상위 자격증인 CDCS를 취득할 수 있다.

CDCS (Certified Data Center Specialist)

CDCS 자격증은 CDCP 자격증을 취득한 이후 일정 기간을 지나서, 교육을 이수하고 취득할 수 있는 CDCP의 상위 자격증이다. 데이터센터의 시스템 통합을 종합적으로 이해하고 구성할 수 있으며, 라이프 사이클(Life Cycle) 전반을 검증하고 관리할 수 있는 능력을 지닌 전문가임을 증명하는 자격증이다.

CDE (Compliant Deviation Exception)

글로벌 CSP(Cloud Service Provider) 중 하나인 'AWS'사에서 관리하고 있는 기준인 'Vendor Template'의 3가지 평가 항목이다. 데이터센터의 설계 및 운영 관련한 요구 조건들에 대해 사업자가 'Compliant(부합함)', 'Deviation(부합하지 않음)', 'Exception(제외)'을 표기하여 AWS와 협의한다.

COLO (Colocation)

COLO(콜로케이션)는 여러 기업이 별도의 주체가 구축한 하나의 물리적인 데이터센터 시설을 임차하여 사용하고, 각자의 서버나 네트워크 장비 및 스토리지 등을 호스팅하는 것을 의미한다. 서버 및 장비 운영을 목적으로 하는 기업이 자체 데이터센터를 구축하거나 운영하는 대신, 외부 제공 업체의 데이터센터 시설을 임차하여 사용하며 기간별로 사용료를 지불하는 방식이다. COLO 데이터센터에서는 기업이나 고객이 각자의 장비를 설치하고, 데이터센터 제공자는 시설과 운영 서비스를 제공한다.

CSRT (Consolidated System Reliability Test)

CSRT(통합 시스템 신뢰성 테스트)는 데이터센터의 시운전 단계 중 Level 5의 테스트이며 IST(Integrated System Testing)와 혼용하는 용어이다. 시운전 관리 전문 업체인 'Crifas'사에서 사용하는 용어이다. CSRT는 각 시스템이 안정적으로 작동하고 데이터센터가 예상대로 운영될 수 있는지를 확인하는 중요한 테스트 중 하나이다. 전체 시스템의 신뢰성을 검증하고 잠재적인 문제들을 초기에 식별할 수 있게 도움을 준다. CSRT를 수행하는 방법과 주요 테스트 종류는 개별 데이터센터나 시스템의 설계, 제조사들의 운영 정책에 따라 다를 수 있다. 일반적으로 다음과 같은 테스트를 포함한다.

1) 전력 시스템 시험: 데이터센터의 전력 시스템이 정상적으로 작동하는지 확인한다. 주 전원, 발전기와 UPS 등을 포함한다.
2) 냉각 시스템 시험: 냉각 시스템이 데이터센터의 모든 부분에 요구되는 냉기를 제공할 수 있는지 확인한다. 냉각 장치를 시험하여 온도, 습도 및 풍량을 설계대로 제어할 수 있는지 확인한다.
3) 네트워크 테스트: 네트워크 인프라가 신뢰성 있게 작동하는지 확인한다.

네트워크의 대역폭, 지연 시간, 패킷 손실 등을 테스트한다.

4) 스토리지(Storage) 테스트: 스토리지 시스템이 데이터를 안전하게 보관하고 복구할 수 있는 성능과 안전성을 보유하고 있는지 확인한다.
5) 시스템 상태 모니터링: 서버, 스위치, 라우터(Router) 등 하드웨어와 소프트웨어 구성 요소의 상태를 모니터링하고 잠재적인 문제를 식별한다.
6) 재해 복구 테스트: 장애가 발생했을 때 어떻게 백업하고 복구하는지 확인한다. 복구 시간 목표(RTO)와 복구 지점 목표(RPO) 지표가 이용된다.
7) 보안 테스트: 데이터센터의 보안 시스템 및 정책을 검증하여, 무단 접근 및 보안 위협으로부터 시스템을 효과적으로 보호할 수 있는지 확인한다.

CUE (Carbon Usage Effectiveness)

CUE(탄소 사용 효율 지표)는 데이터센터의 효율 지표 중 대표적인 PUE 에 추가하여 근래에 사용되는 용어로서, 해당 데이터센터의 탄소 사용 효율성을 나타내는 지표이다. 'The Green Grid(www.thegreengrid.org)'에서 만든 지속 가능성 지표 중 하나로서, 데이터센터가 사용하는 탄소의 양을 IT 전력 사용량으로 나누어서 산정한다. CUE는 데이터센터의 탄소 발자국을 측정하는 지표로 전력 소비에 따른 탄소 배출을 나타내며, 데이터센터의 환경적 영향을 측정하는 도구로 활용된다. 평가 지표는 '전체탄소배출(전력 생산 및 소비로 인한 탄소 소비) / IT 부하에 의한 전체 전력 소비'의 산식으로 계산된다. 낮은 CUE 값은 더 효율적인 데이터센터 운영을 나타내며, 친환경적이고 지속 가능한 전력 사용을 의미한다. RE100 정책과 연계되어 데이터센터 경쟁력을 높일 수 있다. PUE(Power Usage Effectiveness)는 전체 전력 소비를 IT 부하에 대한 전력 소비로 나눈 값으로, 데이터센터의 전력 효율성을 측정한다. PUE가 낮을수록 데이터센터의 에너지 효율성이 높다고 볼 수 있다. CUE는 PUE의 한 확장으로 생각할 수 있다. PUE가 전력 효율성만을 고려하는 반면, CUE는 탄소 배출까지 고려하고 데이터센터의 환경 영향을 전력에 추가하여, 탄소 배출량까지도 포괄적으로 고려하여 평가하기 때문이다. WUE(Water Usage Effectiveness)는 데이터센터의 물 사용 효율성을 나타내는 지표이다. 물은 냉각 시스템에서 주로 사용되며, WUE는 IT 부하에 대한 물 소비 비율을 나타낸다. CUE와 WUE는 기존의 PUE 평가 방법에 더해, 데이터센터의 지속 가능성과 친환경성을 보다 폭넓게 평가할 수 있게 도움을 준다.

DR (Disaster Recovery)

DR(재해 복구) 시스템은 데이터와 운영 시스템이 장애나 긴급 상황으로부터 복구되는 과정과 전략을 다루는 시스템이다. 주로 데이터나 시스템의 연속성을 유지하고, 재해가 발생했을 때 빠르게 복구할 수 있는 방법을 제공한다. DR 시스템의 종류는 다음과 같다.

1) 백업 및 복구: 데이터의 주기적인 백업을 수행하고 복구가 필요한 경우 이를 사용하여 시스템을 복구한다. 전체 데이터나 시스템을 백업하여 주기적으로 저장하고, 재해 발생 시 백업된 데이터를 사용하여 데이터나 시스템을 재해 발생 전 상태로 복구한다.
2) 종합적인 복구 시스템: 전체 데이터센터나 시스템을 복구할 수 있는 종합적인 DR 시스템은 여러 계층에 걸쳐 복구 전략을 통합한다. 가상화, 클라우드 기술, 그리고 지리적으로 분산된 데이터센터를 활용하여 서비스 중단을 줄이고 비즈니스 연속성(Business Continuity)을 유지한다.
3) 원격 데이터센터 백업: 데이터나 시스템을 지리적으로 분산된 원격 데이터센터에 백업하여, 문제가 발생했을 때 원격지의 백업 자료를 이용해 기존 데이터와 시스템을 복구한다.
4) 가상화 및 복제: 서버 가상화(Server Virtualization)와 데이터 복제를 통해 실시간이나 실시간에 가깝게 시스템의 복제본을 생성하고 유지한다. 재해 발생 시 가상화 환경에서 작동하는 복제본으로 전환하여 최단 시간에 서비스를 복구할 수 있게 조치를 취할 수 있다.
5) 클라우드 기반 DR: 데이터 백업, 복원, 가상화와 복제를 클라우드 환경에서 수행한다.

6) 비즈니스 연속성 계획(BCP; Business Continuity Plan): 비즈니스 전반에 걸쳐 재해를 극복하는 통합 구현 전략이다.

EER (Energy Efficiency Ratio)

EER(에너지 효율 비율)은 데이터센터 시스템의 성능을 평가하는 지표 중 하나로서, 시스템이 전력을 얼마나 효율적으로 사용하는지를 나타낸다. 높은 EER 값은 시스템이 보다 더 효율적으로 에너지를 소비한다는 것을 의미하며, 주로 시스템이 소비하는 총 에너지의 양과 연관되어 있다. 효율적인 냉각은 시스템이 일정한 온도를 유지하면서도 최소한의 에너지를 소비하는 것을 의미한다. 높은 EER을 가진 시스템은 낮은 전력 요구량을 가지므로 전력 효율성을 개선할 수 있고, 전력 소비와 관련하여 에너지 비용을 절감할 수 있는 장점을 제공한다. 냉각 시스템이 공기 흐름, 온도, 습도 등을 효과적으로 관리하여 냉각에 어떻게 기여하는지를 평가할 수 있다. 이와 더불어 냉각 시스템이 높은 EER을 유지하는 동안에도, 유지 보수 및 관리가 더욱 적은 비용을 들여가며 효율적으로 이루어질 수 있는지에 대한 평가도 중요하다.

EOP (Emergency Operating Procedure)

EOP(비상 운영 절차)는 재난이나 비상 상황에서 데이터센터가 안전하게 운영될 수 있도록, 지침과 프로세스를 제공하는 문서이다. 데이터센터 운영 절차서에는 EOP와 더불어 SOP와 MOP가 있다. SOP는 일상적인 운영 절차를 다루는 표준 문서로서, 데이터센터에서의 표준 운영 및 유지 보수 절차를 정의한다. 특정 재난이나 비상 상황을 다루지는 않고 예상 가능한 상황에 대한 절차만 다룬다. MOP는 유지 보수 작업에 대한 프로세스를 정의하는 문서이다. 예정된 유지 보수 활동을 다루며, 데이터센터의 인프라에 대한 정기적인 작업을 기록한다. MOP는 예상 가능한 작업 만을 다루며, 긴급한 상황에 대한 절차는 제외한다. EOP에는 다음과 같은 주요 절차들이 포함되고 관리되어야 한다.

1) 사전 대비: 재난 대비팀을 구성하고 각 팀의 역할과 책임을 정의한다. 데

이터센터의 비상 연락망과 통신 계획을 수립하고 재난 대비를 계획한다.

2) 비상 사태 발생 시점의 즉각 조치: 비상 사태 발생 시 즉각적으로 수행해야 할 조치를 명시한다. 정전, 화재나 홍수 등과 같은 다양한 재난 상황에 대비한 긴급 조치 절차를 포함한다.
3) 대응 및 복구 단계: 실제 재난 상황에 대한 대응 및 복구 절차를 정의한다. 재난이 발생할 경우 통신, 조직, 시설 및 데이터 복구 등을 다룬다.
4) 사후 대비: 재난 발생 후의 대비 절차와 평가 방법을 수립한다. 사고 원인을 파악하여 데이터센터 운영과 보안 강화를 위한 개선점을 도출한다.

FAT (Factory Acceptance Test)

FAT(공장 검수 시험)는 데이터센터 장비가 공장에서 제조된 후, 이를 현장에 반입하기 전에 제조 공장에서 수행하는 검사 절차이다. 이 단계에서는 업체가 제조한 장비가 계약 사양과 기술 요구 조건을 충족하는지, 예상대로 작동하는지 확인한다. 공장에서 사전에 장비를 테스트하고 결함을 확인하는 중요한 단계로서, 장비가 데이터센터에 반입되어 설치되기 전에 신뢰성을 보장하기 위해 수행된다. FAT가 포함하는 주요 테스트 항목은 다음과 같다.

1) 문서 검토: 장비의 기술 문서나 제작 사양이 발주자가 요구하는 사양과 일치하는지 사전에 검토한다. 데이터 시트(Data Sheet) 등을 활용한다.
2) 테스트 계획: 테스트는 사전에 정의된 계획에 따라 진행되므로 장비에 대한 테스트 범위, 시험 절차와 테스트 케이스 등을 명시한다.
3) 장비 검사 및 기능 테스트: 제조된 장비의 물리적인 상태와 외관을 검사한다. 장비의 기능적인 요소들을 테스트한다.
4) 센서 및 제어 시스템 검사: 장비에 부착된 모니터링 센서와 제어 시스템이 설계 요구 조건에 맞게 작동하는지 테스트한다.
5) 통신 시스템 테스트: 네트워크와 통신 프로토콜을 테스트하여 장비의 통신 시스템이 정상적으로 작동하는지 테스트한다.
6) 안전 및 보안 테스트: 장비의 안전 및 보안 기능이 요구 사항을 충족하는

지 테스트한다. 장비의 운영 중에 발생할 수 있는 잠재적인 위험을 최소화하기 위한 허용 부하 테스트(Allowable Load Test)를 포함한다.

7) 성능 테스트: 장비의 성능을 데이터 시트와 비교하여 테스트한다.
8) 결함 및 문제 식별: 테스트 중 발견된 결함이나 문제를 식별하고 문서화한다. 결함과 문제에 대한 개선과 필요시 수정 보완 사항을 도출한다.

FWT (Factory Witness Test)

FWT(공장 참관 시험)는 장비의 제조사가 장비를 생산하기 전에 거치는 테스트이다. 일반적으로 제조사의 공장에서 이를 진행하며, 발주자나 품질 관리자가 참여하여 장비가 제작 전 요구 사항을 충족하는지 확인한다. FWT는 주문한 장비가 명세서와 계약 조건에 부합하는지 확인하고, 제품의 품질과 성능을 검증한다. 장비의 기능과 성능이 공장에서 충분한 수준으로 동작되고 발현되는지 확인하여, 추후 발생 가능한 현장에서의 문제를 방지한다. 제조사가 장비를 제조하는 과정에서 요구되는 규격 및 표준을 준수하는지를 확인하여 제품의 품질과 안전성을 보장한다. FWT는 제조가 완료된 장비의 최종 확인 테스트인 FAT(Factory Acceptance Test)의 사전 단계이다. FWT를 거친 이후 FAT까지 통과하여야 시운전 Level 1이 종료된다.

GDC (Green Data Center)

GDC(그린 데이터 센터)는 '한국데이터센터연합회(www.kdcc.co.kr)'에서 도입한 인증 제도이다. 데이터센터의 에너지 효율성에 대한 인증 기준과 적합성 심사를 통해, 기준 이상의 에너지 효율을 달성하고 있는지 여부를 확인한다. 이에 따라 인증 등급을 부여하거나 에너지 효율을 검증하는 민간 자율 인증 제도이다. 인증은 'Bronze', 'Silver', 'Gold', 'Platinum' 등급으로 나뉜다.

HLT (Heat Load Test)

HLT(열 부하 테스트)는 데이터센터의 시운전 단계 테스트 중 하나로서, 전체 설비 및 냉각 시스템을 실제 운영 상태에 가깝게 시험하는 프로세스이다. 이 테스트는 설계된 최대 열 부하에 대해 설비가 얼마나 효과적으로 대응할 수 있는지를 확인하고, 냉각 시스템의 성능을 검증하기 위해 실시된다. HLT를 통해 데이터센터의 냉각 시스템이 예상 냉각 부하에 대해 충분히 대응할 수 있는지를 확인하고, 요구되는 적절한 온도와 환경을 유지할 수 있는지를 평가한다. HLT에 포함되는 일반적인 시험 방법과 절차는 다음과 같다.

1) 부하 시뮬레이션: 데이터센터의 서버나 다른 장비를 특정 부하 상태로 시뮬레이션한다. 데이터센터가 실제 운영 중에 경험할 것으로 예상되는 열 부하를 실제로 모델링하고 적용한다.
2) 열 측정 및 기록: 부하가 적용된 상태에서 서버룸을 포함한 데이터센터 테스트 공간의 온도, 습도 및 기타 환경 요소를 정확하게 측정하고 기록한다. 설비 및 냉각 시스템이 예상 부하에 대응할 수 있는지 확인한다.
3) 냉각 시스템 평가: 냉각 장치 및 시스템의 성능을 평가하고 냉각 시스템이 설계 기준에 부합하는지 확인한다. 냉각 장치의 효율성, 냉각 매체의 유동성과 열 교환 능력, 장시간 가동 시의 피로 현상 등이 평가된다.
4) 긴급 상황 시뮬레이션: 긴급 상황이 발생했을 때의 대응 능력을 테스트한다. 냉각 시스템의 이상 동작 시나리오 및 비상 대응 계획을 확인하는 과정을 포함한다. 정전 복전 시험까지 병행해서 실시하는 경우도 있다.
5) 데이터 기록 및 분석: 시험 중에 수집된 데이터를 기록하고 분석하여 성능 문제나 개선할 부분을 식별한다. 운영 단계에서 발생할 수 있는 문제 대비를 위해 데이터를 사용하여 최적의 운영 조건을 찾는다.

IDC (Internet Data Center)

IDC(인터넷 데이터센터)는 대규모로 서버와 네트워크 장비를 보유하고 운영하는 시설로서, 다양한 인터넷 서비스 및 데이터 스토리지(Data Storage)를 제공하는 데이터센터이다. IDC가 제공하는 주요 기능은 다음과 같다.

1) 서버 호스팅 및 Colocation: 기업이나 기관이 자체 서버를 유지하거나 관

리하지 않고, IDC로부터 Colocation 서비스를 제공받을 수 있다.

2) 데이터 저장 및 관리: 대량의 데이터를 안전하게 저장하고 관리하기 위해 사용되며, 클라우드 서비스 제공자도 IDC를 통해 서비스를 제공한다.
3) 네트워크 연결성: 다양한 인터넷 서비스 제공 업체와의 연결성을 갖추어, 효율적이고 안정적인 데이터 전송을 지원한다.
4) 보안 및 안전성: 높은 보안 수준을 유지하여 고객의 데이터를 보호하고, 해킹 등으로 인해 발생되는 장애로부터 방어하여 안전성을 높인다.
5) 전력 공급 및 냉각 시스템: 연중 무중단 가동을 위해 안정적인 전력 공급과 발전기와 같은 백업 시스템을 유지한다. 냉각 시스템을 통해 서버와 네트워크 관리를 위해 요구되는 기준으로 냉방을 한다.

IST (Integrated System Testing)

IST(통합 시스템 테스트)는 데이터센터 시운전 레벨 중 Level 5 테스트이다. 시설이나 설비의 모든 부분이 통합되고 연동되어 올바르게 작동하는지를 검증하기 위한 테스트이다. 전체 시스템이 안정적으로 운영되고 기준대로 작동하는지를 확인하는 중요한 단계 중 하나이다. CSRT도 IST와 유사한 개념의 테스트로 이해되는 용어이다. IST의 주된 목적은 각각의 시스템은 물론 서브 시스템이 통합되어 전체적으로 원활하게 동작하는지를 확인하는 것이다. 시스템의 신뢰성, 안정성, 효율성을 평가하여, 운영 중에 발생할 수 있는 잠재적인 문제를 식별하고 수정한다. 하드웨어, 소프트웨어, 네트워크, 전력 공급과 냉방 시스템이 함께 작동하는지 확인한다. 주요 테스트 항목은 다음과 같다.

1) 전력 시스템 테스트: 수배전반, UPS 및 비상 발전기의 전력 공급 테스트를 포함한다. 배터리가 충분한 백업 타임을 가지고 있는지 테스트한다.
2) 냉각 시스템 테스트: 냉각 장비의 효율성과 안정성을 테스트하고, 온도, 습도, 풍량 제어 시스템의 정확성도 확인한다.
3) 데이터 네트워크 및 통신 시스템 테스트: 네트워크 연결성을 테스트하고 데이터 전송 및 통신 프로토콜을 검증한다.

4) 소프트웨어 및 시스템 호환 테스트: 자동화 시스템과 관련된 소프트웨어를 테스트하고 상호 호환성을 검증한다.
5) 보안 시스템 테스트: 출입 통제 및 보안 감시 시스템이 외부로부터의 위협에 효과적으로 대응하는지 검증한다.
6) 비상 상황 테스트: 예상치 못한 상황에 대비하여 모의 비상 상황을 시나리오 기반으로 테스트한다.

KDCC (Korea Data Center Council)

KDCC(한국 데이터센터 연합회, kdcc.or.kr)는 국내 주요 데이터센터와 연관 산업과의 협력을 증진하고 기술 교류를 강화하기 위해 2017년 설립된 사단법인이다. 데이터센터와 관련된 시장 환경 변화나 정책 변화와 같은 주요 이슈에 대한 공동 논의와, 데이터센터 산업계를 대표하는 대정부 정책 건의의 공식 창구를 운영 목적으로 하고 있다.

LSC (Loss of Service Continuity)

LSC(서비스 연속성 상실)는 시스템 또는 서비스의 연속성이 일시적 혹은 영구적으로 상실되는 것을 의미한다. 데이터센터에서는 네트워크 장애, 전원 문제, 하드웨어 결함, 자연 재해, 인적 오류 등 다양한 이유로 LSC가 발생할 수 있다. 백업 시설이나 비상 복구 계획 등을 마련하여 다양한 LSC에 대비할 필요가 있다. 대표적인 LSC에는 다음과 같은 종류가 있다.

1) 전원 공급 LSC: 전원 공급에 문제가 발생할 경우, 데이터센터 전체 또는 일부 시설의 전기적인 기능을 잃을 수 있다. 주 전원 공급의 이상이나 전기 설비의 고장 등으로 발생된다. 대체 전원의 백업이 부족할 수도 있다.
2) 냉각 시스템 LSC: 냉각 시스템의 고장이나 성능 저하로 인해 냉각 필요 구간의 장비가 과열되는 경우에 발생된다.
3) 네트워크 연결 LSC: 외부 네트워크 연결의 손상이나 내부 네트워크 장비의 고장으로 인해 발생된다.

4) 소프트웨어 또는 시스템 오류 LSC: 소프트웨어 버그, 운영 체제의 충돌, 데이터베이스 오류 등으로 인해 발생된다.
5) 보안 위협 LSC: 보안 위협이나 해킹 등과 같은 사이버 공격으로 인해 데이터센터의 네트워크 서비스가 중단될 수 있다.
6) 인적 오류 또는 실수 LSC: 인적 오류나 실수로 인해 시스템이나 서비스가 중단될 수 있다. 잘못된 설정이나 동작의 결과로 인해, 소프트웨어의 오류 생성과 하드웨어 손상 등이 발생할 수 있다.

MDC (Module Data Center)

MDC(모듈형 데이터센터)는 모듈형 구조를 가진 데이터센터를 의미한다. 일반적인 데이터센터 대비 다음과 같은 장점들을 지니고 있다.

1) 모듈형 설계: 모듈로 설계되어 있어 필요에 따라 모듈을 추가하거나 제거하여 데이터센터의 규모를 조절할 수 있다. 건물 설계가 추가로 필요하지 않고, 확장성이 뛰어나 필요 용량을 유연하게 조절할 수 있다.
2) 빠른 구축 및 설치: 모듈이 공장에서 사전에 제작되고 현장에서는 조립만 하면 되기 때문에, 전통적인 데이터센터에 비해 빠르게 구축을 완료할 수 있는 장점을 지니고 있다. 목표 품질을 확보할 수 있는 장점도 있다.
3) 이동성 및 재 사용성: 필요에 따라 이전이 가능하며, 모듈을 새로운 위치로 이동하여 재 사용할 수 있다. 유연성과 비용 효율성을 향상시킬 수 있는 장점을 지니고 있다. 일반 구축에 비해 적은 공간에 구축할 수 있다.
4) 고효율 냉각 및 전력 관리: 모듈형 데이터센터에는 고효율의 냉각 및 전력 관리 기술을 적용할 수 있으며, 필요한 모듈만 가동시켜 에너지를 절약할 수 있다. 유연한 냉각 전력 시스템을 운용할 수 있는 장점이 있다.
5) 사용자 요구 디자인 제공: 고객의 요구에 따라 맞춤형으로 디자인되어 제공되므로 유연성을 확보할 수 있다. 최신 트렌드를 반영할 수도 있다.
6) 저비용 및 비용 투명성: 일반 건설 공사와 다르게, 구축 및 운영 비용이 저렴하고 예측 가능하기에 투명한 사업성 분석이 가능하다.

7) 환경 친화성: 효율적인 자원 사용 및 재사용 등의 기술을 도입하여, 환경 친화적인 운영이 가능하게 한다. 철거나 개보수가 필요하지 않다.

MMR (Meet Me Room)

MMR은 다수의 외부 통신 사업자나 서비스 제공자가, 서로 데이터센터 내부에서 연결되는 물리적인 공간이다. 주로 지상1층에 설치하며 통신 사업자와 서비스 제공자들이 MMR을 통해 쉽게 상호 연결을 할 수 있도록 구성되어 있다. 이를 통해 데이터의 교환과 전송이 신속하고 원활하게 이루어질 수 있다

MOP (Maintenance Operating Procedure)

MOP(유지 보수 운영 절차)는 유지 보수와 운영 작업에 대한 절차를 정의하는 문서이다. 주로 예정된 유지 보수 활동을 다루며, 데이터센터의 장비나 인프라에 대한 정기적인 작업을 규정한다. MOP는 주로 예상 가능한 작업을 다루며, EOP(Emergency Operating Procedure)에 포함된 긴급한 상황에 대한 절차를 다루지는 않는다. O&M 매뉴얼과 SOO를 기본 문서로 포함한다.

MTBF (Mean Time between Failure)

MTBF(고장 간 평균 시간)는 장비 또는 시스템이 고장이 발생하기 전에, 평균적으로 작동하는 시간을 나타내는 지표이며 시간 단위로 표시된다. 데이터센터의 시스템 또는 장비의 장애 가능성을 예측하고, 유지 보수 일정을 계획하기 위한 정보를 제공한다. MTBF 산정 시 적용하는 조건은 다음과 같다.

1) 고장 및 수리 시간 제외: 시스템 또는 장비가 실제로 작동하는 시간만을 측정하므로, 예정된 유지 보수 시간 또는 수리 시간은 제외해야 한다. 시스템이 작동하지 않는 동안의 시간을 포함하여 계산하지는 않는다.
2) 평균적인 값: 통계적으로 계산되며 장비 또는 시스템의 여러 기간 동안의 고장 시간을 합산하여 평균값을 구한다.
3) 신뢰성: 높은 MTBF 값은 더 신뢰성 있는 시스템을 나타내며 고장이 발

생할 가능성이 낮다는 것을 의미한다.

4) MTBF와 MTTF의 차이: MTBF는 장비나 시스템의 평균 작동 시간을 나타내고, MTTF(Mean Time to Failure)는 시스템의 평균 수명을 나타낸다. MTBF는 고장 발생 후 수리되는 제품이나 시스템에 적용되며, MTTF는 수리가 불가능한 제품이나 시스템에 적용된다.

5) 유지 보수 계획 및 운영 예측: MTBF 정보를 사용하여 데이터센터나 다른 시스템의 유지 보수 일정을 계획하고, 장비 교체 및 업그레이드에 대한 의사 결정을 내릴 수 있다. 장비의 예상 수명을 예측하고 고장을 방지하기 위한 예방 조치를 계획할 수 있다.

MTTF (Mean Time to Failure)

MTTF(고장까지의 평균 시간)는 장비 또는 시스템이 고장나기까지 소요되는 평균 시간을 나타내는 지표이며 시간 단위로 표시된다. 장비 또는 시스템의 평균 수명을 측정한다. MTTF 산정 시 적용하는 조건은 다음과 같다.

1) 평균값: MTTF는 통계적으로 계산되며, 장비 또는 시스템의 여러 기간 동안의 고장 시간을 합산하여 평균값을 구한다.

2) 시스템 신뢰성: 장비 또는 시스템의 예상 신뢰성을 평가하기 위해 사용된다. 높은 MTTF 값은 더 신뢰성 있는 시스템이 구축되었음을 나타내며, 고장이 발생할 가능성이 낮다는 것을 의미한다.

3) MTBF와의 차이: MTBF가 장비 또는 시스템이 고장 후 다시 정상 작동하기까지의 시간을 측정하는 반면, MTTF는 시스템 또는 장비의 수명이 종료될 때까지의 시간을 측정하는 차이점이 있다.

4) 예측 및 유지 보수: MTTF 정보는 장비의 예상 수명을 예측하고 유지 보수 일정을 효율적으로 계획할 수 있게 도움을 준다.

MTTR (Mean Time to Repair)

MTTR(복구까지의 평균 시간)은 장비 또는 시스템의 고장 후 수리되고 복구되기까지의 평균 시간을 나타내는 지표이며 시간 단위로 표시된다. 장비나 시스템의 고장이 발생한 후 다시 작동 상태로 복구되기까지, 평균적으로 소요되는 시간을 측정하는 지표이다. 장비 또는 시스템의 가동성과 서비스 중단 시간을 관리하고 평가할 수 있다. MTTR 산정 시 적용하는 조건은 다음과 같다.

1) 평균값: MTTR은 장비 또는 시스템의 고장 사례에 대한 수리 및 복구 시간을 통계적으로 계산하여 평균값을 구한다.
2) 서비스 중단 시간 감소: MTTR을 줄이는 것은 서비스 중단 시간을 최소화하고 가용성을 향상시킬 수 있게 도움을 준다. 빠른 수리와 복구는 비즈니스 연속성(Business Continuity)을 보장하기 때문이다.
3) 장비 유지 보수 계획: 장비 유지 보수 일정을 계획하고, 수리나 복구 작업 일정을 효율적으로 조정할 수 있다.
4) 서비스 수준 합의(SLA) 이행: 많은 데이터센터는 고객과의 SLA 합의 사항을 준수하기 위해 MTTR을 줄이기 위해 노력한다.

NOC (Network Operation Center)

NOC(네트워크 운영 센터)는 데이터센터 운영 및 관리에 있어 핵심적인 역할을 하는 부서 또는 시설이다. 데이터센터 내에서 네트워크, 서버, 시스템 및 시설을 모니터링하고 관리하여, 데이터센터의 안정성, 가용성 및 성능을 보장하는 중요한 역할을 한다. NOC의 주요 기능과 관리 업무들은 다음과 같다.

1) 모니터링 및 감시: 데이터센터 내의 모든 시스템, 네트워크 장비, 서버, 스토리지 시스템 등을 지속적으로 모니터링하고 감시한다. 이를 통해 장애, 성능 문제 또는 보안 위협을 신속하게 감지하고 조치를 취한다.
2) 장애 처리와 조치: 시스템 또는 네트워크에 장애가 발생하였을 때 신속한 대응을 제공한다. 장애를 식별하고 문제를 해결하며, 필요 시 관련 부서 또는 담당자에게 통보하고 협력하여 문제에 대한 조치를 취한다.
3) 예방 및 예측: 장애 예방을 위해 데이터센터 시스템의 성능과 트래픽을 모니터링하고 예측 분석을 수행한다. 이를 통해 시스템이나 네트워크 장

애를 선제적으로 방지하고 시스템 성능을 최적화한다.

4) 보안 관리: 보안 이슈를 모니터링하고 출입 감시를 통해 위험을 탐지하고 대응하는 방어 시스템을 관리한다.
5) 업데이트 및 유지 보수: 시스템과 소프트웨어의 업데이트, 유지 보수 및 패치를 관리하고 시스템을 최신 상태로 유지한다.
6) 비상 대응: 비상 상황에 신속하게 대응하고 데이터센터의 연속성을 유지한다. 화재, 전력 장애, 지진, 홍수 등의 비상 상황에서 EOP(Emergency Operating Procedure)에 따라 적절한 대응 조치를 취한다.
7) 보고 및 문서화: 운영에 대한 보고서를 작성하고 문서화한다. 이를 통해 문제 해결과 운영 개선을 위한 정보를 제공한다.

OP (Operator)

OP(운영자)는 데이터센터의 일상 운영 및 유지 관리를 담당하는 인원들을 말한다. OP는 데이터센터 내의 모든 장비와 시스템을 실시간으로 모니터링하고 관리한다. 전력 공급, 냉각 시스템, 서버 및 네트워크 장비 등의 상태를 확인하고, 이상 징후가 발생하면 즉각적으로 조치를 취하여 장애를 해결하고 서비스 가용성을 유지한다. 보안 위험에 대한 비상 대응도 계획한다.

OR (Owner's Requirements)

OR(고객 요구 사항)은 데이터센터 소유자 또는 임차 고객사가 구축되는 데이터센터 설계에 대한 기본적인 요구 사항을 정리한 문서이다. OR은 프로젝트의 출발점이며 단계별 목표와 기대치를 정의하는 문서이다. 문서 정리의 목적은 데이터센터 설계와 프로젝트 관리를 지원하고, 고객의 요구 조건을 충족시키기 위해 설계 및 구축 과정을 유도하는 것이다. 주요 사항은 다음과 같다.

1) 용도와 기능 요구 사항: 데이터센터가 어떤 목적으로 사용될 것인지, 어떤 기능을 제공해야 하는지에 대한 설명이 포함되어야 한다. 서버 호스팅, 클라우드 서비스, 백업 및 복구 등 다양한 용도를 고려할 수 있다.

2) 용량 및 확장성: 데이터센터의 전체 용량과 필요한 확장성을 결정하는 역할을 한다. 물리적 서버 또는 스토리지 용량, 전력 및 냉각 시스템의 구성과 향후의 확장성을 고려하는 방법 등이 포함될 수 있다.
3) 가용성 및 신뢰성: 고객은 데이터센터 중단을 최소화하고 연속적인 운영을 보장하기 위한 요구 사항을 명시할 수 있다. 무중단 가동 조건, 장애 허용성이나 복구 시간 목표와 같은 계획을 포함할 수 있다.
4) 보안과 안전: 데이터센터의 물리적 보안 요구 사항을 기술해야 한다. 출입 통제, CCTV 모니터링, 보안 대책 등이 포함될 수 있다.
5) 환경 요구 사항: 전력 소비 효율성, 냉각 시스템의 효율성, 재생 가능 에너지 사용, 냉각 물의 관리, 대기 오염 저감, 소음 및 진동 저감 등과 같은 환경 관련 요구 사항이 포함될 수 있다.

PDP (Power Density Paradox)

PDP(전력 밀도 역설)는 랙 배치와 시스템 구축 간의 상충이 발생되는 것을 뜻한다. 일반적으로 데이터센터 서버룸의 상면 공간이 한계에 달하면 서버의 배치 밀도를 높임으로써 추가 공간을 확보하려고 검토한다. 그러나 이렇게 서버 집적도가 높아지면, 더 많은 전력이 필요해지고 냉각 시스템의 처리 용량 또한 증대되어야 한다. 증가하는 서버 수에 대응할 수 있는 전력 시스템과 냉각 시스템을 늘리다 보면 더 많은 전력과 냉각 시스템이 필요할 수도 있다. 이렇게 서버의 밀도에 대응할 적절한 수준의 설비를 위해 필요한 공간 사이의 균형이 맞지 않은 상태를 PDP라고 한다. PDP는 데이터센터가 고밀도 IT 장비를 수용하기 위한 시스템 구축 노력과, 데이터센터의 물리적 공간을 최대한 활용하려는 노력 사이의 균형점을 찾아야 하는 문제를 강조한다.

POD (Performance Optimized Datacenter)

POD(성능 최적화 데이터센터)는 데이터센터의 전력, 냉각, 네트워크 및 서버 인프라를 모듈화된 형태로 제작한 모듈 데이터센터의 일종이다. 각 모듈은 사전에 설계된 구성 요소를 사용하여 고성능 및 고효율을 최대한 추구한다. 일반적으로 랙, 서버, 스토리지, 네트워크 장비 및 냉각 시스템을 포함하며, 필요에 따라 확장 가능한 형태로 제공된다. 시스템은 모듈화된 형태로 제공되며, 데이터센터 운영자가 필요에 따라 모듈을 추가하거나 확장할 수 있다. 이를 통해 확장 및 성능 증대를 간편하게 수행할 수 있는 유연성 확보가 가능하다. 사전 설계된 모듈은 빠른 구축을 가능하게 하여, 데이터센터를 구축하거나 기존 데이터센터를 업그레이드하기 위해 소요되는 시간을 단축할 수 있게 한다. 밀폐된 환경으로 구성되며, 외부 환경 요소의 영향을 줄이고 유틸리티 공급 시스템의 안정성을 향상시킨다. 관리 및 모니터링을 위한 통합 도구와 시스템을 제공하여 운영과 유지 보수를 관리할 수 있게 도움을 준다.

PUE (Power Usage Effectiveness)

PUE(전력 사용 효율 지표)는 데이터센터의 효율 지표 중 대표적인 지표이며, 해당 데이터센터의 전력 사용 효율을 나타낸다. PUE는 전체 전력 소비를 IT 부하에 대한 전력 소비로 나눈 값으로, PUE가 낮을수록 데이터센터의 에너지 이용 효율성이 높다고 볼 수 있다. 근래에 추가된 효율 지표에는 CUE(탄소 사용 효율 지표)와 WUE(물 사용 효율 지표)가 있다. CUE는 데이터센터의 탄소 발자국을 측정하는 지표로, 전력 소비에 따른 탄소 배출을 나타내며, 데이터센터의 환경적 영향을 측정하고 모니터링하는 도구로 활용된다. 전체 탄소 배출량을 IT 부하에 의한 전체 전력 소비로 나누어 계산된다. 낮은 CUE 값은 더 효율적인 데이터센터 운영을 나타내며, 친환경적이고 지속 가능한 전력 사용을 의미한다. WUE는 데이터센터의 물 사용 효율성을 나타내는 지표이다. 물은 냉각 시스템에서 주로 사용되며, WUE는 IT 부하에 대한 물 소비 비율을 나타낸다. WUE가 낮을수록 물 사용 효율성이 높다고 할 수 있다.

RFS (Ready for Service)

RFS(서비스 개시 준비 완료)는 데이터센터에서 특정 IT 장비, 시스템이나 서비스가 사용 가능하고, 운영에 필요한 모든 조건과 요구 사항을 충족하여 서비스 준비가 완료된 상태이다. 행정 절차인 사용 승인이나 준공과는 다르며, 고객사가 장비를 반입할 수준으로 인프라들의 설치와 테스트가 완료된 상태를 의미한다. RFS 상태에 도달하려면 다음과 같은 조건들이 충족되어야 한다.

1) 하드웨어 설치 및 구성: 필요한 하드웨어가 물리적으로 설치되고 구성이 완료되어야 한다. 관련된 사전 테스트가 완료되어야 한다.
2) 전원 및 냉각 시스템: 전원 및 냉각 시스템의 물리적 인프라가 완료되고, IT 장비 반입에 문제가 없도록 테스트가 완료되어야 한다. 비상 전력 공급 장치인 발전기와 UPS의 테스트가 완료되어야 한다. 온도와 습도를 관리하여 장비 운영이 즉시 가능한 상태이어야 한다.
3) 네트워크 연결: 네트워크 장비인 스위치, 라우터 등의 장비 설치가 완료되고 테스트를 마쳐야 한다. 필요한 IP 주소 및 네트워크 구성도 설정되어야 한다. MMR을 통한 통신 공급자들의 회선이 연결되어야 한다.
4) 보안 및 액세스 제어: 사전에 설계되고 구축된 보안 및 액세스 정책에 따라, 물리적 보안 장치인 카메라와 출입 통제 시스템들의 구성이 완료되어야 한다. 방화벽과 IDS/IPS 설정이 완료되어야 한다.
5) 소프트웨어 설치 및 구성: 데이터베이스, 웹 서버, 애플리케이션 서버 등 필요한 운영 체제, 응용 프로그램의 관리 도구 등이 설치되고 구성이 완료되어야 한다. 이에 대한 보안 관리 체계 또한 구축되어야 한다.
6) 백업 및 복구 계획: 서비스는 장애나 재해 상황에 대비하여 백업 및 복구 계획에 따라 운영되어야 하므로, 백업 시스템과 프로세스가 설정되고 테스트가 완료되어야 한다. 필요 시 클라우드 서비스를 이용하기도 한다.
7) 성능 테스트: IT 시스템과 서비스의 성능 및 안정성을 확인하기 위한 부하 테스트 등이 완료되어야 한다. HLT가 대표적인 부하 테스트이다.

RPO (Recovery Point Objective)

RPO(복구 지점 목표)는 데이터센터에서 이상 상황이 발생했을 때, 데이터 손실을 어느 정도까지 허용할 수 있는지를 정의하는 지표이다. 데이터 복구에 관한 비즈니스 연속성 계획(BCP; Business Continuity Plan) 및 재해 복구 계획(DRP; Disaster Recovery Plan)의 중요한 요소 중 하나로 사용된다. 금융 기관의 금융 거래 데이터는 실시간 백업으로 매우 낮은 RPO를 필요로 하는 반면에, 일반적인 엔터프라이즈 환경에서는 일간 단위 백업과 상대적으로 긴 RPO를 허용할 수 있다. RPO는 데이터가 마지막으로 백업된 상태로 복구할 수 있는 시간의 정도이며, RPO가 1시간이라면 장애 발생 1시간 이전에 생성된 데이터까지 복구된다는 의미이다. 다음과 같은 요소를 통해 설정된다.

1) 백업 주기: 백업 주기에 직접적으로 영향을 받는다. 매일 한 번 백업이 수행되면, RPO는 하루 전의 데이터 상태로 제한되고, 더 자주 백업을 수행하면 RPO를 줄일 수 있다. 주기가 짧을수록 저장 데이터는 증가한다.
2) 복구 시간: 복구에 소요되는 시간도 RPO를 결정하는 중요한 역할을 한다. RPO는 데이터 복구 프로세스가 얼마나 빨리 완료될 수 있는지를 고려하여 설정되므로, 더 빠른 복구 시간은 낮은 RPO를 가능하게 한다.
3) 데이터 유형 및 중요도: 어떤 데이터가 얼마나 중요한지와 어떤 종류의 데이터가 있는지도 RPO 설정에 영향을 미친다. 핵심 비즈니스 데이터는 더 짧은 RPO를 필요로 할 것이며, 비교적 중요하지 않은 데이터는 더 긴 RPO를 가질 수 있다. 이를 효율적으로 구분하여 대응할 필요가 있다.
4) 비용 및 리소스: RPO를 줄이기 위해서는 더 높은 비용과 리소스가 필요하여 초기 투입 비용이 상승할 수 있다.

RTO (Recovery Time Objective)

RTO(복구 시간 목표)는 재해나 시스템 장애가 발생한 경우, 비즈니스 또는 IT 시스템을 복구하고 다시 가동하기 위한 최대 허용 시간을 나타내는 지표이다. 시스템이나 서비스를 중단한 상태에서 얼마나 빨리 다시 가동할 수 있는지 나타내며, 비즈니스 또는 조직의 업무 연속성을 유지하기 위해 수용 가능한 최대 중단 시간을 의미한다. 일반적으로 시간 단위로 표시되는데, RTO가 4시간이라면 시스템 또는 서비스를 장애 발생 후 4시간 이내에 복구하고 가동해야 한다는 뜻이다. RTO와 RPO의 주요 차이점은 다음과 같다.

1) RTO는 시스템 또는 서비스를 복구하기까지 걸리는 최대 시간을 나타내며, RPO는 데이터 손실을 어느 정도의 시간과 수준까지 허용할 수 있는지의 수준과 정도를 나타낸다.
2) RTO는 장애 발생 후 얼마나 빠르게 시스템을 복구해야 하는지를 정의하며, RPO는 데이터를 복구할 때 어떤 시점의 데이터까지 복구해야 하는지를 정의한다. 소요 시간 대비 목표 시간의 개념이다.
3) RTO가 6시간이라면 장애 발생 후 6시간 이내에 시스템 또는 서비스를 다시 가동해야 한다는 의미이며, RPO가 1시간이라면 장애 발생 1시간 이전의 데이터까지 복구된다는 의미다.

SAT (Site Acceptance Test)

SAT(현장 인수 테스트)는 데이터센터 시운전 단계 중 Level 2에 해당하며, 현장에서 장비 설치 완료 후에 고객사나 고객사가 지정한 테스트 전문 업체의 입회 하에 실시하는 테스트를 말한다. 시운전 Level 1인 FAT와 유사한 절차를 거친다. 발주자의 요구 목적과 기준에 적합하게 제조 생산되었고, 현장 설치 후 그 기준을 충족하는지를 테스트하는 것이다.

SI (System Integration)

SI(시스템 통합)는 데이터센터의 기획, 시스템의 개발, 구축, 유지 보수 및 운영 등에 대한 컨설팅과 구축을 전문적으로 수행하는 업무나 전문 업체를 칭한다. 투자 비용과 운영 비용을 절감할 수 있는 고 가용성의 데이터센터 구축 컨설팅, 설계, 실제 구축 및 운영 단계까지 서비스한다. 사업주가 초기 사업을 기획하고 설계 준비를 할 때부터 전문적인 컨설팅을 제공하고, 구축 및 운영 단계에서 일반 건설사가 수행하기 어려운 장비 및 시스템 구축 관리를 담당한다. 전통적인 데이터센터 구축 방식은 일반 시공자가 구조물과 마감(Core and

Shell)을 담당하고, SI 전문 업체가 MEP 인프라 구축을 관리하는 것이다.

SOO (Sequence of Operation)

SOO(작동 절차)는 해당 장비의 작동 및 제어 방법을 설명하는 문서이다. SOO 문서에 포함되는 주요 내용은 다음과 같다.

1) 장비의 소개 및 개요: 해당 장비의 개요와 운용 목적을 설명한다. 이것은 어떤 종류의 장비인지, 어떤 목적으로 사용되는지, 주요 구성 요소와 기능에 대한 개요도 포함한다.
2) 초기화 및 시작 절차: 초기화와 작동 시작 절차를 설명한다.
3) 정상 운영 절차: 장비가 정상적으로 어떻게 작동해야 하는지, 어떻게 제어되는지, 필요한 조작 및 설정을 명시한다.
4) 비상 상황 및 제어: 장비가 비상 상황에서 어떻게 작동해야 하는지를 다룬다. 화재, 정전, 침수, 과열과 같은 비상 상황에 대응하기 위한 조치와 제어 절차를 설명한다. 재작동 절차를 포함하기도 한다.
5) 알림 및 경보: 장비의 이상 상황을 모니터링하고 경보 및 알림 절차를 설명한다. 이상 징후나 장애 발생 시 어떻게 효과적으로 대응해야 하는지를 다룬다. 상황 해제 후 알람 및 경보 내용이 저장되는 방법을 포함한다.
6) 보안 및 접근 제어: 장비의 보안 및 접근 제어 절차를 설명하며, 장비에 대한 액세스를 제한하는 보안 조치를 다룬다.

SOP (Standard Operating Procedure)

SOP(표준 운영 절차)는 일상적인 표준 운영 절차를 정리한 문서이다. 데이터센터의 표준 운영 및 유지 보수 절차를 정의한다. SOP는 특정 재난이나 비상 상황을 다루지는 않고, 일반적으로 예상 가능한 상황에 대한 절차만 다룬다.

SPOF (Single Point of Failure)

SPOF(단일 장애점)은 데이터센터 개별 시스템 내에서 핵심 구성 요소의 고장 또는 장애로 인해, 전체 시스템의 작동을 중단시킬 수 있는 상황을 초래하는 지점이다. 설계 단계에서 중요하게 고려되어야 하며 다음과 같은 종류가 있다.

1) 하드웨어 장애: 서버, 스토리지 장치, 네트워크 장비와 같은 데이터센터의 물리적 구성 요소 중 하나에 장애가 발생한다.
2) 전력 장애: 전력 공급이 중단되거나 비상 공급 장치에 장애가 발생한다.
3) 네트워크 장애: 데이터센터의 네트워크 인프라에서 중요한 네트워크 장비 또는 연결에 장애가 발생한다. 이로 인해 서버 간의 통신이 중단되거나 데이터센터 외부와의 연결이 끊길 경우에 발생한다.
4) 소프트웨어 장애: 중요한 소프트웨어 구성 요소인 운영 체제나 애플리케이션의 문제로 인해 장애가 발생한다.
5) 인적 요소 장애: 사람의 실수로 인해 데이터센터의 시스템 또는 구성 요소에 장애가 발생한다. 잘못된 설정 또는 조작으로 데이터가 손실되고, 인명 피해까지 발생될 위험이 있다.

T&C (Test & Commissioning)

T&C(시운전)는 준공 전 실시하는 각 시스템들의 시운전을 나타내는 용어이다. 데이터센터의 경우 단계별 테스트 항목들은 다음과 같다.

1) Level 0 (Design Review): 장비와 시스템의 설계 도서를 검토한다.
2) Level 1 (FAT; Factory Acceptance Testing): 제조사의 공장에서 장비 및 부품 제조 방법이 설계 기준 및 요구 조건을 충족하는지 테스트한다.
3) Level 2 (SAT; Site Acceptance Testing): 장비가 현장에 도착되고 설치가 완료된 상태에서 FAT와 같은 절차로 테스트한다.
4) Level 3 (PFTS; Pre-Functional Testing and Startup): 전력 공급이 완료된 상태에서 시험 운전으로 사전 기능을 테스트한다.
5) Level 4 (FPT; Functional Performance Testing): 개별 장비의 모든 동작을 검사하고 자동 제어 시스템과 연동하여 테스트한다.
6) Level 5 (IST; Integrated System Testing): 전기 기계 등 모든 시스템이 연

동되어 원활하게 작동하는지 테스트한다. 가장 많은 리소스가 투입되고 까다로운 절차이다. 하나의 시스템에서 고장 시나리오(Failure Scenario)가 발생했을 때, 다른 시스템에 어떻게 연동되고 영향을 미치는지 테스트한다. 대표적으로 HLT와 정전 복전 테스트가 있다.

7) Level 6 (Turn Over): 커미셔닝 완료 후 운영자에게 운영 매뉴얼 및 시스템 등을 교육하고 인수인계한다. SOO, SOP, EOP, MOP와 같은 매뉴얼과 절차서 등이 운영자에게 인계된다.

TELCO (Telecommunication Company)

TELCO(통신 기업)는 통신 서비스를 제공하는 기업을 지칭한다. 주로 전화 서비스, 데이터 통신, 네트워크 인프라, 인터넷 서비스 등과 같은 통신 서비스를 제공한다. TELCO는 전화 통신, 무선 통신, 유선 및 무선 데이터 통신, 브로드밴드 인터넷 서비스, 케이블 TV, 위성 통신 등 다양한 통신 서비스를 포함한다.

TIER (Uptime Institute 'Tier' Classification Level)

데이터센터의 안정성을 평가하기 위해 세계적인 인증 기관인 미국의 'Uptime Institute'가 규정한 등급 기준이다. Tier 인증은 데이터센터의 중요한 설비인 건축 기계 전기 소방 등의 구성 수준을 Tier I부터 Tier IV까지의 등급으로 구분하여 심사한다. 국내 데이터센터들이 인증을 받거나 아니면 동등 등급 수준으로 목표하고 있는 등급은 Tier III이다. 다음과 같은 두 가지 인증이 있다.

1) Design Document Certification(설계 인증): 설계 기준 평가 인증이다.
2) Constructed Facility Certification(실사 인증): 설계 인증 후 실제 현장에 구축된 설비 평가를 통한 인증이다.

WUE (Water Usage Effectiveness)

WUE(물 사용 효율 지표)는 데이터센터가 냉각을 위해서 물을 얼마나 효율적으로 사용하는지를 측정하는 지표이다.

CHAPTER 10 사업 관리

ADS (Alternative Depreciation System)

ADS(대체 상각법)는 미국의 세무 규정에서 사용되는 대체 상각법을 의미한다. 기업이 자산 가치를 소모시키는 과정을 회계상으로 추정하는 방법이다. 일반적으로 기업은 자산의 가치를 시간이 지남에 따라 상각하여 기업의 소득세를 감소시킨다. ADS는 일반적인 상각법과는 다르게 일정한 기간 동안 자산을 상각시키는 대신, 더 긴 기간 동안 상각을 진행하거나 일부 자산에 대해 다른 방식으로 상각을 적용하는 등의 방법을 제공한다. ADS를 사용하는 이유는 주로 특정 유형의 자산에 대해 일반적인 상각법이 적합하지 않을 때이다. 예를 들어, 일부 자산은 일반적인 상각법을 적용하기 어렵거나, 특정 산업이나 활동에 특화된 상황을 고려할 필요가 있을 때 ADS가 적용될 수 있다.

ALM (Asset Liability Management)

ALM(자산 부채 종합 관리)은 금융 기관이나 기업이 자산과 부채 간의 관계를 효과적으로 관리하는 기법이다. 금융 기관이나 보험사와 같은 조직이 재무 건전성을 유지하고, 금융 위험을 최소화하기 위해 적용한다. 자산과 부채의 이자율 민감도를 조절하여, 이자율 변동으로 인한 금융 위험을 최소화한다. 자금 유동성을 최적화하여 언제든지 충분한 자금을 확보할 수 있도록 한다. 자산과 부채의 특성을 고려하고 금융 조정을 수행하여, 자산과 부채의 기간 및 특성이 일치하도록 한다. 투자 포트폴리오의 구성을 최적화하여 리스크를 분산하고 수익을 극대화한다. ALM을 위한 관리 방법은 일반적으로 다음과 같다.

1) 자산과 부채의 분석: 현재 자산과 부채의 구성과 특성을 분석한다.
2) 리스크 평가: 시장 상황과 기업의 현황을 고려하여 이자율 리스크, 신용 리스크, 유동성 리스크 등의 다양한 금융 리스크를 평가하고 관리한다.
3) 시나리오 분석: 다양한 시나리오에 대한 분석을 수행하여, 금융 위험에 대한 민감도를 평가하고 금융 위험을 최소화하기 위해 대비한다.
4) 자산 할당 및 포트폴리오 관리: 자산을 할당하고 투자 포트폴리오의 구성을 조정하여, 금융 리스크를 최소화하고 수익을 극대화한다.

5) 모니터링 및 조정: 시장 상황이나 조직의 요구 사항에 따라, 자산과 부채의 구성을 정기적으로 모니터링하고 필요한 조정을 수행한다.

AMC (Asset Management Company)

AMC(자산 관리 회사)는 투자자로부터 자금을 모아서 다양한 투자 상품에 투자하여 자산을 운용하는 회사이다. 법인세법 상의 정의를 보면, "PFV나 SPC는 법인세법상 본점 외에 영업소를 설치하지 아니하고 직원과 상근하는 임원을 두지 아니하도록 되어 있으므로 자산 관리, 이의 운용 및 처분에 관한 업무를 자산관리회사에 위탁하도록 하고 있다"(법인세법 시행령 제86조의2 제4항). 또한 PFV가 부동산 개발업 등록을 하기 위해서는 자체적으로 시설 및 전문 인력을 확보해야 하지만, 시설 및 전문 인력 요건을 갖춘 AMC와 위탁 계약을 체결할 경우, AMC가 시설 및 부동산 개발 전문 인력을 구비해야 한다.

B2B (Business to Business)

B2B(기업 대 기업 거래)는 기업 간의 거래 또는 비즈니스 관계를 나타내는 용어로써, 기업이 다른 기업에 제품이나 서비스를 판매하거나 구매하는 과정을 의미한다. 도소매업자나 소비자를 대상으로 하는 B2C(Business to Consumer)와 대비된다. B2B의 주요 특징은 다음과 같다.

1) 비즈니스 간 거래: B2B는 기업 간 거래를 의미하며, 판매자와 구매자가 모두 비즈니스 기업이 된다.
2) 대량 거래: B2B 거래는 대개 대량의 제품이나 서비스와 관련되며, 일반적으로 소매 거래보다 거래 규모가 크다.
3) 전문적인 관계: B2B 거래는 종종 전문적이고 복잡한 관계를 필요로 한다. 기업들은 상호 협력하여 효율적이고 상호 유익한 관계를 유지하기 위해 노력하며, 장기적인 신뢰 관계를 유지하려고 노력한다.
4) 맞춤형 제품 또는 서비스: B2B 거래에서는 일반적으로 고객의 특정 요구를 충족하기 위해 맞춤형 제품이나 서비스가 제공된다.

B2B의 사례에는 다음과 같은 것들이 있다.

1) 부품 공급 업체와 제조 업체 간 거래: 자동차 제조 업체가 엔진 부품을 생산하는 업체로부터 부품을 구매하는 것과 같은 경우이다.
2) 기업용 소프트웨어 판매: 기업용 소프트웨어 업체가 다른 기업에게 소프트웨어 라이선스를 판매하는 경우이다.
3) 비즈니스 컨설팅 서비스: 전문적인 컨설팅 회사가 기업에게 비즈니스 전략 또는 조직 개선과 관련된 서비스를 제공하는 경우이다.
4) 무역 및 유통 업체 간 거래: 무역 거래나 유통 업체가 다른 기업에게 상품을 도매로 판매하는 경우이다.

B2C (Business to Customer)

B2C(기업 대 소비자 거래)는 기업과 개인 소비자 간의 거래 또는 비즈니스 관계를 나타내는 용어이다. 기업이 제품이나 서비스를 개인 소비자에게 직접 판매하는 과정을 의미한다. B2C의 주요 특징은 다음과 같다.

1) 소매 거래: B2C 거래는 주로 소매 거래를 의미한다.
2) 개인 소비자 대상: B2C 거래에서는 일반적으로 판매자가 기업이며, 구매자는 개인 소비자이다. 개인이 기업에게 판매하는 경우는 드물다.
3) 직접 판매: 판매자가 직접 제품을 소비자에게 판매하는 경우가 일반적이다. 온라인 쇼핑몰, 소매점, 슈퍼마켓 등을 통해 제품이 판매될 수 있다.
4) 대중 시장: B2C 거래는 대중 시장을 대상으로 한다. 제품이나 서비스는 일반적으로 다양한 소비자들에게 판매된다.

B2C의 사례에는 다음과 같은 것들이 있다.

1) 온라인 쇼핑몰: 전자 상거래 플랫폼을 통해 온라인으로 제품을 판매하는 경우이다. 예를 들어, 홈쇼핑, 아마존, 이베이 등이 있다.
2) 소매점: 오프라인 소매점에서 제품을 판매하는 경우이다. 의류 매장, 식료품점, 가전 제품 매장 등이 이에 해당한다.
3) 서비스 산업: 호텔, 레스토랑, 여행사 등이 서비스를 개인 소비자에게 제

공하는 경우이다. 소비자는 비용을 지불하고 해당 서비스를 제공받는다.

4) 소프트웨어 라이선스 판매: 소프트웨어 회사가 개인 소비자에게 소프트웨어 라이선스를 판매하는 경우이다.

BCR (Benefit Cost Ratio)

BCR(편익 비용 비율)은 투자 또는 프로젝트의 재무 효과를 측정하기 위한 재무 지표이다. 투자된 자금에 대한 예상 이익과 비용의 비율을 나타내며, 투자의 경제적 효과를 평가하기 위해 사용된다. BCR이 1보다 크면 투자의 이익이 비용보다 크다는 것을 의미하며, 높은 BCR은 투자의 효율성이 더 높다는 것을 나타낸다. BCR은 투자의 경제적 효과를 평가하기 위해 사용되며, 투자 결정을 지원하고 자본 할당의 효율성을 평가할 수 있게 도움을 준다. 비즈니스나 특정 프로젝트와 같은 다양한 분야에서 사용된다. BCR은 현재가치 혜택을 현재가치 비용으로 나눈 값이다. 여기서 현재가치 혜택은 투자로 인해 예상되는 미래의 혜택이 현재 가치로 할인된 값이다. 현재가치 비용은 투자에 소요되는 비용이 현재 가치로 할인된 값이다. BCR의 주요 항목들은 다음과 같다.

1) 혜택(Benefits): 프로젝트나 투자로 인해 예상되는 금전적 혜택 또는 가치 추가, 매출 증가, 비용 절감, 생산성 향상 등 경제적 효과를 포함한다.
2) 비용(Costs): 프로젝트나 투자로 인해 발생하는 모든 비용이며, 초기 투자 비용, 운영 및 유지 보수 비용 등을 포함할 수 있다.
3) 할인율(Discount Rate): 미래의 혜택과 비용을 현재 가치로 할인하기 위해 사용되는 이자율이다. 할인율은 일반적으로 투자의 위험 수준과 기업의 기대 수익률 등을 고려하여 결정된다.

BEP (Break Even Point)

BEP(손익 분기점)는 비즈니스나 프로젝트의 수익과 비용이 균형을 이루는 지점이다. 수익과 비용이 정확히 일치하여 순이익이 '0'이 되는 지점이며, 이 지점에서는 수익이 전체 비용을 충당하고 남은 부분이 없다.

BIS (Bank for International Settlements)

BIS(국제 결제 은행, bis.org)는 국제 결제의 중심지로서 중앙은행들 간의 협력과 금융 시스템 안정을 촉진하는 국제 금융 기구이다. 1930년에 설립되었으며 본부는 스위스의 바젤에 위치해 있다. 은행의 건전성 지표를 이야기할 때 쓰는 BIS 비율이란, 은행의 건전성을 확인하기 위해 국제 결제 은행이 설정한 지표이다. 은행의 자기 자본을 대출이나 지급 보증과 같은 은행의 위험 자산 혹은 부실 채권으로 나눈 백분율을 말한다. BIS 비율을 자기 자본 비율이라고 부르기도 한다. BIS의 주요 역할은 다음과 같다.

1) 국제 금융 협력: 국제적인 금융 시스템의 안정성과 투명성을 촉진하기 위해 중앙은행들 간의 협력을 촉진한다. 이를 통해 다양한 국가의 중앙은행들이 서로 의사 소통하고 협력하여, 금융 위기에 대응하고 금융 시스템의 안정성을 유지할 수 있게 기여한다.
2) 중앙은행에 대한 자문: BIS는 중앙은행들에게 금융 정책에 대한 자문을 제공하고, 글로벌 경제 동향과 위험을 분석한 자료를 공유한다. 이를 통해 중앙은행들은 자국의 금융 시스템을 효과적으로 관리할 수 있다.
3) 국제 금융 통계: BIS는 국제 금융 시장에 대한 통계를 제공하고 이를 통해 글로벌 금융 시스템의 동향을 모니터링한다. 그 결과 금융 시장의 투명성을 높이고, 리스크를 효과적으로 관리할 수 있게 도움을 준다.
4) 금융 안정성 감독: 금융 시스템의 안정성을 감독하고 감시하는 역할을 한다. 이를 통해 금융 위험을 감소시키고 시스템의 취약성을 파악하여, 금융 위기의 발생을 방지하는 역할도 한다.

BM (Business Model)

BM(비즈니스 모델)은 기업이 가치를 창출하고 이를 고객에게 전달하는 방식을 설명하는 개념이다. 기업이 어떻게 비즈니스를 운영하고 수익을 창출하는지를 나타내는 것이다. 비즈니스 모델을 검증하고 평가하는 접근 방식에는 두 가지가 있다. Narrative Test는 비즈니스 모델을 설명하고 이해하는 정도를 확인하는 것에 중점을 둔다. Number Test는 비즈니스 모델의 수치적인 성과와 지표를 통해 평가하는 것에 중점을 둔다. 이 두 가지 테스트는 각각 다음과 같이 정의되며, 두 가지 테스트의 주요 차이점은 모델을 평가하는 방법이다.

1) Narrative Test(설명 테스트): 이 테스트의 목적은 비즈니스 모델이 얼마나 간결하고 명확하게 설명되는지를 확인하기 위한 것이다. 주로 비즈니스 모델을 설명하는 이야기를 통해, 비즈니스 모델이 이해되는 정도를 측정한다. 비즈니스 모델이 이야기나 설명을 통해 쉽게 이해되고 전달되는지를 평가하여, 비즈니스의 타당성과 가치를 확인한다.
2) Number Test(숫자 테스트): 이 테스트의 목적은 비즈니스 모델이 수치나 지표를 통해 얼마나 효과적으로 평가되는지를 확인하기 위한 것이다. 주로 수익 모델, 비용 구조, 수익 예측 등 비즈니스의 핵심 지표를 기반으로, 비즈니스 모델의 성과와 타당성을 평가한다. 비즈니스 모델이 명확한 지표와 수치로 평가되고 성과가 측정되는지를 확인하여, 비즈니스의 잠재적인 성공 가능성이나 리스크를 평가한다.

BMC (Business Model Canvas)

BMC(비즈니스 모델 캔버스)는 비즈니스 모델을 시각적으로 설계하여 이해하기 쉽게 도와주는 도구이다. BMC는 아이디어를 사업으로 변환하는 과정에서 필요한 핵심 요소를, 다음과 같은 9개의 블록(Block)으로 정리하여 제시한다.

1) 고객 세그먼트(Customer Segments): 비즈니스가 서비스하거나 제품을 제공할 고객 그룹을 정의한다. 그 고객은 Target Customer가 된다.
2) 가치 제안(Value Proposition): 고객에게 제공되는 제품 또는 서비스의 가치를 설명하고 장점을 강조한다. 사회적 가치까지 포함되기도 한다.
3) 채널(Channels): 고객에게 전달하는 경로와 방법을 정의한다.
4) 고객 관계(Customer Relationships): 고객과의 상호 작용을 관리하는 방식을 정의하고, 어떻게 지속적으로 유지해야 하는지 방법을 설명한다.
5) 수익 모델(Revenue Streams): 비즈니스가 수익을 창출하는 방법을 설명

하고 수익의 주요 원천을 정의한다. 대가를 지불하는 방식도 포함된다.

6) 핵심 활동(Key Activities): 비즈니스 운영에 필요한 핵심 활동을 식별하고 설명한다. 고객을 이해하고 소통하는 방식을 포함하기도 한다.
7) 핵심 자원(Key Resources): 비즈니스 운영에 필요한 핵심 자원을 식별하고 관리하는 방법을 설명한다. 물적 자원과 인적 자원을 포함한다.
8) 핵심 파트너(Key Partnerships): 외부 조직 또는 개인과의 파트너십을 설명하고, 그 이해 관계자들과의 협력 관계를 관리한다.
9) 비용 구조(Cost Structure): 비즈니스 운영 및 유지에 소요되는 주요 비용 구조를 식별하고 관리하는 방법을 설명한다. 논리 트리(Logic Tree)를 이용하여 주요 비용 항목(Cost Drivers)을 정의한다.

BPM (Business Process Management)

BPM(비즈니스 프로세스 관리) 시스템은 비즈니스 프로세스를 효율적으로 관리하고 최적화하기 위한 종합적인 접근 방식이다. 조직의 업무 프로세스를 이해하고 설계, 실행, 모니터링, 분석, 개선하는 것에 중점을 둔다. 이를 통해 기업은 자원을 효과적으로 활용하고, 비즈니스 프로세스를 더욱 효율적이고 유연하게 만들 수 있다. BPM은 일반적으로 다음과 같은 요소들로 구성된다.

1) 프로세스 모델링 및 설계(Modeling and Design): 프로세스를 시각적으로 모델링하고 설계하는 단계로, 흐름, 활동, 역할, 규칙 등을 정의한다.
2) 프로세스 실행(Execution): 프로세스를 실행하는 단계이며, 프로세스가 모델링과 설계대로 진행되는지 확인하고 대응하는 단계이다.
3) 프로세스 모니터링(Monitoring): 프로세스의 성과를 추적하고 모니터링하여 실시간으로 문제를 감지하고 조치할 수 있도록 한다.
4) 프로세스 분석(Analysis): 프로세스의 성과를 분석하고 개선 기회를 찾아내어 조직과 프로세스의 효율성을 향상시키는 단계이다.
5) 프로세스 개선(Improvement): 도출된 분석 결과를 기반으로 프로세스를 개선하고 최적화하는 단계이다. LL(Lessons Learned)이 활용된다.

BS (Balance Sheet)

BS(대차대조표)는 기업의 재무 상태를 보여주는 재무 보고서 중 하나이다. 일반적으로 특정 시점(예: 회계 연도의 끝)에서의 기업의 자산, 부채, 자본에 대한 정보를 제공한다. BS는 자산의 합계가 부채와 자본의 합계와 일치해야 하는 원칙에 따라 작성된다. BS의 주요 항목은 다음과 같다.

1) 자산(Assets): 기업이 보유하고 있는 자산으로, 현재와 미래의 경제적 이익을 가져올 것으로 기대되는 자원을 의미한다. 일반적으로 순유동자산(Current Assets)과 고정 자산(Fixed Assets)으로 구분된다. 순유동자산은 현금, 단기 투자, 매출채권, 재고 등과 같이 짧은 기간 내에 현금화 될 수 있는 자산을 말한다. 고정 자산은 토지, 건물, 설비, 기계 등과 같이 장기간에 걸쳐 사용되거나 소비되는 자산을 말한다.
2) 부채(Liabilities): 기업이 현재나 장래에 지불해야 할 의무를 나타내며, 외부로부터 기업이 자금을 빌려 온 것을 나타낸다. 순유동부채(Current Liabilities)와 장기부채(Long-term Liabilities)로 구분된다. 순유동부채는 현재 회계 연도 안에 지불해야 할 단기 부채를 말한다. 예를 들어, 단기 차입금, 매입채무 등이 포함된다. 장기 부채는 현재 회계 연도 이후에 지불해야 할 장기 부채를 말한다. 장기 차입금 등이 여기에 해당된다.
3) 자본(Equity): 기업의 순자산이며 자산에서 부채를 뺀 나머지이다. 주주자본(Shareholders' Equity) 또는 소유자 자본(Owner's Equity)이라고도 불린다. 주주 자본은 기업에 투자한 주주의 자본으로, 주식 자본, 주식 발행 초과금, 이익 잉여금 등으로 구성된다.

CAGR (Compound Annual Growth Rate)

CAGR(연평균 성장률)은 특정 기간 동안 성장한 비율을 연간 복리 성장률로 표현하는 지표이다. 투자, 비즈니스, 경제 등 다양한 분야에서 사용되는 중요한 지표 중 하나이다. 특히 해당 기간 동안의 성장이 꾸준하게 일어났을 때 유용하게 사용된다. CAGR을 산출하기 위해서는 먼저 최종 값(End Value)과 초기 값(Start Value)을 확인한다. 특정 기간의 시작 시점에서의 값과 끝 시점에서의 값이 필요하다. 특정 투자의 경우 초기 가치와 최종 가치를 확인한다. 이후 대상 기간을 확인한다. CAGR은 최종 값을 초기 값으로 나누어 성장률을 계산한 후, 기간의 역수로 지수화하고 1을 빼는 과정을 거쳐서 산출된다.

CAPEX (Capital Expenditure)

CAPEX(투자 비용)는 기업이 새로운 자산을 취득하여 개발하거나 장기적으로 이용하기 위해 투자하는 비용으로서, 데이터센터에서는 구축 비용을 의미한다. 시설이나 인프라의 직접 구축 비용과 토지 대금, 각종 용역비 및 설계비 등을 포함한 건설 전반에 투자되는 비용이다. CAPEX는 일시적이고 큰 투자이며 자산으로 처리되어, 감가 상각(Depreciation and Amortization)을 통해 사용 기간에 걸쳐 비용으로 배분된다.

CD (Certificate of Deposit)

CD(양도성 예금증서)는 제3자에게 양도가 가능한 정기예금증서이다. 은행이나 금융 기관에 예금된 자금에 대한 이자를 지급하는 유형의 금융 상품이다. 일반적으로 고정 이율로 제공되며, 특정 기간 동안 예금을 보유한 후 만기 시에 원금과 함께 이자를 받을 수 있다. CD는 예치 기간 동안 고정 이율을 제공하며, 고정 이율은 투자자가 CD를 구매할 때 알고 있는 수익률을 의미한다. CD에는 특정한 만기일이 있으며, 이 날짜에 원금과 이자가 지급된다. CD 예금 자금은 금융기관으로부터 일정한 범위 내에서 안전하게 보호된다.

CDD (Commercial Due Diligence)

CDD(상업 실사)는 해당 기업 또는 사업의 상업적인 측면을 조사하고 분석하여, 투자 또는 거래의 잠재적인 위험과 기회를 평가하는 프로세스를 의미한다. 기업 인수, 합병, 투자 또는 파트너십을 고려할 때 적용하는 중요한 단계 중 하나이다. CDD의 주요 수행 업무에는 다음과 같은 것들이 포함될 수 있다.

1) 산업 및 시장 조사: 해당 기업이 속한 산업과 시장에 대한 조사를 실시하여 성장 동향, 경쟁 환경, 주요 이슈 및 기회를 파악한다.
2) 상품 및 서비스 분석: 기업의 제품 또는 서비스 포트폴리오(Portfolio)를 검토하고, 제품 라이프 사이클, 가격 정책, 기술 혁신 등을 평가한다.
3) 고객 및 매출 분석: 기업의 고객층을 이해하고, 매출 기록 및 예측을 분석하여 매출의 안정성과 성장 잠재력을 평가한다.
4) 경쟁사 분석 및 비교: 기업의 경쟁사와의 비교를 통해 시장 점유율, 경쟁 우위 요소, 경쟁 전략 등을 분석한다.
5) 운영 및 조직 구조 분석: 기업의 운영 및 조직 구조를 검토하여 비효율성, 리스크 요소, 향후 개선 기회 등을 식별한다.
6) 재무 분석: 재무 상태, 성과 지표, 재무 모델 등을 분석하여, 기업의 재무적 건강 상태를 평가하고 향후 재무 전망을 작성한다.

CFP (Capital Facilities Plan)

CFP(자본 시설 계획)는 정부, 기업 또는 조직이 장기적인 시설 투자와 개발을 계획하고 관리하기 위해 수립하는 계획이다. 주로 시설 확장, 개선 또는 유지 보수와 같은 시설 관리와 관련된 프로젝트를 다룬다. 시설 관리와 관련된 우선 순위를 식별하고 계획한다. 시설 투자 및 개발을 위한 자원을 할당하고, 예산을 편성할 수 있게 도움을 준다. 장기적인 시설 관리 전략을 수립하고, 이를 기반으로 투자 및 개발 계획을 수립한다. 시설 관리와 관련된 정책 결정을 지원하고, 의사 결정 과정에 필요한 정보를 제공하기도 한다. CFP에는 일반적으로 다음과 같은 계획들이 포함될 수 있다.

1) 시설 개발 계획: 신규 건설 또는 기존 시설 개선을 위한 계획을 수립한다.
2) 유지 보수 계획: 기존 시설의 유지 보수를 위한 계획을 수립한다.
3) 자원 관리 및 예산 계획: 시설 투자 및 개발을 위한 자원을 관리하고, 예산을 편성하는 계획을 수립한다.
4) 환경 및 안전 계획: 시설 개발 및 운영과 관련된 환경 및 안전 문제를 고

려한 계획을 수립한다.

5) 프로젝트 일정 및 관리 계획: 시설 투자 및 개발 프로젝트의 일정을 수립하고 관리하는 계획을 수립한다.

CFS (Cash Flow Statement)

CFS(현금 흐름표)는 특정 기간 동안 발생된 회사의 현금 변화를 기록하는 재무 보고서이다. 회사가 운영, 투자 및 재무 활동에서 현금을 어떻게 획득하고 사용하는지를 보여준다. 일반적으로 다음과 같이 세 가지 활동으로 구성된다.

1) 영업 활동 현금 흐름(Operating Activities): 회사의 일상적인 운영과 관련된 현금 흐름을 보여준다. 매출 및 구매 비용, 인건비, 세금 지출 등이 포함되며, 일반적으로 직접법 또는 간접법을 사용하여 계산된다.
2) 투자 활동 현금 흐름(Investing Activities): 회사가 자산을 취득하거나 처분하는 목적으로 사용한 현금 흐름을 보여준다. 자산의 구매 및 매각, 투자 및 인수, 자산 감가상각비 등이 포함된다.
3) 재무 활동 현금 흐름(Financing Activities): 회사가 자본을 조달하거나 배당을 지급하는 목적으로 사용한 현금 흐름을 보여준다. 주식의 발행 또는 배당 지급, 차입금의 상환 또는 발행 등이 포함된다.

CMO (Collateralized Mortgage Obligation)

CMO(모기지 담보 채권)는 주택 담보 채권을 담보로 하는 채무 증권이다. 일반적으로 여러 개의 서로 다른 이자율, 만기 및 대출 원금 잔액을 가진 주택 담보 채권을 패키징(Packaging)하여 발행된다. 이렇게 패키징된 주택 담보 채권은 아래와 같이 다양한 형태와 특성을 지닌다.

1) 다양성: CMO는 서로 다른 만기, 이자율, 대출 원금 잔액 등을 가진 다양한 주택 담보 채권을 포함한다. 이를 통해 투자자는 자신의 투자 목표와 선호도에 맞는 CMO를 선택할 수 있다.
2) 패키징 및 분할: 주택 담보 채권을 패키징하고 분할하여 다양한 채권층

으로 구성한다. 이를 통해 다양한 리스크 수준과 이익 기회를 제공한다.

3) 이자 지급 구조: CMO는 일반적으로 여러 개의 클래스로 분할되어 있으며, 각 클래스는 서로 다른 우선 순위와 이자 지급 구조를 가진다.
4) 리스크 및 수익 분배: 각 클래스 간에는 서로 다른 리스크와 수익 분배가 있다. 일반적으로 높은 우선 순위 클래스는 낮은 리스크를 가지고 있지만 낮은 수익률을 제공하며, 반대로 낮은 우선 순위 클래스는 높은 수익률을 제공하지만 높은 리스크를 갖는다.

CPA (Certified Public Accountant)

CPA(공인회계사)는 회계 분야에서 전문적인 자격을 보유한 전문가를 의미한다. CPA 자격은 많은 국가에서 인정되는 권위 있는 회계 자격 중 하나이다. 회계 및 재무 분야의 전문가로서, 조직이 회계 관련 규정을 준수하고 재무 건전성을 유지하기 위해 필수적인 역할을 한다. CPA의 주요 역할은 다음과 같다.

1) 재무 보고서 작성: 조직의 재무 상태를 분석하고 재무 보고서를 작성한다. 소득 결산서, 재무 상태표, 현금 흐름표 등을 포함할 수 있다.
2) 세무 상담: 개인 및 기업에게 세무 상담을 제공하고, 세무 법규 준수에 대한 조언을 제공한다. 세무 신고를 위한 지원을 제공하기도 한다.
3) 회계 감사: 조직의 회계 기록과 재무 보고서를 감사하고, 내부 통제 시스템의 효율성을 검토한다. 재무 건전성을 보장하고 부정확한 정보 유출을 방지하는 중요한 역할을 한다.
4) 재무 계획 및 분석: 조직의 재무 상황을 분석하고 재무 계획을 수립한다. 예산 편성, 투자 분석, 재무 모델링 등을 포함할 수도 있다.

CR (Cap. Rate; Capitalization Rate)

CR(자본 환원률)은 특정 부동산 투자의 연간 순 운영 수익(현금 흐름)을 해당 투자의 시가 총액(투자한 자본)으로 나눈 비율이다. 즉, 부동산의 순 운영 수익(NOI; Net Operating Income)을 투자한 자본(Capital; 매매 가격 혹은 시장 가치)의 백분율로 나타낸 것이다. 특정 부동산 투자의 수익성을 평가하기 위해 참고되는 중요한 재무 지표 중 하나이다. 높은 CR은 투자의 높은 수익성을 나타내며, 낮은 CR은 수익성이 낮다는 것을 의미한다. 유사한 투자 기회를 비교할 때 CR을 사용하여 더 유리한 투자를 식별할 수 있다. 부동산 시장에서는 CR이 부동산 가격 결정에 영향을 미치기에, 시장의 CR 추세를 고려하여 특정 부동산의 가치를 결정할 수 있다. 따라서 부동산 투자자는 CR을 통해 투자 기회를 평가하고, 비교하고, 가치를 결정하기 위한 도움을 받을 수 있다.

D&A (Depreciation and Amortization)

D&A(감가 상각)는 기업이 자산 가치의 감소를 계산하고, 해당 감소를 비용으로 인식하는 것을 의미한다. 감가(Depreciation)는 유형 자산의 가치가 시간이 지나면서 감소하는 것을 나타내며, 상각(Amortization)은 무형 자산의 가치가 시간이 지나면서 감소하는 것을 나타낸다. 유형 자산의 물리적 내구성의 감소나 무형 자산의 유용 수명의 감소로 나타날 수 있다. D&A는 자산의 감가와 상각을 비용으로 인식하여 기업의 손익계산서에 반영된다.

DSCR (Debt Service Coverage Ratio)

DSCR(부채 상환 비율)은 개인이나 기업이 대출 이자와 원금 상환에 필요한 현금 흐름을 얼마나 확보하는지를 나타내는 재무 지표이다. 대출금을 상환하기 위해 개인이나 기업이 갖고 있는 현금 흐름의 안정성을 측정하기 위해 사용된다. 일반적으로 DSCR은 수익이 대출 이자와 원금 상환에 대해 몇 배로 대처할 수 있는지를 나타낸다. DSCR이 1보다 클수록 현금 흐름이 대출 상환을 충분히 대처할 수 있다는 것을 의미하며, 높은 DSCR은 대출 채권자의 위험을 줄일 가능성이 높다고 할 수 있다. DSCR이 1보다 작을 경우 대출 채권자의 대출 상환 위험이 높다고 판단할 수 있다. 또한, DSCR은 개인이나 기업의 재무 건강 상태를 평가하기 위한 중요한 지표 중 하나이며, 대출 채권자와 투자자가 개인이나 기업의 대출 상환 능력을 올바르게 판단할 수 있도록 도움을 준다.

DSCR은 다음과 같은 계산 방식으로 산정된다. '{(영업 이익(EBIT) + 재무 비용(Interest Expense) + 기타 비용} / 대출 상환액'이다. 영업 이익(EBIT)은 손익 계산서에서 확인할 수 있다. 일반적으로 매출에서 가변 비용과 고정 비용을 차감하여 계산된다. 재무 비용(Interest Expense)은 재무 상태표나 이자 비용 계정에서 대출 이자 지출을 확인한다. 기타 비용은 대출 상환을 위한 추가적인 비용이 있을 경우 확인한다. 이에는 원금 감가 상각이나 보증금 등이 포함될 수 있다. 마지막으로 대출 이자와 원금 상환액인 대출 상환액을 확인한다.

EBITDA (Earnings Before Interest, Tax, Depreciation, and Amortization)

EBITDA(순 이익)는 이자, 세금, 감가 상각, 및 유형 무형 자산 상각 전의 순이익을 나타내는 지표이다. 다음과 같은 항목들을 반영하여 산정된다.

1) Earnings(이익): 영업 이익에서 영업 비용을 뺀 순이익을 나타낸다.
2) Before Interest(이자 제외): 이자 비용을 제외한다.
3) Taxes(세금): 법인세와 같은 세금 비용을 제외한다.
4) Depreciation(감가 상각): 유형 자산의 가치 감소 비용을 제외한다.
5) Amortization(무형 자산 상각): 무형 자산의 가치 감소 비용을 제외한다.

ECCS (Enterprise Controlling and Consolidation System)

ECCS(기업 재무 통합 시스템)는 기업의 재무 데이터를 통합하고 관리하기 위한 체계적인 시스템이다. ECCS의 주요 목적은 일반적으로 다음과 같다.

1) 재무 데이터 통합: ECCS는 기업 내부에서 발생하는 다양한 재무 데이터를 통합하여 단일 플랫폼에서 관리한다. 이를 통해 재무 데이터의 일관성과 정확성을 유지할 수 있다.
2) 재무 보고 및 분석: 재무 보고서를 생성하고 분석하기 위해 사용된다. 기업의 재무 상태와 성과 등을 추적하고 이해가 가능한 데이터를 제공한다.
3) 예산 및 계획 관리: 예산을 작성하고 관리하기 위해 사용된다. 재무 목표

와 계획을 설정하고 추적하여 자원을 할당할 수 있게 도움을 준다.

4) 내부 통제 및 규정 준수: 기업의 재무 활동을 모니터링하고 내부 통제 및 규정 준수를 강화하는 목적으로 사용된다. 이를 통해 기업은 재무 리스크를 관리하고 비즈니스의 재무 건전성을 유지할 수 있다.

EMV (Expected Monetary Value)

EMV(금전적 기대값)는 프로젝트 관리에서 사용되는 확률적인 이익 또는 손실의 예상 금액을 나타내는 지표이다. 가능한 결과의 발생 확률과 그에 따른 이익 또는 손실의 가치를 곱하여 계산된다. EMV의 산출 방식은 다음과 같다.

1) 각 가능한 결과의 발생 확률 추정: 먼저 의사 결정 또는 프로젝트 추진 중 발생할 수 있는 다양한 결과를 식별하고, 각 결과가 발생할 확률을 추정한다. 이는 주관적인 평가나 통계적 분석을 통해 수행될 수 있다.
2) 각 결과의 예상 이익 또는 손실 계산: 각 결과에 따른 예상 이익(양수) 또는 예상 손실(음수)의 금액을 계산한다. 이를 통해 해당 결과로 인해 발생할 수 있는 금전적 가치를 확인할 수 있다.

ESG (Environment Social Governance)

ESG(환경 사회 지배 구조)는 환경(Environment), 사회(Social), 그리고 기업 운영에 관한 지배 구조(Governance) 측면에서의 지속 가능한 경영을 추구하는 기업의 전략이나 철학을 나타낸다. 기업이 이러한 부문들을 종합적으로 고려하여 비즈니스를 수행하고 관리함으로써, 장기적으로 지속 가능성을 강화하고 사회적 가치 창출에 기여하는 것을 목표로 한다. 소비자, 투자자, 사회 단체 등이 기업에게 환경, 사회, 지배 구조에 대한 책임을 요구하고 있고, 이에 따라 기업들은 이러한 기대에 부응하기 위해 ESG 요소를 적극적으로 고려할 필요성을 인식하게 되었다. 기업들은 환경 문제, 사회적 문제, 윤리적 문제 등이 기업 활동에 영향을 미칠 수 있는 다양한 리스크를 식별하고 관리해야 한다. ESG 경영은 이러한 리스크를 줄이고 관리할 수 있게 도움을 준다. ESG 요소를 고려하는 기업은 투자자들로부터 긍정적으로 평가될 가능성이 높고, 글로벌 투자 커뮤니티에서는 ESG 지표를 활용하여 투자 결정을 내리는 추세가 증가하고 있다. 기업의 지속 가능성은 장기적인 성공을 위해 필수적이며, ESG 경영은 지속 가능한 비즈니스 모델을 구축하고 유지할 수 있게 도움을 준다. 사전에 예측할 수 없는 환경과 사회적 리스크에 대한 대비책을 마련함으로써, 기업은 비즈니스 리스크를 감소시킬 수 있다.

EVA (Economic Value Added)

EVA(경제적 부가 가치)는 기업의 경제적 가치를 측정하는 지표로, 기업이 자본을 투자하여 생성한 가치가 기업의 자본 비용을 상회하는지 여부를 나타내는 지표이다. EVA는 기업의 주주 가치 창출 능력을 평가하는 목적으로 사용되며, 기업의 경영 성과를 분석하기 위해 널리 사용되는 지표 중 하나이다. 기업의 경영자들이 투자 결정을 할 때, 자본의 효율적인 사용을 고려할 수 있도록 도움을 준다. EVA는 다음과 같은 방식으로 계산된다. EVA = NOPAT − (WACC × Capital). 여기서, NOPAT(Net Operating Profit After Tax)는 세후 영업 이익을 나타낸다. 기업의 영업 활동으로 발생하는 순이익에서, 이자 비용과 세금을 제외한 값을 말한다. WACC(Weighted Average Cost of Capital)는 자본의 평균 가중 비용을 나타낸다. 기업이 자본을 조달하기 위해 필요한 비용의 평균을 의미한다. Capital은 기업의 총 자본을 나타낸다. 기업의 자산(유형 자산 및 무형 자산)에 대한 총 투자를 의미한다. EVA는 NOPAT과 자본 비용(WACC와 Capital의 곱)을 비교하여, 기업이 자본을 투자하여 생성한 가치가 기업의 자본 비용을 상회하는지 여부를 측정한다. 양수의 EVA는 기업이 자본을 효율적으로 이용하여 추가적인 가치를 창출하고 있다는 것을 나타낸다.

FS (Feasibility Study)

FS(타당성 조사)는 프로젝트 초기 기획 단계에 해당 프로젝트의 사업성을 분석하는 절차이다. 제한된 자원을 효율적으로 배분할 계획을 기준으로 조직의 강점 및 약점, 위기와 기회를 상호 대비하여 분석한다. 해당 프로젝트의 재무적 효과, 경제적 효과 및 기술적 효과를 분석하며, 투자의 타당성과 사회적 변동 요인을 포함하여 종합적으로 분석한다. 재무적 효과 분석에는 비용/편익비율(B/C Ratio; Benefit Cost Ratio), 순수익의 현재 가치(NPV; Net Present Value), 경제적 내부 투자 수익률(EIRR; Economic Internal Rate of Return)과 재무적 내부 투자 수익률(FIRR; Financial Internal Rate of Return)이 포함된다.

GDS (General Depreciation System)

GDS(일반 상각법)는 부동산이나 기타 자산의 감가 상각 비율을 계산하는 목적으로 사용되는 방법이다. 선형 감가 상각 방법을 기반으로 하여 부동산이나 기타 자산의 감가 상각 비용을 공정하게 배분한다. 주요 특징은 다음과 같다.

1) 감가 상각 기간: 부동산 및 기타 자산의 감가 상각을 산정하기 위한 감가 상각 기간을 정의한다. 이 기간은 일반적으로 해당 자산의 예상 수명 또는 사용 기간에 따라 결정된다.
2) 감가 상각 방법: 선형 감가 상각 방법을 기반으로 하며, 해당 자산의 예상 수명 동안 일정한 금액을 감가 상각 비율로 분배한다.
3) 감가 상각 비율: GDS는 감가 상각 비율을 정의하며, 이를 사용하여 해당 자산의 예상 수명 동안 각 연도마다의 감가 상각 비용을 계산한다.

HTBC (Historical Trend Base Change)

HTBC(과거 트렌드 기반 변경)는 주로 데이터 분석이나 통계 분석에서 사용되는 용어이다. 이 용어는 데이터 분석을 위해 기준이나 기준선을 변경할 때 발생하는 현상을 설명한다. 데이터 분석의 신뢰성을 유지하기 위해 유의해야 할 중요한 요소 중 하나이다. 변경된 기준에 따라 이전의 트렌드와 비교하여 결과를 분석하고 재해석해야 한다. 또한 변경된 기준이나 기간이 데이터에 미치는 영향을 고려하여 분석 결과를 해석해야 한다. 일반적으로 HTBC는 다음과 같은 상황에서 발생할 수 있다.

1) 기간 변경: 데이터 분석에서 사용되는 기간을 변경할 때 발생할 수 있다. 예를 들면, 월별 데이터를 분석하던 것을 분기별 데이터로 변경할 때 발생할 수 있다. 이 경우, 이전의 트렌드와 비교하여 새로운 기간의 데이터를 분석해야 한다. 필요 시 객관적으로 합의된 보정 비율을 적용한다.
2) 기준 변경: 데이터를 분석할 때 사용되는 기준이 변경되는 경우 발생할 수 있다. 예를 들면, 특정 지표를 계산하는 방법이 변경되거나 새로운 정책이나 규제가 도입될 때, 이전과는 다른 결과가 발생할 수 있다.
3) 데이터 수집 방법 변경: 데이터를 수집하는 방법이나 시스템이 변경될 때 발생할 수 있다. 예를 들면, 이전에는 수동으로 데이터를 수집했지만, 자동화된 시스템을 도입하여 데이터를 수집하는 경우에 발생할 수 있다.

IPO (Initial Public Offering)

IPO(기업 공개)는 기업이 처음으로 시장에서 주식을 발행하여, 공개적으로 거래되도록 하는 것을 의미한다. 기업이 IPO를 통해 주식 시장에 진입하면서 기존의 사유 회사가 아닌 공개 회사가 되는 과정이다. IPO를 통해 기업은 자본을 조달하고 주식을 공개 시장에서 거래할 수 있는 기회를 제공받는다. 또한 IPO를 통해 기업은 높은 시장성을 확보하고, 성장과 확장을 위한 자금을 조달할 수 있는 기회를 얻을 수도 있다. IPO는 일반적으로 다음의 단계를 거친다.

1) 준비 과정: 기업은 금융 및 법률 컨설턴트와 협력하여 IPO에 대한 준비를 시작한다. 이 과정에는 재무 제도 및 회계 체계 준비, 법적 제도적 규정 파악, 기업 가치 평가 및 IPO 전략 수립 등이 포함될 수도 있다.
2) 등록 및 심사: IPO를 실시하려는 기업은 증권 거래 위원회 또는 해당 금융 감독 기관에 등록서를 제출해야 한다. 등록 서류에는 기업의 재무 정보, 사업 모델, 경영진 정보 등이 포함된다. 등록서 제출 후 증권 거래 위원회 또는 금융 감독 기관은 등록서를 심사하여 공개 여부를 결정한다.
3) 가격 결정: 등록 및 심사 과정 후, 기업은 IPO 주식의 가격을 결정한다. 이 가격은 기업의 가치, 시장 조건, 투자자 수요 등을 고려하여 결정된다.

4) 공개 및 거래: IPO가 완료되면 기업은 주식을 공개 시장에 발행하고 공개적으로 거래할 수 있게 된다. 이후 투자자들은 주식을 매매할 수 있다.

IRR (Internal Rate of Return)

IRR(내부 수익률)은 특정 투자 사업에 대해 사업 기간 동안의 현금 수익 흐름을 현재 가치로 환산하여, 합한 값이 투자 지출과 같아지도록 할인하는 이자율을 말한다. 투자에 소용되는 비용과 투자를 통해 얻는 이익이 같아져서 투자의 현재 가치가 '0'이 되는 할인율이다. 내부 수익률과 자본 비용을 비교하여 수익률이 높으면 투자로부터 수익을 얻을 수 있다. 내부 수익률이 시장 이자율보다 높다면 그 투자 계획은 투자할 가치가 있는 것으로 평가받을 수 있다.

MS (Market Share)

MS(시장 점유율)는 특정 시장에서 특정 기업, 브랜드 또는 제품이 차지하는 비중을 나타내는 지표이다. 일반적으로 매출액, 판매량, 고객 인원수 등과 같은 요소를 기반으로 측정된다. 기업은 MS를 증가시키기 위해 마케팅 전략, 제품 혁신, 가격 경쟁력 등을 고려하고 실행할 수 있다. 기업이 특정 시장에서 얼마나 경쟁력이 있는지를 판단할 수 있게 도움을 준다. 높은 MS를 보유한 기업은 해당 시장에서 높은 경쟁력을 가지고 있을 가능성이 높기 때문이다. 특정 시장에서 기업의 위치를 확인하고, 경쟁사나 동종 업계의 다른 기업들과 비교하는 목적으로도 사용된다. 이를 통해 기업은 시장 점유율을 높이기 위한 전략을 수립하고 실행할 수 있다. 또한, 투자자들이나 기업이 특정 시장 또는 기업에 투자하거나 인수를 결정하는 과정에서 중요한 정보를 제공하기도 한다.

NBD (New Business Development)

NBD(신규 사업 개발)는 기업이 새로운 사업 기회를 발굴하고 개발하여, 기업의 성장과 발전을 도모하는 활동을 의미한다. 기존의 사업 영역을 확장하거나 새로운 시장에 진출하는 것을 포함할 수 있다. 단계별 업무는 다음과 같다.

1) 시장 조사 및 분석: 새로운 사업 기회를 발굴하기 위해 시장 조사와 분석을 수행한다. 고객이나 시장의 동향 파악 및 경쟁사의 활동을 분석한다.
2) 아이디어 발굴: 아이디어를 발굴하고 창의적인 방법으로 사업 기회를 탐색한다. 내부 직원, 외부 컨설턴트, 파트너십 등을 통해 이루어질 수 있다.
3) 사업 계획 수립: 분석 자료와 발굴된 아이디어를 기반으로 사업 계획을 수립한다. 비즈니스 모델, 시장 진입 전략, 개발 계획 등이 포함된다.
4) 재원 조달: 재원 조달을 위해 투자자와 협상하거나 대출을 받을 수 있다.
5) 제품 또는 서비스 개발: 사업 아이디어를 실제 제품 또는 서비스로 구현하기 위해, 제품 개발 또는 서비스 디자인을 실행한다.
6) 마케팅 및 판매 전략 수립: 새로운 제품이나 서비스를 시장에 성공적으로 소개하기 위해 마케팅 및 판매 전략을 수립한다.

NOI (Net Operating Income)

NOI(순 운영 수익)는 전체 수익(Gross Income)에서 아직 임대가 되지 않은 공실(Vacancy)로 인한 손실과 각종 운영 경비(Operating Expenses)를 제외하고 남는 수익을 말한다. 감가상각비나 은행 대출 상환 비용, 건물의 개축이나 증축 등에 소요되는 항목들은 운영 경비에 포함시키지 않는다. 부동산 투자로부터 벌어들이는 돈과 이에 투자한 비용과의 비율을 따져 봄으로써, 해당 투자 수익률이 얼마나 되는지 간접적으로 가늠해 볼 수 있는 지표가 바로 자본환원률(Capitalization Rate, 줄여서 Cap. Rate)인데, 자본 환원률은 NOI를 매입 가격으로 나누어서 산정된다.

NPV (Net Present Value)

NPV(순 현재 가치)는 초기 투자 금액과 그 이후에 발생되는 현금 흐름의 시간 가치(Time Value of Money)를 고려하여, 할인된 합계 금액의 차이를 계산한 값이다. 여기서 할인이란, 미래에 받을 현금 흐름을 현재 가치로 환산하는 것을 의미한다. 즉, NPV는 현재 가치와 미래 가치의 차이를 계산하여 투자의 가치를 측정하는 개념이다. 할인율은 통상적으로 특정 프로젝트에 대한 투자자의 요구 수익률로 이용되며, 해당 프로젝트의 투자 위험 수준과 기회 비용을 반영한다. 투자 비용 대비 예상 이익이 크다면 NPV는 양수의 값이 나온다.

OCC (Occupancy)

OCC(점유율)는 특정 부동산 임대 단위의 임대 가능 기간 대비, 실제 임대된 기간의 비율을 의미한다. 즉, 해당 부동산의 임대 계획 대비 얼마나 잘 임대되고 있는지를 나타내는 지표이다. OCC 비율은 다음과 같이 계산된다.

OCC Ratio = (실제 임대된 기간) / (임대 가능 기간) x 100%

여기서 실제 임대된 기간은 특정 기간 동안 실제로 임대된 기간을 나타내며, 임대 가능 기간은 해당 기간 동안 부동산이 임대 가능했던 전체 기간을 나타낸다. 그러므로, OCC 비율은 부동산 운영의 효율성을 나타내는 중요한 지표 중 하나이다. 높은 OCC 비율은 부동산이 잘 활용되고 있음을 나타내며, 낮은 OCC 비율은 부동산이 효과적으로 활용되지 못하고 있거나, 시장에서 경쟁력이 부족할 수 있음을 나타낸다. 따라서 부동산 투자자는 OCC 비율을 주기적으로 모니터링하여, 부동산 운영의 효율성을 평가하고 개선할 필요가 있다.

OPEX (Operating Expenditures)

OPEX(운영 비용)는 기업의 일상적인 운영 및 유지 관리 활동에 소비되는 비용을 나타낸다. 고정적으로 지출되는 비용이며 기업이 서비스를 제공하고, 제품을 유지 관리하거나 생산하기 위해 필요한 변수 비용을 포함한다. OPEX는 매월 또는 매년 단위로 지출된다. 주요 구성 요소에는 인력 비용, 유틸리티 에너지 비용, 유지 보수 및 운영 비용, 소모품 및 자재 비용, 소프트웨어 라이선스 비용 등이 있다. 초기에 투입되는 CAPEX(투자 비용)와 대비되는 개념이다.

PF (Project Financing)

PF(프로젝트 파이낸싱)는 건설 프로젝트의 수익성을 담보로 한 대출 실행 기법이다. 대출 기업의 신용도나 담보력을 기초로 하여 대출을 실행하는 기업 대출(CF; Corporate Financing)과는 다르게, 프로젝트의 예상 수익을 기초로 대출을 실행하는 것이다. 특수 목적 법인인 SPC나 PFV가 사업의 수행 주체이며 PF에 대한 최종적인 책임을 진다. 일반적인 PF 건설 사업에 있어서 시공자는 해당 공사에 대한 '책임 준공'의 의무를 지니며 사업에 참여하기도 한다.

PFV (Project Financing Vehicle)

PFV(프로젝트 파이낸싱 시행사)는 PF에 기반한 건설 프로젝트 시행을 위해 별도로 설립한, 법인세법 상의 특수 목적 회사(SPC)이다. 일반 SPC에 비해 PFV는 법인세 상의 요건을 충족하면, 배당에 대한 소득 공제 인정과 법인세 면세 등과 같은 세제 혜택을 받을 수 있다.

PL (Profit and Loss Statement)

PL(손익 계산서)은 특정 기간 동안에 발생된 기업의 수익과 비용을 보여주는 재무 보고서이다. 보고서는 일반적으로 회계 연도 또는 분기별로 작성되며, 기업 활동의 수익성을 평가하기 위해 사용된다. 주요 포함 항목은 다음과 같다.

1) 수익(Revenue): 기업이 특정 기간 동안 발생시킨 총 매출액을 나타낸다. 제품이나 서비스의 판매로 발생하는 수익을 포함한다.
2) 매출 원가(COGS; Cost of Goods Sold): 제품이나 서비스를 제공하기 위해 발생하는 직접 비용으로, 재료비, 노무비, 경비 등을 포함한다.
3) 총 이익(Gross Profit): 수익에서 매출 원가를 차감한 잔액을 나타낸다. 제품이나 서비스의 생산 및 판매로 얻은 이익을 포함한다.
4) 판매비와 관리비(SG&A; Selling, General and Administrative Expenses): 판매 활동 및 관리 활동을 위해 발생하는 비용으로, 마케팅 비용, 인건비, 사무실 임대료 등을 포함한다.
5) 운영 이익(Operating Profit): 총 이익에서 판매비와 관리비를 차감한 잔액이다. 기업의 본질적인 영업 활동으로 얻은 이익을 나타낸다.

6) 이자 비용(Interest Expense): 대출이나 부채에 대한 이자 비용이다.
7) 세금(Tax Expense): 기업이 해당 기간 동안 얻은 이익에 대해 세법에 따라 지불해야 할 법인세나 소득세를 나타낸다.
8) 순 이익(Net Profit): 운영 이익에서 이자 비용과 세금을 차감한 잔액이다. 기업이 해당 기간 동안 순수하게 창출한 이익을 나타낸다.

ROE (Return on Equity)

ROE(자기 자본 이익률)는 기업이 자본을 이용하여 얼마만큼의 이익을 냈는지 나타내는 지표이다. 기업의 순이익을 주주 지분으로 측정하는 재무 지표이다. 순 이익은 세금, 이자 및 감가 상각을 포함한 모든 비용을 공제한 회사의 총 수익이며, 주주 지분은 총 자산과 총 부채의 차액이다.

ROI (Return on Investment)

ROI(투자 회수율)는 투자한 자본에 대한 수익률을 나타내는 지표이다. 특정 투자 또는 비용에 대한 수익을 파악하여 비즈니스 결정을 지원한다. ROI 계산 결과는 백분율로 나타나며 양수일 때 투자가 이익을 창출하고, 음수일 때는 투자가 손실을 발생시키는 것을 의미한다. 다음과 같은 방식으로 계산된다.

ROI = (순수익 - 투자 비용) / 투자 비용 x 100

1) 순 수익(Net Profit): 투자로 얻은 총 수익에서 투자 비용을 뺀 금액이며, 투자로 인한 모든 비용을 고려한 후의 이익이다.
2) 투자 비용(Investment Cost): 초기 투자금(CAPEX), 운영 비용(OPEX), 유지 보수 비용 등을 포함할 수 있다.

SLA (Service Level Agreement)

SLA(서비스 수준 협약)는 데이터센터 제공자가 임차 고객사에게 제공하는 서비스의 수준에 관한 협약 문서이다. 데이터센터 서비스의 품질, 가용성, 성능 및 기타 서비스 관련 조건을 명시하며, 어떤 서비스가 제공되는지, 어떻게 제공되는지, 또 어떤 상황에서 어떤 조치가 취해질지를 정의한다. SLA는 서비스의 신뢰성을 보장하고 고객과 제공자 간의 의무와 책임을 명확하게 정의하기 위해 사용된다. SLA에는 다음과 같은 주요 사항들이 포함되어야 한다.

1) 서비스 설명: 제공되는 서비스의 범위, 기능 및 제공되는 자원에 관한 상세한 내용을 포함한다.
2) 서비스 수준 목표: 서비스가 얼마나 빠르게 응답하는지, 어떤 수준의 성능 품질을 제공하는지를 명시한다.
3) 가용성: 데이터센터의 가용성에 관한 정보를 제공한다. 예를 들어 "99.99% 가용성"을 목표로 할 수 있으며, 연중 무휴로 가동되는 기간 및 시간을 지정하여 포함한다.
4) 데이터 백업 및 복구: 데이터 백업 및 복구 프로세스에 대한 정보와, 손실을 최소화하기 위한 절차를 다룰 수 있다.
5) 보고 및 모니터링: 서비스 모니터링, 보고 및 이슈 관리에 관한 지침을 제공한다. 데이터센터 제공자가 서비스의 성능 및 가용성을 어떻게 추적하고 보고하는지를 명시한다.
6) 서비스 중지와 보상: 데이터센터 서비스 중지에 대한 조건과, 이로 인해 발생될 손실에 대한 보상 방안을 다룬다.

SOW (Share of Wallet)

SOW(내부 점유율)는 고객이 특정 제품이나 브랜드에 지출하는 전체 지출 중에서, 해당 제품이나 브랜드에 소비하는 비율을 나타내는 지표이다. 소비자가 특정 제품이나 브랜드에 지출하는 지출량의 비율을 의미한다. SOW는 보통 마케팅이나 판매 전략에 사용되며, 다음과 같은 업무에 중요하게 이용된다.

1) 고객 충성도 평가: 특정 제품이나 브랜드에 대한 고객의 충성도를 측정하기 위해 사용된다. 고객이 특정 제품이나 브랜드에 대부분을 지출할 경우, 그 제품이나 브랜드에 대한 충성도가 높다고 할 수 있다.
2) 시장 점유율 분석: 시장에서 특정 제품이나 브랜드가 차지하는 지분을 평

가하는 목적으로 사용할 수 있다. 시장에서 고객이 해당 제품이나 브랜드에 얼마나 지출하는지를 파악하여 시장 점유율을 평가할 수 있다.

3) 마케팅 전략 수립: SOW를 이용하여 고객의 소비 습관을 파악하고, 이를 기반으로 마케팅 전략을 수립할 수 있다.

SPC (Special Purpose Company)

SPC(특수 목적 법인)는 프로젝트 파이낸싱(PF; Project Financing) 사업을 목적으로 설립된 명목 회사이다. PFV(Project Financing Vehicle)도 SPC의 일종이다. SPC를 설립하여 사업을 관리하면 다음과 같은 장점을 얻을 수 있다.

1) 리스크 분산: SPC를 통해 특정 사업 또는 프로젝트를 분리함으로써, 기업의 전체 자산에 대한 리스크를 분산시킬 수 있다.
2) 자금 조달: SPC는 특정 자금을 모으거나 특정 목적을 위해 자금을 조달하기 위해 사용될 수 있다. 특정 사업 또는 프로젝트를 위한 자금을 별도로 조달하고 관리할 수 있는 장점이 있다.
3) 세제 혜택: 특정 산업이나 프로젝트에 대해 정부나 국제 기구로부터 제공되는 세제 혜택이나 장려금을 받을 수 있다.

TCO (Total Cost of Ownership)

TCO(총 소유 비용)는 데이터센터를 구축, 운영 및 철거하기 위해 소요되는 비용 전체를 종합적으로 고려하는 지표이다. 생애 주기 비용(LCC; Life Cycle Cost)과 유사한 개념이다. 최초 구축비, 소프트웨어 비용, 유지 보수 비용, 인건비 및 교육비, 전력 수도 비용 등을 총괄하는 비용의 개념이다.

WACC (Weighted Average Cost of Capital)

WACC(가중 평균 자본 비용)는 기업이 자금을 조달하기 위해 소요되는 가중 평균 비용을 나타내는 지표이다. 기업이 자본과 부채를 혼합하여 자금을 조달할 때 발생하는 비용이다.

영문 색인

영문 색인

한글 색인

한글 색인